Reiner Thiele

Optische Nachrichtensysteme und Sensornetzwerke

Reiner Thiele

Optische Nachrichtensysteme und Sensornetzwerke

Ein systemtheoretischer Zugang

Mit 179 Abbildungen und 16 Tabellen

Herausgegeben von Otto Mildenberger

Springer Fachmedien Wiesbaden GmbH

vieweg

Die Deutsche Bibliothek – CIP-Einheitsaufnahme
Ein Titeldatensatz für diese Publikation ist bei
Der Deutschen Bibliothek erhältlich

Herausgeber: Prof. Dr.-Ing. Otto Mildenberger lehrte an der Fachhochschule Wiesbaden in den Fachbereichen Elektrotechnik und Informatik.

1. Auflage Oktober 2002

Ursprünglich erschienen bei Friedr. Vieweg & Sohn Verlagsgesellschaft mbH,
Braunschweig/Wiesbaden, 2002
Softcover reprint of the hardcover 1st edition 2002
Der Vieweg Verlag ist ein Unternehmen der Fachverlagsgruppe BertelsmannSpringer.
www.vieweg.de

Umschlaggestaltung: Ulrike Weigel, www.CorporateDesignGroup.de
Gedruckt auf säurefreiem und chlorfrei gebleichtem Papier.
ISBN 978-3-322-89925-5 ISBN 978-3-322-89924-8 (eBook)
DOI 10.1007/978-3-322-89924-8

Vorwort

Optische Nachrichtensysteme und Sensornetzwerke mit Lichtwellenleitern als Übertragungsmedium sind für die moderne Informationstechnik von zentraler Bedeutung, weil mit ihnen große Informationsmengen in kürzester Zeit über große Entfernungen störungssicher transportiert werden können.

Dem Streben, immer höhere Bitraten mit optischen Nachrichtensystemen zu übertragen, wirken jedoch begrenzende Effekte, wie die Dämpfung und Dispersion der verwendeten Lichtwellenleiter sowie das Rauschen von optoelektronischen Sende- und Empfangsbauelementen an den Endstellen der Lichtwellenleiter entgegen. Durch den Einsatz von faseroptischen Verstärkern können die Verluste in den Lichtwellenleitern ausgeglichen werden. Derartige Verstärker verringern jedoch durch ihr Eigenrauschen die Übertragungsqualität optischer Nachrichtensysteme. Der Verbreiterung von Lichtimpulsen im Lichtwellenleiter infolge Dispersion kann mit speziellen Anordnungen vor dem Empfänger, so genannten Faser-Bragg-Gittern, begegnet werden.

Zunehmend erlangen optische Prinzipien der Präzisionsmesstechnik an Bedeutung. Mit faseroptischen Sensornetzwerken gelingt bauelementekompatibel zur Informationsübertragungstechnologie die Messwerterfassung bei hoher Empfindlichkeit und ausreichender Streckenneutralität. Dem Wunsch, hochpräzise Verfahren bei der messtechnischen Erfassung physikalischer Größen einzusetzen, wirken jedoch die gleichen Effekte begrenzend entgegen, wie sie von optischen Nachrichtensystemen her bekannt sind.

Um optische Nachrichtensysteme und Sensornetzwerke in ihrer Struktur sowie Funktion verstehen, analysieren und entwerfen zu können, bietet die Systemtheorie mit Wissenskomponenten aus der Netzwerk- und Feldtheorie sowie der Regelungs- und Messtechnik die Grundlage.

Das vorliegende Buch soll systemtheoretische Methoden zur Berechnung optischer Nachrichtensysteme und Sensornetzwerke vermitteln. Es wendet sich an in der Praxis tätige Ingenieure, die sich in die moderne optische Nachrichtentechnik einarbeiten wollen. Studierenden an Universitäten und Fachhochschulen kann es als Begleitbuch zu Vorlesungen und zum Selbststudium von Nutzen sein. Zahlreiche durchgerechnete Beispiele sollen zum Verständnis der zum Teil mathematisch aufwendigen Verfahren beitragen.

Das Buch gliedert sich in acht Kapitel. Nach der Einleitung, in der ein Überblick zur optischen Nachrichten- und Sensortechnik gegeben wird und die Ziele für das Studium des Buches formuliert sind, erfolgt im 2. Kapitel die Darstellung der signal-, system-, feld- und netzwerktheoretischen Grundlagen. Im Kapitel 3 wird als physikalische Basis vor allem das Wellenmodell des Lichtes vorgestellt. Das Kapitel 4 ist den Berechnungsmodellen der Basiskomponenten optischer Nachrichtensysteme und Sensornetzwerke gewidmet. Das Kapitel 5 befasst sich mit begrenzenden Effekten in optischen Nachrichtensystemen bei Direktempfang und deren Kompensation. Im Kapitel 6 über optische Nachrichtensysteme mit Überlagerungsempfang werden grundlegende Methoden zur Berechnung von Bitfehlerwahrscheinlichkeit und Signal-Rauschverhältnis für verschiedene Systeme behandelt. Bei den faseroptischen Sensornetzwerken nach Kapitel 7 sind grundsätzliche Verfahren zur Berechnung des Übertragungsverhaltens einschließlich der Signalverarbeitung dargestellt. Das abschließende Kapitel 8 beinhaltet wichtige Messverfahren der optischen Nachrichtentechnik. Ein Verzeichnis der Beispiele im Anhang soll ihr Auffinden im Text erleichtern.

Besonderen Dank schulde ich unserer Sekretärin Frau Sperlich und meinen Hilfsassistenten, den Herren Jäger, Nette und Scholze, für die Übernahme der mühsamen Schreibarbeiten und die Unterstützung bei der computergeführten Erstellung der Bilder. Herrn Prof. Dr. rer. nat. Pietschmann danke ich für den Hinweis auf das Lösungsverhalten der Riccati-Differentialgleichung. Schließlich gebührt dem Verlag, vertreten durch den Herausgeber Herrn Prof. Dr.-Ing. Mildenberger, mein Dank für vielfältige fachliche Hinweise und die angenehme Zusammenarbeit.

Zittau, im Juni 2002 Reiner Thiele

Inhaltsverzeichnis

1 Einleitung

1.1 Überblick

Historie. Optische Erscheinungen weckten schon vor Tausenden von Jahren das Interesse der Menschen. So übermittelte man am Anfang der Menschwerdung Informationen mit Rauchzeichen.

Das älteste optische Gerät ist ein ca. 3000 Jahre alter in Ägypten ausgegrabener polierter kupferner Spiegel. Zur Zeitenwende kannten griechische Philosophen bereits das Reflexionsgesetz und untersuchten die Lichtbrechung. Ebenso war die Linsenwirkung einer Glaskugel bekannt. Aus dem 14. Jahrhundert stammen Gemälde, auf den Personen mit Augengläsern abgebildet sind. Schon 1609 konstruierte Galilei Fernrohre und Mikroskope.

Ein Meilenstein in der Entwicklung der optischen Nachrichtentechnik war die Entdeckung des optischen Brechungsgesetzes durch Snellius von Roijen um 1620. Um 1666 arbeitete Newton über das Licht und führte Versuche mit einem Prisma durch. 1690 begründete Huygens die Wellentheorie des Lichtes. Er erklärte mit ihr Brechung und Reflexion. Fresnel lieferte um 1800 mit dem so genannten Spiegelversuch entscheidende Beweise für die Transversalität der Lichtwellen. Ebenso erklärte Young um 1860 Licht als transversale Wellenbewegung mit dem Interferenzversuch. Zur gleichen Zeit entwickelte Maxwell seine zusammenfassende Theorie für Licht als transversale elektromagnetische Welle. Es entstanden die Maxwellschen Gleichungen, mit denen noch heute optische Nachrichtensysteme und faseroptische Sensornetzwerke berechnet werden. Damit war das Wellenmodell des Lichtes begründet. Aus dem Jahre 1861 stammt der Versuch von Colladan zur Demonstration der Totalreflexion. 1873 entdeckten Smith und May am Selen den inneren lichtelektrischen Effekt.

Um 1900 führte Plank die Quantelung der Energie ein und ermöglichte die Definition des Photons. Damit entstand das Teilchenmodell des Lichtes. 1905 zeigte Einstein den dialektischen Zusammenhang zwischen der Wellen- und Korpuskularvorstellung von elektromagnetischer Strahlung. 1917 sagte Einstein theoretisch die stimulierte Emission voraus, die in den um 1960 von Maiman entwickelten Rubinlaser ihre Anwendung fand. Um 1975 kamen erste brauchbare Glasfaser-Lichtwellenleiter auf den Markt. 1981 entschied die Deutsche Bundespost, nur noch Systeme mit Lichtwellenleitern als Weitverkehrsnetz zu schaffen. Ab 1990 war die Solitonenübertragung auf der Grundlage der nichtlinearen Optik möglich [1.1].

In der heutigen Zeit ist für den Nachrichten- oder Messtechniker der Umgang mit Lichtwellenleitern als Übertragungsmedium oder Sensorelement schon selbstverständlich geworden. Er benötigt jedoch leistungsfähige Methoden zur Berechnung optischer Nachrichtensysteme und faseroptischer Sensornetzwerke, die Gegenstand dieses Buches sind. Hier soll zu optischen Nachrichtensystemen und faseroptischen Sensornetzwerken ein Überblick gegeben und die Abgrenzung des zu behandelnden Stoffes durchgeführt werden.

Optische Nachrichtensysteme. Ein optisches Nachrichtensystem besteht mindestens aus Sendebauelement, Lichtwellenleiter LWL und Empfangsbauelement in der Anordnung nach Bild 1-1.

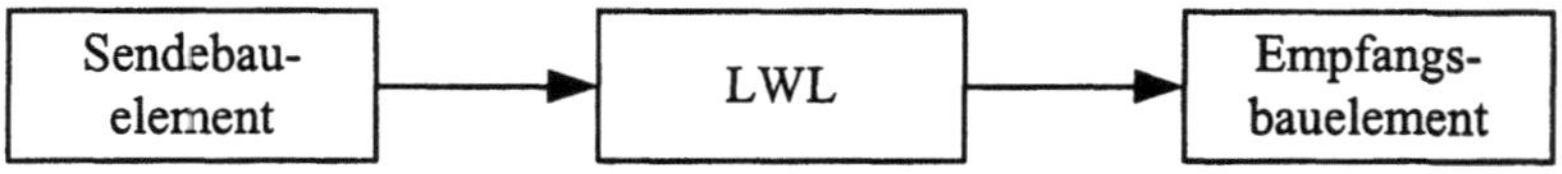

Bild 1-1 Einfaches optisches Nachrichtensystem

Als Sendebauelemente kommen Lumineszenz-Dioden LED oder Laserdioden LD mit den Eigenschaften nach Bild 1-2 in Frage.

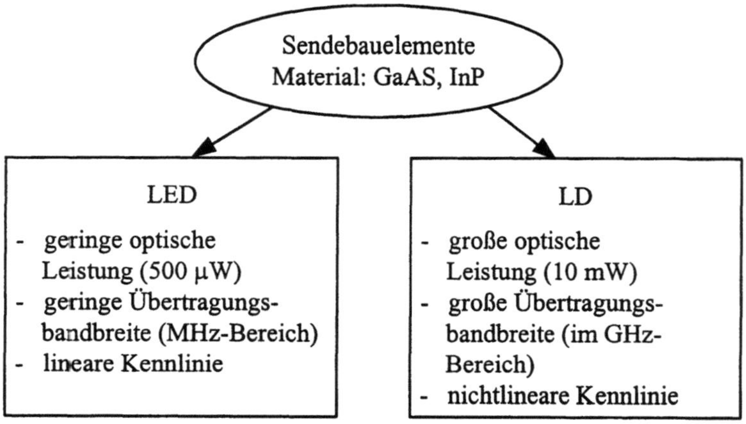

Bild 1-2 Sendebauelemente

In hochbitratigen optischen Nachrichtensystemen setzt man bei großen zu überbrückenden Entfernungen Laserdioden ein. Da wir uns mit solchen Systemen befassen wollen, wird nur die Laserdiode behandelt.

LWL teilt man nach Bild 1-3 in Multimode-LWL und Monomode-LWL bei unterschiedlichen Brechzahlprofilen in der Querschnittebene dieser zylindrischen Wellenleiter ein.

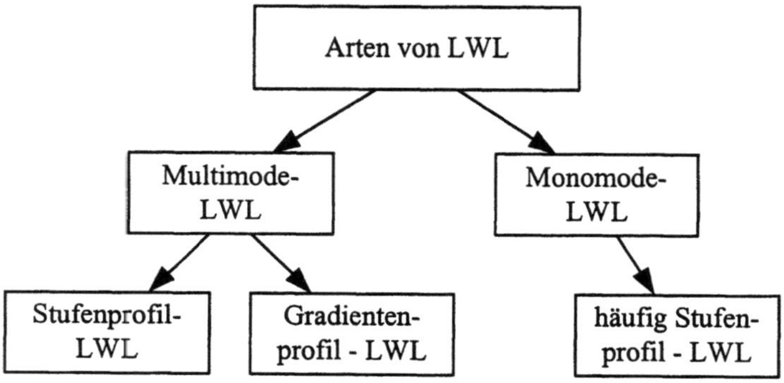

Bild 1-3 Lichtwellenleiter

Beim Multimode-LWL sind mehrere geführte Wellen an der Signalübertragung beteiligt. Monomode-LWL übertragen das Signal mit einem geführten Mode, abgesehen von den zwei vorhandenen orthogonalen Polarisationsmoden.

Die Basiseigenschaften von LWL sind die Dämpfung und eine zeitliche Verbreiterung des zu übertragenden Signals infolge Dispersion. Im Bild 1-4 sind die Ursachen für Dämpfung und Dispersion aufgeführt.

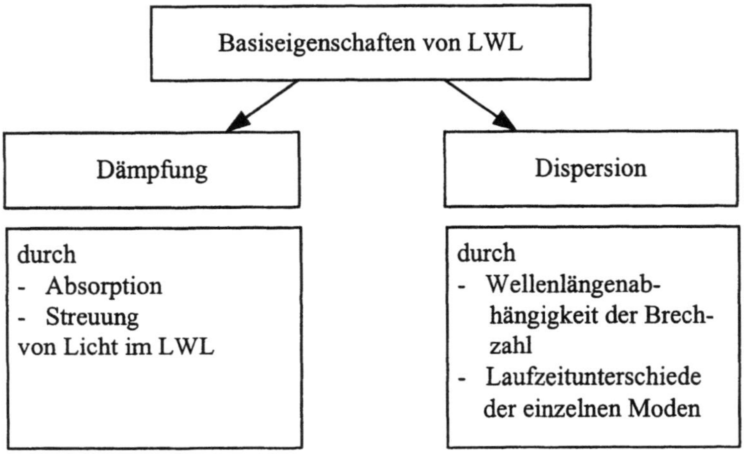

Bild 1-4 Basiseigenschaften von LWL

Die nachteilige Dämpfung von LWL lässt sich mit faseroptischen Verstärkern kompensieren und Dispersionseffekte können z.B. mit Faser Bragg-Gittern eliminiert werden. Wir behandeln hier nur die in hochbitratigen Übertragungssystemen eingesetzten Monomode-LWL, die bei einer entsprechenden Wellenlänge betrieben werden und dadurch nur geringe Dämpfung und Dispersion aufweisen.

Als Empfangsbauelemente dienen so genannte pin-Photodioden PIN oder Avalanche-Photodioden APD mit den Eigenschaften nach Bild 1-5.

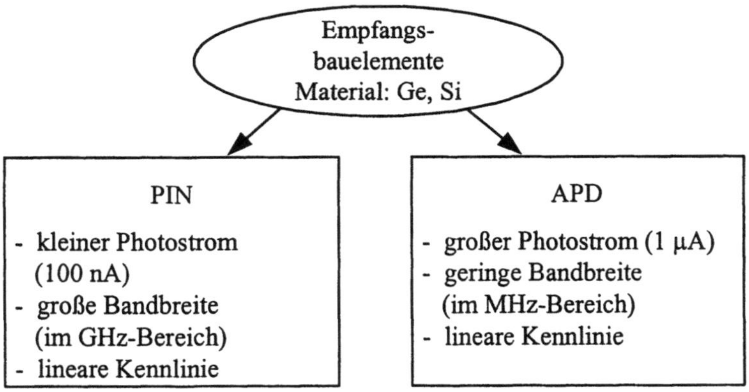

Bild 1-5 Empfangsbauelemente

Wegen der hohen geforderten Bandbreite kommen für hochbitratige optische Nachrichtensysteme nur die hier behandelten pin-Photodioden in Frage.

Faseroptische Sensornetzwerke. Bauelementekompatibel zur Informationsübertragungstechnologie lassen sich auf LWL basierende Sensoren durch Hinzunahme spezieller faseroptischer Sensorelemente zur Messgrößenwandlung aufbauen [1.2]. Sie bilden heute das Rückgrat der modernen optischen Sensortechnik. Auf Grund vielfältiger Effekte lassen sich durch die Messgröße x verschiedene Parameter des Lichtes modulieren. Sie sind im Bild 1-6 dargestellt.

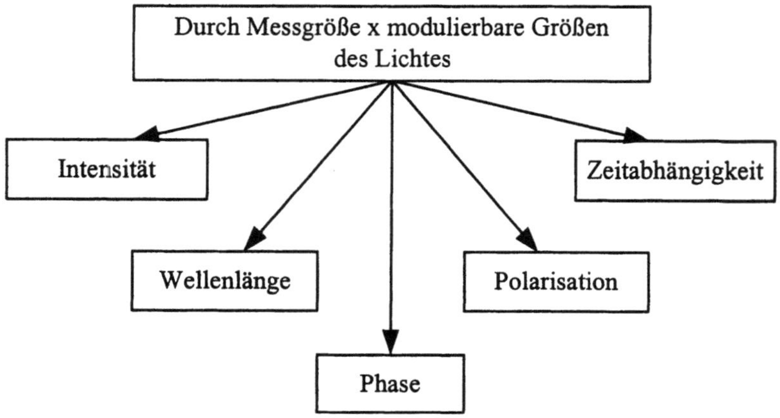

Bild 1-6 Modulierbare Größen des Lichtes

Faseroptische Sensoren sind nach der Art der eingesetzten LWL in Multimode- und Monomode-Fasersensoren klassifizierbar. Über die verwendeten Modulationsarten, Lichtquellen, Messgenauigkeiten und Kosten gibt Bild 1-7 Auskunft.

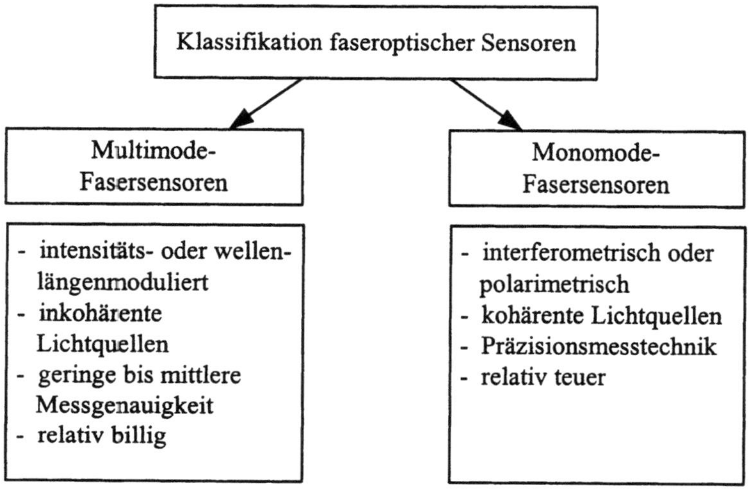

Bild 1-7 Faseroptische Sensoren

Den prinzipiellen Aufbau eines Fasersensors zeigt Bild 1-8.

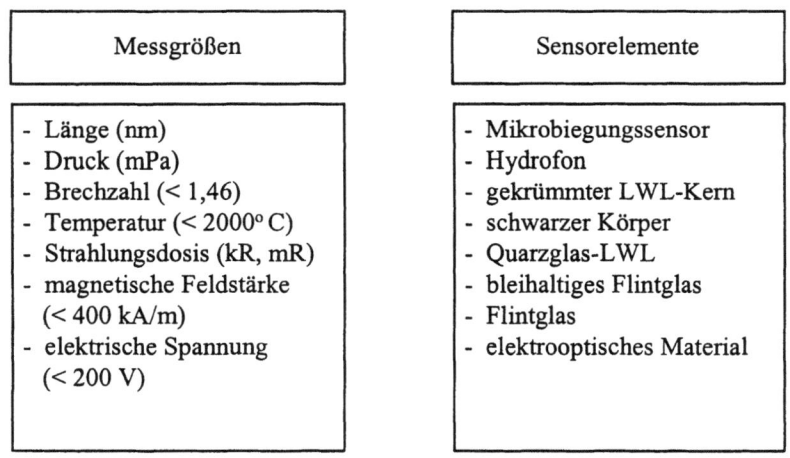

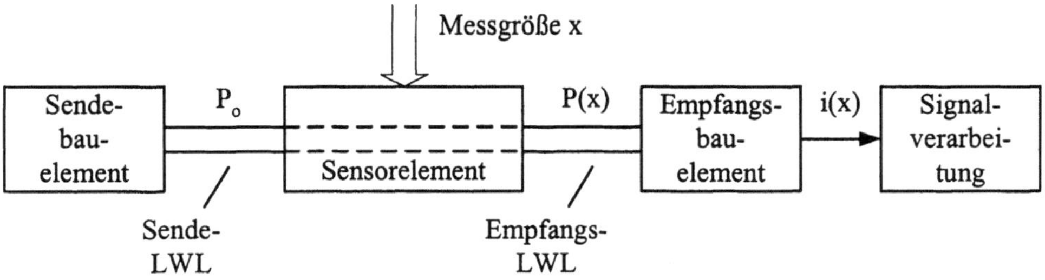

Bild 1-8 Aufbau eines Fasersensors

Die vom Sendebauelement erzeugte optische Leistung P_0 wird über den Sende-LWL dem Sensorelement zugeführt. Im Sensorelement erfolgt die Modulation der Leistung P(x) durch die Messgröße x. P(x) gelangt über den Empfangs-LWL zum Empfangsbauelement und wird dort in einen elektrischen Strom i(x) gewandelt. Zur Auswertung der Messgröße ist häufig eine elektronische Signalverarbeitung notwendig.

Eine Auswahl von Messgrößen und zugehörigen Sensorelementen zeigt Bild 1-9.

Messgrößen	Sensorelemente
- Länge (nm) - Druck (mPa) - Brechzahl (< 1,46) - Temperatur (< 2000° C) - Strahlungsdosis (kR, mR) - magnetische Feldstärke (< 400 kA/m) - elektrische Spannung (< 200 V)	- Mikrobiegungssensor - Hydrofon - gekrümmter LWL-Kern - schwarzer Körper - Quarzglas-LWL - bleihaltiges Flintglas - Flintglas - elektrooptisches Material

Bild 1-9 Messgrößen und Sensorelemente von faseroptischen Sensoren

Beim Aufbau und Betrieb von Fasersensoren ist das besondere Augenmerk auf streckenneutrale Sensorlösungen zu richten. Dabei versteht man unter Streckenneutralität die Unabhängigkeit der gemessenen Werte von Störungen entlang der Faserstrecke. Wie die Streckenneutralität innerhalb gewisser technischer Grenzen gesichert werden kann, zeigt Bild 1-10.

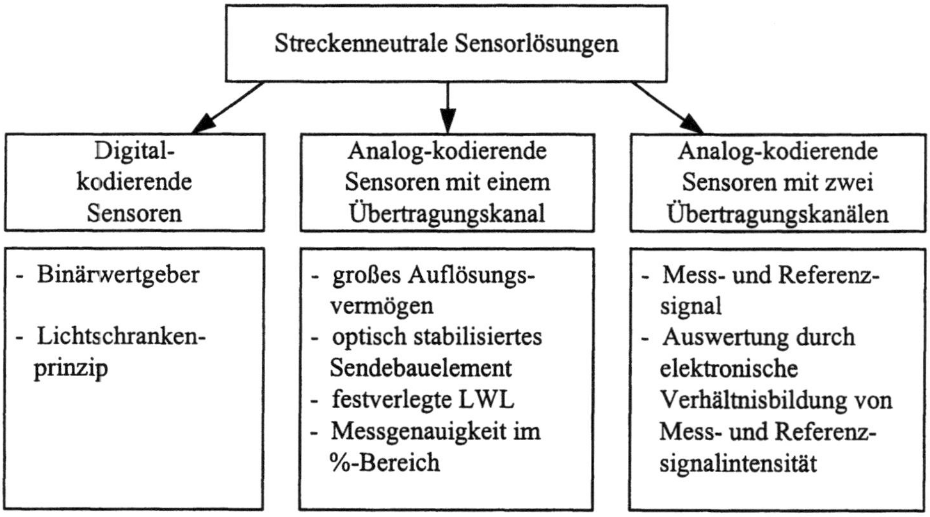

Bild 1-10 Streckenneutrale Sensoren

Die Probleme bei der Sicherung einer ausreichenden Streckenneutralität und Messgenauigkeit von Multimode-Fasersensoren führten zur Entwicklung der Monomode-Fasersensoren mit interferometrischem oder polarimetrischem Messprinzip. Bild 1-11 enthält Realisierungsformen von Monomode-Fasersensoren für die Präzisionsmesstechnik, die auch Gegenstand dieses Buches sind.

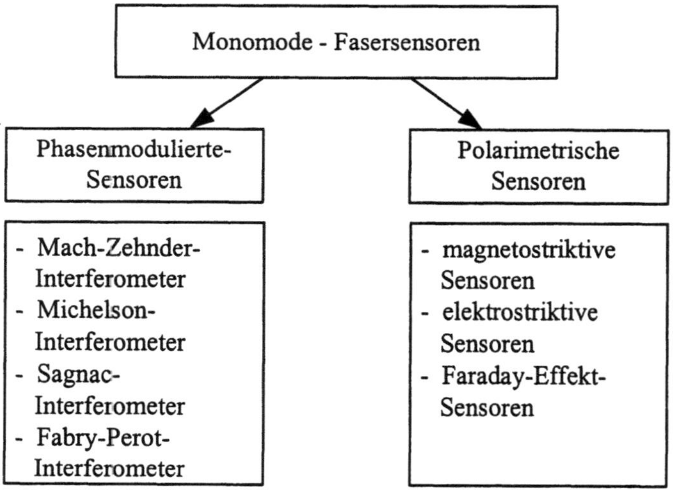

Bild 1-11 Klassifikation von Monomode-Fasersensoren

Interferometer setzen phaseninduzierte Messgrößenänderungen in Intensitätsänderungen um, die mit Photodioden detektierbar sind. Polarimetrische Sensoren beruhen auf Polarisationseffekten.

1.2 Zielstellung

Hauptziel. Das Hauptziel, dass die Leserinnen und Leser beim Studium dieses Buches verfolgen sollten, ist die Aneignung grundlegender Methoden zur Berechnung und zum Entwurf optischer Nachrichtensysteme und Sensornetzwerke.

Dabei ist das Wissen nach systemtheoretischen Gesichtspunkten dargestellt und umfasst die Teilgebiete Übertragung, Messung und Verarbeitung optischer Signale als Ein- bzw. Ausgangsgrößen von

- Laserdioden, Monomode-LWL, Photodioden,
- optischen Modulatoren und Kopplern,
- faseroptischen Verstärkern und Polarisatoren,
- optischen Isolatoren, Retardern und Rotatoren,
- Übertragungssystemen mit Direkt- oder Überlagerungsempfang sowie
- Monomode-Sensornetzwerken auf interferometrischer oder polarimetrischer Grundlage.

Teilziele. Bei der Erarbeitung des Stoffes sollte von folgenden Teilzielen ausgegangen werden:

1. Aneignung der mathematischen und physikalischen Grundlagen der optischen Nachrichten- und Sensortechnik nach Kapitel 2 und 3.
2. Kennen lernen von Beschreibungsformen für die Bauelemente optischer Nachrichtensysteme und Sensornetzwerke, dargestellt im Kapitel 4.
3. Vertraut machen mit Methoden zur Kompensation nachteiliger Effekte in optischen Nachrichtensystemen und quantitative Bewertung der Systemeigenschaften, z.B. durch das Signal-Rauschverhältnis und die Bitfehlerwahrscheinlichkeit wie im Kapitel 5 und 6 ausgeführt.
4. Erarbeitung von Methoden zur Analyse von faseroptischen Sensornetzwerken sowie Ableitung der zugehörigen Entwurfsbedingungen wie im Kapitel 7 gezeigt.
5. Verifikation bestimmter Rechenergebnisse durch messtechnische Untersuchungen mit den im Kapitel 8 angegebenen Messverfahren.

1.3 Literatur

[1.1] Thiele, R.; Freund, H.: *Vom Rauchzeichen zur optischen Nachrichtentechnik.* Hochschule Zittau/Görlitz (FH), Fachbereich Elektro- und Informationstechnik, Studienrichtung Nachrichten- und Kommunikationstechnik. Vortrag im Rahmen der Lehrveranstaltung „Studium fundamentale“, Folien beim Autor, ab 1999

[1.2] Thiele, R.; Scholze, R.: *Optische Sensortechnik – Übersicht und Anwendungen.* Wissenschaftliche Berichte, Hochschule Zittau/Görlitz (FH), Nr. 1835 (2000) Heft 68

2 Signale, Systeme, Felder und Netzwerke

Optische Nachrichtensysteme und Sensornetzwerke sowie deren Komponenten lassen sich durch Signale an ihren Ein- und Ausgängen beschreiben. Dabei versucht man, möglichst einfache Signale an die Eingänge anzulegen, um mit ihrer Hilfe die Systemreaktionen an den Ausgängen ebenfalls einfach messen oder berechnen zu können. Die zeitlichen und spektralen Verläufe von Ein- und Ausgangssignalen geben über das Verhalten bzw. die Eigenschaften des Systems oder Netzwerkes Auskunft. Wir befassen uns daher im Abschnitt 2.1 zuerst mit Signalen, bevor damit im Abschnitt 2.2 Systeme beschrieben werden.

Geht man bei der Propagation des Lichtes von einer Beschreibung als elektromagnetische Welle aus, so ist häufig die skalare Signaldarstellung nicht ausreichend. Es wird dann als Repräsentant des elektromagnetischen Feldes der Vektor der elektrischen Verschiebungsflussdichte $\vec{D}$ gewählt, weil er sowohl in isotropen als auch in anisotropen raumladungsfreien Medien die Polarisation beschreibt und senkrecht auf der Ausbreitungsrichtung steht. Die elektromagnetischen Felder sind im Abschnitt 2.3 als Basis zur Behandlung optischer Netzwerke nach Abschnitt 2.4 dargestellt.

Da die Berechnung von Systemen und Netzwerken im Zeitbereich häufig aufwendig ist, führt man mit Hilfe der Fourier-Transformation Frequenzvariablen ein und beschreibt Systeme und Netzwerke mit einfacheren Mitteln im Frequenz- oder Spektralbereich.

2.1 Signale

Unter einem Signal versteht man die Darstellung einer Nachricht durch physikalische Größen. Bei theoretischen Untersuchungen kann der Bezug auf eine bestimmte physikalische Größe entfallen, und man bezeichnet dann als Signal die mathematische Beschreibung des Vorganges. Dabei spielen sowohl determinierte als auch stochastische Signale zur Beschreibung regelmäßiger oder unregelmäßiger Vorgänge in optischen Nachrichtensystemen und Sensornetzwerken eine Rolle.

2.1.1 Determinierte Signale

Elementarsignale. Sie zeichnen sich durch eine gewisse Regelmäßigkeit aus. Ihr zeitlicher Verlauf kann bei Kenntnis weniger Signalparameter vollständig vorherbestimmt werden. Als Elementarsignale verwenden wir die Sprungfunktion $s(t)$, die Kosinusfunktion $x(t)$, den Rechteckimpuls $\Delta(t)$ und den Dirac-Impuls $\delta(t)$. Sie sind im Bild 2.1 dargestellt.

Für die Sprungfunktion gilt die Definition

$$s(t) = \begin{cases} 1 & \text{für} \quad t > 0 \\ 0 & \text{für} \quad t < 0 \end{cases} . \tag{2.1}$$

Diese Funktion hat bei der Zeit t = 0 eine Unstetigkeitsstelle. Ihr Wert ist hier nicht definiert.

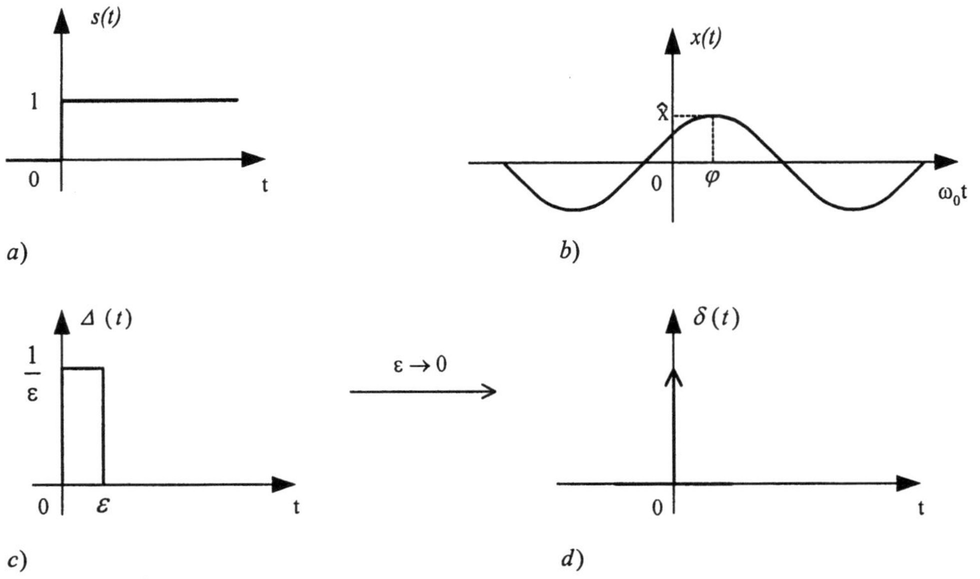

Bild 2-1 Elementarsignale
a) Sprungfunktion b) Kosinusfunktion
c) Rechteckimpuls d) Dirac-Impuls

Für die Kosinusfunktion nach Bild 2.1b schreibt man

$$x(t) = \hat{x} \cos\left(\omega_0 t - \varphi\right) \tag{2.2}$$

Die Größen $\hat{x}$, ω_0 und φ stellen die Amplitude, Kreisfrequenz und Phase dar. Das Signal *x(t)* lässt sich als Realteil der komplexen Funktion

$$z(t) = \hat{x} \exp\left[j\left(\omega_0 t - \varphi\right)\right] \tag{2.3}$$

mit $j = \sqrt{-1}$ auffassen. Man erhält dann

$$x(t) = \mathrm{Re}\left\{z\,(t)\right\}. \tag{2.4}$$

Re kennzeichnet den Realteil von z(t).

Periodische Signale und Fourier-Reihe. Die in 2.3 enthaltene harmonische Exponentielle ist das Aufbauelement für die mathematische Beschreibung periodischer Signale. Periodische Signale mit der Periode T erfüllen die Bedingung

$$f(t) = f\left(t \pm \nu T\right) \tag{2.5}$$

für $\nu = 0, \pm 1, \pm 2 \ldots$

Sie können durch eine komplexe Fourier-Reihe

$$f(t) = \sum_{\nu=-\infty}^{\infty} C_\nu \exp\left(j\nu\,\omega_0 t\right) \tag{2.6}$$

mit der Grundkreisfrequenz $\omega_o = 2\pi / T$ dargestellt werden [2.1]. Die C_ν sind darin die komplexen Fourier-Koeffizienten. Sie lassen sich mit Hilfe von 2.7 aus $f(t)$ bestimmen.

$$C_\nu = \frac{1}{T} \int_{-\frac{T}{2}}^{\frac{T}{2}} \mathrm{f(t)} \exp\left(-\,j\nu\,\omega_0 t\right) \mathrm{dt} \tag{2.7}$$

Wie aus 2.7 ersichtlich ist, besitzen periodische Funktionen ein Spektrum mit diskreten Spektrallinien bei $\nu\omega_o$. Das gilt sowohl für das Amplitudenspektrum $|C_\nu|$ als auch für das Phasenspektrum $\varphi_\nu = \arg \mathrm{C}_\nu$, denn für die komplexen Fourier-Koeffizienten gilt in der Polarkoordinatenform

$$C_\nu = |C_\nu| \exp\left(j\,\varphi_\nu\right). \tag{2.8}$$

Nichtperiodische Signale und Fourier-Transformation. Will man auch nicht periodische Signale, d.h. Signale mit einer Periodendauer $T \to \infty$ einbeziehen, bietet die Fourier-Transformation die Berechnungsvorschrift für das Spektrum $F(j\omega)$. Die Zeitfunktion $f(t)$ und das Spektrum $F(j\omega)$ sind nach 2.9 und 2.10 einander umkehrbar eindeutig zugeordnet [2.1].

$$F(j\omega) = \int_{-\infty}^{\infty} \mathrm{f(t)} \exp\left(-j\omega t\right) \mathrm{dt} \tag{2.9}$$

$$f(t) = \frac{1}{2\pi} \int_{-\infty}^{\infty} \mathrm{F(j\omega)} \exp\left(j\omega t\right) \mathrm{d\omega} \tag{2.10}$$

Beispiel 2.1: Fourier-Transformierte des Gauß-Impulses $f(t) = \exp\left(-\,\mathrm{at}^2\right)$, $\mathrm{a} > 0$

$$F(j\omega) = \int_{-\infty}^{\infty} \exp\left(-\,\mathrm{at}^2\right) \exp\left(-j\omega t\right) \mathrm{dt} \tag{2.11}$$

Lösungsschritte:

1. Quadratische Ergänzung des Exponenten

$$A^2 = at^2, \qquad 2AB = j\omega t$$

$$\rightarrow \quad B = \frac{j\omega}{2\sqrt{a}}, \quad B^2 = -\frac{\omega^2}{4a}$$

$$F(j\omega) = \exp\left(B^2\right)\int_{-\infty}^{\infty} \exp\left[-(A+B)^2\right]dt = \exp\left(-\frac{\omega^2}{4a}\right)\int_{-\infty}^{\infty} \exp\left[-\left(\sqrt{a}\,t + \frac{j\omega}{2\sqrt{a}}\right)^2\right]dt$$

2. Substitution

$$\frac{\tau}{\sqrt{2}} = \sqrt{a}\,t + \frac{j\omega}{2\sqrt{a}},\; d\tau = \sqrt{2a}\,dt$$

$$F(j\omega) = \frac{\exp\left(-\frac{\omega^2}{4a}\right)}{\sqrt{2a}} \int_{-\infty}^{\infty} \exp\left(-\frac{\tau^2}{2}\right)d\tau$$

3. Zurückführung auf das Fehlerintegral

$$\frac{1}{\sqrt{2\pi}} \int_{-\infty}^{\infty} \exp\left(-\frac{\tau^2}{2}\right)d\tau = 1,$$

$$F(j\omega) = \sqrt{\frac{\pi}{a}} \exp\left(-\frac{\omega^2}{4a}\right) \tag{2.12}$$

Im Bild 2-2 sind der Gauß-Impuls und das zugehörige Spektrum dargestellt. Man erkennt, dass das Spektrum des Gauß-Impulses ebenfalls gaußförmig und kontinuierlich ist.

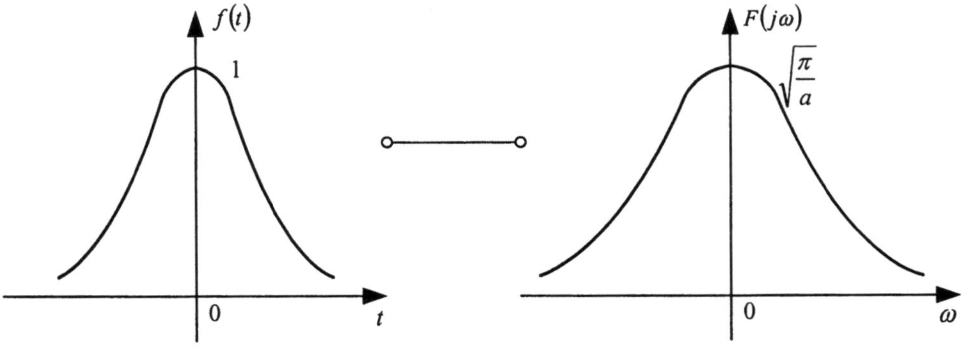

Bild 2-2 Gauß-Impuls und sein Spektrum □

Der Rechteckimpuls nach Bild 2-1c lässt sich mit Sprungfunktionen beschreiben.

$$\Delta(t) = \frac{1}{\varepsilon}\,s(t) - \frac{1}{\varepsilon}\,s(t-\varepsilon) \tag{2.13}$$

Für $\varepsilon \to 0$ ergibt sich aus 2.13 ein sehr schmaler und hoher Rechteckimpuls, der als Dirac-Impuls $\delta(t)$ bezeichnet wird.

$$\delta(t) = \lim_{\varepsilon \to 0} \Delta(t) \tag{2.14}$$

Die Fläche des Rechteckimpulses bleibt beim Grenzübergang $\varepsilon \to 0$ erhalten, also gilt

$$\int_{-\infty}^{\infty} \delta(t)\,dt = 1\,. \tag{2.15}$$

Gleichung 2.15 ist von grundlegender Bedeutung in der System- und Netzwerktheorie. Die Anwendung dieser Beziehung soll am Beispiel 2.2 demonstriert werden.

Beispiel 2.2: Spektrum $F(j\omega)$ des Dirac-Impulses $\delta(t)$

$$F(j\omega) = \int_{-\infty}^{\infty} \delta(t) \exp(-j\omega t)\,dt \tag{2.16}$$

Das Integral liefert nur für t = 0 einen von Null verschiedenen Beitrag. Dann hat die Exponentialfunktion im Integranden den Wert 1. Es entsteht

$$F(j\omega) = \int_{-\infty}^{\infty} \delta(t)\,dt = 1\;. \tag{2.17}$$

Im Bild 2-3 sind der Dirac-Impuls und sein Spektrum dargestellt. Das Zeichen o—o ist das so genannte Korrespondenzsymbol.

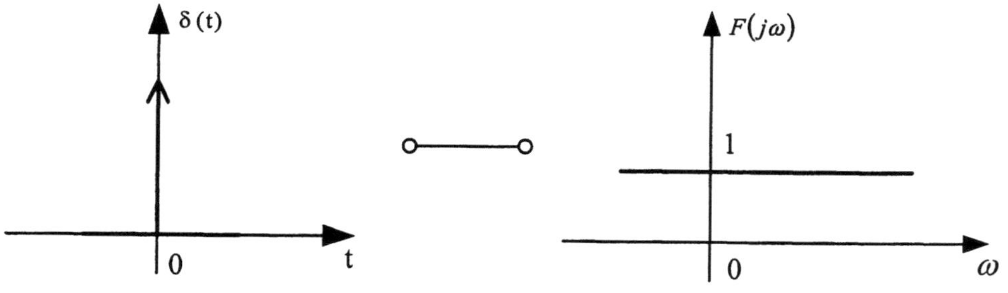

Bild 2-3 Dirac-Impuls und sein Spektrum □

Analytische Signale. In der optischen Nachrichten- und Sensortechnik wird häufig mit komplexen Signalen gearbeitet, die bezüglich der Zeit t analytische Signale darstellen. Das analytische Signal wird durch Addition eines Imaginärteiles $y(t)$ zum reellen Signal $x(t)$ gebildet, der sich aus der Hilbert-Transformation ergibt:

$$y(t) = \frac{1}{\pi} \int_{-\infty}^{\infty} \frac{x(\tau)}{t-\tau} d\tau \,. \tag{2.18}$$

Für das analytische Signal gilt dann

$$z(t) = x(t) + jy(t) \,. \tag{2.19}$$

Ebenso kann die physikalisch relevante reelle Signalgröße $x(t)$ aus dem Imaginärteil $y(t)$ gewonnen werden.

$$x(t) = -\frac{1}{\pi} \int_{-\infty}^{\infty} \frac{y(\tau)}{t-\tau} d\tau \tag{2.20}$$

Durch Fourier-Transformation von 2.19 ergibt sich das Spektrum des analytischen Signales

$$Z(j\omega) = X(j\omega) + j\,Y(j\omega) \,. \tag{2.21}$$

Das Spektrum des analytischen Signals besitzt die Eigenschaft

$$Z(j\omega) = \begin{cases} 2\,X(j\omega) & \omega > 0 \\ X(j\omega) & \omega = 0 \\ 0 & \omega < 0 \end{cases} . \tag{2.22}$$

Für die Spektren von Real- und Imaginärteil gilt

$$X(j\omega) = \begin{cases} \frac{1}{2} Z(j\omega) & \omega > 0 \\ Z(j\omega) & \omega = 0 \\ \frac{1}{2} Z(-j\omega) & \omega < 0 \end{cases}, \quad Y(j\omega) = \begin{cases} -j\,X(j\omega) & \omega > 0 \\ 0 & \omega = 0 \\ j\,X(j\omega) & \omega < 0 \end{cases} . \tag{2.23}$$

Aus der Eigenschaft

$$|Y(j\omega)|^2 = |X(j\omega)|^2 \tag{2.24}$$

folgt, dass der Realteil $x(t)$ und der Imaginärteil $y(t)$ die gleiche Leistung

$$P_x = P_y = P \tag{2.25}$$

besitzen. Das analytische Signal besitzt also die doppelte Leistung

$$P_{an} = 2\,P \,. \tag{2.26}$$

2.1.2 Stochastische Signale

2.1.2.1 Reelle Prozesse

Vektorielle Signale. In der optischen Nachrichtentechnik spielen neben den bisher behandelten skalaren Signalen auch vektorielle Signale eine Rolle. Als Beispiel für ein vektorielles Signal betrachten wir das Ausgangssignal einer Laserdiode.

Beispiel 2.3: Verschiebungsflussdichte $\vec{D}(t)$ einer Monomode-Laserdiode

Als Repräsentant des Feldes der Laserdiode wird die elektrische Verschiebungsflussdichte $\vec{D}(t)$ mit den transversalen Signalen $D_x(t)$ und $D_y(t)$ quer zur Ausbreitungsrichtung z bei $z = 0$ in einem x, y, z-Koordinatensystem gewählt.

$$\vec{D}(t) = \begin{pmatrix} D_x(t) \\ D_y(t) \end{pmatrix} = D(t) \exp\left(j\omega_o t\right) \vec{e} \tag{2.27}$$

Die komplexe Amplitude $D(t)$ beinhaltet das Amplitudenrauschen $|D(t)|$ und das Phasenrauschen $\Phi(t)$ des Lasers.

Es gilt

$$D(t) = |D(t)| \exp\left(-\mathrm{j}\Phi(\mathrm{t})\right) . \tag{2.28}$$

Die Größe $\vec{e}$ heißt Polarisationseinheitsvektor. Er beschreibt die Richtung der Lichtwelle in der x, y-Ebene eines kartesischen Koordinatensystems [2.2].

$$\vec{e} = \begin{pmatrix} |e_x| \; \exp\left(-\mathrm{j}\,\psi_{\mathrm{x}}\right) \\ |e_y| \; \exp\left(-\mathrm{j}\,\psi_{\mathrm{y}}\right) \end{pmatrix} \tag{2.29}$$

Für den Polarisationseinheitsvektor gilt

$$\vec{e}^{\,\prime *} \vec{e} = |e_x|^2 + |e_y|^2 = 1 . \tag{2.30}$$

Der hochgestellte Strich $'$ kennzeichnet den transponierten Vektor und * den konjugiert komplexen Wert.

Im Beispiel 2.3 handelt es sich um ein stochastisches Signal, weil der Verlauf von $|D(t)|$ und $\Phi(t)$ i.A. regellos ist. □

Verteilungs- und Dichtefunktion. Ein stochastisches Signal oder gleichbedeutend ein stochastischer Prozess wird durch Wahrscheinlichkeitsverteilungsfunktionen definiert [2.3]. Diese Verteilungsfunktionen klassifiziert man nach ihrer Ordnung N, wobei N mit der Anzahl der Argumente übereinstimmt. Die allgemeine Definition der Verteilungsfunktion N-ter Ordnung ist gegeben durch [2.4]:

$$F^{(N)}\left(\mathrm{x}_1, \mathrm{x}_2, \cdots, \mathrm{x}_\mathrm{N}; t_1, t_2, \cdots, t_N\right) = P\left\{x(t_1) \leq x_1, x(t_2) \leq x_2, \cdots, x(t_N) \leq x_N\right\} \tag{2.31}$$

Dabei bezeichnet $P\{\cdots\}$ die Wahrscheinlichkeit für die angegebenen Bedingungen und $x(t)$ wird Realisierungszeitfunktion oder kurz Realisierungsfunktion des stochastischen Prozesses genannt. Eine weitere Möglichkeit der Charakterisierung stochastischer Prozesse bieten die Wahrscheinlichkeitsdichtefunktionen

$$f^{(N)}\left(x_1, x_2, \cdots x_N; t_1, t_2, \cdots, t_N\right) = \frac{\partial^N F^{(N)}\left(x_1, x_2, \cdots, x_N; t_1, t_2, \cdots, t_N\right)}{\partial x_1 \, \partial x_2 \cdots \partial x_N} . \tag{2.32}$$

Oft treten Dichtefunktionen nach Beispiel 2.4 auf.

Beispiel 2.4: Gaußsche Dichtefunktion

$$f^{(N)}\left(x_1, x_2, \cdots, x_N; t_1, t_2, \cdots, t_N\right) = \frac{1}{\sqrt{(2\pi)^N \Delta}} \exp\left[-\frac{1}{2}(\vec{x}-\vec{\eta})\,\mathbf{c}^{-1}\,(\vec{x}-\vec{\eta})'\right] \tag{2.33}$$

Darin bedeuten:

$\vec{x}, \vec{\eta}$ N - dimensionale Zeilenvektoren mit dem k-ten Element $x(t_k)$ bzw. $< x(t_k) >$

$< x(t_k) >$ Ensemblemittelwert über die Realisierungsfunktionen $x(t_k)$ zum Zeitpunkt t_k

$\mathbf{c}^{-1}$ inverse Kovarianz-Matrix und Δ Determinante von $\mathbf{c}$.

□

Gaußsche Prozesse. Weil die Linearkombination Gaußscher Zufallsvariablen wieder eine Gaußsche Zufallsvariable ist, folgt, dass eine Linearkombination Gaußscher stochastischer Prozesse wieder ein Gaußscher stochastischer Prozess ist [2.3].

Unter der Linearkombination stochastischer Prozesse wird dabei verstanden, dass die Realisierungsfunktionen des Gesamtprozesses Linearkombinationen der Realisierungsfunktionen der Einzelprozesse sind.

Ensemblemittelwert. Mit Hilfe der Dichtefunktion kann der Ensemblemittelwert einer Funktion U wie folgt berechnet werden [2.3]:

$$< U\left[x_1(t_1), x_2(t_2), \cdots, x_N(t_N)\right] > = \int_{-\infty}^{\infty}\int_{-\infty}^{\infty}\cdots\int_{-\infty}^{\infty} U(x_1, x_2, \cdots, x_N)\cdot f^{(N)}(x_1, x_2, \cdots, x_N; t_1, t_2, \cdots, t_N)\, dx_1\, dx_2 \cdots dx_N \tag{2.34}$$

Das Ergebnis von 2.34 ist im Allgemeinen eine Funktion der Zeitvariablen $t_1, t_2, \cdots, t_N$.

Korrelationsfunktionen. Von besonderem Interesse ist der Ensemblemittelwert des Produktes der Realisierungsfunktionen

$$G^{(N)}(t_1, t_2, \cdots, t_N) = < x(t_1)\, x(t_2) \cdots x(t_N) > \tag{2.35}$$

Diesen Mittelwert nennt man Korrelationsfunktion N-ter Ordnung des stochastischen Prozesses.

Stationäre Prozesse. Eine wichtige Klasse stochastischer Prozesse sind die stationären stochastischen Prozesse. Ein stochastischer Prozess heißt dann und nur dann stationär, falls für eine beliebige Zeitverschiebung τ gilt:

$$G(t_1, t_2, \cdots, t_N) = G(t_1 + \tau, t_2 + \tau, \cdots, t_N + \tau)\,. \tag{2.36}$$

Von nun an wird die Ordnung N der Korrelationsfunktionen weggelassen. Sie ist auch an der Anzahl der Argumente erkennbar.

Für stationäre Prozesse können wir die Korrelationsfunktion zweiter Ordnung in der Form

$$R(\tau) = G(t + \tau, t) \tag{2.37}$$

darstellen. Sie hängt nur von der Zeitdifferenz $\tau = t_1 - t_2$ ab.

Mittlere Momentanleistung. Wir führen die mittlere Momentanleistung $<x^2(t)>$ eines reellen stochastischen Prozesses im systemtheoretischen Sinne ein:

$$<P(t)> = <x^2(t)> = G(t,t)\,. \tag{2.38}$$

Aus 2.37 erkennt man, dass die mittlere Momentanleistung für stationäre Prozesse zeitunabhängig ist.

Statistisch unabhängige Zufallsvariable. Zwei Zufallsvariablen x_1 und x_2 heißen statistisch unabhängig, falls

$$<x_1\, x_2> = <x_1><x_2> \tag{2.39}$$

gilt.

Kohärenzzeit. Bei physikalischen stationären Prozessen sind $x_1 = x(t_1)$ und $x_2 = x(t_2)$ für $|t_1 - t_2| / \tau_K >> 1$ statistisch unabhängig. τ_K ist dabei die so genannte Kohärenzzeit, innerhalb der z.B. ein zufälliges optisches Signal als harmonisch betrachtet werden kann. Für die Korrelationsfunktion gilt dann [2.4]:

$$R(\tau) \rightarrow <x>^2 \quad \text{für} \quad |\tau|/\tau_K \rightarrow \infty\,. \tag{2.40}$$

Leistungsspektrum. Nach dem Wiener-Chintschin-Theorem kann man der Korrelationsfunktion $R(\tau)$ das Leistungsspektrum $S(\omega)$ als Fourier-Transformierte zuordnen [2.1]:

$$S(\omega) = \int_{-\infty}^{\infty} R(\tau) \exp(-j\omega\,\tau)\, d\tau\,. \tag{2.41}$$

Linienbreite. Basierend auf 2.41 ergibt sich aus der in der Korrelationsfunktion $R(\tau)$ enthaltenen Kohärenzzeit τ_K eine Linienbreite $\Delta\omega$ für das Leistungsspektrum $S(\omega)$. Für die Linienbreite $\Delta\omega$ gilt die Proportion $\Delta\omega \sim \dfrac{1}{\tau_K}$.

Den schematischen Zusammenhang zwischen dem Betragsquadrat des so genannten Kohärenzgrades $|R(\tau)/(R(0))|^2$ und der Kohärenzzeit τ_K sowie dem Leistungsspektrum $S(\omega)$ und der Linienbreite $\Delta\omega$ zeigt Bild 2.4.

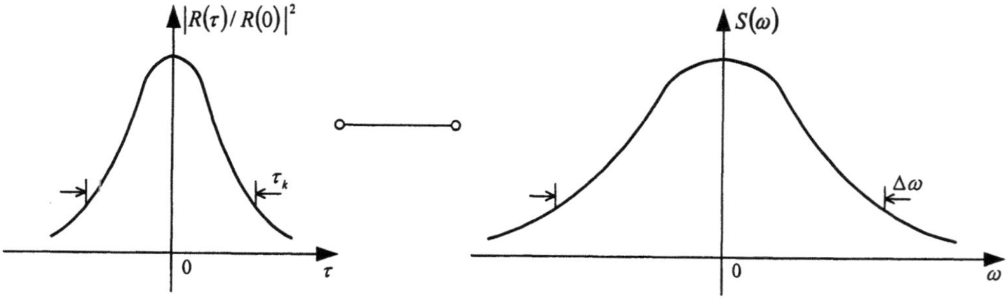

Bild 2-4 Betragsquadrat des Kohärenzgrades $|R(\tau)/R(0)|^2$ und Leistungsspektrums $S(\omega)$

Zyklisch stationäre Prozesse. Wir wenden uns nun einer allgemeineren Klasse von stochastischen Prozessen zu, den zyklisch stationären Prozessen. Ein Prozess heißt zyklisch statonär, falls

$$G(t_1, t_2, \cdots, t_N) = G(t_1 + mT, t_2 + mT, \cdots, t_N + mT) \tag{2.42}$$

für ein gegebenes T und ganzzahliges m gilt. T wird Periode des zyklisch stationären Prozesses genannt.

Verschobener Prozess. Weil das Wiener-Chintschin-Theorem 2.41 nur für stationäre Prozesse gilt, muss das Leistungsspektrum eines zyklisch stationären Prozesses über einen Umweg berechnet werden. Dazu ordnen wir dem zyklisch stationären Prozess mit den Realisierungsfunktionen $x(t)$ einen stationären Prozess als so genannten verschobenen Prozess mit den Realisierungsfunktionen $\tilde{x}(t)$ zu.

$$\tilde{x}(t) = x(t - \Theta) \tag{2.43}$$

In 2.43 ist Θ eine im Intervall $[0, T]$ gleichverteilte unabhängige Zufallsvariable [2.4].

Die Korrelationsfunktion $\tilde{R}(\tau)$ des verschobenen Prozesses lässt sich aus der Korrelationsfunktion $G(\tau + \Theta, \Theta)$ des zyklisch stationären Originalprozesses wie folgt ermitteln [2.4]:

$$\tilde{R}(\tau) = \frac{1}{T} \int_0^T G(\tau + \Theta, \Theta)\, d\Theta\,. \tag{2.44}$$

Leistungsspektrum eines zyklisch stationären Prozesses. Die Berechnung des Leistungsspektrums eines zyklisch stationären Prozesses wird am nachfolgenden Beispiel demonstriert.

Beispiel 2.5: Harmonischer Prozess mit zufälliger Amplitude

Realisierungsfunktionen $x(t)$ des harmonischen zyklisch stationären Prozesses:

$$x(t) = \hat{a} \sin(\omega_0 t) \tag{2.45}$$

$\hat{a}$ Zufallsvariable

$T = \frac{2\pi}{\omega_0}$ Periode des zyklisch stationären Prozesses

Realisierungsfunktionen $\tilde{x}(t)$ des verschobenen Prozesses:

$$\tilde{x}(t) = \hat{a} \sin[\omega_0 (t - \Theta)] \tag{2.46}$$

Θ in $[0, T]$ gleichverteilte Zufallsvariable, unkorreliert mit $\hat{a}$

Korrelationsfunktion $\tilde{R}(\tau)$ des verschobenen Prozesses:

$$\tilde{R}(\tau) = < \tilde{x}(t+\tau)\tilde{x}(t) > = < \hat{a}^2 > \left\langle \cos\left[\omega_0 (t + \tau - \Theta) - \frac{\pi}{2}\right] \cos\left[\omega_0 (t - \Theta) - \frac{\pi}{2}\right] \right\rangle$$

$$= \frac{1}{2} < \hat{a}^2 > \{ < \cos[\omega_0 (2t + \tau - 2\Theta) - \pi] > + < \cos(\omega_0 \tau) > \}$$

$$\widetilde{R}(\tau) = \frac{1}{2} < \hat{a}^2 > \cos(\omega_0 \tau) \tag{2.47}$$

Mittlere Leistung $< P >$:

$$< P > = \widetilde{R}(0) = \frac{1}{2} < \hat{a}^2 > \tag{2.48}$$

Leistungsspektrum $S(\omega)$:

$$S(\omega) = \frac{1}{4} < \hat{a}^2 > \int_{-\infty}^{\infty} [\exp(j\omega_0 \tau) + \exp(-j\omega_0 \tau)] \cdot \exp(-j\omega \tau) \, d\tau$$

$$S(\omega) = \frac{\pi}{2} < \hat{a}^2 > [\delta(\omega + \omega_0) + \delta(\omega - \omega_0)] \tag{2.49}$$

Im Bild 2-5 sind die Kennfunktionen des harmonischen Prozesses mit zufälliger Amplitude dargestellt.

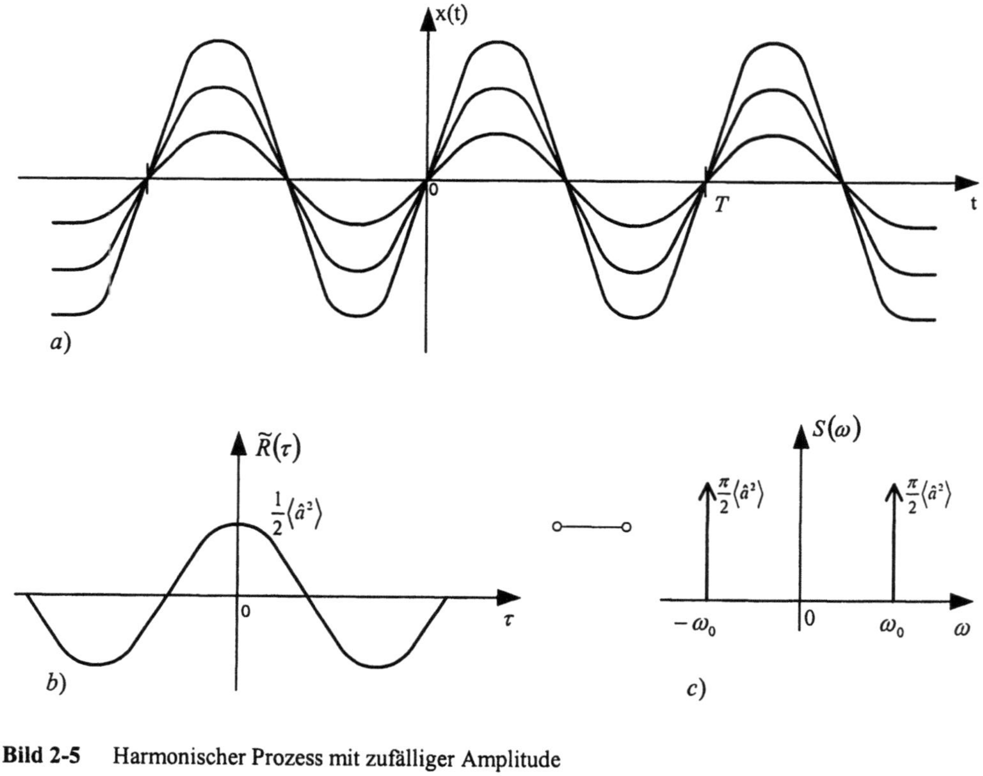

Bild 2-5 Harmonischer Prozess mit zufälliger Amplitude

a) Realisierungsfunktionen $x(t)$

b) Korrelationsfunktion $\widetilde{R}(\tau)$

c) Leistungsspektrum $S(\omega)$

□

2.1.2.2 Komplexe Prozesse

Realisierungsfunktionen. Falls die Realisierungsfunktionen komplex sind, sprechen wir von komplexen stochastischen Prozessen. Dabei kann die komplexe Realisierungsfunktion $z(t)$ durch zwei reelle Funktionen $x(t)$ und $y(t)$ ausgedrückt werden.

$$z(t) = x(t) + jy(t) . \tag{2.50}$$

Verteilungsfunktionen. Die statistischen Eigenschaften komplexer stochastischer Prozesse sind durch die Verbundverteilungsfunktionen

$$\begin{aligned} &F^{(N)}(x_1, x_2, \cdots, y_1, y_2, \cdots; t_1, t_2, \cdots, s_1, s_2, \cdots) \\ &= P\{x(t_1) \leq x_1, x(t_2) \leq x_2; \cdots; y(s_1) \leq y_1, y(s_2) \leq y_2, \cdots\} \end{aligned} \tag{2.51}$$

bestimmt.

Korrelationsfunktion. Bei komplexen stochastischen Prozessen ist die Korrelationsfunktion

$$G(t_1, t_2, \cdots, t_{2N}) = \langle z(t_1) z^*(t_2) \cdots z(t_{2N-1}) z^*(t_{2N}) \rangle \tag{2.52}$$

mit einer geraden Anzahl komplexer und konjugiert komplexer Realisierungsfunktionen von Interesse.

Stationärer komplexer stochastischer Prozess. Ein komplexer stochastischer Prozess heißt stationär, falls gilt:

$$G(t_1, t_2, \cdots, t_{2N}) = G(t_1 + \tau, t_2 + \tau, \cdots, t_{2N} + \tau) . \tag{2.53}$$

Zyklisch stationärer komplexer Prozess. Für zyklisch stationäre komplexe Prozesse mit der Periode T und der ganzen Zahl m gilt:

$$G(t_1, t_2, \cdots, t_{2N}) = G(t_1 + mT, t_2 + mT, \cdots, t_{2N} + mT) . \tag{2.54}$$

Mittlere Momentanleistung. Die mittlere Momentanleistung eines komplexen stochastischen Prozesses ist definiert in der Form

$$\langle P(t) \rangle = \left\langle |z(t)|^2 \right\rangle = G(t, t) . \tag{2.55}$$

Als Beispiel eines komplexen stochastischen Prozesses betrachten wir das durch die Laserdioden bedingte Restphasenrauschen $\Delta\Phi$ in optischen Homodynempfängern.

Beispiel 2.6: Korrelationsfunktion, Kohärenzzeit und Leistungsspektrum des komplexen stochastischen Prozesses $z(t) = \exp[-j\Phi(t)]$

$\Phi(t)$ Laserphasenrauschen

$\Delta\Phi = \Phi(t_1) - \Phi(t_2)$ Restphase

Dichtefunktion der Restphase [2.2]:

$$f(\Delta\Phi) = \frac{1}{\sqrt{2\pi\,\Delta\omega|\tau|}} \exp\left(-\frac{\Delta\Phi^2}{2\,\Delta\omega|\tau|} \right) \tag{2.56}$$

$\Delta\omega$ Linienbreite von Sende- und Lokallaser

$\tau = t_1 - t_2$

Korrelationsfunktion:

$$G(t_1,t_2) = \left\langle \exp\left[-j\Phi(t_1)\right]\cdot \exp\left[j\Phi(t_2)\right]\right\rangle$$

$$G(t_1,t_2) = \left\langle \exp(-j\Delta\Phi)\right\rangle = \frac{1}{\sqrt{2\pi\,\Delta\omega\,|\tau|}} \int_{-\infty}^{\infty} \exp(-j\Delta\Phi)\cdot \exp\left(-\frac{\Delta\Phi^2}{2\,\Delta\omega\,|\tau|}\right) d(\Delta\Phi)$$

Substitution: $\varphi = \dfrac{\Delta\Phi}{\sqrt{2\,\pi\,\Delta\omega\,|\tau|}}$

$$G(t_1,t_2) = \int_{-\infty}^{\infty} \exp\left[-j\sqrt{2\pi\,\Delta\omega\,|\tau|}\;\varphi - \pi\,\varphi^2\right] d\varphi$$

Variablensatz entsprechend Beispiel 2.1:

$t \;\rightarrow\; \varphi$

$j\omega \;\rightarrow\; j\sqrt{2\pi\,\Delta\omega\,|\tau|}$

$a \;\rightarrow\; \pi$

Ergebnis:

$$G(t_1,t_2) = R(\tau) = \exp\left(-\frac{\Delta\omega\,|\tau|}{2}\right) \tag{2.57}$$

Kohärenzzeit:

Definition: $$\tau_K = \int_{-\infty}^{\infty} \left|\frac{R(\tau)}{R(o)}\right|^2 d\tau \tag{2.58}$$

$$\tau_K = \int_{-\infty}^{\infty} \exp\left(-\Delta\omega\,|\tau|\right) d\tau = \int_{-\infty}^{0} \exp(\Delta\omega\tau)\,d\tau + \int_{0}^{\infty} \exp\left(-\Delta\omega\tau\right) d\tau$$

$$\tau_K = \frac{2}{\Delta\omega} \tag{2.59}$$

Leistungsspektrum:

$$S(\omega) = \int_{-\infty}^{\infty} \exp\left(-\frac{|\tau|}{\tau_K}\right) \exp(-j\omega\tau)\,d\tau = \int_{-\infty}^{0} \exp\left[\left(\frac{1}{\tau_K} - j\omega\right)\tau\right] d\tau + \int_{0}^{\infty} \exp\left[-\left(\frac{1}{\tau_K} + j\omega\right)\tau\right] d\tau$$

$$= \frac{2\,\tau_K}{1+\left(\omega\,\tau_K\right)^2}$$

$$S(\omega) = \frac{4}{\Delta\omega} \cdot \frac{1}{1 + \left(\frac{\omega}{\Delta\omega / 2} \right)^2} \tag{2.60}$$

Die Kennfunktionen des komplexen Prozesses $\exp\left[-j\Phi(t)\right]$ sind in Bild 2-6 dargestellt.

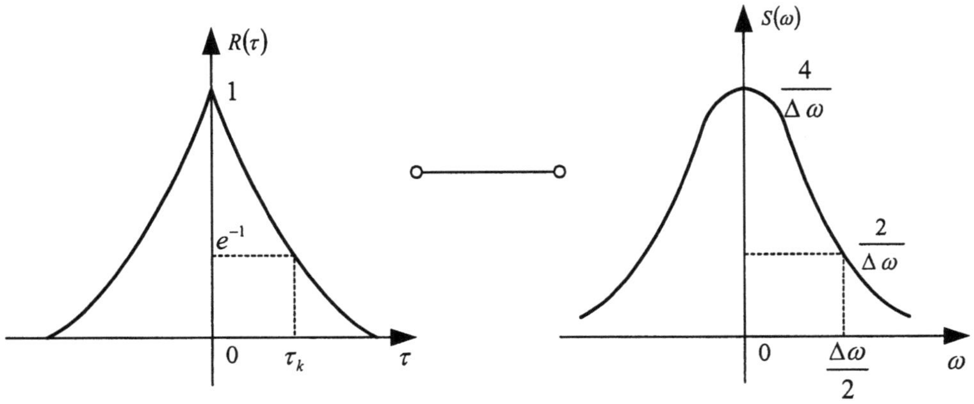

Bild 2-6 Korrelationsfunktion und Leistungsspektrum des komplexen Prozesses $\exp\left[-j\Phi(t)\right]$ □

2.2 Systeme

Unter einem System versteht man eine Menge von Elementen und ihrer Relationen zueinander. Dabei können in der optischen Nachrichten- und Sensortechnik elektrische, optische und elektrisch-optische Elemente auftreten. Die Relationen zwischen den Elementen und der Umgebung werden durch Signale an den Ein- und Ausgängen charakterisiert.

2.2.1 Systemdarstellung und Systemeigenschaften

Systemdarstellung. Das System wird als "Black Box" mit N Eingängen und N Ausgängen nach Bild 2-7 dargestellt. Dabei kann man die Eingangssignale als Ursache und die Ausgangssignale als zugehörige Wirkung auffassen.

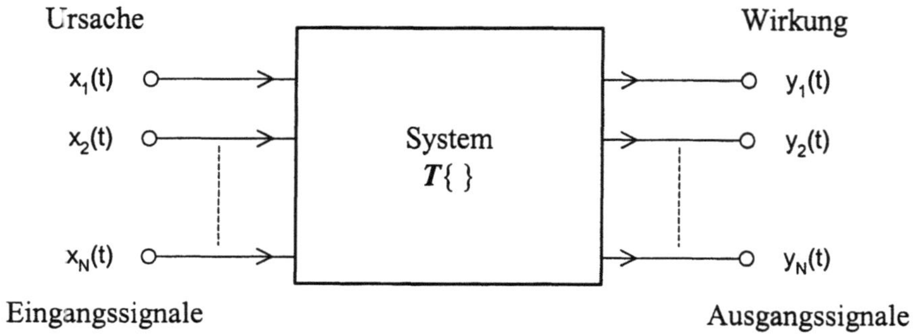

Bild 2-7 Systemdarstellung mit N Eingangssignalen, N Ausgangssignalen und dem Operator **T**{ }

Mit den Signalen an den Ein- und Ausgängen lassen sich die Vektoren

$$\vec{x}'(t) = \left(x_1(t), x_2(t), \cdots, x_N(t)\right) \tag{2.61}$$

$$\vec{y}'(t) = \left(y_1(t), y_2(t), \cdots, y_N(t)\right) \tag{2.62}$$

bilden.

Die Eigenschaften des Systems enthält der Operator $\boldsymbol{T}$. Er überführt den Eingangssignalvektor $\vec{x}(t)$ gemäß 2.63 in den Ausgangssignalvektor $\vec{y}(t)$.

$$\vec{y}(t) = \boldsymbol{T}\,\{\vec{x}(t)\} \tag{2.63}$$

Systemeigenschaften. Durch die Verwendung von Systemeigenschaften können wir Berechnungsgleichungen zur Bestimmung des Ausgangssignalvektors $\vec{y}(t)$ aus dem Eingangssignalvektor $\vec{x}(t)$ bei Kenntnis des Operators $\boldsymbol{T}\{\ \}$ ableiten. Vier wichtige Eigenschaften sind Linearität, Zeitinvarianz, Stabilität und Kausalität.

Linearität. Unter Linearität versteht man, dass die Linearkombination von Eingangsvektoren $\vec{x}_\nu(t)$ zur Linearkombination der Ausgangsvektoren $\vec{y}_\nu(t)$ mit den gleichen Konstanten k_ν führt.

Aus

$$\vec{y}_\nu(t) = \boldsymbol{T}\,\{\vec{x}_\nu(t)\} \tag{2.64}$$

und

$$\vec{x}(t) = \sum_{\nu=1}^{n} k_\nu\, \vec{x}_\nu(t) \tag{2.65}$$

folgt beim linearen System

$$\vec{y}(t) = \sum_{\nu=1}^{n} k_\nu\, \vec{y}_\nu(t)\,. \tag{2.66}$$

Da auch 2.63 gilt, ergibt sich

$$\sum_{\nu=1}^{n} k_\nu \, \boldsymbol{T}\{\vec{x}_\nu(t)\} = \boldsymbol{T}\left\{\sum_{\nu=1}^{n} k_\nu \, \vec{x}_\nu(t)\right\}. \tag{2.67}$$

Zeitinvarianz. Beim zeitinvarianten System führt die Verschiebung des Eingangssignalvektors $\vec{x}(t)$ um eine beliebige Zeit t_0 zur Verschiebung des Ausgangssignalvektors $\vec{y}(t)$ um die gleiche Zeit t_0.

Aus 2.63 folgt im Fall der Zeitinvarianz

$$\vec{y}(t-t_0) = \boldsymbol{T}\{\vec{x}\,(t-t_0)\}. \tag{2.68}$$

Stabilität. Die Eigenschaft *Stabilität* eines Systems ist hier immer zu fordern. Ein System heißt stabil, wenn es auf einen beschränkten Eingangssignalvektor

$$|\vec{x}(t)| < \vec{M} < \vec{\infty} \tag{2.69}$$

mit einem ebenfalls beschränkten Ausgangssignalvektor

$$|\vec{y}(t)| < \vec{L} < \vec{\infty} \tag{2.70}$$

reagiert. Unter $\vec{\infty}$ wird dabei der N-dimensionale Vektor

$$\vec{\infty}' = (\infty, \infty, \cdots, \infty) \tag{2.71}$$

verstanden.

Kausalität. Ein kausales System reagiert erst mit einem Ausgangssignalvektor $\vec{y}(t)$, wenn ein Eingangssignalvektor $\vec{x}(t)$ als Ursache anliegt. Mathematisch formuliert, folgt aus

$$\vec{x}(t) = \vec{0} \quad \text{für} \quad t < t_0 \tag{2.72}$$

die Bedingung

$$\vec{y}(t) = \vec{0} \quad \text{für} \quad \mathrm{t} < \mathrm{t}_0 \,. \tag{2.73}$$

Dabei stellt $\vec{0}$ den N-dimensionalen Nullvektor dar.

$$\vec{0}' = (0, 0, \cdots, 0) \tag{2.74}$$

Jedes physikalisch realisierbare System besitzt die Eigenschaft *Kausalität.*

2.2.2 Lineare zeitinvariante Systeme

2.2.2.1 Systeme mit determinierten Eingangssignalen

Impulsantwort. Ziel dieses Unterabschnittes ist die Ermittlung von Berechnungsgleichungen für die Ausgangssignale, d.h. Systemreaktionen, im Zeit- und Frequenzbereich. Dazu wird im Zeitbereich die Systemcharakteristik *Impulsantwort* als Reaktion auf die *Impulsmatrix* am Eingang des Systems definiert. Bild 2.8 verdeutlicht diesen Zusammenhang.

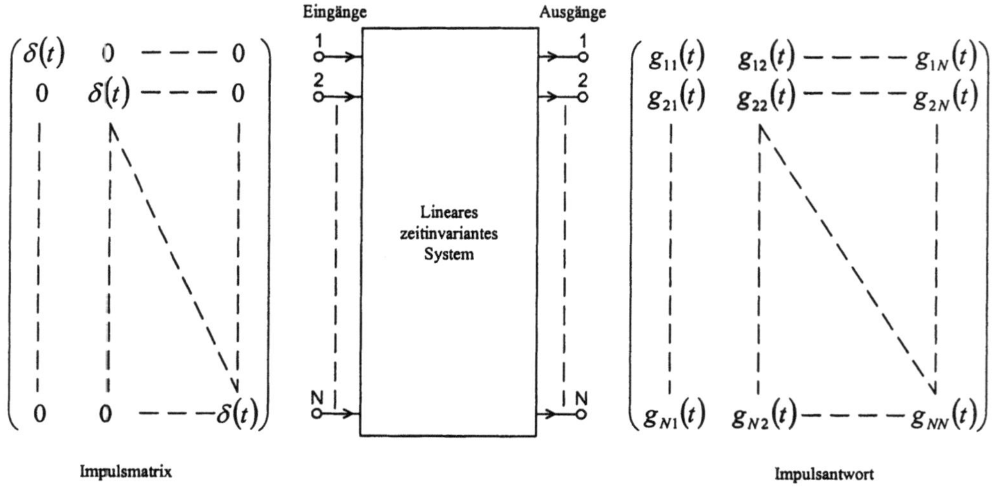

Bild 2-8 Zur Ermittlung der Impulsantwort

Messtechnisch gesehen legt man nacheinander die Spaltenvektoren der Impulsmatrix an den N-dimensionalen Eingang an und erhält am N-dimensionalen Ausgang nacheinander die entsprechenden Spaltenvektoren der Impulsantwort-Matrix. Mathematisch formulieren wir diesen Zusammenhang mit dem Operator $\boldsymbol{T}$ unter Bezug auf 2.63.

$$\boldsymbol{g}(t) = \boldsymbol{T}\{\boldsymbol{\delta}(t)\} \tag{2.75}$$

mit

$$\boldsymbol{g}(t) = \begin{pmatrix} g_{11}(t) & g_{12}(t) & \cdots & g_{1N}(t) \\ g_{21}(t) & g_{22}(t) & \cdots & g_{2N}(t) \\ \vdots & \vdots & \ddots & \vdots \\ g_{N1}(t) & g_{N2}(t) & \cdots & g_{NN}(t) \end{pmatrix} \tag{2.76}$$

und

$$\boldsymbol{\delta}(t) = \begin{pmatrix} \delta(t) & 0 & \cdots & 0 \\ 0 & \delta(t) & \cdots & 0 \\ \vdots & \vdots & \ddots & \vdots \\ 0 & 0 & \cdots & \delta(t) \end{pmatrix} \tag{2.77}$$

Faltungsintegral. Wir wenden uns jetzt der Ableitung des Faltungsintegrales für lineare zeitinvariante Systeme zu. Auf vektorielle Signale übertragen, gilt zunächst die Ausblendeigenschaft des Dirac-Impulses $\delta(t)$ nach 2.78.

$$\vec{x}(t) = \int_{-\infty}^{\infty} \delta(t-\tau)\,\vec{x}(\tau)\,d\tau \tag{2.78}$$

Ausgehend von 2.63 und 2.78 erhält man bei Berücksichtigung der Linearitätseigenschaft 2.67:

$$\vec{y}(t) = \int_{-\infty}^{\infty} \boldsymbol{T}\{\delta\,(t-\tau)\}\,\vec{x}(\tau)\,d\tau. \tag{2.79}$$

Bei Zeitinvarianz nach 2.68 gilt mit 2.75:

$$\boldsymbol{g}(t-\tau) = \boldsymbol{T}\,\{\delta\,(t-\tau)\} \tag{2.80}$$

Gleichung 2.80 wird in 2.79 eingesetzt. Es ergibt sich das Faltungsintegral

$$\vec{y}(t) = \int_{-\infty}^{\infty} \boldsymbol{g}\,(t-\tau)\,\vec{x}(\tau)\,d\tau. \tag{2.81}$$

Übertragungsgleichung im Frequenzbereich. Bei Kenntnis von $\boldsymbol{g}(t)$ und Vorgabe von $\vec{x}(t)$ lässt sich der Ausgangssignalvektor $\vec{y}(t)$ mit 2.81 i.A. relativ aufwendig berechnen. Deshalb wollen wir eine einfachere Berechnungsgleichung im Frequenzbereich ableiten. Dazu definiert man zunächst die Fourier-Transformierten des Eingangs- und Ausgangssignalvektors.

$$\vec{x}(t) \;\circ\!\!-\!\!\circ\; \vec{X}(j\omega) = \int_{-\infty}^{\infty} \vec{x}(t)\exp\,(-j\omega t)\,dt\,, \tag{2.82}$$

$$\vec{y}(t) \;\circ\!\!-\!\!\circ\; \vec{Y}(j\omega) = \int_{-\infty}^{\infty} \vec{y}(t)\exp\,(-j\omega t)\,dt\,. \tag{2.83}$$

Wir setzen das mit dem Faltungsintegral 2.81 berechenbare $\vec{y}(t)$ in 2.83 ein und erhalten

$$\vec{Y}(j\omega) = \int_{-\infty}^{\infty}\int_{-\infty}^{\infty} \boldsymbol{g}\,(t-\tau)\,\vec{x}(\tau)\exp\,(-j\omega t)\,d\tau\,dt\,. \tag{2.84}$$

Durch Einführung der Faktoren $\exp\,(-j\omega\tau)$ und $\exp\,(j\omega\tau)$, die zusammen den Integranden nicht verändern, und Vertauschung der Reihenfolge der Integrationen ergibt sich

$$\vec{Y}(j\omega) = \int_{-\infty}^{\infty}\int_{-\infty}^{\infty} \boldsymbol{g}\,(t-\tau)\exp\left[-\,j\omega\,(t-\tau)\right]dt\cdot\vec{x}(\tau)\exp\,(-j\omega\tau)\,d\tau\,. \tag{2.85}$$

Im inneren Integral führt man die Substitution $u = t - \tau$ ein und erhält

$$\int_{-\infty}^{\infty} \boldsymbol{g}\,(t-\tau)\exp\left[-\,j\omega\,(t-\tau)\right]dt = \int_{-\infty}^{\infty} \boldsymbol{g}\,(u)\exp\,(-j\omega u)\,du\,. \tag{2.86}$$

Das rechte Integral in 2.86 bezeichnet die Fourier-Transformierte der Impulsantwort. Sie wird Übertragungs- oder Transfermatrix

$$\boldsymbol{T}(j\omega) = \int_{-\infty}^{\infty} \boldsymbol{g}\,(t)\exp\,(-j\omega t)\,dt \tag{2.87}$$

des linearen zeitinvarianten Systems genannt. Da die Bezeichnung der Integrationsvariablen beliebig ist, wurde in 2.87 wieder t gewählt.

Unter Berücksichtigung von 2.87 und 2.82 erhalten wir schließlich die Übertragungsgleichung im Frequenzbereich

$$\vec{Y}(j\omega) = \boldsymbol{T}(j\omega)\,\vec{X}(j\omega)\,. \tag{2.88}$$

Dämpfungs-, Phasen- und Gruppenlaufzeitmatrix. In der Nachrichtentechnik wird für die Transfermatrix die Schreibweise

$$\boldsymbol{T}(j\omega) = \exp\left[-\boldsymbol{A}(\omega) - j\,\boldsymbol{B}(\omega)\right] \tag{2.89}$$

mit der Dämpfungsmatrix $\boldsymbol{A}(\omega)$ und der Phasenmatrix $\boldsymbol{B}(\omega)$ bevorzugt. Eine bekannte Phasenmatrix erlaubt die Ermittlung der Gruppenlaufzeitmatrix

$$\boldsymbol{\tau}(\omega) = \frac{d\,\boldsymbol{B}(\omega)}{d\omega}\,. \tag{2.90}$$

Besonders wichtig für eine verzerrungsfreie Übertragung ist der Spezialfall der linear von der Kreisfrequenz abhängigen Phasenmatrix. Daraus folgt eine konstante Gruppenlaufzeitmatrix $\boldsymbol{\tau}_0$, wie in 2.91 dargestellt. Außerdem muss die Dämpfungsmatrix konstant sein.

$$\boldsymbol{B}(\omega) = \omega\,\boldsymbol{\tau}_0 = \omega\,\tau_0\,\boldsymbol{I},\; \boldsymbol{A}(\omega) = a_0\,\boldsymbol{I},\; \boldsymbol{I} \text{ Einheitsmatrix} \tag{2.91}$$

Für die Transfermatrix nach 2.89 soll ein Beispiel betrachtet werden.

Beispiel 2.7: Berechnung von Exponentialmatrizen mit dem Cayley-Hamilton-Theorem

Cayley-Hamilton-Theorem:

Jede beliebige NxN-Matrix $\boldsymbol{C}$ genügt ihrer eigenen charakteristischen Gleichung, d.h. aus

$$\det(\boldsymbol{C} - \gamma\,\boldsymbol{I}) = \gamma^N + \alpha_{N-1}\,\gamma^{N-1} + \cdots + \alpha_1\,\gamma + \alpha_0 = 0 \tag{2.92}$$

folgt

$$\boldsymbol{C}^N + \alpha_{N-1}\,\boldsymbol{C}^{N-1} + \cdots + \alpha_1\,\boldsymbol{C} + \alpha_0\,\boldsymbol{I} = \boldsymbol{0}\,. \tag{2.93}$$

$\boldsymbol{I}$ NxN – Einheitsmatrix

$\boldsymbol{0}$ NxN – Nullmatrix

Transfermatrix eines Lichtwellenleiters (LWL) mit konstanter Dämpfungs- und konstanter Gruppenlaufzeitmatrix zur Beschreibung der Kopplung der Polarisationsmoden:

$$\boldsymbol{T}(j\omega) = \exp\left[-\frac{a_0}{2}\begin{pmatrix}0 & 1\\ 1 & 0\end{pmatrix} - j\,\frac{\omega\tau_0}{2}\begin{pmatrix}0 & 1\\ 1 & 0\end{pmatrix}\right] \tag{2.94}$$

Wir beschäftigen uns zunächst mit der Exponentialmatrix, die die Dämpfung a_0 enthält. Diese Matrizenfunktion kann in eine Matrizenreihe entwickelt werden.

Es gilt:

$$\exp\left[-\frac{a_0}{2}\begin{pmatrix}0 & 1\\ 1 & 0\end{pmatrix}\right] = \begin{pmatrix}1 & 0\\ 0 & 1\end{pmatrix} - \frac{a_0}{2\cdot 1!}\begin{pmatrix}0 & 1\\ 1 & 0\end{pmatrix} + \frac{a_0^2}{4\cdot 2!}\begin{pmatrix}0 & 1\\ 1 & 0\end{pmatrix}^2 - \ldots \tag{2.95}$$

Laut Cayley-Hamilton-Theorem können die Potenzen ab N durch alle Potenzen bis N-1 ausgedrückt werden, so dass der Ansatz

$$\exp\left[-\frac{a_0}{2}\begin{pmatrix}0 & 1\\ 1 & 0\end{pmatrix}\right]=\alpha_1\frac{a_0}{2}\begin{pmatrix}0 & 1\\ 1 & 0\end{pmatrix}+\alpha_0\begin{pmatrix}1 & 0\\ 0 & 1\end{pmatrix} \tag{2.96}$$

möglich ist.

Die Koeffizienten α_1 und α_0 lassen sich wie folgt bestimmen:

1. Ermittlung der Eigenwerte $\gamma_{1/2}$:

$$\det\left[\frac{a_0}{2}\begin{pmatrix}0 & 1\\ 1 & 0\end{pmatrix}-\gamma\begin{pmatrix}1 & 0\\ 0 & 1\end{pmatrix}\right]=0$$

$$\rightarrow \quad \gamma_{1/2}=\pm\frac{a_0}{2} \tag{2.97}$$

2. Formulierung des Ansatzes 2.96 für die Eigenwerte:

$$\begin{pmatrix}1 & \gamma_1\\ 1 & \gamma_2\end{pmatrix}\begin{pmatrix}\alpha_0\\ \alpha_1\end{pmatrix}=\begin{pmatrix}\exp(-\gamma_1)\\ \exp(-\gamma_2)\end{pmatrix} \tag{2.98}$$

3. Lösung des Gleichungssystems (2.98)

$$\alpha_0=\frac{1}{2}\left[\exp\left(\frac{a_0}{2}\right)+\exp\left(-\frac{a_0}{2}\right)\right] \tag{2.99}$$

$$\alpha_1=\frac{1}{a_0}\left[\exp\left(-\frac{a_0}{2}\right)-\exp\left(\frac{a_0}{2}\right)\right] \tag{2.100}$$

Einsetzen von α_0 und α_1 in den Ansatz 2.96 ergibt:

$$\exp\left[-\frac{a_0}{2}\begin{pmatrix}0 & 1\\ 1 & 0\end{pmatrix}\right]=\begin{pmatrix}\cosh\left(\frac{a_0}{2}\right) & -\sinh\left(\frac{a_0}{2}\right)\\ -\sinh\left(\frac{a_0}{2}\right) & \cosh\left(\frac{a_0}{2}\right)\end{pmatrix} \tag{2.101}$$

Durch die Substitution $a_0 \rightarrow j\omega\,\tau_0$ erhält man aus 2.101 die Matrix

$$\exp\left[-\frac{j\omega\,\tau_0}{2}\begin{pmatrix}0 & 1\\ 1 & 0\end{pmatrix}\right]=\begin{pmatrix}\cos\left(\frac{\omega\,\tau_0}{2}\right) & -j\sin\left(\frac{\omega\,\tau_0}{2}\right)\\ -j\sin\left(\frac{\omega\,\tau_0}{2}\right) & \cos\left(\frac{\omega\,\tau_0}{2}\right)\end{pmatrix}. \tag{2.102}$$

□

2.2.2.2 Systeme mit stochastischen Eingangssignalen

Eingangssignal. Betrachtet man z.B. einen LWL, der durch eine Laserdiode angeregt wird, so ist das Eingangssignal für diesen Wellenleiter entsprechend Beispiel 2.3 ein stochastisches Signal. Des Weiteren ist im Kapital 7 über faseroptische Sensornetzwerke die Intensität $I(t)$

die tragende Größe für den optischen Teil des Sensors. Als Vorstufe zu den Berechnungen im Kapitel 7, wollen wir uns dafür interessieren, wie der Ensemblemittelwert der Ausgangsintensität $\langle I_y \rangle$ eines linearen zeitinvarianten optischen Systems berechnet werden kann. Dazu definieren wir die Realisierungsfunktion des optischen Feldes einer Laserdiode als Eingangssignal eines linearen zeitinvarianten optischen Systems (z.B. ein LWL) in der Form

$$\vec{D}(t) = \vec{D}_0(t) \exp\left[j\omega_0 (t-\theta)\right] . \tag{2.103}$$

In 2.103 sind $\vec{D}(t)$ und $\vec{D}_0(t)$ zweidimensionale transversale komplexe Vektoren. $\vec{D}_0(t)$ beinhaltet die Amplitude eines komplexen stationären Prozesses, wobei vorausgesetzt wird, dass dieser Prozess schmalbandig ist. Da für $\omega_0 \approx 4\pi \cdot 10^{14}\ s^{-1}$ gilt, kann der Frequenzbereich von $\vec{D}_0(t)$ für das Leistungsspektrum bis zu ungefähr 100 GHz umfassen. Weil die in $\vec{D}_0(t)$ enthaltene Phaseninformation als absolute Phase nicht gemessen werden kann, berücksichtigt man diesen Sachverhalt durch Einführung der Zufallsvariablen θ. Diese Zufallsgröße soll statistisch unabhängig von $\vec{D}_0(t)$ und gleichverteilt im Intervall $\left[0, 2\pi/\omega_0\right]$ sein.

Wegen $\langle \exp(j\omega_0\, \theta) \rangle = 0$ gilt

$$\left\langle \vec{D}(t) \right\rangle = \left\langle \vec{D}_0(t) \right\rangle \left\langle \exp\left[j\omega_0 (t-\theta)\right] \right\rangle = \vec{0} \tag{2.104}$$

Kohärenzmatrix. Die statistischen Eigenschaften von $\vec{D}(t)$ werden durch die so genannte Kohärenzmatrix

$$\boldsymbol{G_x}(t_1, t_2) = \left\langle \vec{D}(t_1)\, \vec{D}'^*(t_2) \right\rangle \tag{2.105}$$

beschrieben [2.4].

Man erkennt aus

$$\boldsymbol{G_x}'^*(t, t) = \left\langle \vec{D}(t)\, \vec{D}'^*(t) \right\rangle = \boldsymbol{G_x}(t, t), \tag{2.106}$$

dass $\boldsymbol{G_x}(t, t)$ hermitesch ist.

Frequenzdarstellung der Kohärenzmatrix. Die Frequenzdarstellung der Kohärenzmatrix wird durch 2.107 definiert.

$$\begin{aligned} \boldsymbol{G_x}(\omega_1, \omega_2) &= \int_{-\infty}^{\infty} \int_{-\infty}^{\infty} \boldsymbol{G_x}(t_1, t_2) \cdot \exp\left[-j\left(\omega_1 t_1 - \omega_2 t_2\right)\right] dt_1\, dt_2 \\ &= \left\langle \vec{D}(j\omega_1)\, \vec{D}'^*(j\omega_2) \right\rangle \end{aligned} \tag{2.107}$$

Im Falle eines stationären Prozesses hängt $\boldsymbol{G_x}(t_1, t_2)$ nur von der Differenz $t_1 - t_2$ ab. Dann folgt aus 2.107:

$$\begin{aligned} \boldsymbol{G_x}(\omega_1, \omega_2) &= \int_{-\infty}^{\infty} \int_{-\infty}^{\infty} \boldsymbol{R_x}(\tau_1) \cdot \exp\left\{-j\left[\omega_1 (\tau_1 + \tau_2) - \omega_2\, \tau_2\right]\right\} d\tau_1\, d\tau_2 \\ &= 2\pi\, \boldsymbol{R_x}(\omega_1)\, \delta(\omega_1 - \omega_2) \end{aligned} \tag{2.108}$$

mit $\tau_1 = t_1 - t_2$ und $\tau_2 = t_2$.

Außerdem wurde

$$\boldsymbol{R}_x(\tau_1) = \boldsymbol{G}_x(t_1 - t_2) \tag{2.109}$$

gesetzt.

Mit 2.106 gilt

$$\boldsymbol{R}_x'^{*}(\tau_1) = \boldsymbol{R}_x(-\tau_1). \tag{2.110}$$

Ensemblemittelwert der Intensität. Wir kommen nun zur Definition des Ensemblemittelwertes der Intensität $\langle I_x(t)\rangle$. Zunächst schreibt man für den Vektor

$$\vec{D}'(t) = (D_x(t), D_y(t)). \tag{2.111}$$

Der Ensemblemittelwert der Intensität wird definiert durch

$$\langle I_x(t)\rangle = \left\langle |D_x(t)|^2 \right\rangle + \left\langle |D_y(t)|^2 \right\rangle \tag{2.112}$$

Gleichwertig ist die Definition

$$\langle I_x(t)\rangle = sp\,[\boldsymbol{G}_x(t,t)]. \tag{2.113}$$

Dabei bezeichnet sp die Spur von $\boldsymbol{G}_x(t,t)$.

Für den stationären Fall folgt aus 2.109:

$$\langle I_x\rangle = sp\,[\boldsymbol{R}_x(0)], \tag{2.114}$$

d.h. der Ensemblemittelwert der Intensität $\langle I_x\rangle$ ist dann zeitunabhängig.

Leistungsspektrum und Intensität. In Verallgemeinerung von 2.41 kann man für das Leistungsspektrum, z.B. für Realisierungsvektoren nach 2.103, schreiben:

$$S_x(\omega) = \int_{-\infty}^{\infty} sp\,[\boldsymbol{R}_x(\tau)] \exp(-j\omega\tau)\, d\tau = sp\,[\boldsymbol{R}_x(\omega)] \tag{2.115}$$

Aus 2.10 ergibt sich für $\langle I_x\rangle$ nach 2.114:

$$\langle I_x\rangle = \frac{1}{2\pi} \int_{-\infty}^{\infty} sp\,[\boldsymbol{R}_x(\omega)]\, d\omega \tag{2.116}$$

Ensemblemittelwert der Ausgangsintensität. Zur Berechnung des Ensemblemittelwertes der Ausgangsintensität $\langle I_y\rangle$ setzen wir eine stationäre optische Quelle mit gegebener Matrix $\boldsymbol{R}_x(\omega)$ voraus, die ein lineares zeitinvariantes optisches System mit der Transfermatrix $\boldsymbol{T}(j\omega)$ anregt. Zum Nachweis der Intensität am Ausgang ist im Bild 2.9 ein Photodetektor angeordnet.

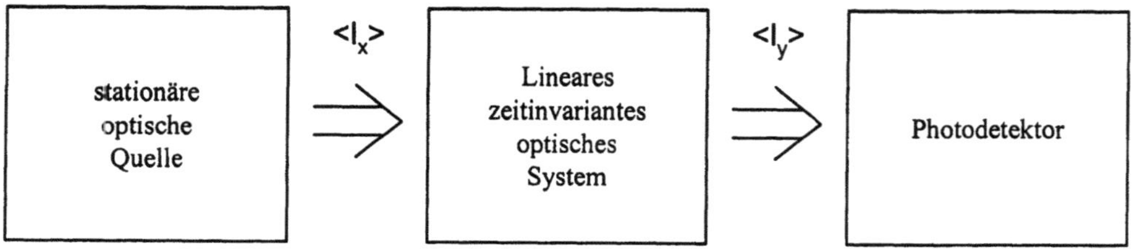

Bild 2-9 Lineares zeitinvariantes System mit Quelle und Detektor

Die Kohärenzmatrix $\boldsymbol{G}_y(\omega_1, \omega_2)$ auf der Ausgangsseite ist gegeben durch

$$\boldsymbol{G}_y(\omega_1, \omega_2) = \left\langle \vec{Y}(j\omega_1)\,\vec{Y}'^{*}(j\omega_2) \right\rangle, \tag{2.117}$$

wobei $\vec{Y}(j\omega)$ das Spektrum des Ausgangsvektors darstellt.

Mit 2.88 und 2.107 erhält man

$$\boldsymbol{G}_y(\omega_1, \omega_2) = \boldsymbol{T}(j\omega_1)\,\boldsymbol{G}_x(\omega_1, \omega_2)\,\boldsymbol{T}'^{*}(j\omega_2) \tag{2.118}$$

Für eine stationäre optische Quelle gilt 2.108 und 2.118 geht über in

$$\boldsymbol{G}_y(\omega_1, \omega_2) = 2\pi\,\boldsymbol{T}(j\omega_1)\,\boldsymbol{R}_x(\omega_1)\,\boldsymbol{T}'^{*}(j\omega_1)\,\delta(\omega_1 - \omega_2) \tag{2.119}$$

Durch Vergleich von 2.119 mit 2.108 ergibt sich auf der Ausgangsseite

$$\boldsymbol{R}_y(\omega) = \boldsymbol{T}(j\omega)\,\boldsymbol{R}_x(\omega)\,\boldsymbol{T}'^{*}(j\omega) \tag{2.120}$$

Mit 2.115 können wir das Leistungsspektrum $S_y(\omega)$ am Ausgang des linearen zeitinvarianten optischen Systems bilden und in Analogie zu 2.116 den Ensemblemittelwert der Ausgangsintensität $\langle I_y \rangle$ berechnen:

$$\langle I_y \rangle = \frac{1}{2\pi} \int_{-\infty}^{\infty} S_y(\omega)\, d\omega = \frac{1}{2\pi} \int_{-\infty}^{\infty} sp\left[\boldsymbol{T}(j\omega)\boldsymbol{R}_x(\omega)\,\boldsymbol{T}'^{*}(j\omega)\right] d\omega \,. \tag{2.121}$$

Beispiel 2.8: Ensemblemittelwert der Intensität am Ausgang eines LWL, der von einer Laserdiode angeregt wird

Optische Quelle:

Laserdiode nach Beispiel 2.3 mit dem komplexen Prozess nach Beispiel 2.6

$$\vec{D}(t) = \hat{D}_0 \exp\left[-j\Phi(t)\right] \exp\left(j\omega_0 t\right) \begin{pmatrix} |e_x| \exp\left(-j\psi_x\right) \\ |e_y| \exp\left(-j\psi_y\right) \end{pmatrix} \tag{2.122}$$

In 2.122 sei der Polarisationseinheitsvektor konstant.

$$G_x(t_1,t_2)=\left\langle \vec{D}(t_1)\,\vec{D}'^{*}(t_2)\right\rangle=\hat{D}_0^2\exp\left[j\omega_0(t_1-t_2)\right]\left\langle\exp\left[-j\left(\Phi(t_1)-\Phi(t_2)\right)\right]\right\rangle$$

$$\cdot\begin{pmatrix} |e_x|^2 & |e_x|\,|e_y|\exp\left[-j\left(\psi_x-\psi_y\right)\right] \\ |e_x|\,|e_y|\exp\left[j\left(\psi_x-\psi_y\right)\right] & |e_y|^2 \end{pmatrix}, \tag{2.123}$$

$$\left\langle\exp\left[-j\left(\Phi(t_1)-\Phi(t_2)\right)\right]\right\rangle=\exp\left[-\frac{\Delta\omega\,|\tau|}{2}\right] \tag{2.124}$$

$$\boldsymbol{R}_x(\omega_1)=\int_{-\infty}^{\infty}\boldsymbol{R}_x(\tau_1)\exp\left(-j\omega_1\tau_1\right)d\tau_1$$

$$=\hat{D}_0^2\begin{pmatrix} |e_x|^2 & |e_x|\,|e_y|\exp\left[-j\left(\psi_x-\psi_y\right)\right] \\ |e_x|\,|e_y|\exp\left[j\left(\psi_x-\psi_y\right)\right] & |e_y|^2 \end{pmatrix}\cdot$$

$$\cdot\int_{-\infty}^{\infty}\exp\left[-j\left(\omega_1-\omega_0\right)\tau_1\right]\exp\left[-\frac{\Delta\omega\,|\tau_1|}{2}\right]d\tau_1$$

$$\boldsymbol{R}_x(\omega_1)=\hat{D}_0^2\begin{pmatrix} |e_x|^2 & |e_x|\,|e_y|\exp\left[-j\left(\psi_x-\psi_y\right)\right] \\ |e_x|\,|e_y|\exp\left[j\left(\psi_x-\psi_y\right)\right] & |e_y|^2 \end{pmatrix}\cdot$$
$$\cdot\frac{4}{\Delta\omega}\cdot\frac{1}{1+\left(\frac{\omega_1-\omega_0}{\Delta\omega/2}\right)^2} \tag{2.125}$$

LWL nach Beispiel 2.7:

$$\boldsymbol{T}(j\omega)=\begin{pmatrix}\cosh\left(\frac{a_0}{2}\right) & -\sinh\left(\frac{a_0}{2}\right)\\ -\sinh\left(\frac{a_0}{2}\right) & \cosh\left(\frac{a_0}{2}\right)\end{pmatrix}\begin{pmatrix}\cos\left(\frac{\omega\tau_0}{2}\right) & -j\sin\left(\frac{\omega\tau_0}{2}\right)\\ -j\sin\left(\frac{\omega\tau_0}{2}\right) & \cos\left(\frac{\omega\tau_0}{2}\right)\end{pmatrix} \tag{2.126}$$

Berechnung des Ensemblemittelwertes der Ausgangsintensität:

$$sp\left[\boldsymbol{R}_y(\omega)\right]=sp\left[\boldsymbol{T}(j\omega)\,\boldsymbol{R}_x(\omega)\,\boldsymbol{T}'^{*}(j\omega)\right]$$
$$=\frac{4\hat{D}_0^2}{\Delta\omega}\cdot\frac{1}{1+\left(\frac{\omega-\omega_0}{\Delta\omega/2}\right)^2}\left[\cosh(a_0)-2\sinh(a_0)\cdot|e_x|\,|e_y|\cos\left(\psi_x-\psi_y\right)\right] \tag{2.127}$$

$$\left\langle I_y\right\rangle=\frac{1}{2\pi}\int_{-\infty}^{\infty}sp\left[\boldsymbol{R}_y(\omega)\right]d\omega$$

$$\left\langle I_y\right\rangle=\hat{D}_0^2\left[\cosh(a_0)-2\,|e_x|\,|e_y|\sinh(a_0)\cdot\cos\left(\psi_x-\psi_y\right)\right] \tag{2.128}$$

Es gilt:

$$\frac{4}{\Delta\omega}\int_{-\infty}^{\infty}\frac{1}{1+\left(\frac{\omega-\omega_0}{\Delta\omega/2}\right)^2}\,d\omega = 2\pi\,. \tag{2.129}$$

In diesem Beispiel wurde vorausgesetzt, dass die Laserdiode parallel und mit gleicher Brechzahl wie der LWL auf die Stirnfläche des LWL aufgesetzt ist. Außerdem wurden die Grunddämpfung und die frequenzabhängige Gruppenlaufzeit beim LWL nicht berücksichtigt. Sie werden im Unterabschnitt 4.3.1 eingeführt. □

2.3 Felder

Unter einem Feld versteht man die Gesamtheit der allen Punkten des leeren oder stofferfüllten Raumes zugeordneten Werte einer physikalischen Größe, der Feldgröße. Da Licht bei seiner Ausbreitung als elektromagnetische Welle aufgefasst werden kann, interessieren wir uns in diesem Abschnitt für elektromagnetische Felder. Die Feldgrößen sind dabei orts- und zeitabhängige Vektoren der elektrischen und magnetischen Feldstärke sowie der elektrischen Verschiebungsflussdichte und der magnetischen Flussdichte.

2.3.1 Feldgrößen, Koordinatensysteme und Felddarstellung

Feldgrößen. Die in der elektromagnetischen Feldtheorie auftretenden physikalischen Größen lassen sich einteilen in

- skalare Feldgrößen A, die durch Maßzahl und Einheit gegeben sind, z.B. die Permeabilität in isotropen Stoffen,
- vektorielle Feldgrößen $\vec{A}$, die durch drei skalare Feldgrößen gegeben sind, z.B. die elektrische Feldstärke,
- tensorielle Feldgrößen, die durch drei vektorielle Feldgrößen gegeben sind, z.B. die Dielektrizität in anisotropen Stoffen.

Ein Skalarfeld liegt vor, wenn jedem Punkt eines räumlichen Bereiches in jedem Zeitpunkt eine skalare Feldgröße zugeordnet ist. Ein Vektorfeld bzw. Tensorfeld liegt vor, wenn jedem Punkt eines räumlichen Bereiches in jedem Zeitpunkt eine vektorielle bzw. tensorielle Feldgröße zugeordnet ist.

Als bekannt wird die Darstellung eines Vektors $\vec{A}$, gegeben durch drei skalare Größen A_ν ($\nu = 1, 2, 3$) bezüglich einer orthogonalen Basis $(\vec{e}_1, \vec{e}_2, \vec{e}_3)$ mit $|\vec{e}_\nu| = 1$, vorausgesetzt:

$$\vec{A} = A_1\,\vec{e}_1 + A_2\,\vec{e}_2 + A_3\,\vec{e}_3 = \sum_{\nu=1}^{3} A_\nu\,\vec{e}_\nu\,. \tag{2.130}$$

Für die orthogonalen Basisvektoren gilt das Skalarprodukt in der Form

$$\vec{e}_\nu\cdot\vec{e}_\mu = \delta_{\nu\mu},\ \delta_{\nu\mu} = \begin{cases}1 & \nu=\mu\\ 0 & \nu\neq\mu\end{cases}. \tag{2.131}$$

Bei einem komplexen Vektor $\vec{A}$ verstehen wir unter seinem Realteil den Ausdruck

$$\mathrm{Re}\left\{\vec{A}\right\}=\sum_{\nu=1}^{3}\mathrm{Re}\left\{A_\nu\right\}\vec{e}_\nu\,. \qquad (2.132)$$

Aus physikalischen Gründen ist zwischen

- dem Feldvektor, der durch einen dem Raumpunkt P zugeordneten Zeiger $\vec{A}$ und
- dem Ortsvektor, der durch einen dem Ursprung 0 des Koordinatensystems zugeordneten Vektor $\vec{r}$ repräsentiert wird,

zu unterscheiden. Im Bild 2.10 sind die Verhältnisse für das Vektorfeld dargestellt.

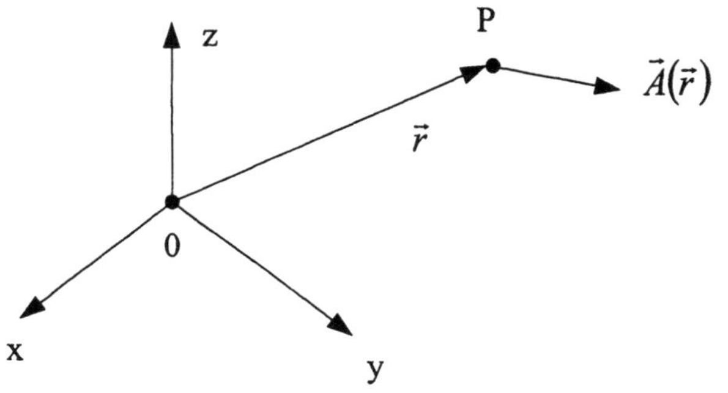

Bild 2-10 Darstellung eines Vektorfeldes

Häufig treten cosinusförmig von der Zeit t abhängige Felder auf:

$$\vec{A}(\vec{r},t)=\vec{A}(\vec{r})\cos\left[\omega_0\, t-\varphi\,(\vec{r})\right], \qquad (2.133)$$

$$\vec{A}(\vec{r},t)=\mathrm{Re}\left\{\vec{A}(\vec{r})\exp\left[j\left(\omega_0\, t-\varphi\,(\vec{r})\right)\right]\right\} \qquad (2.134)$$

Für die komplexe ortsabhängige Amplitude gilt

$$\vec{A}(\vec{r})\exp\left[-j\,\varphi\,(\vec{r})\right]=\vec{A}(\vec{r})\left\{\cos\left[\varphi(\vec{r})\right]-j\sin\left[\varphi(\vec{r})\right]\right\} \qquad (2.135)$$

Koordinatensysteme. Da die in optischen Nachrichtensystemen und Sensornetzwerken auftretenden LWL häufig zylindrische Wellenleiter sind, wird neben dem kartesischen das Zylinderkoordinatensystem nach Bild 2.11 eingeführt.

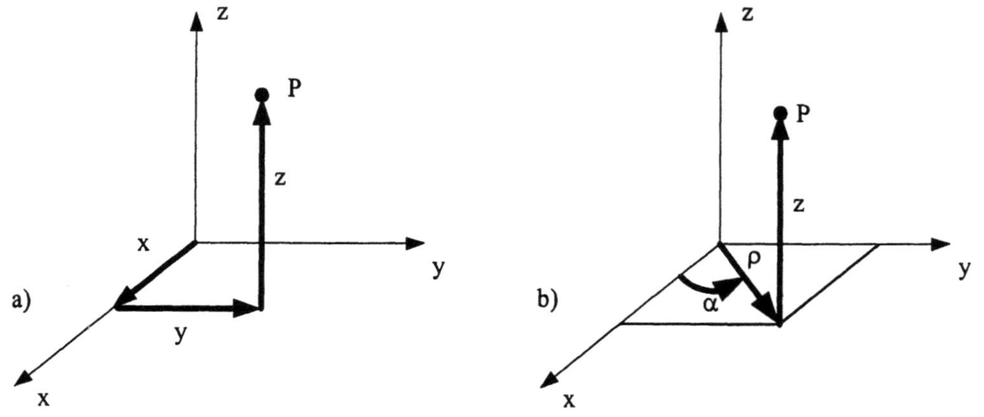

Bild 2-11 Koordinatensysteme
a) kartesische Koordinaten
b) Zylinderkoordinaten

Aus Bild 2-11 lesen wir ab:

$$x = \rho \cos \alpha, \quad y = \rho \sin \alpha, \quad z = z, \tag{2.136}$$

mit $\rho \geq 0$ und $0 \leq \alpha \leq 2\pi$.

Der Ortsvektor $\vec{r}$ kann mit 2.136 wie folgt dargestellt werden:

$$\vec{r} = x\,\vec{e}_x + y\,\vec{e}_y + z\,\vec{e}_z = \rho \cos\alpha\,\vec{e}_x + \rho \sin\alpha\,\vec{e}_y + z\,\vec{e}_z. \tag{2.137}$$

Tangenteneinheitsvektoren und metrische Koeffizienten. Bei der Umrechnung von kartesischen in Zylinderkoordinaten spielen die so genannten Tangenten-Einheitsvektoren $\vec{e}_\nu$ ($\nu = \rho$, α, z bzw. 1, 2, 3) eine Rolle [2.5]. Für sie gilt 2.138 und die Darstellung nach Bild 2.12.

$$\vec{e}_\nu = \frac{1}{h_\nu}\frac{\partial \vec{r}}{\partial x_\nu}; \quad x_\nu = \rho, \alpha, z \tag{2.138}$$

$$h_\nu = \left|\frac{\partial \vec{r}}{\partial x_\nu}\right| = \sqrt{\left(\frac{\partial x}{\partial x_\nu}\right)^2 + \left(\frac{\partial y}{\partial x_\nu}\right)^2 + \left(\frac{\partial z}{\partial x_\nu}\right)^2} \tag{2.139}$$

Die h_ν heißen metrische Koeffizienten [2.5]. Sie treten in fast allen Gleichungen der Feldtheorie auf.

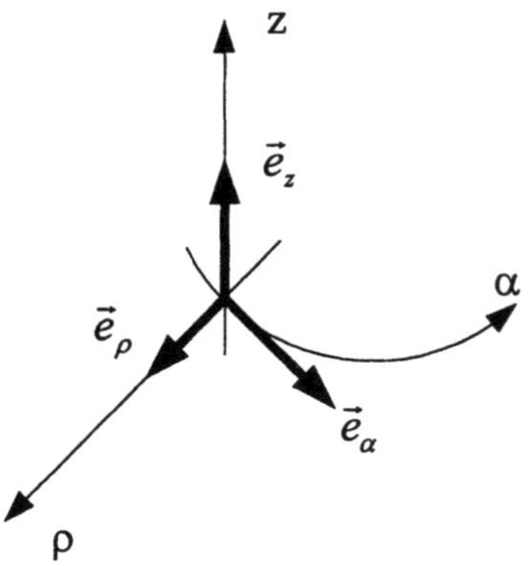

Bild 2-12 Tangenteneinheitsvektoren in Zylinderkoordinaten

Beispiel 2.9: Metrische Koeffizienten in Zylinderkoordinaten

$$h_1 = h_\rho = \sqrt{\left[\frac{\partial(\rho\cos\alpha)}{\partial\rho}\right]^2 + \left[\frac{\partial(\rho\sin\alpha)}{\partial\rho}\right]^2 + \left[\frac{\partial z}{\partial\rho}\right]^2}$$

$$h_\rho = \sqrt{\cos^2\alpha + \sin^2\alpha} = 1 \tag{2.140}$$

$$h_2 = h_\alpha = \sqrt{\left[\frac{\partial(\rho\cos\alpha)}{\partial\alpha}\right]^2 + \left[\frac{\partial(\rho\sin\alpha)}{\partial\alpha}\right]^2 + \left[\frac{\partial z}{\partial\alpha}\right]^2}$$

$$h_\alpha = \sqrt{\rho^2\sin^2\alpha + \rho^2\cos^2\alpha} = \rho \tag{2.141}$$

$$h_3 = h_z = \sqrt{\left[\frac{\partial(\rho\cos\alpha)}{\partial z}\right]^2 + \left[\frac{\partial(\rho\sin\alpha)}{\partial z}\right]^2 + \left[\frac{\partial z}{\partial z}\right]^2}$$

$$h_z = 1 \tag{2.142}$$

□

Felddarstellung. Die bildliche Darstellung von Vektorfeldern erfolgt mit Hilfe von Feldlinien. Die Feldvektoren $\vec{A}$ sind dabei die Tangenten an diese Raumkurven und der reziproke Linienabstand ist proportional dem Betrag $|\vec{A}|$ (Bild 2-13).

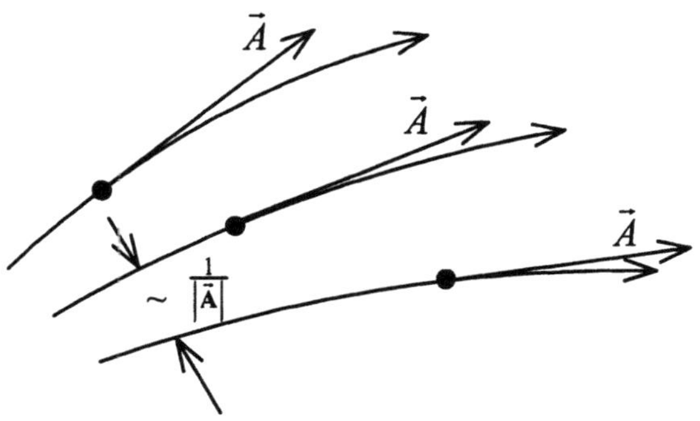

Bild 2-13 Feldlinien eines Vektorfeldes

Feldeinteilung. Die Vektorfelder werden eingeteilt in

- reine Quellenfelder (wirbelfreie Felder)
- reine Wirbelfelder (quellenfreie Felder)
- und in zusammengesetzte Felder.

In einem reinen Quellenfeld haben alle Feldlinien einen Anfangs- und Endpunkt. In einem reinen Wirbelfeld sind alle Feldlinien in sich geschlossen. In den Bildern 2-14 und 2-15 sind die Feldbilder für das reine Quellen- und Wirbelfeld dargestellt.

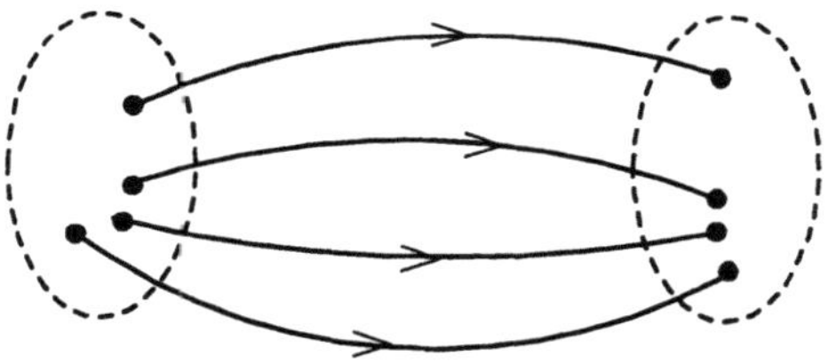

Bild 2-14 Reines Quellenfeld

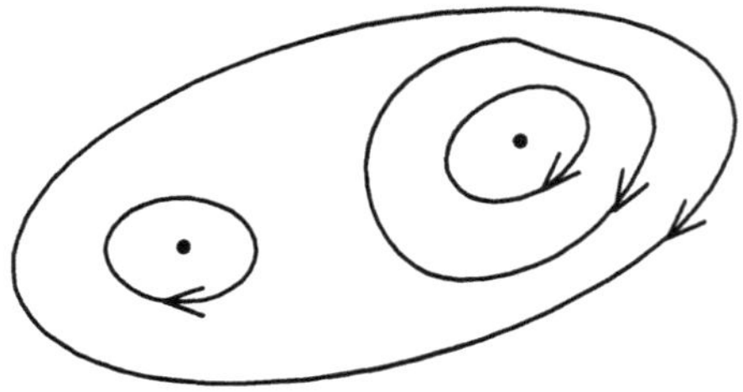

Bild 2-15 Reines Wirbelfeld

Analytische Darstellung von Vektorfeldern. Die analytische Darstellung von Vektorfeldern erfolgt in kartesischen Koordinaten mit

$$\vec{A} = A_x \, \vec{e}_x + A_y \, \vec{e}_y + A_z \, \vec{e}_z \tag{2.143}$$

und bei Zylinderkoordinaten in der Form

$$\vec{A} = A_\rho \, \vec{e}_\rho + A_\alpha \, \vec{e}_\alpha + A_z \, \vec{e}_z \, . \tag{2.144}$$

Da die z-Koordinate in Ausbreitungsrichtung eines Wellenfeldes liegen soll, bilden A_x und A_y bzw. A_ρ und A_α die transversalen Komponenten, die z.B. bei zylindrischen Wellenleitern nur von x und y bzw. ρ und α abhängen.

2.3.2 Gradient, Divergenz, Rotation

Differentialoperatoren. Zur Formulierung der Maxwell-Gleichungen, die ein elektromagnetisches Feld vollständig charakterisieren, benötigen wir die Differentialoperatoren *Divergenz* und *Rotation* und für Umformungen den *Gradienten.* Nachfolgend werden diese Operatoren anhand von Definitions- und Berechnungsgleichungen eingeführt.

Gradient. Die Bildung des Gradienten eines Skalarfeldes A ergibt ein Vektorfeld $grad\ A$, das in beliebigen Koordinaen nach 2.145 definiert ist und mittels 2.146 berechnet werden kann [2.5].

$$grad\ A = \lim_{\Delta V \to 0} \frac{1}{\Delta V} \oint_F A\, d\vec{F} \tag{2.145}$$

ΔV ist das von der Hüllfläche F eingeschlossene Volumen.

$$grad\ A = \sum_{\nu=1}^{3} \vec{e}_\nu \frac{1}{h_\nu} \frac{\partial A}{\partial x_\nu} \tag{2.146}$$

In kartesischen Koordinaten ergibt sich daraus mit $h_1 = h_2 = h_3 = 1;\ \ x_1 = x,\ \ x_2 = y,\ \ x_3 = z$ und $\vec{e}_1 = \vec{e}_x,\ \vec{e}_2 = \vec{e}_y,\ \vec{e}_3 = \vec{e}_z$:

$$grad\ A = \vec{e}_x \frac{\partial A}{\partial x} + \vec{e}_y \frac{\partial A}{\partial y} + \vec{e}_z \frac{\partial A}{\partial z}. \tag{2.147}$$

Wird ein Skalarfeld A durch Niveauflächen $A_1, A_2, \cdots$, mit $A_2 > A_1, \cdots$, dargestellt, so ist $grad\ A$ ein Vektor, der auf den Niveauflächen senkrecht steht und in Richtung der Fläche mit dem höheren Niveau zeigt (Bild 2-16). Der Betrag des Gradienten ist die Steigung des Skalarfeldes $A(\vec{r})$.

Beispiel 2.10: Gradient in Zylinderkoordinaten

$$grad\ A = \sum_{\nu=1}^{3} \vec{e}_\nu \frac{1}{h_\nu} \frac{\partial A}{\partial x_\nu}$$

$$x_1 = \rho,\quad x_2 = \alpha,\quad x_3 = z$$

$$\vec{e}_1 = \vec{e}_\rho,\quad \vec{e}_2 = \vec{e}_\alpha,\quad \vec{e}_3 = \vec{e}_z$$

$$h_1 = h_\rho = 1,\quad h_2 = h_\alpha = \rho,\quad h_3 = h_z = 1$$

$$grad\ A = \frac{\partial A}{\partial \rho} \vec{e}_\rho + \frac{1}{\rho} \frac{\partial A}{\partial \alpha} \vec{e}_\alpha + \frac{\partial A}{\partial z} \vec{e}_z \tag{2.148}$$

□

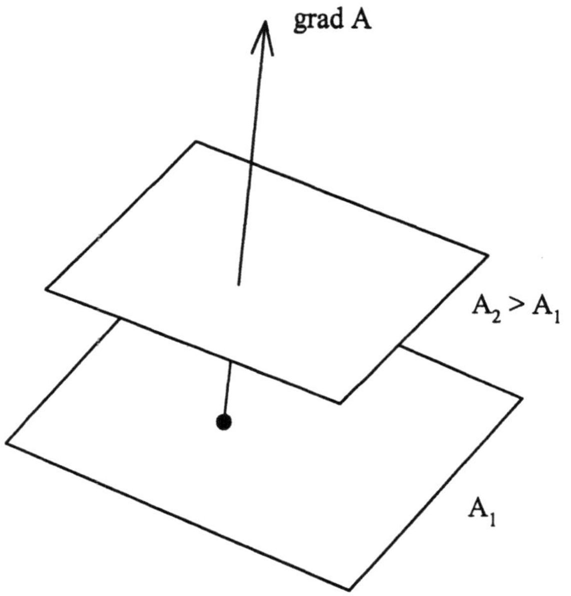

Bild 2-16 Gradient des Skalarfeldes $A(\vec{r})$

Divergenz. Mit Hilfe der Operation Divergenz, angewendet auf ein Vektorfeld $\vec{A}$, lässt sich ein skalares Quellen- oder Divergenzfeld $div\,\vec{A}$ ableiten. In beliebigen Koordinaten gilt die Definitionsgleichung:

$$div\,\vec{A} = \lim_{\Delta V \to 0} \frac{1}{\Delta V} \oint_F \vec{A} \cdot d\vec{F} \tag{2.149}$$

F ist dabei die Hüllfläche für das Volumen ΔV.

Die Divergenz ist das Maß für die Quellstärke eines Raumpunktes. Sie kann mit 2.150 berechnet werden [2.5].

$$div\,\vec{A} = \frac{1}{h} \sum_{\nu=1}^{3} \frac{\partial}{\partial x_\nu} \left(\frac{h}{h_\nu} A_\nu \right) \tag{2.150}$$

$$A_\nu = \vec{e}_\nu \cdot \vec{A}, \quad h = h_1\, h_2\, h_3$$

In kartesischen Koordinaten erhält man einfacher:

$$div\,\vec{A} = \frac{\partial A_x}{\partial x} + \frac{\partial A_y}{\partial y} + \frac{\partial A_z}{\partial z}\,. \tag{2.151}$$

Beispiel 2.11: Grundgesetz der Elektrostatik

Das Grundgesetz der Elektrostatik lautet in integraler Form

$$\oint_F \vec{D} \cdot d\vec{F} = \int_V \rho \, dV \,. \tag{2.152}$$

Aus

$$\lim_{V \to 0} \frac{1}{V} \oint_F \vec{D} \cdot d\vec{F} = \lim_{V \to 0} \frac{1}{V} \int_V \rho \, dV \tag{2.153}$$

folgt mit 2.149 die differentielle Form:

$$div \, \vec{D} = \rho \tag{2.154}$$

Die Divergenz der Verschiebungsflussdichte $\vec{D}$ ist an jedem Ort gleich der Raumladungsdichte ρ.

Beispiel 2.12: Grundgesetz der Magnetostatik

Es lautet in integraler Form

$$\oint_F \vec{B} \cdot d\vec{F} = 0 \,. \tag{2.155}$$

Mit 2.149 folgt aus 2.155:

$$div \, \vec{B} = 0 \,. \tag{2.156}$$

Das Feld der magnetischen Flussdichte $\vec{B}$ ist überall quellenfrei. □

Allgemein lässt sich sagen, dass ein Vektorfeld dann am Ort $\vec{r}$ quellenfrei ist, wenn dort $div \, \vec{A}(\vec{r}) = 0$ gilt (Bild 2-17).

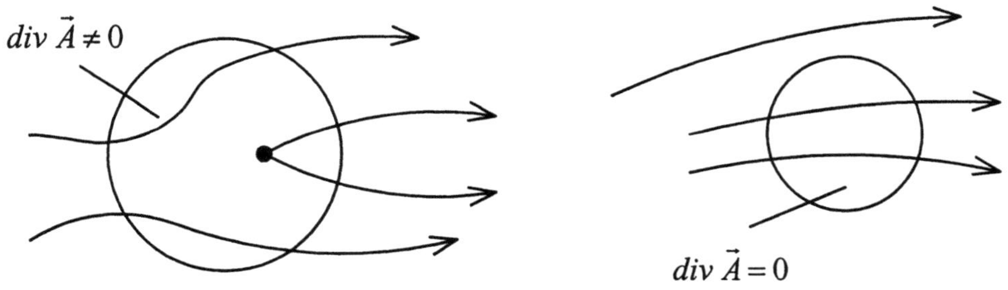

Bild 2-17 Zur Divergenz

Beispiel 2.13: Divergenz in Zylinderkoordinaten

$$div \, \vec{A} = \frac{1}{h} \sum_{\nu=1}^{3} \frac{\partial}{\partial x_\nu} \left(\frac{h}{h_\nu} A_\nu \right)$$

$$\vec{A} = A_\rho \, \vec{e}_\rho + A_\alpha \, \vec{e}_\alpha + A_z \, \vec{e}_z$$

$$A_1 = A_\rho, \quad A_2 = A_\alpha, \quad A_3 = A_z$$

$$h_1 = h_\rho = 1, \quad h_2 = h_\alpha = \rho, \quad h_3 = h_z = 1$$

$$h = h_1\, h_2\, h_3 = \rho$$

$$div\ \vec{A} = \frac{1}{\rho}\left[\frac{\partial}{\partial\rho}\left(\rho A_\rho\right) + \frac{\partial A_\alpha}{\partial\alpha} + \frac{\partial}{\partial z}\left(\rho A_z\right)\right]$$

$$div\ \vec{A} = \frac{1}{\rho}\, A_\rho + \frac{\partial A_\rho}{\partial\rho} + \frac{1}{\rho}\frac{\partial A_\alpha}{\partial\alpha} + \frac{\partial A_z}{\partial z} \tag{2.157}$$

□

Rotation. Aus einem Vektorfeld $\vec{A}$ können wir mit der Definitionsgleichung

$$rot\ \vec{A} = \lim_{\Delta V \to 0} \frac{1}{\Delta V} \oint_F d\vec{F} \times \vec{A} \tag{2.158}$$

das zugehörige Wirbel- oder Rotationsfeld $rot\ \vec{A}$ gewinnen.

In beliebigen Koordinaten gilt nach [2.5]:

$$rot\ \vec{A} = \begin{vmatrix} \vec{e}_1 h_1 & \vec{e}_2 h_2 & \vec{e}_3 h_3 \\ \dfrac{\partial}{\partial x_1} & \dfrac{\partial}{\partial x_2} & \dfrac{\partial}{\partial x_3} \\ A_1 h_1 & A_2 h_2 & A_3 h_3 \end{vmatrix} \frac{1}{h} \tag{2.159}$$

oder

$$rot\ \vec{A} = \frac{1}{h} \sum_{\nu=1}^{3} \frac{\partial}{\partial x_\nu}\left(\frac{h}{h_\nu}\, \vec{e}_\nu \times \vec{A}\right). \tag{2.160}$$

Das Vektorfeld $rot\ \vec{A}$ ist ein Maß für die Wirbelstärke des Feldes und zeigt in Richtung der Tangente an eine Wirbellinie w. Das Vektorfeld $\vec{A}(\vec{r})$ heißt am Ort $\vec{r}$ wirbelfrei genau dann, falls in $\vec{r}$ $rot\ \vec{A}(\vec{r}) = \vec{0}$ gilt (Bild 2-18).

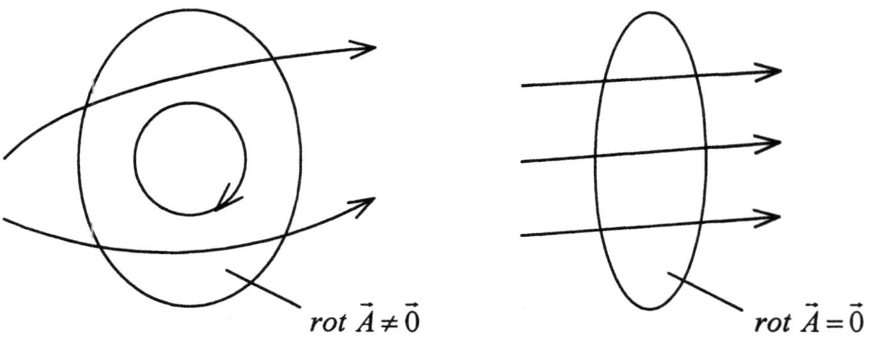

Bild 2-18 Zur Rotation

Beispiel 2.14: Rotation in Zylinderkoordinaten

$$rot\,\vec{A} = \begin{vmatrix} \vec{e}_\rho & \vec{e}_\alpha \rho & \vec{e}_z \\ \dfrac{\partial}{\partial \rho} & \dfrac{\partial}{\partial \alpha} & \dfrac{\partial}{\partial z} \\ A_\rho & A_\alpha \rho & A_z \end{vmatrix} \frac{1}{\rho}$$

$$rot\,\vec{A} = \frac{1}{\rho}\left[\vec{e}_\rho \left(\frac{\partial A_z}{\partial \alpha} - \rho \frac{\partial A_\alpha}{\partial z}\right) + \vec{e}_\alpha \rho \left(\frac{\partial A_\rho}{\partial z} - \frac{\partial A_z}{\partial \rho}\right) + \vec{e}_z \left(\rho \frac{\partial A_\alpha}{\partial \rho} + A_\alpha - \frac{\partial A_\rho}{\partial \alpha}\right)\right] \quad (2.161)$$

□

2.3.3 Durchflutungs- und Induktionsgesetz in Differentialform

Integralsätze. Ohne Beweis sollen Integralsätze angegeben werden, die in der elektromagnetischen Feldtheorie eine Rolle spielen [2.5].

Mit Hilfe der Integralsätze von Gauß lassen sich Flächenintegrale in Volumenintegrale und umgekehrt umformen:

Satz 1: $$\oint_F A\, d\vec{F} = \int_V grad\, A\, dV \quad (2.162)$$

Satz 2: $$\oint_F \vec{A} \cdot d\vec{F} = \int_V div\, \vec{A}\, dV \quad (2.163)$$

Satz 3: $$\oint_F d\vec{F} \times \vec{A} = \int_V rot\, \vec{A}\, dV\ . \quad (2.164)$$

F ist dabei die Oberfläche des Volumens V eines räumlichen Bereiches.

Die Integralsätze von Stokes dienen zur Umformung zwischen Linien- und Flächenintegralen:

Satz 1: $$\oint_S A\, d\vec{r} = \int_F d\vec{F} \times grad\ A \quad (2.165)$$

Satz 2: $$\oint_S \vec{A} \cdot d\vec{r} = \int_F rot\, \vec{A} \cdot d\vec{F}\ . \quad (2.166)$$

F ist die von der geschlossenen Kurve S eingespannte Fläche.

Induktionsgesetz. Das integrale Induktionsgesetz lautet

$$\oint_S \vec{E} \cdot d\vec{r} = -\int_F \frac{\partial \vec{B}}{\partial t} \cdot d\vec{F}\ . \quad (2.167)$$

Mit dem 2. Integralsatz von Stokes nach 2.166 erhalten wir aus 2.167:

$$\int_F rot\, \vec{E} \cdot d\vec{F} = -\int_F \frac{\partial \vec{B}}{\partial t} \cdot d\vec{F} \quad (2.168)$$

oder

$$\int_F \left(rot\, \vec{E} + \frac{\partial \vec{B}}{\partial t}\right) \cdot d\vec{F} = 0\ . \quad (2.169)$$

Die Forderung 2.169 ist allgemein nur für den identisch verschwindenden Integranden zu erfüllen. Damit gilt an jeder Stelle des Raumes das differentielle Induktionsgesetz

$$rot\,\vec{E} = -\frac{\partial \vec{B}}{\partial t}\ . \tag{2.170}$$

Das Gesetz besagt, dass an jedem Punkt $\vec{r}$ des Raumes der Wirbel der elektrischen Feldstärke $\vec{E}$ gleich der negativen zeitlichen Änderung der magnetischen Flussdichte $\vec{B}$ ist (Bild 2-19).

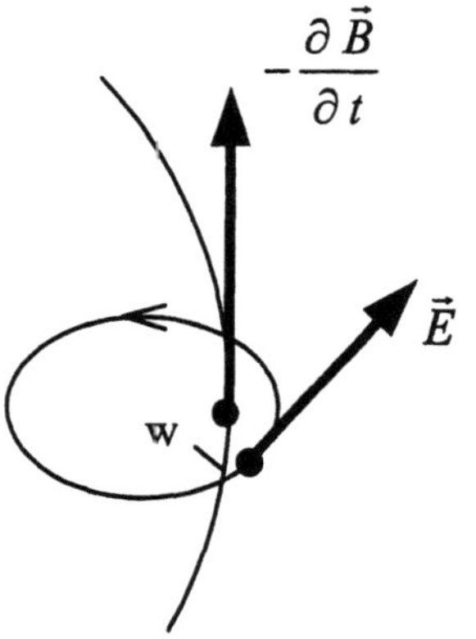

Bild 2-19 Zum Induktionsgesetz

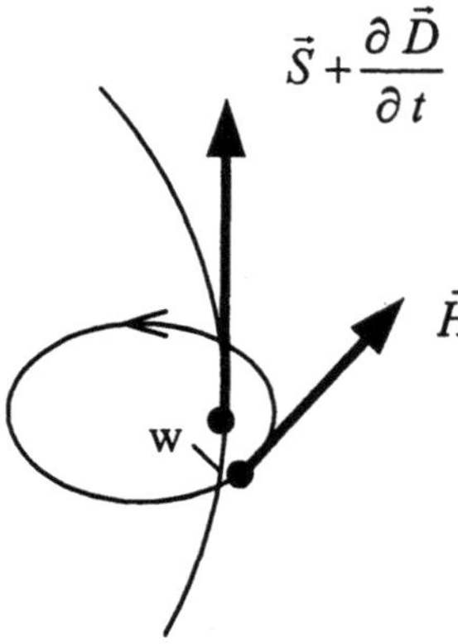

Bild 2.20 Zum Durchflutungsgesetz

Durchflutungsgesetz. Das Durchflutungsgesetz lautet in integraler Form

$$\oint_S \vec{H}\cdot d\vec{r} = \int_F \left(\vec{S}+\frac{\partial \vec{D}}{\partial t}\right) d\vec{F}\ . \tag{2.171}$$

Mit 2.166 folgt das differentielle Durchflutungsgesetz

$$rot\,\vec{H} = \vec{S}+\frac{\partial \vec{D}}{\partial t} \tag{2.172}$$

Der Wirbel der magnetischen Feldstärke $\vec{H}$ ist also an jedem Punkt $\vec{r}$ des Raumes gleich der Leitungsstromdichte $\vec{S}$ plus der Verschiebungsstromdichte $\frac{\partial \vec{D}}{\partial t}$ (Bild 2-20).

2.3.4 Laplace-Operatoren

Nabla-Operator. Wir schreiben nun den Gradienten eines Skalarfeldes A in der Form

$$grad\ A = \left[\sum_{\nu=1}^{3} \vec{e}_\nu \frac{1}{h_\nu}\frac{\partial\circ}{\partial x_\nu}\right] A\ . \tag{2.173}$$

Dann stellt der Ausdruck in den eckigen Klammern den so genannten Nabla-Operator ∇ dar. Es gilt also formal

$$\nabla = \sum_{\nu=1}^{3} \vec{e}_\nu \frac{1}{h_\nu} \frac{\partial \circ}{\partial x_\nu} \quad . \tag{2.174}$$

Für den Gradienten erhalten wir die äquivalente Schreibweise

$$grad\ A = \nabla A \quad . \tag{2.175}$$

Mit dem ∇-Symbol sind auch die Operationen Divergenz im Sinne eines Skalarproduktes und Rotation im Sinne eines Vektorproduktes darstellbar.

Für 2.150 und 2.160 kann

$$div\ \vec{A} = \nabla \cdot \vec{A} = \sum_{\nu=1}^{3} \frac{1}{h_\nu} \vec{e}_\nu \cdot \frac{\partial \vec{A}}{\partial x_\nu} \tag{2.176}$$

und

$$rot\ \vec{A} = \nabla \times \vec{A} = \sum_{\nu=1}^{3} \frac{1}{h_\nu} \vec{e}_\nu \times \frac{\partial \vec{A}}{\partial x_\nu} \tag{2.177}$$

gesetzt werden.

Skalarer und vektorieller Laplace-Operator. Bei der Ableitung der Feldverteilung in einem LWL spielen zwei zusammengesetzte Operationen nach 2.178 und 2.179 eine wichtige Rolle.

$$div\ grad\ A = \nabla \cdot (\nabla A) = \nabla^2 A = \Delta A \tag{2.178}$$

$$grad\ div\ \vec{A} - rot\ rot\ \vec{A} = \nabla(\nabla \cdot \vec{A}) - \nabla \times (\nabla \times A) = \vec{\Delta} \vec{A} \tag{2.179}$$

Δ heißt skalarer Laplace-Operator und $\vec{\Delta}$ stellt den vektoriellen Laplace-Operator dar. Hierbei ist zu beachten, dass Δ nur auf ein Skalarfeld und $\vec{\Delta}$ nur auf ein Vektorfeld angewandt werden darf. Mit 2.150 und Ersatz von $\vec{A}$ durch $grad\ A = \nabla A$ in 2.176 ergibt sich

$$\Delta A = \frac{1}{h} \sum_{\nu=1}^{3} \frac{\partial}{\partial x_\nu} \left(\frac{h}{h_\nu^2} \frac{\partial A}{\partial x_\nu} \right) . \tag{2.180}$$

Für kartesische Koordinaten erhalten wir einfache Ausdrücke für die Laplace-Operatoren:

$$\Delta A = \frac{\partial^2 A}{\partial x^2} + \frac{\partial^2 A}{\partial y^2} + \frac{\partial^2 A}{\partial z^2} \tag{2.181}$$

Für $\vec{A} = A_x \vec{e}_x + A_y \vec{e}_y + A_z \vec{e}_z$ gilt

$$\vec{\Delta} \vec{A} = \Delta A_x \vec{e}_x + \Delta A_y \vec{e}_y + \Delta A_z \vec{e}_z \quad . \tag{2.182}$$

Beispiel 2.15: Skalarer Laplace-Operator in Zylinderkoordinaten

$$\Delta A = \frac{1}{h} \sum_{\nu=1}^{3} \frac{\partial}{\partial x_\nu} \left(\frac{h}{h_\nu^2} \frac{\partial A}{\partial x_\nu} \right)$$

$$x_1 = \rho, \quad x_2 = \alpha, \quad x_3 = z$$

$$h_1 = h_\rho = 1, \quad h_2 = h_\alpha = \rho, \quad h_3 = h_z = 1$$

$$h = h_1 \, h_2 \, h_3 = \rho$$

$$\Delta A = \frac{1}{\rho}\frac{\partial}{\partial \rho}\left(\rho \frac{\partial A}{\partial \rho}\right) + \frac{1}{\rho}\frac{\partial}{\partial \alpha}\left(\frac{1}{\rho}\frac{\partial A}{\partial \alpha}\right) + \frac{1}{\rho}\frac{\partial}{\partial z}\left(\rho \frac{\partial A}{\partial z}\right)$$

$$\Delta A = \frac{\partial^2 A}{\partial \rho^2} + \frac{1}{\rho}\frac{\partial A}{\partial \rho} + \frac{1}{\rho^2}\frac{\partial^2 A}{\partial \alpha^2} + \frac{\partial^2 A}{\partial z^2} \tag{2.183}$$

□

2.3.5 Maxwell-Gleichungen

Gleichungssystem. Ausgehend von 2.154, 2.156, 2.170 und 2.172 lauten die Maxwell-Gleichungen für cosinusförmige Vorgänge (Ersatz von $\partial / \partial t$ durch jω) in komplexer Schreibweise wie folgt:

$$rot\, \vec{E} = -j\omega\, \vec{B} \tag{2.184}$$

$$rot\, \vec{H} = \vec{S} + j\omega\, \vec{D} \tag{2.185}$$

$$div\, \vec{D} = \rho \tag{2.186}$$

$$div\, \vec{B} = 0 \tag{2.187}$$

$$\vec{S} = \kappa\, \vec{E} \tag{2.188}$$

$$\vec{D} = \varepsilon\, \vec{E} \tag{2.189}$$

$$\vec{B} = \mu\, \vec{H} \tag{2.190}$$

Dabei stellen 2.188 bis 2.190 die so genannten Materialgleichungen für die Leitfähigkeit κ, die Dielektrizität ε und die Permeabilität μ dar.

Grenzschichtbedingungen. Die Maxwell-Gleichungen werden in der Technik auf Stoffe mit unterschiedlichen Materialeigenschaften angewandt. Dabei treten in der optischen Nachrichtentechnik Grenzflächen zwischen unterschiedlichen Dielektrika auf. Die Vektoren $\vec{B}, \vec{D}, \vec{E}$ und $\vec{H}$ genügen an den Grenzflächen zwischen zwei Medien, bezeichnet mit 1 und 2, den Stetigkeitsbedingungen 2.191 bis 2.194.

$$\left(\vec{B}_1 - \vec{B}_2\right) \cdot \vec{n} = 0 \tag{2.191}$$

$$\left(\vec{D}_1 - \vec{D}_2\right) \cdot \vec{n} = 0 \tag{2.192}$$

$$\left(\vec{E}_1 - \vec{E}_2\right)\cdot\vec{t} = 0 \tag{2.193}$$

$$\left(\vec{H}_1 - \vec{H}_2\right)\cdot\vec{t} = 0 \tag{2.194}$$

Dabei bezeichnen $\vec{n}$ den Normaleneinheitsvektor senkrecht auf der Grenzfläche und $\vec{t}$ den Tangenteneinheitsvektor parallel zur Grenzfläche (Bild 2-21).

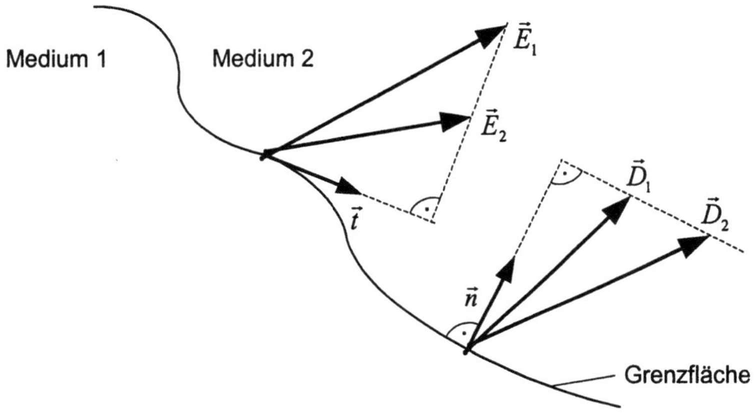

Bild 2-21 Stetigkeitsbedingungen an einer Grenzfläche

Gleichung 2.191 lässt sich aus 2.155 und 2.192 aus 2.152 für eine verschwindende Grenzflächenladungsdichte herleiten. Gleichung 2.193 folgt aus 2.167 und 2.194 aus 2.171 für verschwindende Grenzflächenströme [2.5].

2.4 Netzwerke

In diesem Abschnitt stehen optische Netzwerke im Mittelpunkt der Betrachtung. Ein optisches Netzwerk ist ein spezielles System, bei dem die Elemente durch transversale oder longitudinale Felder auf einer oder durch eine Fläche im optischen Frequenzbereich miteinander gekoppelt sind. Die transversalen x, y-Komponenten der Felder bezeichnet man auch als Polarisationsmoden im entsprechenden Wellenleiter. Als praxisrelevante Klassen betrachten wir sowohl lineare zeitinvariante als auch lineare zeitperiodische Netzwerke.

2.4.1 Lineare zeitinvariante Netzwerke

2.4.1.1 Jones-Kalkül

Jones-Vektor. Das Ausgangssignal einer Monomode-Laserdiode lässt sich in Form der transversalen Komponenten der elektrischen Feldstärke

$$E_x(t) = |E(t)|\,|e_x|\exp\left[j\left(\omega_o t - \phi(t) - \psi_x\right)\right] \tag{2.195}$$

$$E_y(t) = |E(t)|\,|e_y| \exp\left[j\left(\omega_o t - \phi(t) - \psi_y\right)\right] \tag{2.196}$$

schreiben.

Der daraus gebildete Vektor

$$\vec{A}(t) = \begin{pmatrix} E_x(t) \\ E_y(t) \end{pmatrix} = \begin{pmatrix} A_x(t) \exp\left[j\,\phi_x(t)\right] \\ A_y(t) \exp\left[j\,\phi_y(t)\right] \end{pmatrix} \exp\left(j\omega_o t\right) \tag{2.197}$$

heißt Jones-Vektor im Zeitbereich [2.6].

Es handelt sich um einen zweidimensionalen Vektor, der auch die i.A. langsam veränderlichen Amplituden und Phasen der transversalen Komponenten der elektrischen Feldstärke $\vec{E}$ am Ort z = 0 quer zur Ausbreitungsrichtung der Welle entlang der z-Koordinate in einem kartesischen Koordinatensystem enthält.

Faltungsintegral. Fasst man 2.197 als Eingangssignal $\vec{A}_{in}(t)$ einer linearen zeitinvarianten optischen Komponente auf der Eingangsfläche bei $z = 0$ auf, so gilt für den Ausgangsvektor $\vec{A}_{out}(t)$ auf der Fläche bei $z = L$ die Berechnungsvorschrift 2.81. Dieses Faltungsintegral wird in der Form

$$\vec{A}_{out}(t) = \int_{-\infty}^{\infty} J\left(t-\tau\right) \vec{A}_{in}(\tau)\, d\tau \tag{2.198}$$

geschrieben.

Jones-Matrix im Zeitbereich. Die Matrix $J(t)$ heißt Jones-Matrix im Zeitbereich und stimmt mit der Impulsantwort $g(t)$ der Komponente überein. Es handelt sich hierbei um eine 2x2-Matrix.

Übertragungsgleichung im Frequenzbereich. Ausgehend von 2.88 gilt mit den Jones-Vektoren $\vec{A}_{in}(j\omega)$ und $\vec{A}_{out}(j\omega)$ als Fourier-Transformierte der Jones-Vektoren im Zeitbereich die Übertragungsgleichung

$$\vec{A}_{out}(j\omega) = J(j\omega)\, \vec{A}_{in}(j\omega)\,. \tag{2.199}$$

Jones-Matrix im Frequenzbereich. Die Matrix $J(j\omega)$ ist eine komplexe 2x2-Matrix und heißt Jones-Matrix im Frequenzbereich. Sie stimmt mit der Transfermatrix für lineare zeitinvariante optische Komponenten überein (Bild 2-22).

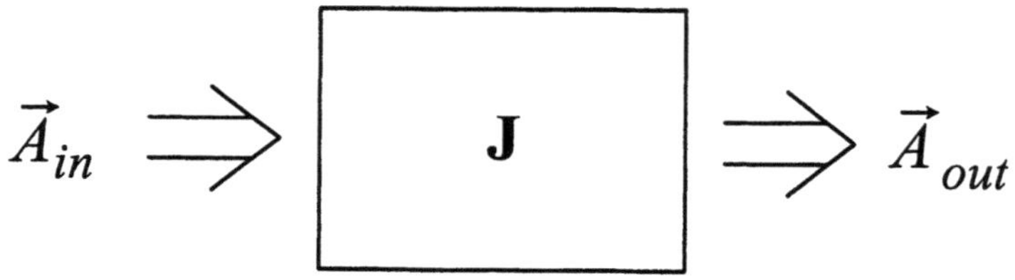

Bild 2-22 Darstellung einer optischen Komponente mit Jones-Vektoren und Jones-Matrix

Um uns mit Jones-Matrizen im Zeit- und Frequenzbereich vertraut zu machen, betrachten wir das nachfolgende Beispiel.

Beispiel 2.16: Jones-Matrizen eines verlustlosen optischen Wellenleiters ohne Modenkopplung

$$J(j\omega) = \begin{pmatrix} \exp(-j\omega\tau_1) & 0 \\ 0 & \exp(-j\omega\tau_2) \end{pmatrix} \tag{2.200}$$

$$\tau_1 = \frac{n_1 L}{c}, \quad \tau_2 = \frac{n_2 L}{c}$$

n_1, n_2 effektive Brechzahlen

L Länge des Wellenleiters

$$c = 3 \cdot 10^8 \, \frac{m}{s}$$

$$J(t) = \frac{1}{2\pi} \int_{-\infty}^{\infty} J(j\omega) \exp(j\omega t)\, d\omega = \frac{1}{2\pi} \int_{-\infty}^{\infty} \begin{pmatrix} \exp[j\omega(t-\tau_1)] & 0 \\ 0 & \exp[j\omega(t-\tau_2)] \end{pmatrix} d\omega \tag{2.201}$$

Aus 2.201 und

$$\delta(t) = \frac{1}{2\pi} \int_{-\infty}^{\infty} \exp(j\omega t)\, d\omega \tag{2.202}$$

ergibt sich

$$J(t) = \begin{pmatrix} \delta(t-\tau_1) & 0 \\ 0 & \delta(t-\tau_2) \end{pmatrix}. \tag{2.203}$$

Die Komponenten des Eingangs-Jones-Vektors erscheinen durch 2.203 am Ausgang um τ_1 und τ_2 verzögert. □

Der in diesem Abschnitt beschriebene Formalismus mit Jones-Vektoren und Jones-Matrizen wird in der Literatur als Jones-Kalkül bezeichnet [2.6].

2.4.1.2 Streumatrix optischer Komponenten

Torcharakterisierung. Wir betrachten die Elemente eines optischen Netzwerkes als *Black Boxes*, die Tore zur externen Kopplung mit anderen Bauelementen besitzen. Die Netzwerkelemente werden vollständig durch die transversalen Felder an ihren Toren charakterisiert. Die Torcharakterisierung eines passiven Bauelementes erfolgt durch eine Matrix. Für die Darstellung aktiver Komponenten wird zusätzlich ein Vektor $\widetilde{C}$ zur Beschreibung der Signalgeneratoren benötigt.

Streumatrix. In optischen Netzwerken verwendet man die Streumatrix $\boldsymbol{S}$, die ein- und auslaufende Wellen miteinander verknüpft [2.4]. Da zwei geführte Moden an jedem Tor betrachtet werden, sind die Elemente der Streumatrix 2x2-Jones-Matrizen im Frequenzbereich. Bild 2-23 zeigt eine optische Komponente mit M Toren in schematischer Darstellung.

Wir bilden den Jones-Vektor $\tilde{A}_{in}$ am Eingang und den Jones-Vektor $\tilde{A}_{out}$ am Ausgang entsprechend 2.204 und 2.205.

$$\tilde{A}'_{in} = \left(\vec{A}'_{1in}, \vec{A}'_{2in}, \cdots, \vec{A}'_{kin}, \cdots, \vec{A}'_{Min}\right) \tag{2.204}$$

$$\tilde{A}'_{out} = \left(\vec{A}'_{1out}, \vec{A}'_{2out}, \cdots, \vec{A}'_{kout}, \cdots, \vec{A}'_{Mout}\right) \tag{2.205}$$

Für eine lineare zeitinvariante Komponente gilt [2.4]:

$$\tilde{A}_{out} = \boldsymbol{S}\,\tilde{A}_{in} + \tilde{C}\ . \tag{2.206}$$

Zur vollständigen Charakterisierung einer M-Tor-Komponente benötigt man M^2 Jones-Matrizen. Die Dimension der Vektoren $\tilde{A}_{out}$ und $\tilde{A}_{in}$ ist jeweils 2M.

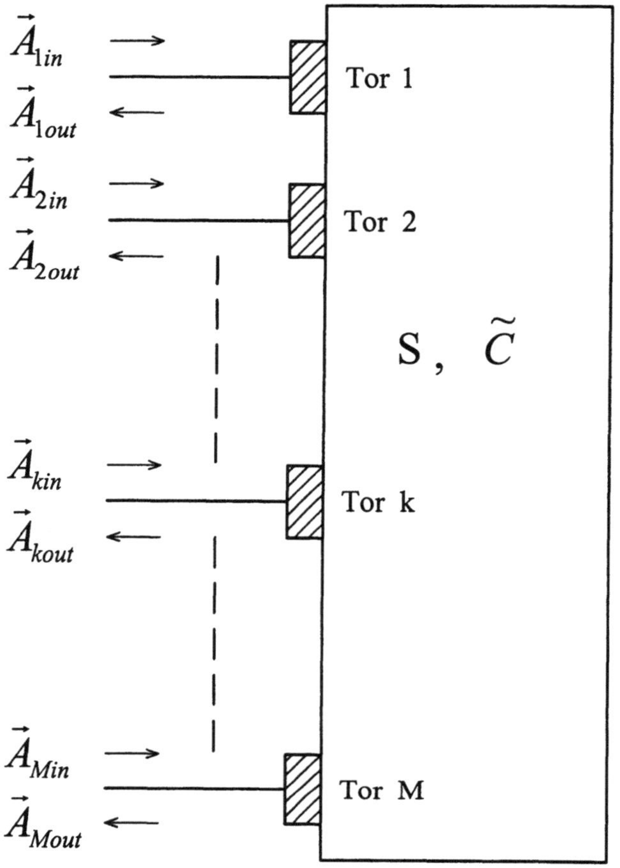

Bild 2-23 M-Tor-Komponente mit Jones-Vektoren als Ein- und Ausgangsgrößen

Passive, verlustlose und reziproke Komponenten. Für passive bzw. verlustlose oder reziproke Komponenten können durch Nutzung der Eigenschaften der Streumatrix nach Tabelle 2.1 Rechenvereinfachungen bei der Analyse optischer Netzwerke erzielt werden.

Tabelle 2-1 Eigenschaften der Streumatrix [2.4]

Eigenschaft der optischen Komponente	Eigenschaft der Streumatrix **S**
Passivität $\widetilde{C} = \widetilde{0}, \quad P_{in} \geq P_{out}$	$\widetilde{A}_{in}^{\prime *}\left(\mathbf{I} - \lvert\mathbf{S}\rvert^2\right)\widetilde{A}_{in} \geq 0$ (2.207)
Verlustlosigkeit $\widetilde{C} = \widetilde{0}, \quad P_{in} = P_{out}$	$\lvert\mathbf{S}\rvert^2 = \mathbf{I}$ (2.208)
Reziprozität	$\mathbf{S} = \mathbf{S}'$ (2.209)

Die zugeführte Leistung P_{in} und die abgeführte Leistung P_{out} gewinnt man aus

$$P_{in} = \left|\widetilde{A}_{in}^{\prime *}\,\widetilde{A}_{in}\right| \varsigma = \left|\widetilde{A}_{in}\right|^2 \varsigma, \quad P_{out} = \left|\widetilde{A}_{out}^{\prime *}\,\widetilde{A}_{out}\right| \varsigma = \left|\widetilde{A}_{out}\right|^2 \varsigma. \tag{2.210}$$

ς ist ein Proportionalitätsfaktor, der auch die für die Umrechnung der Jones-Vektoren auf die Leistung notwendige Maßeinheit enthält.

2.4.1.3 Signalflussgraphen

Knoten und Zweige. Signalflussgraphen benötigt man zur Ermittlung der Transfermatrix optischer Netzwerke. Sie bestehen aus Knoten und gerichteten Zweigen. Den Knoten des Signalflussgraphen werden als Unbekannte die Jones-Vektoren der geführten Felder an den Toren der Netzwerkkomponenten und den Zweigen die Streuparameter in Form von Jones-Matrizen zugeordnet. Die Knoten lassen sich in Quellen, Senken und Sterne einteilen. Eine Quelle ist ein Knoten, der nur auslaufende Zweige besitzt. Die Senke enthält nur einlaufende Zweige. Der Stern ist ein Knoten, der mit mindestens einem einlaufenden und einem auslaufenden Zweig verbunden ist. Die den gerichteten Zweigen zugeordneten Streuparameter der Komponenten bezeichnet man auch als Zweigtransmissionen.

Netzwerkgleichungen. Für die Ableitung der Netzwerkgleichungen aus dem Signalflussgraphen gilt folgende Regel:

Die Menge der Gleichungen, die mit dem Signalflussgraphen korrespondiert, erhält man durch Werte jeder Knotenvariablen, die gleich sind der Summe aller am jeweiligen Knoten einlaufenden Zweigtransmissionen, wobei jede Transmission mit der Knotenvariablen multipliziert wird, von der sie ausgeht.

Die Multiplikation einer Zweigtransmission mit einer Knotenvariablen setzt eine Darstellung im Frequenzbereich voraus.

Signalflussgraph einer optischen Komponente. Durch die Reduktion des Signalflussgraphen auf die Quellen und Senken, d.h. die Elimination innerer Sterne, kann die Transfermatrix des optischen Netzwerkes bestimmt werden. Dann erhält man einen Signalflussgraphen, der einer „neuen“ optischen Komponente entsprechen würde. Einen Teil des Signalflussgraphen einer optischen Komponente zeigt Bild 2-24.

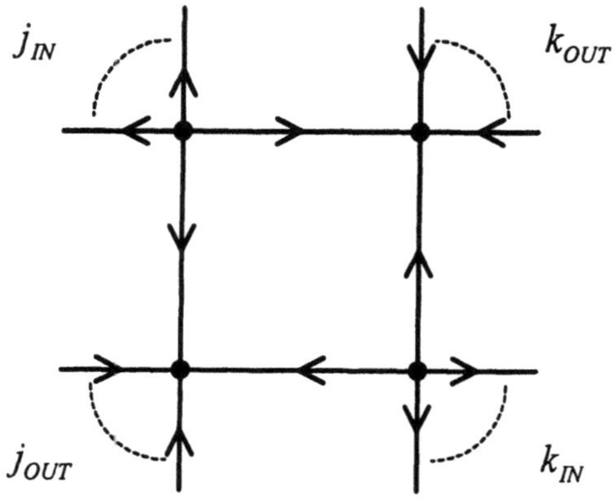

Bild 2-24 Teil des Signalflussgraphen einer optischen Komponente mit den Toren (j_{in}, j_{out}) und (k_{in}, k_{out}) [2.4]

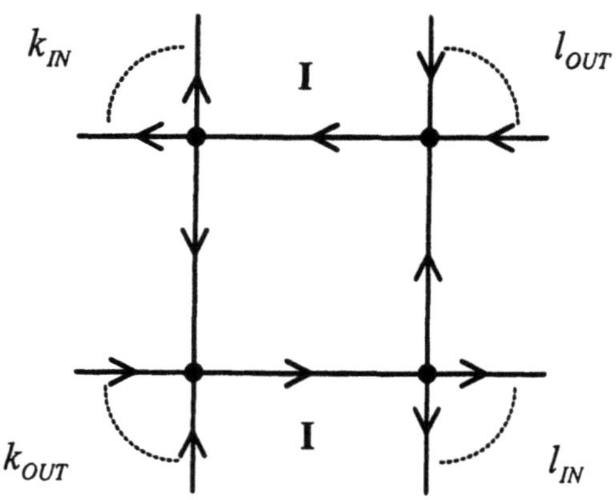

Bild 2-25 Verbindung der Tore k und ℓ zweier optischer Komponenten

Im Bild 2-24 sind zwei Tore mit den Knoten j_{in}, j_{out} bzw. k_{in}, k_{out} dargestellt. Die Knoten j_{in} und k_{in} sind Quellen, j_{out} und k_{out} sind Senken. Wie man aus Bild 2-24 erkennt, enthält der Signalflussgraph einer optischen Komponente nur Quellen und Senken.

Verbindungsregel. Für die Ableitung des Signalflussgraphen aus dem physikalischen Netzwerk (siehe Kapitel 7) müssen wir eine Methode für die Verbindung der Signalflussgraphen der einzelnen Komponenten beschreiben. Es soll das Tor *k* mit den Knoten k_{in}, k_{out} der ersten Komponente mit dem Tor ℓ mit ℓ_{in}, ℓ_{out} der zweiten Komponente verbunden werden. Die Jones-Vektoren der ersten Komponente sind mit $\vec{A}_{kin}, \vec{A}_{kout}$ und die der zweiten Komponente mit $\vec{A}_{\ell in}, \vec{A}_{\ell out}$ bezeichnet. Es gilt unter Berücksichtigung der Stetigkeitsbedingungen an der dielektrischen Grenzfläche zwischen beiden Toren:

$$\vec{A}_{\ell in} = \vec{A}_{kout}, \quad \vec{A}_{kin} = \vec{A}_{\ell out}\,. \tag{2.211}$$

Aus Bild 2-25 ergibt sich die Verbindungsregel:

Wenn zwei Tore k und ℓ miteinander gekoppelt werden sollen, so ist der Ausgangsknoten k_{out} mit dem Eingangsknoten ℓ_{in} und entsprechend ℓ_{out} mit k_{in} über die Transmissionen mit der Einheitsmatrix zu verbinden. Dadurch entstehen Sterne im Netzwerk.

Reduktionsregeln. Zur Ableitung der Transfermatrix eines optischen Netzwerkes ist weiterhin die Kenntnis der Reduktionsregeln für Signalflussgraphen nach Tabelle 2.2 sinnvoll. Dazu gehen wir von einer Beschreibung im Frequenzbereich aus und betrachten vier Regeln.

Tabelle 2-2 Reduktionsregeln für Signalflussgraphen [2.4]

Regel	Ursprünglicher Graph	Graph nach der Reduktion
1	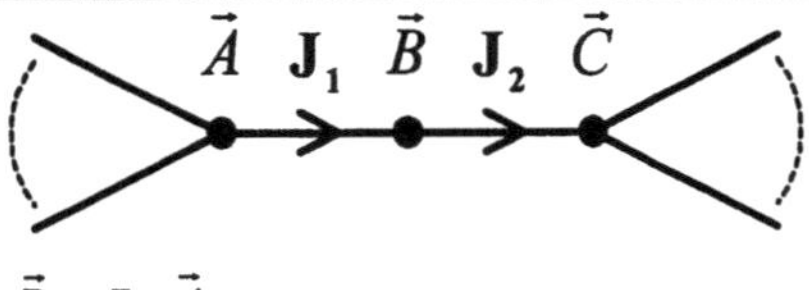 $\vec{B} = \mathbf{J}_1 \vec{A}$ $\vec{C} = \mathbf{J}_2 \vec{B} + \vec{Q}$	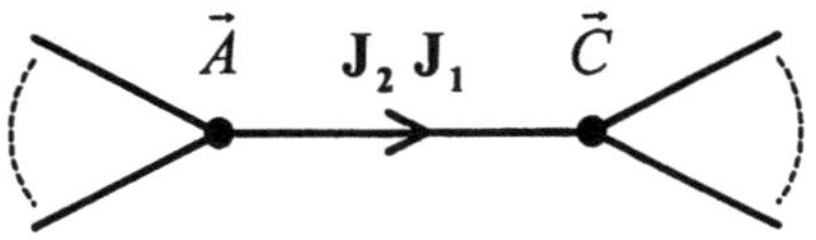 $\vec{C} = \mathbf{J}_2 \mathbf{J}_1 \vec{A} + \vec{Q}$ (2.212)
2	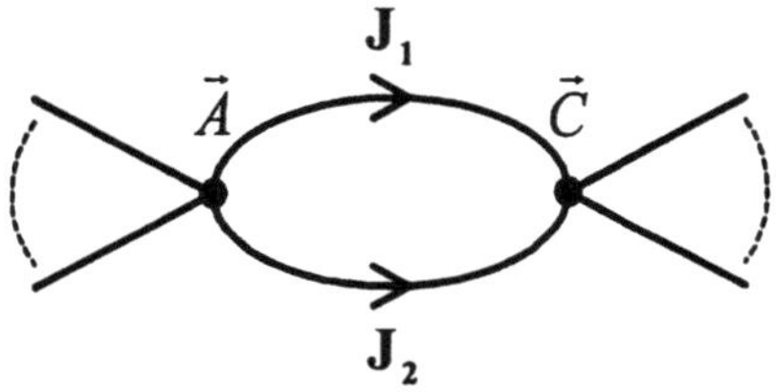	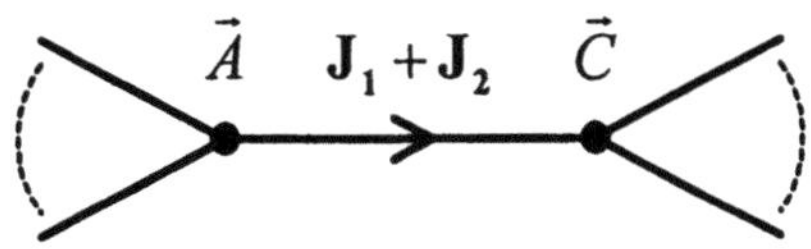 $\vec{C} = (\mathbf{J}_1 + \mathbf{J}_2)\vec{A} + \vec{Q}$ (2.213)
3	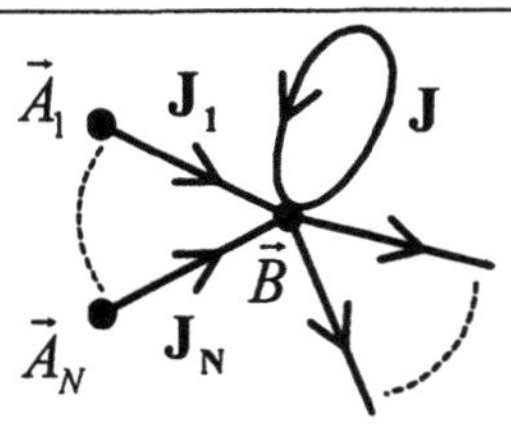 $\vec{B} = \sum_{k=1}^{N} \mathbf{J}_\mathrm{k} \vec{A}_k + \mathbf{J}\,\vec{B}$	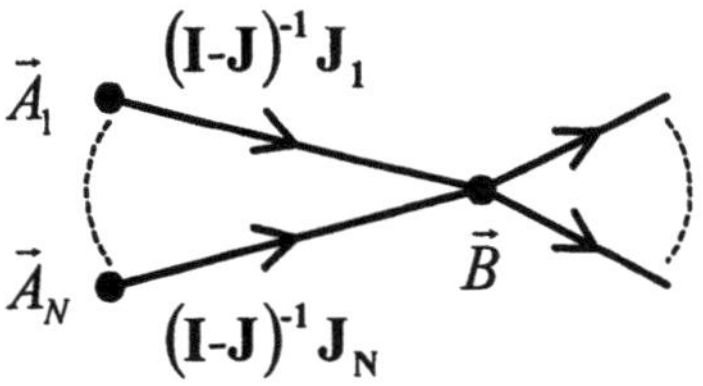 $\vec{B} = \sum_{k=1}^{N} (\mathbf{I} - \mathbf{J})^{-1} \mathbf{J}_\mathrm{k} \vec{A}_k$ (2.214)
4	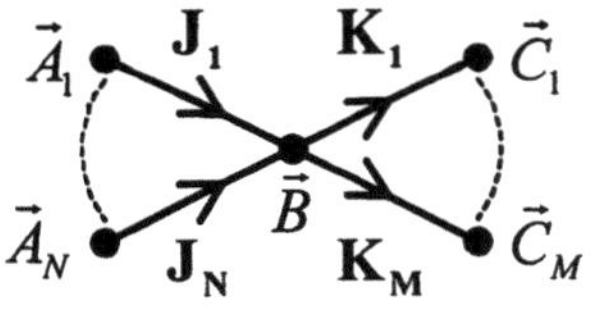 $\vec{B} = \sum_{k=1}^{N} \mathbf{J}_\mathrm{k} \vec{A}_k$ $\vec{C}_j = \mathbf{K}_\mathrm{j} \vec{B} + \vec{Q}_j$	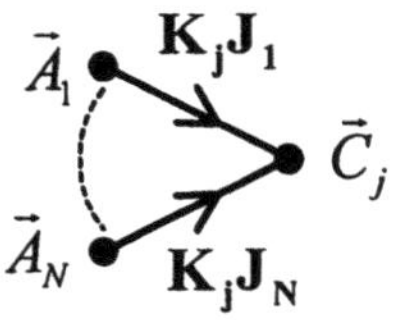 $\vec{C}_j = \sum_{k=1}^{N} \mathbf{K}_\mathrm{j} \mathbf{J}_\mathrm{k} \vec{A}_k + \vec{Q}_j$ (2.215)

Die Regel 1 bezieht sich auf Zweige in Serie. $\vec{Q}$ steht für den Beitrag aller anderen ankommenden Zweige zu $\vec{C}$. Bei der Reduktion nach Regel 1 entsteht im Wesentlichen das Produkt der Jones-Matrizen der einzelnen Zweige. Da die Matrizenmultiplikation i.A. nichtkommutativ ist, kommt es auf die Reihenfolge der Jones-Matrizen an.

Bei parallelen Zweigen nach Regel 2 addieren sich die Jones-Matrizen der einzelnen Zweige.

Regel 3 beinhaltet die Elimination eines Rückkopplungszweiges. Dazu müssen alle ankommenden Zweige mit $(\boldsymbol{I} - \boldsymbol{J})^{-1} \boldsymbol{J}_k$ modifiziert werden.

Bei der Sternelimination nach Regel 4 steht $\vec{Q}_j$ für den Beitrag aller anderen ankommenden Zweige zu $\vec{C}_j$.

2.4.2 Lineare zeitperiodische Netzwerke

Zyklische Jones-Matrizen. Lineare zeitperiodische Netzwerke, z.B. optische Modulatoren, werden durch so genannte zyklische Jones-Matrizen beschrieben. Eine zyklische Jones-Matrix erfüllt die Relation

$$\boldsymbol{J}(t_2, t_1) = \boldsymbol{J}(t_2 + kT, t_1 + kT) \tag{2.216}$$

für jedes ganze k und der Periode T.

Fourierdarstellung zyklischer Jones-Matrizen. Zur Analyse optischer Netzwerke im Frequenzbereich benötigt man die Frequenzdarstellung zyklischer Jones-Matrizen. Wir führen $\boldsymbol{J}(j\omega_2, j\omega_1)$ mit Hilfe der Fourier-Transformation ein:

$$\boldsymbol{J}(t_2, t_1) = \frac{1}{4\pi^2} \int_{-\infty}^{\infty} \int_{-\infty}^{\infty} \boldsymbol{J}(j\omega_2, j\omega_1) \cdot \exp\left[j(\omega_2 t_2 - \omega_1 t_1)\right] d\omega_2 \, d\omega_1 \,. \tag{2.217}$$

Aus 2.216 folgt mit 2.217:

$$\boldsymbol{J}(t_2 + kT, t_1 + kT) = \frac{1}{4\pi^2} \int_{-\infty}^{\infty} \int_{-\infty}^{\infty} \boldsymbol{J}(j\omega_2, j\omega_1) \cdot \tag{2.218}$$

$$\cdot \exp\left[j(\omega_2 t_2 - \omega_1 t_1) + jkT(\omega_2 - \omega_1)\right] d\omega_2 \, d\omega_1$$

Aus 2.217 ergibt sich, dass die Differenz $\omega_2 - \omega_1$ ein Vielfaches der Frequenz $\omega_0 = 2\pi / T$ sein muss. Für $\boldsymbol{J}(j\omega_2, j\omega_1)$ lässt sich damit folgende Reihenentwicklung angeben:

$$\boldsymbol{J}(j\omega_2, j\omega_1) = 2\pi \sum_{n=-\infty}^{\infty} \boldsymbol{J}_n(j\omega_2, j\omega_1) \, \delta(\omega_2 - \omega_1 - n\omega_0) \tag{2.219}$$

Einsetzen dieser Reihe in 2.217 ergibt

$$\begin{aligned} \boldsymbol{J}(t_2, t_1) &= \frac{1}{2\pi} \sum_{n=-\infty}^{\infty} \int_{-\infty}^{\infty} \int_{-\infty}^{\infty} \boldsymbol{J}_n(j\omega_2, j\omega_1) \cdot \delta(\omega_2 - \omega_1 - n\omega_0) \exp\left[j(\omega_2 t_2 - \omega_1 t_1)\right] d\omega_2 d\omega_1 \\ &= \frac{1}{2\pi} \sum_{n=-\infty}^{\infty} \int_{-\infty}^{\infty} \boldsymbol{J}_n(j\omega_1 + jn\omega_0, j\omega_1) \cdot \exp\left[j(\omega_1 + n\omega_0) t_2 - j\omega_1 t_1\right] d\omega_1 \end{aligned} \tag{2.220}$$

Führt man

$$\boldsymbol{j}_n(j\omega) = \boldsymbol{J}_n(j\omega + jn\omega_0, j\omega) \tag{2.221}$$

ein, erhält man

$$J(t_2,t_1)=\frac{1}{2\pi}\sum_{n=-\infty}^{\infty}\exp\left(jn\omega_0 t_2\right)\cdot\int_{-\infty}^{\infty}\boldsymbol{j}_n(j\omega)\exp\left[j\omega(t_2-t_1)\right]d\omega \tag{2.222}$$

Gleichung 2.222 wird als Fourier-Darstellung von $J(t_2,t_1)$ bezeichnet und die $\boldsymbol{j}_n(j\omega)$ heißen Fourier-Koeffizienten.

Fourier-Koeffizienten. Die Fourier-Koeffizienten $\boldsymbol{j}_n(j\omega)$ kann man direkt aus $J(t_2,t_1)$ berechnen:

$$\boldsymbol{j}_n(j\omega)=\frac{1}{T}\int_0^T\int_{-\infty}^{\infty}J(t_2,t_1)\cdot\exp\left[-j\omega(t_2-t_1)-jn\omega_0 t_2\right]dt_1\,dt_2\ . \tag{2.223}$$

Zur späteren Benutzung führen wir die Fourier-Koeffizienten im Zeitbereich ein:

$$\boldsymbol{j}_n(t)=\frac{1}{2\pi}\int_{-\infty}^{\infty}\boldsymbol{j}_n(j\omega)\exp(j\omega t)\,d\omega\ . \tag{2.224}$$

Unter Beachtung von 2.222 kann eine zyklische Jones-Matrix auch in der Form

$$J(t_2,t_1)=\sum_{n=-\infty}^{\infty}\exp(jn\omega_0 t_2)\,\boldsymbol{j}_n(t_2-t_1) \tag{2.225}$$

geschrieben werden.

Eine zyklische Jones-Matrix lässt sich entsprechend 2.225 als *Linearkombination* zeitinvarianter Jones-Matrizen darstellen.

Verallgemeinerung des Faltungsintegrals. Der Jones-Vektor $\vec{A}_{out}(t_2)$ als Wirkung einer Komponente mit zyklischer Jones-Matrix folgt aus der Verallgemeinerung des Faltungsintegrals, wenn die Eigenschaft *Zeitinvarianz* fallen gelassen wird.

$$\vec{A}_{out}(t_2)=\int_{-\infty}^{\infty}J(t_2,t_1)\,\vec{A}_{in}(t_1)\,dt_1=\frac{1}{2\pi}\sum_{n=-\infty}^{\infty}\exp\left(jn\omega_0 t_2\right)\int_{-\infty}^{\infty}\int_{-\infty}^{\infty}\boldsymbol{j}_n(j\omega)\cdot \tag{2.226}$$

$$\cdot\exp\left[j\omega(t_2-t_1)\right]d\omega\,\vec{A}_{in}(t_1)\,dt_1$$

$$\vec{A}_{out}(t_2)=\frac{1}{2\pi}\sum_{n=-\infty}^{\infty}\exp\left(jn\omega_0 t_2\right)\int_{-\infty}^{\infty}\boldsymbol{j}_n(j\omega)\,\vec{A}_{in}(j\omega)\cdot\exp(j\omega t_2)\,d\omega\ . \tag{2.227}$$

Übertragungsgleichungen im Frequenzbereich. Die Fourier-Transformation auf beiden Seiten von 2.227 ergibt

$$\vec{A}_{out}(j\omega)=\sum_{n=-\infty}^{\infty}\boldsymbol{j}_n\left[j(\omega-n\omega_0)\right]\vec{A}_{in}\left[j(\omega-n\omega_0)\right] \tag{2.228}$$

Wir sehen, dass eine zeitperiodische Komponente neue Frequenzen im optischen Feld hervorbringt, was charakteristisch für den Modulationsprozess ist. Gleichung 2.228 lässt sich auf Streumatrizen für zeitperiodische Komponenten übertragen und lautet [2.4]:

$$\tilde{A}_{out}(j\omega) = \sum_{n=-\infty}^{\infty} s_n \left[j(\omega - n\omega_0)\right] \cdot \tilde{A}_{in}\left[j(\omega - n\omega_0)\right] + \tilde{C}(j\omega) \ . \tag{2.229}$$

Die s_n sind die Fourier-Koeffizienten einer zyklischen Streumatrix.

2.4.3 Schräge Anregung

z-Komponenten der Verschiebungsflussdichte. Die bisher beschriebenen Grundlagen zur Signalübertragung über optische Netzwerke beruhen auf den Transversalkomponenten der elektrischen Feldstärke. Regt man ein optisches Netzwerk unter einem Winkel φ schräg zur Eingangsfläche an, entstehen auch z-Komponenten der Verschiebungsflussdichte, mit denen die Signalübertragung ebenfalls charakterisiert werden kann. Bild 2-26 zeigt eine entsprechende Anordnung mit Grenzflächen und Koordinatensystemen. Dabei setzen wir gleiches Vor- und nachgeschaltetes homogenes und isotropes Medium mit der Dielektrizitätskonstanten ε_1 voraus. Das Medium im optischen Netzwerk kann entweder isotrop oder anisotrop sein. Es wird durch den ortsunabhängigen Dielektrizitätstensor $\boldsymbol{\varepsilon}_2$ im x, y, z-Koordinatensystem beschrieben.

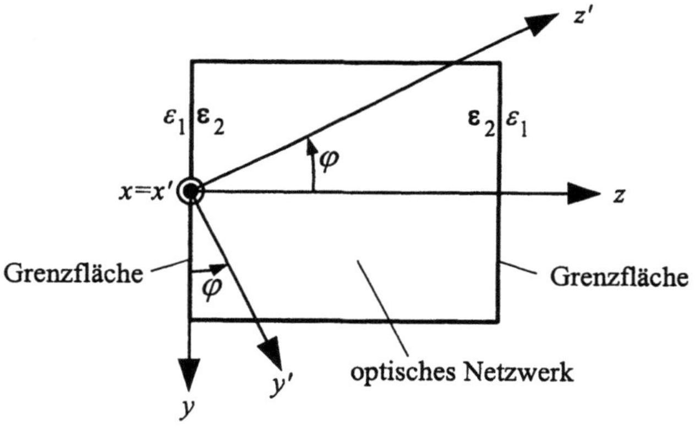

Bild 2-26 Zur schrägen Anregung eines optischen Netzwerkes

Eingangssignale im x', y', z'-Koordinatensystem. Auf die eingangsseitige Grenzfläche falle das transversale Signal einer Laserdiode nach 2.230 in einem x', y', z'-Koordinatensystem.

$$\begin{pmatrix} D_{x'}(z',t) \\ D_{y'}(z',t) \end{pmatrix} = \hat{D}_0 \exp\left[j(\omega t - \beta' z')\right] \cdot \begin{pmatrix} |e_{x'}| \exp(-j\psi_{x'}) \\ |e_{y'}| \exp(-j\psi_{y'}) \end{pmatrix} \tag{2.230}$$

Drehungsmatrix. Die Drehung um den Winkel φ wird durch die Drehungsmatrix in 2.231 beschrieben.

$$\begin{pmatrix} x' \\ y' \\ z' \end{pmatrix} = \begin{pmatrix} 1 & 0 & 0 \\ 0 & \cos\varphi & \sin\varphi \\ 0 & -\sin\varphi & \cos\varphi \end{pmatrix} \begin{pmatrix} x \\ y \\ z \end{pmatrix} \tag{2.231}$$

Eingangssignale im *x*, *y*, *z*-Koordinatensystem. Aus 2.230 und 2.231 folgt für die Komponenten der elektrischen Verschiebungsflussdichte vor dem optischen Netzwerk

$$\begin{pmatrix} D_{x\,in}(y,z,t) \\ D_{y\,in}(y,z,t) \\ D_{z\,in}(y,z,t) \end{pmatrix} = \begin{pmatrix} 1 & 0 \\ 0 & \cos\varphi \\ 0 & \sin\varphi \end{pmatrix} \begin{pmatrix} D_{x'}(y,z,t) \\ D_{y'}(y,z,t) \end{pmatrix} \tag{2.232}$$

Das Eingangssignal für das optische Netzwerk am Ort $z = 0$ ist durch die elektrische Feldstärke in der Form

$$\begin{pmatrix} E_{x\,in}(y,0,t) \\ E_{y\,in}(y,0,t) \end{pmatrix} = \begin{pmatrix} \dfrac{1}{\chi'_{in}\sin\varphi} \\ \cot\varphi \end{pmatrix} \frac{D_{z\,in}(y,0,t)}{\varepsilon_1} \tag{2.233}$$

gegeben. Die Größe χ'_{in} ist die Polarisationsvariable auf der Eingangsseite mit

$$\chi'_{in} = \frac{|e'_y|}{|e'_x|}\exp(-j\psi'), \; \psi' = \psi'_y - \psi'_x . \tag{2.234}$$

Ausgangssignale im *x*, *y*, *z*-Koordinatensystem. Auf der Ausgangsseite des Netzwerks bei $z = L$ erhält man

$$\begin{pmatrix} E_{x\,out}(y,L,t) \\ E_{y\,out}(y,L,t) \end{pmatrix} = \begin{pmatrix} J_{11} & J_{12} \\ J_{21} & J_{22} \end{pmatrix} \begin{pmatrix} E_{x\,in}(y,0,t) \\ E_{y\,in}(y,0,t) \end{pmatrix}. \tag{2.235}$$

Aus später ersichtlichen Gründen setzten wir eine symmetrische Jones-Matrix mit gleichen Hauptdiagonalelementen, also

$$J_{12} = J_{21}, \; J_{11} = J_{22} \tag{2.236}$$

voraus.

Die Komponenten $E_{x\,out}(y,L,t)$ und $E_{y\,out}(y,L,t)$ lassen sich mit 2.233 und 2.235 in Abhängigkeit der *z*-Komponente der Verschiebungsflussdichte $D_{z\,in}(y,0,t)$ am Eingang darstellen, siehe 2.237.

$$\begin{pmatrix} E_{x\,out}(y,L,t) \\ E_{y\,out}(y,L,t) \end{pmatrix} = \begin{pmatrix} \dfrac{J_{11}}{\chi'_{in}\sin\varphi} + J_{12}\cot\varphi \\ \dfrac{J_{21}}{\chi'_{in}\sin\varphi} + J_{22}\cot\varphi \end{pmatrix} \frac{D_{z\,in}(y,0,t)}{\varepsilon_1} \tag{2.237}$$

Für $D_{z\,in}(y,0,t)$ gilt

$$D_{z\,in}(y,0,t) = \hat{D}_0 \left|e'_y\right| \sin\varphi \exp\left[j\left(\omega t + \beta' \cdot y \sin\varphi - \psi'_y\right)\right]. \tag{2.238}$$

Die Ausgangskomponenten der elektrischen Verschiebungsflussdichte erhält man einerseits aus 2.237 und der Materialgleichung für das ausgangsseitige Dielektrikum sowie andererseits aus einer verschwindenden Divergenz 2.240.

$$\begin{pmatrix} D_{x\,out}(y,L,t) \\ D_{y\,out}(y,L,t) \end{pmatrix} = \begin{pmatrix} \dfrac{J_{11}}{\chi'_{in} \sin\varphi} + J_{12} \cot\varphi \\ \dfrac{J_{21}}{\chi'_{in} \sin\varphi} + J_{22} \cot\varphi \end{pmatrix} D_{z\,in}(y,0,t) \tag{2.239}$$

$$\frac{\partial D_{x\,out}(y,z,t)}{\partial x} + \frac{\partial D_{y\,out}(y,z,t)}{\partial y} + \frac{\partial D_{z\,out}(y,z,t)}{\partial z} = 0 \tag{2.240}$$

Da die Komponente $D_{x\,out}(y,z,t)$ nicht von x abhängt, verschwindet der linke Summand in 2.240 und die z-Komponente am Ausgang $D_{z\,out}(y,z,t)$ kann aus

$$\frac{\partial D_{z\,out}(y,z,t)}{\partial z} = -\frac{\partial D_{y\,out}(y,z,t)}{\partial y} \tag{2.241}$$

berechnet werden. Dazu formulieren wir den Ansatz

$$D_{y\,out}(y,z,t) = \hat{D}_{out} \left|e_{y\,out}\right| \exp\left[j\left(\omega t + k_{y\,out} y - k_{z\,out} z - \psi_{y\,out}\right)\right]. \tag{2.242}$$

Darin ist $\hat{D}_{out}$ die Amplitude und $\left|e_{y\,out}\right| \exp\left(-j\psi_{y\,out}\right)$ die y-Komponente des Vektors, der am Ausgang bei paralleler Anregung, d.h. mit $\varphi = 0$, mit dem Polarisationseinheitsvektor übereinstimmt. Die Größen $k_{y\,out}$ und $k_{z\,out}$ bezeichnen die y- und z-Komponente des Wellenvektors auf der Ausgangsseite.

Durch Einsetzen von 2.242 in 2.241 erhält man die z-Komponente bei Berücksichtigung von 2.239 zu

$$D_{z\,out}(y,z,t) = \frac{k_{y\,out}}{k_{z\,out}} D_{y\,out}(y,z,t)\,, \tag{2.243}$$

$$D_{z\,out}(y,L,t) = \frac{k_{y\,out}}{k_{z\,out}} \left(\frac{J_{21}}{\chi'_{in} \sin\varphi} + J_{22} \cot\varphi \right) D_{z\,in}(y,0,t)\,. \tag{2.244}$$

Aus dem Vergleich von 2.243 und 2.244 bei $z = L$ ergibt sich unter Beachtung von 2.238 und 2.242:

$$k_{y\,out} = \beta' \sin\varphi\,. \tag{2.245}$$

Inneres Verhalten des optischen Netzwerkes. Das Medium im optischen Netzwerk beschreiben wir durch die Materialgleichung unter Verwendung der Matrixdarstellung des Dielektrizitätstensors ε_2 im x, y, z-Koordinatensystem, siehe 2.246.

$$\begin{pmatrix} D_x(y,z,t) \\ D_y(y,z,t) \\ D_z(y,z,t) \end{pmatrix} = \begin{pmatrix} \varepsilon_{xx} & \varepsilon_{xy} & \varepsilon_{xz} \\ \varepsilon_{xy}^* & \varepsilon_{yy} & \varepsilon_{yz} \\ \varepsilon_{xz}^* & \varepsilon_{yz}^* & \varepsilon_{zz} \end{pmatrix} \begin{pmatrix} E_x(y,z,t) \\ E_y(y,z,t) \\ E_z(y,z,t) \end{pmatrix} \tag{2.246}$$

Die Randwerte sind unter Berücksichtigung der Stetigkeitsbedingungen an den dielektrischen Grenzschichten, d.h.

$$\begin{gathered} \begin{pmatrix} E_{x\,in}(y,0,t) \\ E_{y\,in}(y,0,t) \end{pmatrix} = \begin{pmatrix} E_x(y,0,t) \\ E_y(y,0,t) \end{pmatrix} \\ \begin{pmatrix} E_{x\,out}(y,L,t) \\ E_{y\,out}(y,L,t) \end{pmatrix} = \begin{pmatrix} E_x(y,L,t) \\ E_y(y,L,t) \end{pmatrix} \\ D_{z\,in}(y,0,t) = D_z(y,0,t)\,,\quad D_{z\,out}(y,L,t) = D_z(y,L,t) \end{gathered} \tag{2.247}$$

gegeben durch

$$\begin{gathered} \begin{pmatrix} E_x(y,0,t) \\ E_y(y,0,t) \\ E_z(y,0,t) \end{pmatrix} = \begin{pmatrix} \dfrac{1}{\chi_{in}' \sin\varphi} \\ \cot\varphi \\ \dfrac{\varepsilon_1}{\varepsilon_{zz}}\left(1 - \dfrac{\varepsilon_{xz}^*}{\varepsilon_1 \chi_{in}' \sin\varphi} - \dfrac{\varepsilon_{yz}^*}{\varepsilon_1}\cot\varphi\right) \end{pmatrix} \frac{D_{z\,in}(y,0,t)}{\varepsilon_1} \\ \begin{pmatrix} E_x(y,L,t) \\ E_y(y,L,t) \end{pmatrix} = \begin{pmatrix} \dfrac{J_{11}}{\chi_{in}' \sin\varphi} + J_{12}\cot\varphi \\ \dfrac{J_{21}}{\chi_{in}' \sin\varphi} + J_{22}\cot\varphi \end{pmatrix} \frac{D_{z\,in}(y,0,t)}{\varepsilon_1} \\ D_{z\,out}(y,L,t) = \varepsilon_{xz}^* E_x(y,L,t) + \varepsilon_{yz}^* E_y(y,L,t) + \varepsilon_{zz} E_z(y,L,t)\,. \end{gathered} \tag{2.248}$$

Als Ansatz für die Wellenausbreitung im optischen Netzwerk verwenden wir

$$\begin{pmatrix} E_x(y,z,t) \\ E_y(y,z,t) \\ E_z(y,z,t) \end{pmatrix} = \begin{pmatrix} E_{0x} \\ E_{0y} \\ E_{0z} \end{pmatrix} \exp\left[j\left(\omega t + k_y y - k_z z\right)\right]. \tag{2.249}$$

Aus 2.249 folgt unter Verwendung von 2.248, 2.232 und 2.230:

$$\begin{pmatrix} E_x(y,0,t) \\ E_y(y,0,t) \\ E_z(y,0,t) \end{pmatrix} = \begin{pmatrix} \dfrac{1}{\chi'_{in}\sin\varphi} \\ \cot\varphi \\ \dfrac{\varepsilon_1}{\varepsilon_{zz}}\left(1 - \dfrac{\varepsilon^*_{xz}}{\varepsilon_1\chi'_{in}\sin\varphi} - \dfrac{\varepsilon^*_{yz}}{\varepsilon_1}\cot\varphi\right) \end{pmatrix} \frac{\hat{D}_0 \left|e'_y\right| \sin\varphi \exp\left(-j\psi_{y'}\right)}{\varepsilon_1} \tag{2.250}$$

$$k_y = \beta' \sin\varphi\,. \tag{2.251}$$

Durch Vergleich von 2.248 mit 2.249 und 2.250 ergibt sich für $z = L$

$$\begin{aligned} \exp(-jk_z L) &= J_{11} + J_{12}\chi'_{in}\cos\varphi \\ &= \frac{J_{21}}{\chi'_{in}\cos\varphi} + J_{22} \end{aligned} \tag{2.252}$$

und damit die Nebenbedingung

$$J_{12}\chi'^2_{in}\cos^2\varphi + (J_{11} - J_{22})\chi'_{in}\cos\varphi - J_{21} = 0\,. \tag{2.253}$$

Wegen der Einschränkung 2.236 erhalten wir aus 2.253 für

$$J_{12} \neq 0: \quad \chi'_{in}\cos\varphi = \pm 1\,, \tag{2.254}$$

$$J_{12} = 0: \quad \chi'_{in}, \cos\varphi \ \text{ beliebig}\,. \tag{2.255}$$

Wie 2.254 und 2.255 zeigen, ist in beiden Fällen eine von der zugelassenen Jones-Matrix unabhängige Bestimmung oder Wahl der Eingangspolarisation und des Winkels der schrägen Anregung möglich.

Für die z-Komponente des Wellenvektors setzen wir an

$$k_z = \mathrm{Re}\{k_z\} + j\,\mathrm{Im}\{k_z\}\,. \tag{2.256}$$

Mit 2.252 folgt

$$\mathrm{Im}\{k_z L\} = \ln\left|\frac{J_{21}}{\chi'_{in}\cos\varphi} + J_{22}\right|, \tag{2.257}$$

$$\mathrm{Re}\{k_z L\} = -\arg\left\{\frac{J_{21}}{\chi'_{\mathrm{in}}\cos\varphi} + J_{22}\right\}. \tag{2.258}$$

z-Komponenten-Übertragungsfunktion. Aus 2.244 und 2.248 ergibt sich mit 2.249 und 2.250 der Wert für die z-Komponente des Wellenvektors $k_{z\,out}$ auf der Ausgangsseite des optischen Netzwerkes.

$$k_{z\,out} = \beta' \cos\varphi \tag{2.259}$$

Setzt man k_{yout} nach 2.245 und k_{zout} nach 2.259 in 2.244 ein, erhalten wir die Übertragungsfunktion für die z-Komponenten der elektrischen Verschiebungsflussdichte T_z :

$$T_z = \frac{D_{zout}(y,L,t)}{D_{zin}(y,0,t)} = \frac{J_{21}}{\chi'_{in}\cos\varphi} + J_{22} \tag{2.260}$$

Polarisationsübertragungsgleichung. Zur Ableitung der Polarisationsvariablen χ'_{out} formulieren wir die Komponenten der Verschiebungsflussdichte entsprechend 2.261.

$$\begin{pmatrix} D_{x'out}(y,L,t) \\ D_{y'out}(y,L,t) \\ D_{z'out}(y,L,t) \end{pmatrix} = \begin{pmatrix} 1 & 0 & 0 \\ 0 & \cos\varphi & \sin\varphi \\ 0 & -\sin\varphi & \cos\varphi \end{pmatrix} \begin{pmatrix} D_{xout}(y,L,t) \\ D_{yout}(y,L,t) \\ D_{zout}(y,L,t) \end{pmatrix} \tag{2.261}$$

Mit 2.248 folgt unter Verwendung der Materialgleichung für das ausgangsseitige Dielektrikum

$$\begin{pmatrix} D_{x'out}(y,L,t) \\ D_{y'out}(y,L,t) \\ D_{z'out}(y,L,t) \end{pmatrix} = \begin{pmatrix} \dfrac{J_{11}}{\chi'_{in}\sin\varphi} + J_{12}\cot\varphi \\ \dfrac{J_{21}}{\chi'_{in}\sin\varphi\cos\varphi} + \dfrac{J_{22}}{\sin\varphi} \\ 0 \end{pmatrix} \begin{pmatrix} D_{xout}(y,L,t) \\ D_{yout}(y,L,t) \\ D_{zout}(y,L,t) \end{pmatrix} \tag{2.262}$$

Unter den bei der Ableitung von 2.262 getroffenen Voraussetzungen verschwindet die z'-Komponente $D_{z'out}(y,L,t)$ und die Wellenausbreitung findet am Ausgang in die durch den Winkel φ vorgegebene Richtung statt.

Die Polarisationsvariable χ'_{out} erhält man aus

$$\begin{aligned} \frac{D_{y'out}(y,L,t)}{D_{x'out}(y,L,t)} &= \frac{|e_{y'out}|}{|e_{x'out}|}\exp(-j\psi'_{out}) = \chi'_{out} \\ &= \frac{J_{21} + J_{22}\chi'_{in}\cos\varphi}{J_{11}\cos\varphi + J_{12}\chi'_{in}\cos^2\varphi} \end{aligned} \tag{2.263}$$

$$\text{mit } \psi'_{\text{out}} = \psi_{y'out} - \psi_{x'out}$$

Übertragungsfunktionen für die z-Komponenten bei Zusammenschaltungen. Man rechnet leicht nach, dass die Übertragungsfunktion T_z in der Form

$$T_z = \mathbf{T}_{21}\,\mathbf{T}_{11}^{-1}\,\mathbf{J}\,\mathbf{T}_{11}\,\mathbf{T}_{12} \tag{2.264}$$

dargestellt werden kann. Dabei sind

$$\mathbf{T}_{21} = \begin{pmatrix} 0 & \sin\varphi \end{pmatrix}, \; \mathbf{T}_{11} = \begin{pmatrix} 1 & 0 \\ 0 & \cos\varphi \end{pmatrix}$$

$$\mathbf{T}_{12} = \frac{1}{\sin\varphi} \begin{pmatrix} \dfrac{1}{\chi'_{in}} \\ 1 \end{pmatrix}, \; \mathbf{T}_{11}^{-1} = \begin{pmatrix} 1 & 0 \\ 0 & \dfrac{1}{\cos\varphi} \end{pmatrix} \tag{2.265}$$

die durch die schräge Anregung und die Eingangspolarisation bestimmten Transformationsmatrizen.

Der Tabelle 2-2 entnimmt man die Regeln der Zusammenschaltung optischer Netzwerke auf der Grundlage der Jones-Matrizen. Darauf aufbauend ergeben sich für die Parallel-, Reihen- und Rückkopplungsschaltung folgende Regeln für die Übertragungsfunktionen der z-Komponenten.

Reihenschaltung. Bei der Reihenschaltung gilt für die Gesamtübertragungsfunktion

$$T_z = T_{z_2} \cdot T_{z_1} \,. \tag{2.266}$$

Beweis:

$$\begin{aligned}
T_z &= \mathbf{T}_{21}\,\mathbf{T}_{11}^{-1}\,\mathbf{J}\,\mathbf{T}_{11}\,\mathbf{T}_{12} \\
&= \mathbf{T}_{21}\,\mathbf{T}_{11}^{-1}\,\mathbf{J}_2\,\mathbf{J}_1\,\mathbf{T}_{11}\,\mathbf{T}_{12} \\
&= \begin{pmatrix} 0 & \sin\varphi \end{pmatrix} \begin{pmatrix} 1 & 0 \\ 0 & \dfrac{1}{\cos\varphi} \end{pmatrix} \begin{pmatrix} J_{11}^2 & J_{12}^2 \\ J_{21}^2 & J_{22}^2 \end{pmatrix} \begin{pmatrix} J_{11}^1 & J_{12}^1 \\ J_{21}^1 & J_{22}^1 \end{pmatrix} \begin{pmatrix} 1 & 0 \\ 0 & \cos\varphi \end{pmatrix} \frac{1}{\sin\varphi} \begin{pmatrix} \dfrac{1}{\chi'_{in}} \\ 1 \end{pmatrix} \\
&= J_{21}^2 \left(\frac{J_{11}^1}{\chi'_{in}\cos\varphi} + J_{12}^1 \right) + J_{22}^2 \left(\frac{J_{21}^1}{\chi'_{in}\cos\varphi} + J_{22}^1 \right)
\end{aligned}$$

$$T_{z_1} = \frac{J_{21}^1}{\chi'_{in}\cos\varphi} + J_{22}^1$$

$$\frac{J_{11}^1}{\chi'_{in}\cos\varphi} + J_{12}^1 = \frac{T_{z_1}}{\chi'_{out}\cos\varphi}$$

$$T_z = \left(\frac{J_{21}^2}{\chi'_{out}\cos\varphi} + J_{22}^2 \right) T_{z_1}$$

$$T_{z_2} = \frac{J_{21}^2}{\chi'_{out}\cos\varphi} + J_{22}^2$$

$$T_z = T_{z_2} \cdot T_{z_1}$$ □

Der Signalflussgraph für die Reihenschaltung ist im Bild 2-27a dargestellt.

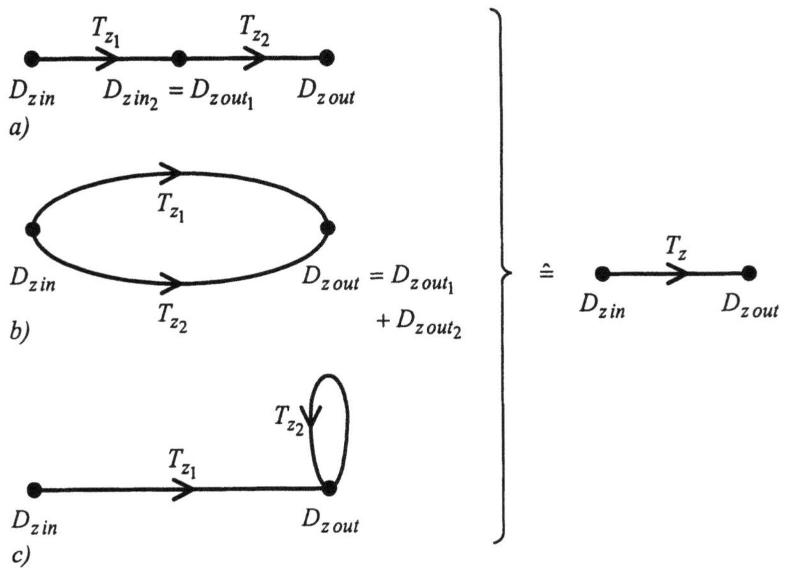

Bild 2-27 Signalflussgraphen für die z-Übertragungsfunktionen
a) Reihenschaltung
b) Parallelschaltung
c) Rückkopplungsschaltung

Das nachfolgende Beispiel demonstriert zwei Methoden zur Berechnung der Gesamtübertragungsfunktion bei Reihenschaltung.

Beispiel 2.17: Reihenschaltung eines LWL mit konstanter Dämpfungsmatrix und eines LWL mit konstanter Gruppenlaufzeitmatrix

Jones-Matrizen:

$$\mathbf{J}_1 = \begin{pmatrix} J_{11}^1 & J_{12}^1 \\ J_{21}^1 & J_{22}^1 \end{pmatrix} = \begin{pmatrix} \cosh\left(\frac{a_1}{2}\right) & -\sinh\left(\frac{a_1}{2}\right) \\ -\sinh\left(\frac{a_1}{2}\right) & \cosh\left(\frac{a_1}{2}\right) \end{pmatrix}$$

$$\mathbf{J}_2 = \begin{pmatrix} J_{11}^2 & J_{12}^2 \\ J_{21}^2 & J_{22}^2 \end{pmatrix} = \begin{pmatrix} \cosh\left(\frac{j\omega\tau_2}{2}\right) & -\sinh\left(\frac{j\omega\tau_2}{2}\right) \\ -\sinh\left(\frac{j\omega\tau_2}{2}\right) & \cosh\left(\frac{j\omega\tau_2}{2}\right) \end{pmatrix}$$

Methode 1: Multiplikation der Jones-Matrizen

$$\mathbf{J} = \mathbf{J}_2\,\mathbf{J}_1 = \begin{pmatrix} J_{11} & J_{12} \\ J_{21} & J_{22} \end{pmatrix} = \begin{pmatrix} \cosh\left(\frac{a_1}{2} + \frac{j\omega\tau_2}{2}\right) & -\sinh\left(\frac{a_1}{2} + \frac{j\omega\tau_2}{2}\right) \\ -\sinh\left(\frac{a_1}{2} + \frac{j\omega\tau_2}{2}\right) & \cosh\left(\frac{a_1}{2} + \frac{j\omega\tau_2}{2}\right) \end{pmatrix}$$

$$T_z = \frac{J_{21}}{\chi'_{in}\cos\varphi} + J_{22}$$

$$T_{z_-} = \cosh\left(\frac{a_1}{2} + \frac{j\omega\tau_2}{2}\right) - \sinh\left(\frac{a_1}{2} + \frac{j\omega\tau_2}{2}\right) \quad \text{für } \chi'_{in}\cos\varphi = +1$$

$$T_{z_+} = \cosh\left(\frac{a_1}{2} + \frac{j\omega\tau_2}{2}\right) + \sinh\left(\frac{a_1}{2} + \frac{j\omega\tau_2}{2}\right) \quad \text{für } \chi'_{in}\cos\varphi = -1$$

$$T_{z_-} = \exp\left(-\frac{a_1}{2} - \frac{j\omega\tau_2}{2}\right)$$

$$T_{z_+} = \exp\left(\frac{a_1}{2} + \frac{j\omega\tau_2}{2}\right)$$

Methode 2: Multiplikation der Übertragungsfunktionen

$$\begin{aligned} T_{z_{1\mp}} &= \frac{J_{21}^1}{\chi'_{in}\cos\varphi} + J_{22}^1 \\ &= \mp\sinh\left(\frac{a_1}{2}\right) + \cosh\left(\frac{a_1}{2}\right) \\ &= \exp\left(\mp\frac{a_1}{2}\right) \end{aligned}$$

$$T_{z_2} = \frac{J_{21}^2}{\chi'_{out}\cos\varphi} + J_{22}^2$$

$$\begin{aligned} \chi'_{out}\cos\varphi &= \frac{J_{21}^1 + J_{22}^1\chi'_{in}\cos\varphi}{J_{11}^1 + J_{12}^1\chi'_{in}\cos\varphi} \\ &= \frac{-\sinh\left(\frac{a_1}{2}\right) \pm \cosh\left(\frac{a_1}{2}\right)}{\cosh\left(\frac{a_1}{2}\right) \mp \sinh\left(\frac{a_1}{2}\right)} \\ &= \pm 1 \end{aligned}$$

$$\begin{aligned} T_{z_{2\mp}} &= \mp\sinh\left(\frac{j\omega\tau_2}{2}\right) + \cosh\left(\frac{j\omega\tau_2}{2}\right) \\ &= \exp\left(\mp\frac{j\omega\tau_2}{2}\right) \end{aligned}$$

$$T_{z_\mp} = T_{z_{2\mp}} \cdot T_{z_{1\mp}} = \exp\left(\mp\frac{a_1}{2} \mp \frac{j\omega\tau_2}{2}\right)$$ □

Parallelschaltung. Für die Parallelschaltung erhalten wir

$$T_z = T_{z_2} + T_{z_1}\,. \tag{2.267}$$

Beweis:

$$\begin{aligned} T_z &= \mathbf{T}_{21}\,\mathbf{T}_{11}^{-1}\,\mathbf{J}\,\mathbf{T}_{11}\,\mathbf{T}_{12} \\ &= \mathbf{T}_{21}\,\mathbf{T}_{11}^{-1}\,(\mathbf{J}_2 + \mathbf{J}_1)\mathbf{T}_{11}\,\mathbf{T}_{12} \\ &= \mathbf{T}_{21}\,\mathbf{T}_{11}^{-1}\,\mathbf{J}_2\,\mathbf{T}_{11}\,\mathbf{T}_{12} + \mathbf{T}_{21}\,\mathbf{T}_{11}^{-1}\,\mathbf{J}_1\,\mathbf{T}_{11}\,\mathbf{T}_{12} \end{aligned}$$

$$T_{z_1} = \mathbf{T}_{21}\,\mathbf{T}_{11}^{-1}\,\mathbf{J}_1\,\mathbf{T}_{11}\,\mathbf{T}_{12}$$

$$T_{z_2} = \mathbf{T}_{21}\,\mathbf{T}_{11}^{-1}\,\mathbf{J}_2\,\mathbf{T}_{11}\,\mathbf{T}_{12}$$

$$T_z = T_{z_2} + T_{z_1}$$ □

Der zugehörige Signalflussgraph ist im Bild 2-27b gezeigt. Das nachfolgende Beispiel behandelt die Parallelschaltung zweier LWL mit unterschiedlichen Laufzeiten.

Beispiel 2.18: Parallelschaltung zweier LWL mit unterschiedlichen Laufzeiteigenschaften

Jones-Matrizen:

$$\mathbf{J}_1 = \begin{pmatrix} J_{11}^1 & J_{12}^1 \\ J_{21}^1 & J_{22}^1 \end{pmatrix} = \exp(-j\omega\tau_1)\begin{pmatrix} 1 & 0 \\ 0 & 1 \end{pmatrix}$$

$$\mathbf{J}_2 = \begin{pmatrix} J_{11}^2 & J_{12}^2 \\ J_{21}^2 & J_{22}^2 \end{pmatrix} = \exp(-j\omega\tau_2)\begin{pmatrix} 1 & 0 \\ 0 & 1 \end{pmatrix}$$

Methode 1: Addition der Jones-Matrizen

$$\begin{aligned} \mathrm{J} = \mathrm{J}_1 + \mathrm{J}_2 &= \begin{pmatrix} J_{11} & J_{12} \\ J_{21} & J_{22} \end{pmatrix} = [\exp(-j\omega\tau_1) + \exp(-j\omega\tau_2)]\begin{pmatrix} 1 & 0 \\ 0 & 1 \end{pmatrix} \\ &= 2\exp\left[-j\omega\left(\tau_1 - \frac{\Delta\tau}{2}\right)\right]\cos\left(\frac{\omega\Delta\tau}{2}\right)\begin{pmatrix} 1 & 0 \\ 0 & 1 \end{pmatrix} \\ &= \text{ mit } \Delta\tau = \tau_1 - \tau_2 \end{aligned}$$

$$\begin{aligned} T_z &= \frac{J_{21}}{\chi_{in}' \cos\varphi} + J_{22} \\ &= 2\exp\left[-j\omega\left(\tau_1 - \frac{\Delta\tau}{2}\right)\right]\cos\left(\frac{\omega\Delta\tau}{2}\right) \end{aligned}$$

Methode 2: Addition der Übertragungsfunktionen

$$T_{z_1} = \frac{J_{21}^1}{\chi_{in}' \cos\varphi} + J_{22}^1 = \exp(-j\omega\tau_1)$$

$$T_{z_2} = \frac{J_{21}^2}{\chi_{in}' \cos\varphi} + J_{22}^2 = \exp(-j\omega\tau_2)$$

$$T_z = \exp(-j\omega\tau_1) + \exp(-j\omega\tau_2)$$

$$= 2\exp\left[-j\omega\left(\tau_1 - \frac{\Delta\tau}{2}\right)\right]\cos\left(\frac{\omega\Delta\tau}{2}\right)$$ □

Rückkopplungsschaltung. Der Signalflussgraph für die Rückkopplungsschaltung ist im Bild 2-27c dargestellt. Zur Ableitung der Übertragungsfunktionen benutzen wir aus Gründen des geringeren Rechenaufwandes die aus dem Signalflussgraphen resultierende Gleichung

$$D_{z\,out} = T_{z_1} D_{z\,in} + T_{z_2} D_{z\,out}\,. \tag{2.268}$$

Aus 2.268 ergibt sich die Gesamtübertragungsfunktion zu

$$T_z = \frac{D_{z\,out}}{D_{z\,in}} = \frac{T_{z_1}}{1 - T_{z_2}}\,. \tag{2.269}$$

Das nachfolgende Beispiel behandelt für einen LWL im Vorwärtszweig und einen LWL im Rückkopplungszweig die Anwendung der von der Reihen- und Parallelschaltung her bekannten Methoden zur Ermittlung der Übertragungsfunktion.

Beispiel 2.19: Rückkopplungsschaltung eines LWL als Laufzeitglied und eines LWL als Dämpfungsglied

Jones-Matrizen:

$$\mathbf{J}_1 = \begin{pmatrix} J_{11}^1 & J_{12}^1 \\ J_{21}^1 & J_{22}^1 \end{pmatrix} = \exp(-a_1)\begin{pmatrix} 1 & 0 \\ 0 & 1 \end{pmatrix}$$

$$\mathbf{J}_2 = \begin{pmatrix} J_{11}^2 & J_{12}^2 \\ J_{21}^2 & J_{22}^2 \end{pmatrix} = \exp(-j\omega\tau_2)\begin{pmatrix} 1 & 0 \\ 0 & 1 \end{pmatrix}$$

Methode 1: Multiplikation der Jones-Matrizen

$$\mathbf{J} = (\mathbf{I} - \mathbf{J}_2)^{-1}\mathbf{J}_1 = \begin{pmatrix} J_{11} & J_{12} \\ J_{21} & J_{22} \end{pmatrix}$$

$$= \frac{\exp(-a_1)}{1 - \exp(-j\omega\tau_2)}\begin{pmatrix} 1 & 0 \\ 0 & 1 \end{pmatrix}$$

$$T_z = \frac{J_{21}}{\chi_{in}' \cos\varphi} + J_{22} = \frac{\exp(-a_1)}{1 - \exp(-j\omega\tau_2)}$$

Methode 2: Rückkopplungsformel

$$T_{z_1} = \frac{J_{21}^1}{\chi'_{in} \cos\varphi} + J_{22}^1 = \exp(-a_1)$$

$$T_{z_2} = \frac{J_{21}^2}{\chi'_{out} \cos\varphi} + J_{22}^2 = \exp(-j\omega\tau_2)$$

$$T_z = \frac{T_{z_1}}{1 - T_{z_2}} = \frac{\exp(-a_1)}{1 - \exp(-j\omega\tau_2)}$$

Im Rückkopplungszweig dürfen sich nur solche Komponenten befinden, für die die Matrix $(\mathbf{I} - \mathbf{J}_2)^{-1}$ existiert. □

2.5 Literatur

[2.1] Mildenberger, O.: *System- und Signaltheorie. Grundlagen für das informationstechnische Studium.* Vieweg Verlag, Braunschweig / Wiesbaden, 1995

[2.2] Franz, J.: *Optische Übertragungssysteme mit Überlagerungsempfang. Berechnung, Optimierung, Vergleich.* Springer-Verlag Berlin, Heidelberg, New York, London, Paris, Tokyo, 1988

[2.3] Papoulis, A.: *Random Variables and Stochastic Processes.* New York, MC Graw-Hill, 1984

[2.4] Weissmann, Y.: *Optical Network Theory.* Artech House, Boston, London, 1992

[2.5] Wunsch, G.: *Feldtheorie. Band 1: Mathematische Grundlagen.* Verlag Technik Berlin, 1973

[2.6] Jones, R.C.: *A new Calculus for the Treatment of Optical Systems I.* Journal of the Optical Society of America, 37 (1941) 4

[2.7] Huard, S.: *Polarization of Light.* John Wiley & Sons, Paris, 1997

3 Erscheinungsform Licht

Albert Einstein erklärte den dialektischen Zusammenhang zwischen der Wellen- und Korpuskularvorstellung des Lichtes. Im Wellenmodell wird Licht bei seiner Ausbreitung als elektromagnetische Welle aufgefasst. Das Teilchenmodell gründet sich auf die Quantenoptik und ermöglicht die Erklärung von Phänomenen, die mit dem Wellenmodell nicht erfasst werden können. Der Anwendungsbereich der Modelle wird im Abschnitt 3.1 diskutiert. In den Abschnitten 3.2 und 3.3 sind Wellen- und Teilchenmodell im Einzelnen beschrieben.

3.1 Modellvorstellungen zur Erscheinungsform Licht

Wellenmodell. Licht ist eine elektromagnetische Welle mit einer Wellenlänge λ zwischen 400 und 700 nm. Optische Nachrichtensysteme und Sensornetzwerke werden jedoch meist im Wellenlängenbereich größer 700 nm betrieben. Auch hierfür findet man in der Literatur die Bezeichnung *Licht*. Als Beispiel sei der Begriff *Lichtwellenleiter* genannt. Wie alle elektromagnetischen Wellen breitet sich auch Licht im Vakuum mit der Lichtgeschwindigkeit $c = 299792\,\mathrm{km/s}$ aus. In einem Medium tritt eine verringerte Geschwindigkeit c/n auf. Die Größe n wird als Brechzahl bezeichnet. Die Frequenz ω des Lichtes ist durch

$$\omega\lambda = 2\pi c \tag{3.1}$$

bestimmt. Sie liegt in der Größenordnung $\omega = 2\pi \cdot 10^{14}\,\mathrm{s}^{-1}$.

Mit dem Wellenmodell können Transmission, Reflexion, Beugung, Polarisation und Interferenzerscheinungen beschrieben werden.

Teilchenmodell. Das Teilchenmodell charakterisiert die Wechselwirkung der Photonen mit der Materie. Dabei werden den Teilchen oder Photonen die Größen

Energie $$W = \hbar\omega, \tag{3.2}$$

Impuls $$\vec{p} = \hbar\vec{k}_0 \text{ mit } k_0 = \frac{2\pi}{\lambda}, \tag{3.3}$$

Masse $$m = \frac{W}{c^2} \tag{3.4}$$

zugeordnet.

Für das modifizierte Plancksche Wirkungsquantum gilt $\hbar = 10^{-34}\,\mathrm{Js}$. Mit dem Teilchenmodell lassen sich Absorptions- und Emissionsvorgänge erklären.

3.2 Wellenmodell

Welle. Unter einer Welle versteht man die Ausbreitung einer Störung in einem kontinuierlichen Medium oder in einer räumlich periodischen Struktur [3.1]. Bei einer elektromagnetischen Welle, wie z.B. Licht, besteht die Störung aus zeitlich veränderlichen elektrischen und magnetischen Feldern. Das Medium ist ein fester, flüssiger oder gasförmiger Stoff bzw. das Vakuum. Die Ursache für eine Wellenausbreitung ist die Kopplung zwischen den Teilchen oder lokalen Störungen des Mediums [3.1]. Häufig wird mit einer Welle Energie transportiert.

Transversale und longitudinale Wellen. Es ist zwischen transversalen und longitudinalen Wellen zu unterscheiden. Bei den transversalen Wellen steht die Störung senkrecht zur Fortpflanzungsrichtung der Welle. Dabei zeigen transversale Wellen in dreidimensionalen Medien Polarisationseffekte. Erfolgt die Störung parallel zur Fortpflanzungsrichtung, spricht man von longitudinalen Wellen. Bei diesen Wellen treten keine Polarisationserscheinungen auf.

3.2.1 Wellengleichungen

Wellengleichungen für die elektrische und magnetische Feldstärke. Licht als elektromagnetische Strahlung erfüllt die Wellengleichungen im Vakuum. Wenn man die elektrische und magnetische Feldstärke als Störungen ansieht, lauten die Wellengleichungen

$$\frac{\partial^2 \vec{E}}{\partial t^2} = c^2 \vec{\Delta} \vec{E}, \tag{3.5}$$

$$\frac{\partial^2 \vec{H}}{\partial t^2} = c^2 \vec{\Delta} \vec{H}, \tag{3.6}$$

$$c = \frac{1}{\sqrt{\varepsilon_0 \mu_0}}. \tag{3.7}$$

Beweis: Aus den Maxwell-Gleichungen folgt mit 2.179 und $\mu = \mu_0$, $\varepsilon = \varepsilon_0$, $\kappa = 0$ sowie $\rho = 0$ z.B. für das elektrische Feld:

$$\begin{aligned} -rot\,rot\,\vec{E} &= -grad\,div\,\vec{E} + \vec{\Delta}\vec{E} = \vec{\Delta}\vec{E} = -rot\left(-\mu_0 \frac{\partial \vec{H}}{\partial t}\right) \\ &= \mu_0 \frac{\partial}{\partial t}\left(rot\,\vec{H}\right) = \mu_0 \frac{\partial}{\partial t}\left(\varepsilon_0 \frac{\partial \vec{E}}{\partial t}\right) = \varepsilon_0 \mu_0 \frac{\partial^2 \vec{E}}{\partial t^2}. \end{aligned} \tag{3.8}$$

□

Ebene harmonische Welle. Eine Lösung der Wellengleichungen 3.5 und 3.6 ist die ebene harmonische elektromagnetische Welle. Bei dieser Welle stehen im Vakuum die Vektoren $\vec{E}$ und $\vec{H}$ senkrecht aufeinander und senkrecht auf dem Wellenvektor $\vec{k}$. Charakterisieren β und z die Ausbreitungskonstante in z-Richtung und die Ortskoordinate in Ausbreitungsrichtung, so ergibt sich

$$\vec{E}'(z,t) = \left(E_x(z,t), 0, 0\right) = \left(\hat{E}\cos\left(\omega_0 t - \beta z - \phi\right), 0, 0\right), \tag{3.9}$$

$$\vec{H}'(z,t) = \left(0, H_y(z,t), 0\right) = \left(0, \hat{H}\cos\left(\omega_0 t - \beta z - \phi\right), 0\right), \tag{3.10}$$

$$\vec{k}' = (0,0,\beta),\ \beta = \frac{\omega_0}{c}, \tag{3.11}$$

$$\frac{\hat{E}}{\hat{H}} = \sqrt{\frac{\mu_0}{\varepsilon_0}} = Z_0 = 377\,\Omega. \tag{3.12}$$

Die Größe Z_0 heißt Wellenimpedanz des Vakuums.

Wellengleichungen für die elektrische und magnetische Flussdichte. Durch Multiplikation von 3.5 mit ε_0 und 3.6 mit μ_0 sowie Verwendung der entsprechenden Materialgleichungen 2.189 bzw. 2.190 erhält man die gleichwertige Beschreibungsform

$$\frac{\partial^2 \vec{D}}{\partial t^2} = c^2 \vec{\Delta} \vec{D}, \tag{3.13}$$

$$\frac{\partial^2 \vec{B}}{\partial t^2} = c^2 \vec{\Delta} \vec{B}, \tag{3.14}$$

$$\frac{\hat{B}}{\hat{D}} = Z_0 . \tag{3.15}$$

Im Bild 3.1 sind die Zusammenhänge für eine ebene harmonische Welle dargestellt.

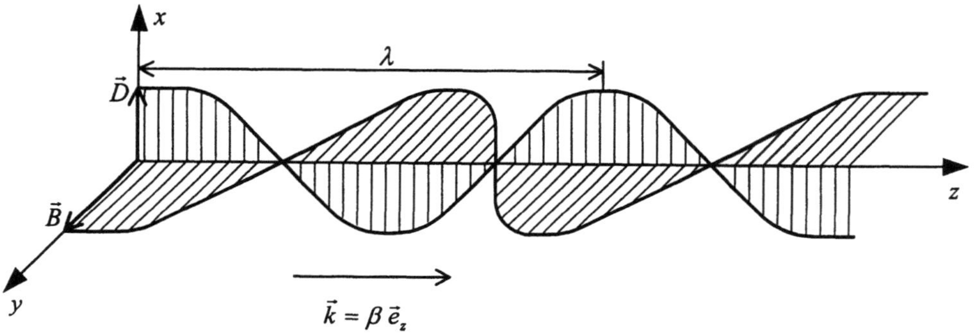

Bild 3-1 Wellenbild für die ebene harmonische elektromagnetische Welle im Vakuum

3.2.2 Intensität

Ebene Welle der Verschiebungsflussdichte. Wir betrachten eine ebene Welle der elektrischen Verschiebungsflussdichte $\vec{D}$ in einem raumladungsfreien räumlichen Bereich. Wegen div $\vec{D} = 0$ sind die Vektoren $\vec{D}$ und $\vec{k}$ senkrecht zueinander. Wählt man $\vec{k} = \beta \vec{e}_z$, dass heißt die z-Achse als Ausbreitungsrichtung, so gilt

$$\vec{D}(z,t) = \vec{D}_0 \exp\left[j\left(\omega_0 t - \beta z\right)\right] \tag{3.16}$$

mit $\beta = n \dfrac{\omega_0}{c}$.

Intensität. Für den komplexen Vektor $\vec{D}_0$ schreibt man

$$\vec{D}_0 = A_x \exp\left(j\phi_x\right)\vec{e}_x + A_y \exp\left(j\phi_y\right)\vec{e}_y . \tag{3.17}$$

Damit lässt sich die Intensität I definieren:

$$I = \vec{D}_0'^{*} \vec{D}_0 = A_x^2 + A_y^2 . \tag{3.18}$$

3.2.3 Interferenz

Superpositionsprinzip. Ausgangspunkt zur Erklärung der Interferenz von Wellen ist das Superpositionsprinzip. Es gilt nur in linearen Medien und besagt, dass sich zwei gleichartige Wellenfelder D_1 *(z, t)* und D_2 *(z, t)* additiv überlagern:

$$D(z,t) = D_1(z,t) + D_2(z,t). \tag{3.19}$$

Bei transversalen Wellen gilt das Superpositionsprinzip nur für die Komponenten der Wellenfelder, die die gleiche Polarisationsrichtung besitzen [3.1].

Interferenz. Als Interferenz bezeichnet man die Überlagerung von Wellen, die zu einer amplituden- und phasenabhängigen Intensitätsverteilung führt. Für die Überlagerung von zwei gleichgerichteten harmonischen Wellen mit verschiedenen Amplituden $\hat{D}_1$ und $\hat{D}_2$ sowie Phasen ϕ_1 und ϕ_2 erhält man mit

$$D_1(z,t) = \hat{D}_1 \exp\left[j\left(\omega_0 t - \beta z - \phi_1\right)\right], \tag{3.20}$$

$$D_2(z,t) = \hat{D}_2 \exp\left[j\left(\omega_0 t - \beta z - \phi_2\right)\right], \tag{3.21}$$

das Zwischenergebnis

$$D(z,t) = D_1(z,t) + D_2(z,t) = \left[\hat{D}_1 \exp(-j\phi_1) + \hat{D}_2 \exp(-j\phi_2)\right] \exp\left[j(\omega_0 t - \beta z)\right], \tag{3.22}$$

$$D_0 = \hat{D}_1 \exp(-j\phi_1) + \hat{D}_2 \exp(-j\phi_2). \tag{3.23}$$

Für die Intensität ergibt sich

$$I = D_0^* D_0 = \hat{D}_1^2 + \hat{D}_2^2 + 2\hat{D}_1 \hat{D}_2 \cos(\phi_1 - \phi_2), \tag{3.24}$$

$$I = I_1 + I_2 + 2\sqrt{I_1 I_2} \cos(\phi_1 - \phi_2), \tag{3.25}$$

$$\text{mit } I_1 = \hat{D}_1^2 \text{ und } I_2 = \hat{D}_2^2. \tag{3.26}$$

Bei 3.25 handelt es sich um die Gleichung der so genannten Zweistrahlinterferenz.

3.2.4 Polarisation

Definition. Bei Transversalwellen kann das Feld der elektrischen Verschiebungsflussdichte $\vec{D}$ in verschiedenen Richtungen senkrecht zum Wellenvektor $\vec{k}$ schwingen. Die Zeitabhängigkeit der Richtung der elektrischen Verschiebungsflussdichte $\vec{D}$ bezeichnen wir als Polarisation.

Polarisationen. Im natürlichen Licht schwingt der Vektor $\vec{D}$ ungeordnet in allen Richtungen senkrecht zu $\vec{k}$. Man nennt eine solche Strahlung unpolarisiert. Eine Welle heißt linear polarisiert, wenn der $\vec{D}$-Vektor immer in einer Ebene schwingt, die durch die z-Achse mitaufgespannt wird. Falls die Spitze des $\vec{D}$-Vektors eine Ellipse bzw. einen Kreis beschreibt, spricht man von elliptisch bzw. zirkular polarisiertem Licht.

3.2.4.1 Polarisationsellipse

Elliptische Polarisation. Da die lineare und zirkulare Polarisation Spezialfälle der elliptischen Polarisation sind, genügt es, die Kenngrößen der Polarisationsellipse einzuführen. Dazu gehen wir von den kartesischen Komponenten $D_x(z,t)$ und $D_y(z,t)$ der Verschiebungsflussdichte aus.

$$D_x(z,t) = A_x \cos\left(\omega_0 t - \beta z + \phi_x\right) \tag{3.27}$$

$$D_y(z,t) = A_y \cos\left(\omega_0 t - \beta z + \phi_y\right) \tag{3.28}$$

In der x,y-Ebene bei $z = 0$ erhält man durch Elimination der Zeitabhängigkeit und Verwendung verschiedener trigonometrischer Beziehungen [3.2]:

$$\frac{D_x^2}{A_x^2} + \frac{D_y^2}{A_y^2} - \frac{2\cos\psi\, D_x D_y}{A_x A_y} = \sin^2\psi\,. \tag{3.29}$$

$$\psi = \phi_x - \phi_y\,,\quad -\pi \le \psi \le \pi \tag{3.30}$$

Polarisationsellipse. Setzt man verschwindendes Amplituden- und Phasenrauschen des anregenden Lasers voraus, d.h.

$$|D(t)| = \hat{D}_0\,,\ \phi(t) = 0\,, \tag{3.31}$$

kann 3.29 unter Verwendung von 2.29 und 2.197 auf die Kenngrößen des Polarisationseinheitsvektors umgerechnet werden. Mit

$$\phi_x = -\psi_x\,,\ \phi_y = -\psi_y\,, \tag{3.32}$$

$$|e_x| = \frac{A_x}{\hat{D}_0}\,,\ |e_y| = \frac{A_y}{\hat{D}_0}\,, \tag{3.33}$$

$$\hat{D}_0 = \sqrt{A_x^2 + A_y^2} \tag{3.34}$$

sowie

$$D_x = \hat{D}_0\, X\,,\ D_y = \hat{D}_0\, Y \tag{3.35}$$

folgt

$$\frac{X^2}{|e_x|^2} + \frac{Y^2}{|e_y|^2} - \frac{2\,XY\cos\psi}{|e_x||e_y|} = \sin^2\psi \tag{3.36}$$

$$\psi = \psi_y - \psi_x\,. \tag{3.37}$$

Im Bild 3.2 ist die Polarisationsellipse dargestellt. Sie wird vom Verschiebungsflussdichtevektor $\vec{D}$ periodisch mit der Periodendauer $2\pi / \omega_0$ durchlaufen.

Links- und rechtsdrehendes Licht. Die Richtung des Umlaufs in der Ortskurve hängt vom Phasenwinkel ψ ab. Als Beobachtungsrichtung ist $-\vec{e}_z$ festgelegt. Elliptisch polarisiertes Licht heißt

- linksdrehend, falls $0 < \psi < \pi$ (3.38)
- rechtsdrehend, falls $-\pi < \psi < 0$. (3.39)

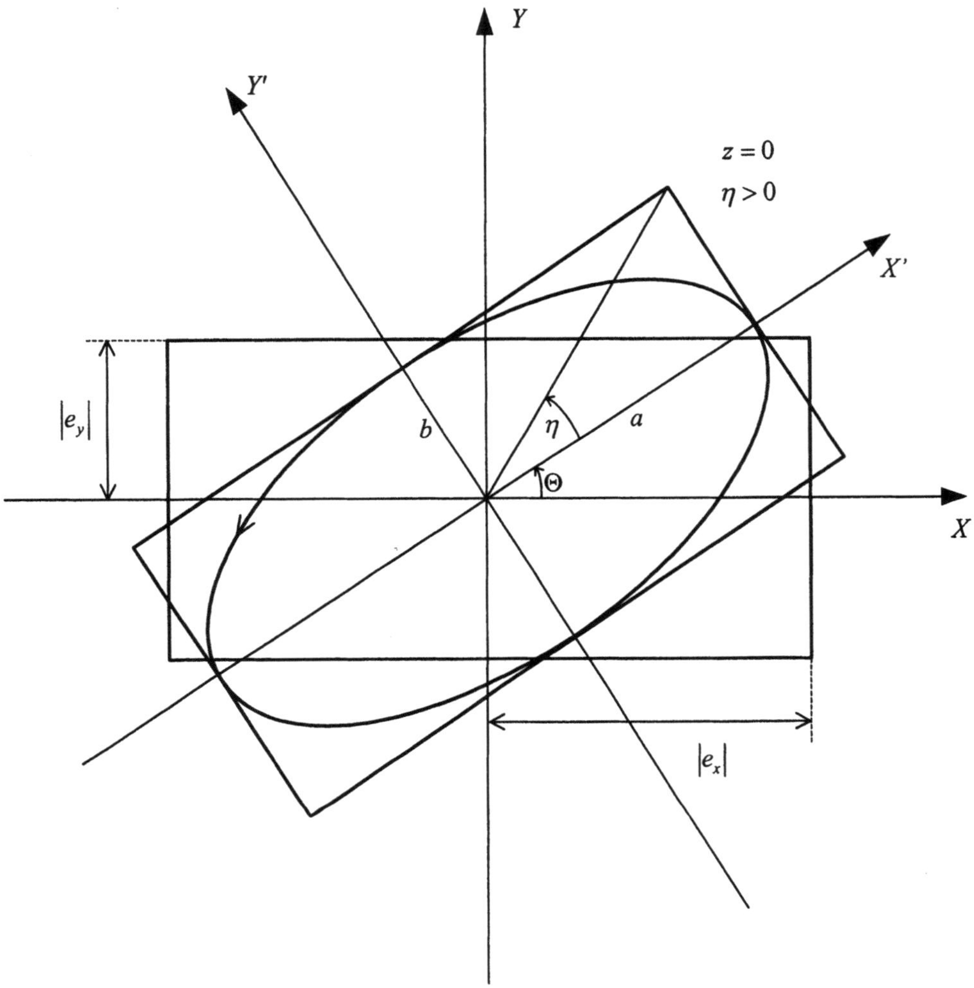

Bild 3-2 Kenngrößen der Polarisationsellipse

Erhebungs- und Elliptizitätswinkel. Kenngrößen der Polarisationsellipse nach Bild 3.2 sind der Erhebungswinkel Θ zwischen der x-Achse und der großen Ellipsenhalbachse a sowie der Elliptizitätswinkel η als Arkustangens des Halbachsenverhältnisses b/a. Die charakteristischen Kenngrößen der Polarisationsellipse können durch die Bestimmungsstücke des Polarisationseinheitsvektors ausgedrückt werden. Dazu gehen wir von der Drehung des X,Y-Koordinatensystems um den Erhebungswinkel Θ aus.

$$\begin{pmatrix} X \\ Y \end{pmatrix} = \begin{pmatrix} \cos\Theta & -\sin\Theta \\ \sin\Theta & \cos\Theta \end{pmatrix} \begin{pmatrix} X' \\ Y' \end{pmatrix} \tag{3.40}$$

Durch Einsetzen von 3.40 in 3.36 und Vergleich mit der Ellipsengleichung im X',Y'-Koordinatensystem

$$\frac{X'^2}{a^2} + \frac{Y'^2}{b^2} = 1 \tag{3.41}$$

erhalten wir

$$a^2 = |e_x|^2 \cos^2\Theta + |e_y|^2 \sin^2\Theta + 2|e_x||e_y| \cos\Theta \sin\Theta \cos\psi\,, \tag{3.42}$$

$$b^2 = |e_x|^2 \sin^2\Theta + |e_y|^2 \cos^2\Theta - 2|e_x||e_y| \cos\Theta \sin\Theta \cos\psi\,, \tag{3.43}$$

$$ab = \pm |e_x||e_y| \sin\psi\,, \tag{3.44}$$

$$\tan 2\Theta = \frac{2|e_x||e_y|}{|e_x|^2 - |e_y|^2} \cos\psi\,. \tag{3.45}$$

Durch die Vorzeichen ± in 3.44 wird berücksichtigt, dass die Werte von a, b, $|e_x|$ und $|e_y|$ positiv sind.

Erhaltung der Intensität. Aus 3.42 und 3.43 folgt

$$a^2 + b^2 = |e_x|^2 + |e_y|^2 = 1\,. \tag{3.46}$$

Wenn 3.46 mit $\hat{D}_0^2$ nach 3.34 multipliziert wird, drückt 3.46 die Erhaltung der Intensität bei der Drehung des X,Y-Koordinatensystems um den Erhebungswinkel Θ aus.

3.2.4.2 Polarisationshauptzustände

Lineare und zirkulare Anisotropie. Die lineare und zirkulare Polarisation sind Spezialfälle der elliptischen Polarisation. Sie sind von grundlegender Bedeutung für die Ausbreitung von Licht in anisotropen Medien. So breiten sich die linearen Polarisationszustände als einzige ohne Deformation in linearen anisotropen dielektrischen Medien aus. Die zirkularen Polarisationszustände breiten sich als einzige ohne Deformation in Medien aus, die die zirkulare Anisotropie oder optische Aktivität zeigen. Die genannten Zustände heißen dann Polarisationshauptzustände oder Polarisationseigenzustände [3.2]. Lineare und zirkulare Anisotropie werden durch Dielektrizitätstensoren beschrieben. Einzelheiten können [3.2] entnommen werden.

Lineare Polarisationszustände. Ein Polarisationszustand heißt linear, wenn die Phasendifferenz ψ gleich 0 oder π ist. Aus 3.36 folgt

$$\left(\frac{X}{|e_x|} \pm \frac{Y}{|e_y|} \right)^2 = 0\,, \tag{3.47}$$

oder gleichwertig

$$Y = \pm \frac{|e_y|}{|e_x|} X \, . \tag{3.48}$$

Mit 3.27, 3.28 und 3.33 bis 3.35 ergibt sich in der Ebene $z = 0$, z.B. für $\psi = 0$:

$$X(t) = |e_x| \cos(\omega_0 t - \psi_x) \tag{3.49}$$

$$Y(t) = \pm |e_y| \cos(\omega_0 t - \psi_x) \tag{3.50}$$

Ist $|e_x| = 0$ oder $|e_y| = 0$, spricht man von vertikaler oder horizontaler Polarisation, falls die x-Achse horizontal liegt.

Beispiel 3.1: Polarisationseinheitsvektoren bei linearer Polarisation

Polarisationseinheitsvektor bei vertikaler Polarisation für $\psi = 0$:

$$\vec{e} = \begin{pmatrix} 0 \\ \exp(-j\psi_x) \end{pmatrix} \tag{3.51}$$

Polarisationseinheitsvektor bei horizontaler Polarisation für $\psi = 0$:

$$\vec{e} = \begin{pmatrix} \exp(-j\psi_x) \\ 0 \end{pmatrix} \tag{3.52}$$

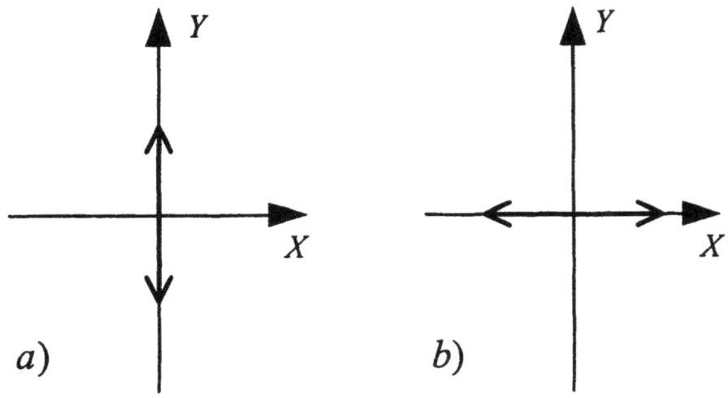

Bild 3-3 Lineare Polarisationszustände bei
a) vertikaler und
b) horizontaler Polarisation □

Zirkulare Polarisationszustände. Ein Polarisationszustand heißt zirkular, wenn die Phasendifferenz $\psi = \pm\frac{\pi}{2}$ und $|e_x| = |e_y|$ ist. Aus 3.36 und $|e_x|^2 + |e_y|^2 = 1$ erhalten wir die Mittelpunktsgleichung des Kreises

$$X^2 + Y^2 = |e_x|^2 = \frac{1}{2} \tag{3.53}$$

Für $X(t)$ und $Y(t)$ ergibt sich

$$X(t)=|e_x|\cos(\omega_0 t-\psi_x), \tag{3.54}$$

$$Y(t)=\pm|e_x|\sin(\omega_0 t-\psi_x). \tag{3.55}$$

Beispiel 3.2: Polarisationseinheitsvektoren bei zirkularer Polarisation

Polarisationseinheitsvektor bei linksdrehender zirkularer Polarisation:

$$\vec{e}=\begin{pmatrix}\dfrac{1}{\sqrt{2}}\exp(-j\psi_x)\\ \dfrac{1}{\sqrt{2}}\exp\left[-j\left(\psi_x+\dfrac{\pi}{2}\right)\right]\end{pmatrix} \tag{3.56}$$

Polarisationseinheitsvektor bei rechtsdrehender zirkularer Polarisation:

$$\vec{e}=\begin{pmatrix}\dfrac{1}{\sqrt{2}}\exp(-j\psi_x)\\ \dfrac{1}{\sqrt{2}}\exp\left[-j\left(\psi_x-\dfrac{\pi}{2}\right)\right]\end{pmatrix} \tag{3.57}$$

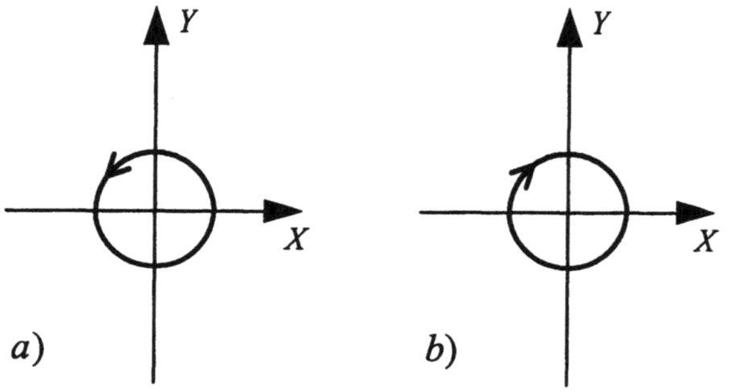

Bild 3-4 Zirkulare Polarisation
a) linksdrehend
b) rechtsdrehend

□

3.2.4.3 Polarisationsgrad

Elliptizitätswinkel. Der Elliptizitätswinkel η ist definiert in der Form

$$\eta=\pm\, arc\tan\frac{b}{a},\quad -\frac{\pi}{4}\le\eta\le\frac{\pi}{4}. \tag{3.58}$$

Das positive Vorzeichen gilt für linksdrehende Polarisationsellipsen. Rechtsdrehende Polarisationsellipsen besitzen negative η-Werte.

Polarisationsgrad. Die Definitionsgleichung des Polarisationsgrades DOP lautet [3.3]:

$$DOP = \frac{1 - \tan^2(\eta)}{1 + \tan^2(\eta)}. \tag{3.59}$$

Er hat den Wert $DOP = 0$ für zirkulare Polarisation und $DOP = 1$ für lineare Polarisation. Bei elliptischer Polarisation gilt $0 < DOP < 1$.

Für partiell polarisiertes Licht kann der Polarisationsgrad aus der Kohärenzmatrix **G** berechnet werden [3.2]:

$$DOP = \sqrt{1 - \frac{4 \det G}{[sp G]^2}} \tag{3.60}$$

Die Kohärenzmatrix erlaubt eine statistische Interpretation partiell polarisierten Lichtes ($0 < DOP < 1$). Für $DOP = 0$ liegt unpolarisiertes Licht und bei $DOP = 1$ vollständig polarisiertes Licht vor.

3.3 Teilchenmodell

Anwendungsbereich. Mit dem Teilchenmodell lassen sich Emissionsvorgänge in optischen Sendebauelementen und Absorptionseigenschaften von optischen Empfangsbauelementen beschreiben.

Photonentheorie. Die Photonentheorie besagt, dass Licht aus einzelnen Teilchen, den Lichtquanten oder Photonen besteht. Jedes Photon besitzt die Energie $W = \hbar\omega$. Diese bewegen sich mit der Geschwindigkeit des Lichtes im jeweiligen Medium fort.

Spontane Emission. Ein Elektron geht vom höheren Energiezustand W_2 nach W_1 über und sendet dabei spontan ein Photon mit der Energie

$$\Delta W = W_2 - W_1 = \hbar\omega \tag{3.61}$$

entsprechend Bild 3.5 a) aus.

Stimulierte Emission. Ein Photon der Energie $\Delta W = W_2 - W_1$ stimuliert ein Elektron zum Übergang von W_2 nach W_1. Das dabei emittierte Photon verstärkt das primäre Photon frequenz- und phasenrichtig. Damit ist die Interferenzbedingung erfüllt, und die einzelnen Emissionen addieren sich zu einer gemeinsamen Welle. Es tritt eine optische Verstärkung ein (Bild 3.5 b)).

Absorption. Ein Photon mit geeigneter Energie wird von einem Elektron absorbiert und hebt dieses dabei vom Energieniveau W_1 auf W_2 (Bild 3.5 c)). Es entsteht ein Elektron-Loch-Paar.

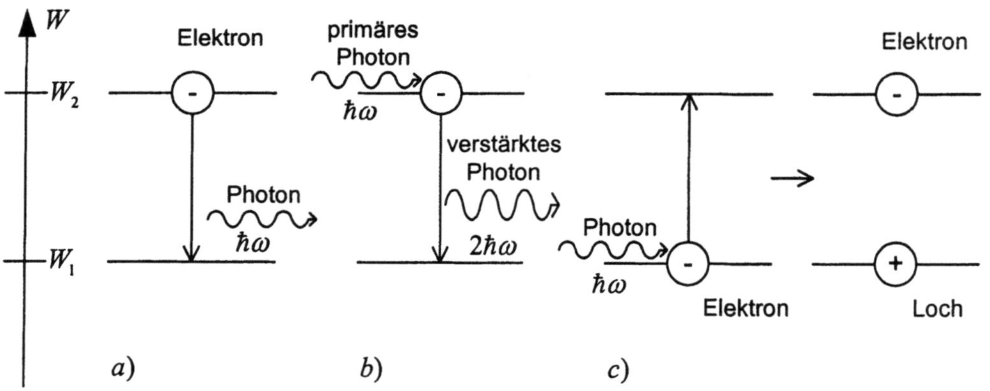

Bild 3-5 Emissions- und Absorptionsvorgänge
a) spontane Emission b) stimulierte Emission c) Absorption

3.4 Literatur

[3.1] Kneubühl, F.: *Repititorium der Physik.* BG. Teubner Stuttgart, 1975

[3.2] Huard, S.: *Polarization of Light.* John Wiley & Sons, 1997

[3.3] Franz, J.: *Optische Übertragungssysteme mit Überlagerungsempfang.* Springer-Verlag, Berlin 1988

4 Basiskomponenten optischer Nachrichtensysteme und Sensornetzwerke

Mit Hilfe der im Kapitel 2 und 3 dargestellten mathematischen und physikalischen Grundlagen erfolgt im Kapitel 4 die system- und feldtheoretische Beschreibung der Basiskomponenten optischer Nachrichtensysteme und Sensornetzwerke. Basiskomponenten sind Laserdioden, optische Modulatoren, Monomode-LWL, faseroptische Verstärker, optische Koppler und Polarisatoren, Retarder, Rotatoren, optische Isolatoren sowie Photodioden. Sie treten sowohl in optischen Übertragungssystemen als auch in faseroptischen Sensornetzwerken auf.

4.1 Laserdiode

Überblick. Die Hauptaufgabe der Laserdiode ist die Generation eines optischen Wellenfeldes z.B. als Verschiebungsflussdichtesignal mit einer zugeordneten Intensität. Der Laserdiode liegt als Wirkprinzip die stimulierte Emission zugrunde, die von spontanen Emissionen begleitet wird. Die spontanen Emissionen verursachen das nachteilige Laserrauschen. Mit den heute üblichen Monomode-Laserdioden geringer Laserlinienbreite und damit geringen Laserrauschens stehen leistungsfähige Bauelemente als optischer Sender oder Lokaloszillatoren zur Verfügung.

4.1.1 Eigenschaften

Anforderungen. Das Anforderungsprofil an eine Laserdiode ist vielfältig. Es umfasst die Eigenschaften des Ausgangssignals *Verschiebungsflussdichte* oder *Intensität*, das vom *elektrischen Strom* durch das Halbleiterbauelement als Eingangssignal hervorgerufen wird. Das sind:

- hohe optische Intensität
- bis zu hohen Frequenzen einfache Modulierbarkeit durch den elektrischen Strom
- monomodales Verhalten und damit geringes Rauschen
- geringe spektrale Linienbreite, erreichbar mit Faser-Bragg-Gitter als externer Resonator und damit geringe Dispersion des angeschlossenen LWL [4.1]
- Strahlung geometrisch auf kleine Winkelbereiche konzentriert und damit gute Einkoppelmöglichkeiten in einen angeschlossenen LWL
- einfache Regelmöglichkeiten für den elektrischen Strom und die Temperatur, um eine stabile Arbeitsweise des Lasers zu sichern.

Kennlinie. Die Laserkennlinie charakterisiert den Zusammenhang zwischen der emittierten optischen Leistung P_S und dem steuernden Strom I_S. Sie ist im Bild 4-1 dargestellt.

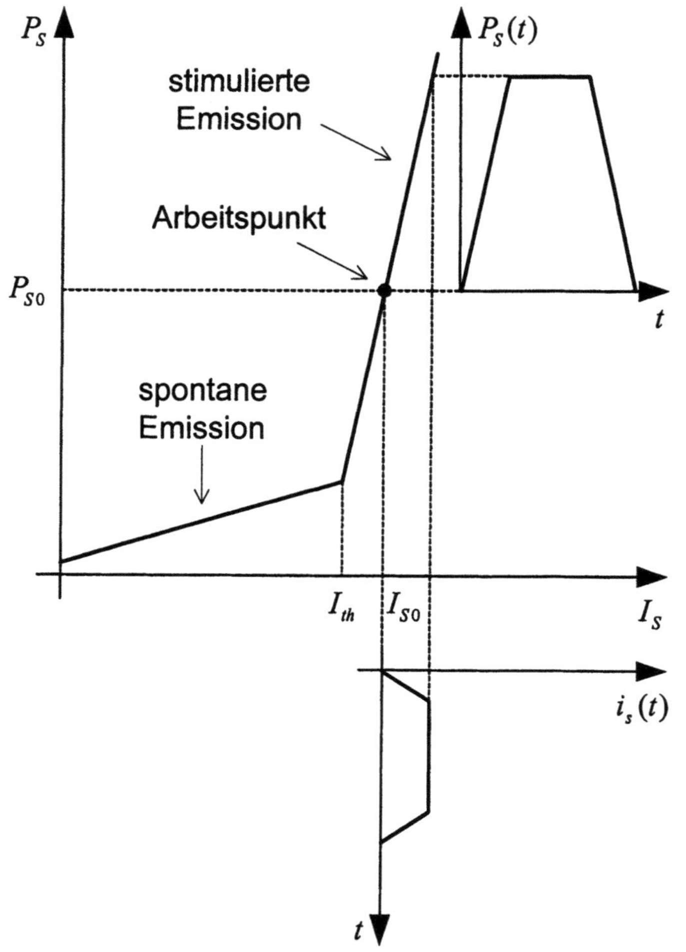

Bild 4-1 Ideale Kennlinie der Laserdiode

Die ideale Kennlinie besteht aus Bereichen mit spontaner und stimulierter Emission, wobei die stimulierte Emission ab dem Schwellstrom I_{th} einsetzt. Der Arbeitspunkt liegt im steileren Kennlinienstück. Bei Impulsbetrieb mit dem steuerbaren Strom $I_{S0} + i_S(t)$ ergibt sich die optische Leistung als ebenfalls impulsförmige Größe mit $P_{S0} + p_S(t)$. Der Zusammenhang zwischen $p_S(t)$ und $i_S(t)$ ist durch die Modulationssteilheit S_0 gegeben:

$$p_S(t) = S_0 \, i_S(t) \,. \tag{4.1}$$

Bei der Kennliniendarstellung wird der optischen Leistung als unmittelbar messbare Größe gegenüber der Intensität der Vorzug gegeben. Den Zusammenhang zwischen der optischen Leistung $P_S(t)$ und der Intensität $I_N(x, y, t)$ beschreibt 4.2, wenn man als Medium, in das emittiert wird, die Luft mit der Brechzahl $n = 1$ voraussetzt.

$$P_S(t) = \frac{c^2 Z_0}{2} \int_{-\infty}^{\infty} \int_{-\infty}^{\infty} I_N(x,y,t)\,dxdy \tag{4.2}$$

Für Berechnungen mit 4.2 ist die Intensität nach 3.18 zu benutzen.

Spektrale Strahlungsverteilung. Unter der spektralen Strahlungsverteilung einer Monomode-Laserdiode wollen wir das Leistungsspektrum $S(\omega)$ verstehen. Häufig gilt für jeden Polarisationsmode j:

$$S_j(\omega) = \frac{2\hat{D}_0^2}{\Delta\omega} \cdot \frac{1}{1 + \left(\frac{\omega - \omega_0}{\Delta\omega / 2}\right)^2} . \tag{4.3}$$

Dabei bedeuten $\Delta\omega$ und ω_0 die Laserlinienbreite und die Mittenkreisfrequenz. $\hat{D}_0$ ist die Amplitude der elektrischen Verschiebungsflussdichte des Lasermodes. $S(\omega)$ nach 4.3 wird als Lorentzkurve bezeichnet und beschreibt das spektrale Verhalten der Laserdiode im unmodulierten Zustand.

Nah- und Fernfeld. Unter dem Nahfeld versteht man den Verlauf der Intensität einer optischen Quelle über den Ortskoordinaten in der Transversalebene bzw. der aktiven Zone der Laserdiode. Bei Fabry-Perot-Lasern gilt Gauß-Verhalten [4.2]:

$$I_N(x,y) = I_N(0,0) \exp\left[-\left(\frac{x}{w_x}\right)^2 - \left(\frac{y}{w_y}\right)^2\right] . \tag{4.4}$$

w_x , w_y sind die Modenfeldradien senkrecht und parallel zur aktiven Zone. Den Aufbau eines Fabry-Perot-Lasers zeigt Bild 4-2 a).

Zwischen den p- und n-leitenden Gebieten befindet sich die aktive Zone, an der die Strahlung in positive und negative z-Richtung austritt. Den Intensitätsverlauf $I_N(x,y)$ zeigt Bild 4-2 b).

Unter dem Fernfeld versteht man den Intensitätsverlauf über den Höhen- und Seitenwinkel Θ_x und Θ_y. Die Fernfeldintensität $I_F(\Theta_x, \Theta_y)$ erhält man aus dem Nahfeld $I_N(x,y)$ durch zweidimensionale Fourier-Transformation [4.2]. Für kleine Winkel Θ_x und Θ_y gilt:

$$I_F(\Theta_x, \Theta_y) = \int_{-\infty}^{\infty} \int_{-\infty}^{\infty} I_N(x,y) \exp\left[-j\frac{2\pi}{\lambda}\left(\Theta_x x + \Theta_y y\right)\right] dxdy . \tag{4.5}$$

Setzt man 4.4 in 4.5 ein, ergibt sich

$$I_F(\Theta_x, \Theta_y) = I_N(0,0)\pi\, w_x w_y \exp\left[-\frac{4\pi^2}{\lambda^2}\left(w_x^2 \Theta_x^2 + w_y^2 \Theta_y^2\right)\right] . \tag{4.6}$$

Zu einem gaußförmigen Nahfeld gehört nach 4.6 ein ebenfalls gaußförmiges Fernfeld.

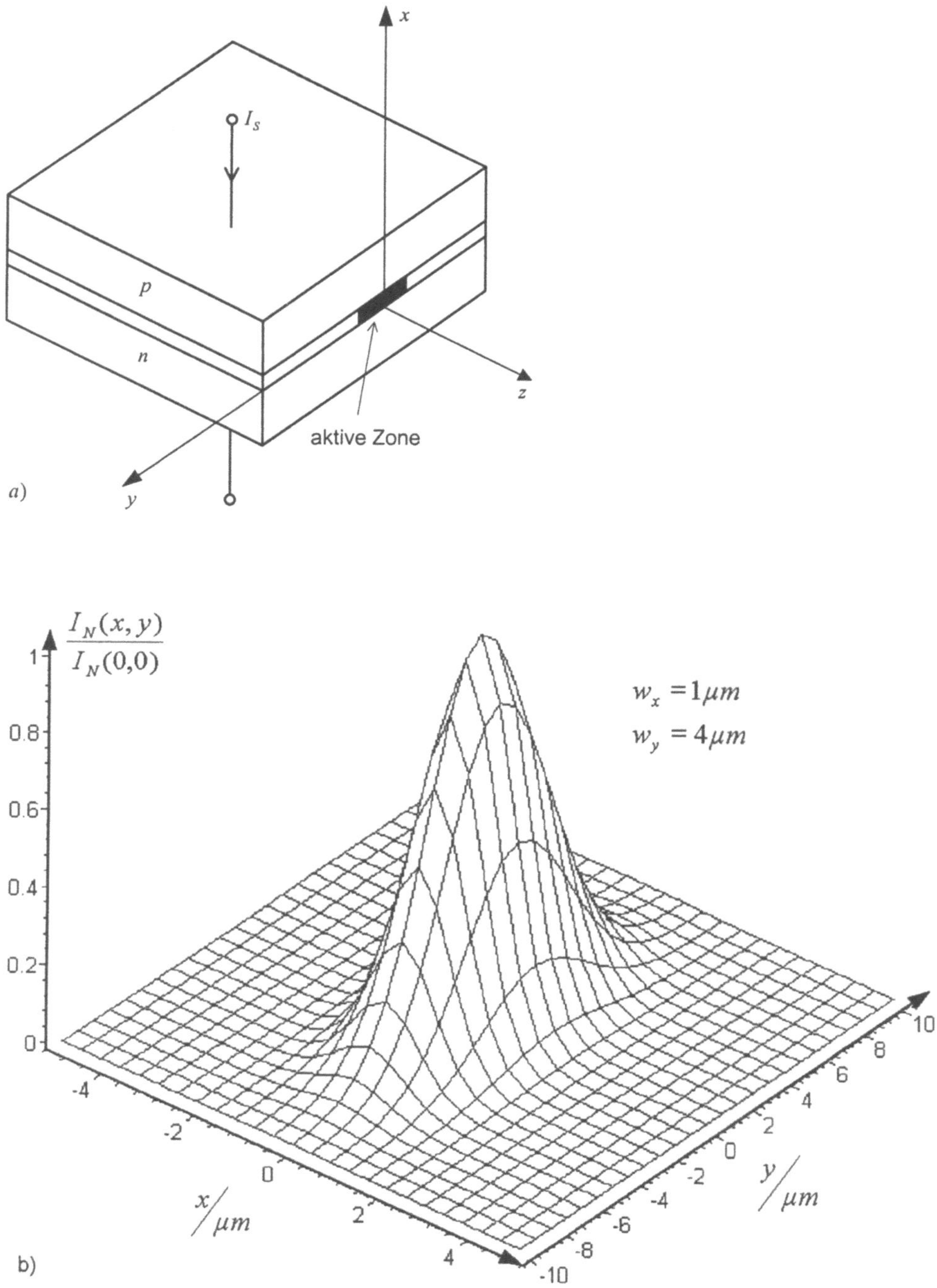

Bild 4-2 Fabry-Perot-Laser
a) Aufbau
b) Intensitätsverteilung $I_N(x,y)$

4.1.2 Signale

Intensitätsmodulation. In hochbitratigen Nachrichtensystemen mit Direktempfang werden Laserdioden zusammen mit externen optischen Modulatoren eingesetzt [4.3]. Durch eine konstante Aussteuerung der Laserdiode mit einem Strom I_{S0} ergibt sich das Trägersignal $\vec{D}(x,y,t)$. Dieses Signal ist ein stationäres analytisches Leistungssignal. Ein Signal wird als Leistungssignal bezeichnet, wenn für die Leistung $0 < P < \infty$ gilt [4.4]. Das Trägersignal $\vec{D}(x,y,t)$ soll mit dem determinierten elektrischen und reellen Quellensignal *q(t)* moduliert werden. Das Signal *q(t)* sei ein Energiesignal. Ein Signal heißt Energiesignal, wenn für seine Energie $0 < W < \infty$ gilt [4.4]. Nach Bild 4-3 entsteht aus dem Trägersignal der Verschiebungsflussdichte $\vec{D}(x,y,t)$ und dem elektrischen Quellensignal *q(t)* das Sendesignal $\vec{T}(x,y,t)$.

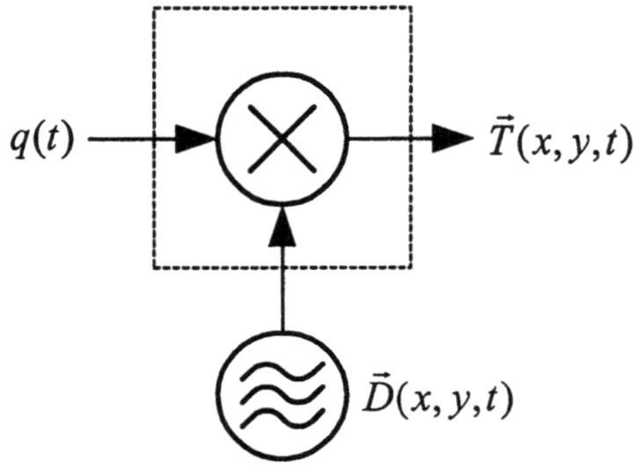

Bild 4-3 Optischer Modulator

Der Modulator lässt sich im einfachsten Fall als Multiplizierer auffassen. Setzt man die Modulationskonstante zusammen mit der Amplitude des Quellensignals gleich 1, so gilt:

$$\vec{T}(x,y,t) = q(t)\,\vec{D}(x,y,t). \tag{4.7}$$

Den Ensemblemittelwert der Intensität des Sendesignals erhält man wie folgt:

$$\begin{aligned}\langle I_T(x,y,t)\rangle &= \left\langle \vec{T}'^{*}(x,y,t)\vec{T}(x,y,t)\right\rangle = q^2(t)\left\langle \vec{D}'^{*}(x,y,t)\vec{D}(x,y,t)\right\rangle \\ &= q^2(t)\langle I_D(x,y,t)\rangle.\end{aligned} \tag{4.8}$$

Die Art der Modulation mit dem Quadrat des Quellensignals $q^2(t)$ und der Intensität des Trägersignals als Ensemblemittelwert $\langle I_D(x,y,t)\rangle$ heißt *Intensitätsmodulation* [4.5]. Für den Ensemblemittelwert der Sendeleistung $\langle P_T(t)\rangle$ gilt mit 4.2:

$$\langle P_T(t)\rangle = \frac{c^2 Z_0}{2}\int_{-\infty}^{\infty}\int_{-\infty}^{\infty}\langle I_T(x,y,t)\rangle\, dxdy\,. \tag{4.9}$$

Beispiel 4.1: Intensitätsmoduliertes Sendesignal

Elektrisches Quellensignal als Gauß-Impuls:

$$q(t) = \exp\left(-at^2\right),\ a > 0 \tag{4.10}$$

Optisches Trägersignal mit Berücksichtigung der Feldverteilung sowie des Amplituden- und Phasenrauschens des Sendelasers bei konstanter Polarisation:

$$\vec{D}(x,y,t) = |D(t)|\exp[-j\phi(t)]\exp(j\omega_0 t)\exp\left[-\left(\frac{x}{\sqrt{2}w_x}\right)^2 - \left(\frac{y}{\sqrt{2}w_y}\right)^2\right]\vec{e} \tag{4.11}$$

Ensemblemittelwert der Intensität des Sendesignals:

$$\langle I_T(x,y,t)\rangle = |D(t)|^2 \exp\left(-2at^2\right)\exp\left[-\left(\frac{x}{\sqrt{2}w_x}\right)^2 - \left(\frac{y}{\sqrt{2}w_y}\right)^2\right] \tag{4.12}$$

Ensemblemittelwert der Sendeleistung:

$$\langle P_T(t)\rangle = \frac{\pi}{2}c^2 Z_0 w_x w_y \left\langle |D(t)|^2 \right\rangle \exp\left(-2at^2\right) \tag{4.13}$$

Aus 4.12 und 4.13 erkennt man, dass der Ensemblemittelwert der Intensität des Sendesignals und der Sendeleistung unabhängig vom Laserphasenrauschen und der Polarisation sind. Das Amplitudenrauschen des Sendelasers führt zu Intensitäts- und Leistungsschwankungen des Sendesignals, zusätzlich zum Zeitverlauf des Quellensignals. □

Direkte Modulation. Bis zu etwa 10 GHz kann ein Halbleiterlaser mit einem Strom

$$I_S(t) = I_{S0} + \hat{i}_m \cos(\omega_m t) \tag{4.14}$$

direkt moduliert werden, wobei $I_{S0} > I_{th}$ nach Bild 4-1 und $\hat{i}_m << I_{S0} - I_{th}$ im Sinne der Kleinsignalaussteuerung vorausgesetzt sind. Das Spektrum der optischen Leistung $P_S(j\omega_m)$ speziell für den Anteil $p_S(t)$ in

$$P_S(t) = P_{S0} + p_S(t), \tag{4.15}$$

lässt sich aus der Modulationsübertragungsfunktion $T(j\omega_m)$ und dem Spektrum des Modulationssignals $I_m(j\omega_m)$ nach [4.2] wie folgt gewinnen:

$$P_S(j\omega_m) = T(j\omega_m) I_m(j\omega_m) \tag{4.16}$$

$$T(j\omega_m) = \frac{S_0}{1 - \left(\dfrac{\omega_m}{\omega_{mr}}\right)^2 + j\dfrac{\omega_m \gamma}{\omega_{mr}^2}} \tag{4.17}$$

Bei der Frequenz $\omega_m \approx \omega_{mr}$ zeigt der Laser eine Resonanzüberhöhung im Betrag der Modulationsübertragungsfunktion $|T(j\omega_m)|$. Diese Frequenz wird auch als Relaxationsfrequenz bezeichnet. Für γ/ω_{mr} = 0,5 ist der Betrag der Modulationsübertragungsfunktion im Bild 4-4 dargestellt.

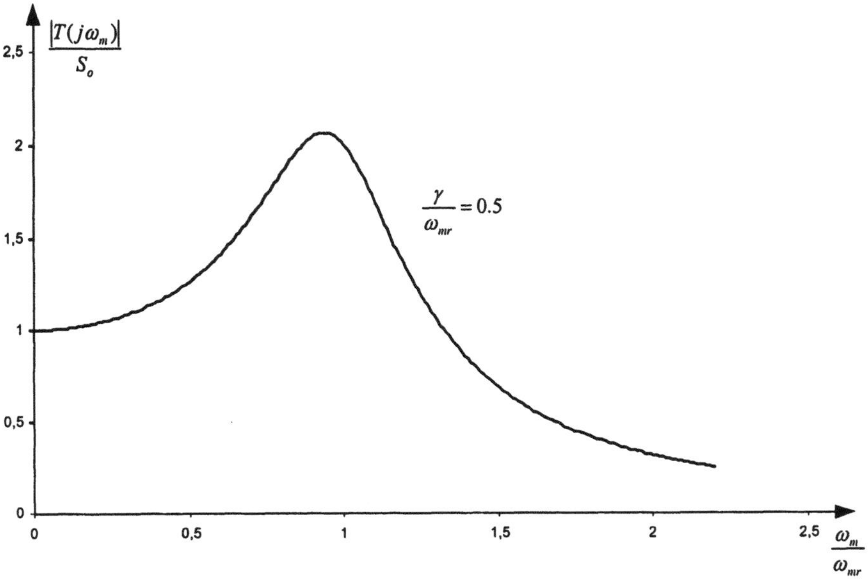

Bild 4-4 Betrag der Modulationsübertragungsfunktion $|T(j\omega_m)|$ des Halbleiterlasers

4.1.3 Rauschverhalten

Ursache und Entstehung des Laserrauschens. Die Ursache des Laserrauschens sind spontane Emissionen, die sich der induzierten Emission in realen Halbleiterlasern überlagern. Dadurch entstehen eine zeitabhängige Verschiebungsflussdichteamplitude $|D(t)|$ und eine zeitabhängige Phase $\phi(t)+\phi_0$, wobei ϕ_0 eine konstante Phase kennzeichnet. Die zeitabhängige Amplitude $|D(t)|$ bezeichnet man als *Amplituden- oder Intensitätsrauschen* und die zeitabhängige Phase $\phi(t)$ als *Laserphasenrauschen*, weil beide einen regellosen zeitlichen Verlauf besitzen. Damit folgt der Laser im nicht monochromatischen Realfall am festen Ort der Schwingungsgleichung

$$\tilde{D}(t) = |D(t)| \exp[-j(\phi(t)+\phi_0)] \exp(j\omega_0 t) . \qquad (4.18)$$

Ein idealer monochromatischer Laser würde der Schwingungsgleichung

$$\tilde{D}(t) = \hat{D}_0 \exp[j(\omega_0 t - \phi_0)] \qquad (4.19)$$

genügen. Seine Amplitude wäre $\hat{D}_0 = \text{const.}$ und die Phase ebenfalls $\phi_0 = \text{const.}$ Die spontane Emissionswelle hat in ihrer Zeitabhängigkeit die Form

$$D_{Si}(t) = \hat{D}_{Si} \exp[j(\omega_0 t - \phi_{Si})] . \qquad (4.20)$$

Dabei kennzeichnet i die i-te spontane Emission, die sich der induzierten Emission überlagert. Die Entstehung des Laserrauschens ist für eine spontane Emission im Bild 4-5 dargestellt.

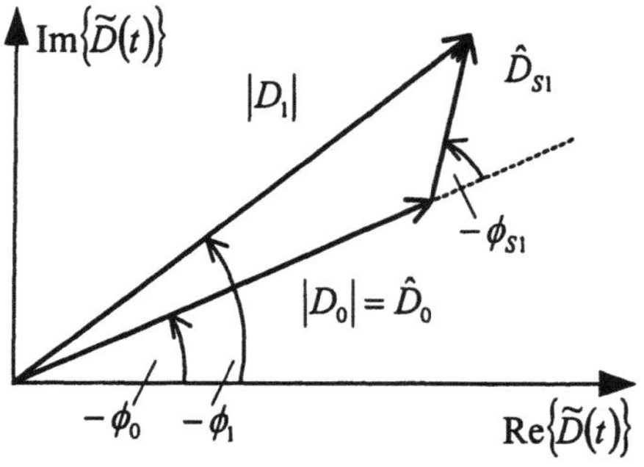

Bild 4-5 Entstehung des Laserrauschens nach einer spontanen Emission

Für die neue Phase ϕ_1 erhält man

$$\phi_1 = \phi_0 + \arctan\left(\frac{\hat{D}_{S1}\sin(\phi_{S1})}{\hat{D}_0 + \hat{D}_{S1}\cos(\phi_{S1})}\right), \tag{4.21}$$

und die neue Amplitude ist

$$|D_1| = \sqrt{\hat{D}_0^2 + \hat{D}_{S1}^2 + 2\hat{D}_0\hat{D}_{S1}\cos(\phi_{S1})}\,. \tag{4.22}$$

Aus Bild 4-5 und 4.21, 4.22 erkennt man, dass erst recht nach einer größeren Anzahl von spontanen Emissionen das Amplituden- und Phasenrauschen eines Halbleiterlasers gekoppelte stochastische Prozesse sind. Dabei wirken sowohl die Amplituden der spontanen Emission $\hat{D}_{Si}$ als auch die Phasen ϕ_{Si} als Zufallsvariable. In der Praxis gilt jedoch häufig

$$\hat{D}_{Si} << \hat{D}_0\,. \tag{4.23}$$

In diesem Fall kann das Intensitätsrauschen vernachlässigt und das Laserphasenrauschen separat betrachtet werden.

Intensitätsrauschen. Ist das Intensitätsrauschen nicht vernachlässigbar, so kennzeichnet man diesen stochastischen Prozess durch das Intensitätsrauschleistungsspektrum $N(\omega)$ [4.6]. Mit der Intensität

$$I(t) = |D(t)|^2 \tag{4.24}$$

ergibt sich nach [4.6]:

$$N(\omega) = \int_{-\infty}^{\infty}\left[\langle I(t+\tau)I(t)\rangle - \langle I\rangle^2\right]\exp(-j\omega\tau)\,d\tau\,. \tag{4.25}$$

Da das Intensitätsrauschleistungsspektrum proportional zum Quadrat des Mittelwertes der Intensität $\langle I\rangle^2$ ist, führt man das relative Intensitätsrauschleistungsspektrum (relative intensity noise power spectrum) $RIN(\omega)$ ein [4.6].

$$RIN(\omega) = \frac{N(\omega)}{\langle I\rangle^2} \tag{4.26}$$

Beispiel 4.2: Anzustrebender Fall für das relative Intensitätsrauschleistungsspektrum $RIN(\omega)$

Ausgangspunkt: Angenommene Verteilungsdichtefunktion des Intensitätsrauschens:

$$f(|D(t_1)|,|D(t_2)|) = f(|D_1|,|D_2|)$$
$$= \frac{1}{2\pi\sqrt{\Delta}} \exp\left[-\frac{1}{2}\left(|D_1|-\hat{D}_0, |D_2|-\hat{D}_0\right)\begin{pmatrix} a\hat{D}_0^2 & 0 \\ 0 & a\hat{D}_0^2 \end{pmatrix}^{-1}\begin{pmatrix} |D_1|-\hat{D}_0 \\ |D_2|-\hat{D}_0 \end{pmatrix}\right] \quad (4.27)$$

Als Mittelwert wird die Amplitude $\hat{D}_0$ des idealen monochromatischen Lasers vorausgesetzt. In der Kovarianzmatrix ist angenommen, dass unkorrelierte Zufallsvariable $|D_1|$ und $|D_2|$ vorliegen. Der Parameter a wird später bestimmt. Δ ist die Determinante der Kovarianzmatrix.

Aus 4.27 folgt

$$f(|D_1|,|D_2|) = \frac{1}{2\pi\hat{D}_0^2 a} \exp\left[-\frac{(|D_1|-\hat{D}_0)^2}{2a\hat{D}_0^2}\right] \exp\left[-\frac{(|D_2|-\hat{D}_0)^2}{2a\hat{D}_0^2}\right]. \quad (4.28)$$

Anzustrebende ideale Dichtefunktion:

$$f_{id}(|D_1|,|D_2|) = \lim_{a\to 0} f(|D_1|,|D_2|) = \delta(|D_1|-\hat{D}_0)\delta(|D_2|-\hat{D}_0) \quad (4.29)$$

Ensemblemittelwert der Intensität:

$$\langle I\rangle = \left\langle |D(t)|^2\right\rangle = \langle |D(t)|\rangle^2 = \left[\int_{-\infty}^{\infty} |D|\delta(|D|-\hat{D}_0)dD\right]^2 = 4\hat{D}_0^2 \quad (4.30)$$

Korrelationsfunktion der Intensität:

$$\langle I(t+\tau)I(t)\rangle = \left\langle |D(t+\tau)|^2 |D(t)|^2\right\rangle = \langle |D(t+\tau)|\rangle^2 \langle |D(t)|\rangle^2$$
$$= \left[\int_{-\infty}^{\infty} |D(t+\tau)|\delta(|D(t+\tau)|-\hat{D}_0)dD(t+\tau)\right]^2 \cdot \quad (4.31)$$
$$\left[\int_{-\infty}^{\infty} |D(t)|\delta(|D(t)|-\hat{D}_0)dD(t)\right]^2 = 16\hat{D}_0^4 = \langle I\rangle^2$$

Intensitätsrauschleistungsspektrum

$$N(\omega) = 0 \text{ entsprechend 4.25} \quad (4.32)$$

$$RIN(\omega) = 0 \text{ entsprechend 4.26} \quad (4.33)$$

Auswertung: Das Leistungsspektrum der Intensität als Fourier-Transformierte der Korrelationsfunktion $\langle I(t+\tau)I(t)\rangle$ weist bei $\omega = 0$ im idealen Fall eine nichtverbreiterte Spektrallinie auf. Für den praxisrelevanten Fall z.B. einer gaußförmigen Linienform ergibt sich, dass das Intensitätsrauschen durch Reduktion der Laserlinienbreite reduziert werden kann. Eine weitere Möglichkeit zur Reduktion des Intensitätsrauschens ist die Amplitudenstabilisierung des Lasers. □

Laserphasenrauschen. Zur Erklärung des Laserphasenrauschens setzen wir einen amplitudenstabilisierten Laser voraus und verwenden das *random-phase model* [4.6]. Der Ansatz ist durch eine zeitabhängige Frequenz $\omega_j(t)$ des j-ten Polarisationsmode gegeben:

$$\omega_j(t) = \omega_0 + \Delta\omega_j(t), \qquad j \in \{x, y\}. \tag{4.34}$$

ω_0 ist die zeitunabhängige mittlere Frequenz und die Frequenzänderung $\Delta\omega_j(t)$ ist die Realisierungsfunktion eines stochastischen Prozesses mit verschwindendem Mittelwert. Aus physikalischen Gründen kann man annehmen, dass dieser Prozess ein Gaußscher Prozess ist. Die Jones-Vektorkomponente $\widetilde{A}_j(t)$ des Feldes sei gegeben durch

$$\widetilde{A}_j(t) = a_j \exp\left[j\left(\omega_0(t-\theta) + j\phi_j(t)\right)\right]. \tag{4.35}$$

a_x und a_y sind komplexe Konstanten. Für die zeitabhängige Phase $\phi_j(t)$ gilt

$$\phi_j(t) = \int_0^t \Delta\omega_j(t')\,dt' + \phi_{j0}, \tag{4.36}$$

wobei ϕ_{j0} eine im Intervall $[0, 2\pi]$ gleichverteilte unabhängige Zufallsvariable darstellt. Unter diesen Voraussetzungen verschwindet die Kreuzkorrelation zwischen beiden Polarisationsmoden, denn

$$\left\langle A_x(t_1) A_y^*(t_1) \right\rangle \sim \left\langle \exp(j\phi_{x0}) \right\rangle \left\langle \exp(j\phi_{y0}) \right\rangle = 0 \tag{4.37}$$

Dadurch reduziert sich die Analyse auf die unabhängigen Felder der Polarisationsmoden. Es genügt daher die Betrachtung eines Polarisationsmodes. Der Index j wird dabei weggelassen. Die Korrelationsfunktion von $\Delta\omega(t)$ wird in der Form

$$G_\omega(\tau) = \left\langle \Delta\omega(t+\tau)\Delta\omega(t) \right\rangle \tag{4.38}$$

definiert mit $G_\omega(-\tau) = G_\omega(\tau)$ als gerade Funktion.

Die Korrelationsfunktion $R(\tau)$ des Feldes mit zufälliger Phase ist gegeben durch

$$R(\tau) = |a|^2 \exp(j\omega_0\tau) \left\langle \exp\{j[\phi(t+\tau) - \phi(t)]\} \right\rangle \tag{4.39}$$

mit

$$\phi(t+\tau) - \phi(t) = \int_t^{t+\tau} \Delta\omega(t')\,dt'. \tag{4.40}$$

Die Differenz $\phi(t+\tau) - \phi(t)$ ist also eine Gaußsche Variable.

Die Berechnung des Ensemblemittelwertes in 4.39 erfolgt nach [4.6] mit

$$\left\langle \exp(jx) \right\rangle = \exp\left[\left\langle jx \right\rangle - \frac{1}{2}\left(\left\langle x^2 \right\rangle - \left\langle x \right\rangle^2\right)\right], \tag{4.41}$$

wobei x als Gaußsche Zufallsvariable vorausgesetzt ist.

Mit

$$\langle[\phi(t+\tau)-\phi(t)]\rangle = \int_t^{t+\tau} \langle \Delta\omega(t') \rangle \, dt = 0 \tag{4.42}$$

folgt

$$\langle \exp\{j[\phi(t+\tau)-\phi(t)]\}\rangle = \exp\left\{-\frac{1}{2}\left\langle[\phi(t+\tau)-\phi(t)]^2\right\rangle\right\}. \tag{4.43}$$

Aus 4.36 und 4.40 folgt

$$\left\langle[\phi(t+\tau)-\phi(t)]^2\right\rangle = \int_t^{t+\tau}\int_t^{t+\tau} G_\omega(t_1-t_2)\,dt_1 dt_2 = \int_0^\tau\int_0^\tau G_\omega(t_1-t_2)\,dt_1 dt_2 = \Delta(\tau)\ . \tag{4.44}$$

Das Doppelintegral 4.44 heißt Phasenstrukturfunktion $\Delta(\tau)$ mit $\Delta(-\tau)=\Delta(\tau)$. Damit erhält die Kohärenzmatrix $\mathbf{R}(\tau)$ für einen amplitudenstabilisierten Laser mit Phasenrauschen die Form

$$\mathbf{R}(\tau) = \exp(j\omega_0\tau)\begin{pmatrix} |a_x|^2 \exp\left[-\frac{1}{2}\Delta_x(\tau)\right] & 0 \\ 0 & |a_y|^2 \exp\left[-\frac{1}{2}\Delta_y(\tau)\right]\end{pmatrix}. \tag{4.45}$$

Beispiel 4.3: Leistungsspektrum des Lasers bei Berücksichtigung des Laserphasenrauschens

Ansatz für die Phasenstrukturfunktion

$$\Delta j(\tau) = \Delta\omega_j |\tau| \tag{4.46}$$

Leistungsspektrum

$$S(\omega) = \int_{-\infty}^{\infty} sp[\mathrm{R}(\tau)]\exp(-j\omega\tau)\,d\tau = \int_{-\infty}^{\infty} |a_x|^2 \exp[-j(\omega-\omega_0)\tau]\exp\left[-\frac{\Delta\omega_x}{2}|\tau|\right] d\tau$$

$$+\int_{-\infty}^{\infty} |a_y|^2 \exp[-j(\omega-\omega_0)\tau]\exp\left[-\frac{\Delta\omega_y}{2}|\tau|\right] d\tau$$

$$S(\omega) = \frac{4|a_x|^2}{\Delta\omega_x}\cdot\frac{1}{1+\left[\frac{\omega-\omega_0}{\Delta\omega_x/2}\right]^2} + \frac{4|a_y|^2}{\Delta\omega_y}\cdot\frac{1}{1+\left[\frac{\omega-\omega_0}{\Delta\omega_y/2}\right]^2}$$

Für den Spezialfall $|a_x|^2 = |a_y|^2 = \frac{\hat{D}_0^2}{2}$ und $\Delta\omega_x = \Delta\omega_y = \Delta\omega$ folgt

$$S(\omega) = \frac{4\hat{D}_0^2}{\Delta\omega\left[1+\left(\frac{\omega-\omega_0}{\Delta\omega/2}\right)^2\right]}. \quad \square \tag{4.47}$$

4.2 Optische Modulatoren

4.2.1 Grundprinzip

Übertragungsgleichungen im Zeitbereich. Optische Modulatoren sind im einfachsten Fall als Multiplizierer darstellbar, bei denen ein optisches Trägersignal entsprechend Bild 4-3 mit einem elektrischen Quellensignal moduliert wird. Betrachtet man das optische Trägersignal als Eingangsgröße und das modulierte optische Signal als Ausgangsgröße, so ist der Modulator mit dem inneren elektrischen Quellensignal eine zeitvariable optische Komponente. In Verallgemeinerung von 4.7 lässt sich die Modulationsoperation durch Eingangs- und Ausgangs-Jones-Vektoren beschreiben, die miteinander durch eine zeitabhängige Matrizenfunktion $\mathbf{V}(t)$ verknüpft sind:

$$\vec{A}_{out}(t) = \mathbf{V}(t) \cdot \vec{A}_{in}(t) . \tag{4.48}$$

Mit 2.226 folgt aus 4.48:

$$\vec{A}_{out}(t_2) = \int_{-\infty}^{\infty} \mathbf{V}(t_2)\,\delta(t_2 - t_1)\,\vec{A}_{in}(t_1)\,dt_2 , \tag{4.49}$$

wenn die Ausblendeigenschaft 2.78 Berücksichtigung findet.

Jones-Matrix. Aus 4.49 findet man mit 2.226 die Jones-Matrix für den optischen Modulator:

$$\mathbf{J}(t_2, t_1) = \mathbf{V}(t_2)\,\delta(t_2 - t_1) . \tag{4.50}$$

Fourierkoeffizienten. Für die Darstellung der Eigenschaften optischer Modulatoren im Frequenzbereich setzen wir $\mathbf{V}(t_2)$ als periodische Matrizenfunktion voraus. Die Fourierkoeffizienten $\mathbf{j_n}(j\omega)$, die in der Übertragungsgleichung 2.228 stehen, berechnet man aus 2.223.

Mit 4.50 gilt:

$$\mathbf{j_n}(j\omega) = \frac{1}{T} \int_0^T \mathbf{V}(t_2) \exp[-jn\omega_0 t_2]\,dt_2 . \tag{4.51}$$

Aus 4.51 ist ersichtlich, dass die Fourierkoeffizienten in dem hier vorausgesetzten Fall nicht von der optischen Frequenz ω abhängen. Die Frequenz $\omega_0 = \frac{2\pi}{T}$ ist konstant, wobei T die Periodendauer der periodischen Matrizenfunktion $\mathbf{V}(t_2)$ bezeichnet.

4.2.2 Amplitudenmodulator

Periodische Matrizenfunktion. Der Amplitudenmodulator lässt sich durch die periodische Matrizenfunktion

$$\mathbf{V}(t) = \frac{\mathbf{V_0}}{2} [1 + \cos(\omega_m t - \varphi)] \tag{4.52}$$

beschreiben. Darin ist $\mathbf{V_0}$ eine konstante Matrix und φ eine beliebige Phase.

Fourierkoeffizienten. Die Fourierkoeffizienten $\mathbf{j_n}$ erhält man aus 4.51, $\omega_0 = \omega_m$ und

$$\mathbf{V}(t_2)=\frac{\mathbf{V_0}}{2}\left\{1+\frac{1}{2}\left[\exp[j(\omega_m t-\varphi)]+\exp[-j(\omega_m t-\varphi)]\right]\right\}. \tag{4.53}$$

$$\begin{aligned}\mathbf{j_n} &=\frac{\mathbf{V_0}}{2T}\int_0^T \exp[-jn\omega_m t_2]\,dt_2+\frac{\mathbf{V_0}}{4T}\int_0^T \exp[-j(n-1)\omega_m t_2-j\varphi]\,dt_2\\ &+\frac{\mathbf{V_0}}{4T}\int_0^T \exp[-j(n+1)\omega_m t_2+j\varphi]\,dt_2\end{aligned} \tag{4.54}$$

$$\mathbf{j_n}=\frac{\mathbf{V_0}}{2}\left(\delta_{n,0}+\frac{1}{2}\exp(jn\varphi)\,\delta_{|n|,1}\right) \tag{4.55}$$

$$\delta_{|n|,1}=\delta_{n,1}+\delta_{-n,1} \tag{4.56}$$

$\delta_{n,k}$ ist das Kroneckersymbol mit

$$\delta_{n,k}=\begin{cases}1 & n=k\\ 0 & n\neq k\end{cases}. \tag{4.57}$$

Es gibt also nur drei nichtverschwindende Fourierkoeffizienten.

Übertragungsgleichung im Frequenzbereich. Aus 2.228 erhalten wir mit 4.55:

$$\begin{aligned}\vec{A}_{out}(j\omega) &=\mathbf{j_{-1}}[j(\omega+\omega_m)]\vec{A}_{in}[j(\omega+\omega_m)]+\mathbf{j_0}[j\omega]\vec{A}_{in}[j\omega]\\ &+\mathbf{j_{+1}}[j(\omega-\omega_m)]\vec{A}_{in}[j(\omega-\omega_m)].\end{aligned} \tag{4.58}$$

$$\begin{aligned}\vec{A}_{out}(j\omega) &=\frac{\mathbf{V_0}}{4}\exp(-j\varphi)\,\vec{A}_{in}[j(\omega+\omega_m)]+\frac{\mathbf{V_0}}{2}\vec{A}_{in}[j\omega]\\ &+\frac{\mathbf{V_0}}{4}\exp(j\varphi)\,\vec{A}_{in}[j(\omega-\omega_m)].\end{aligned} \tag{4.59}$$

Das Spektrum des Jones-Vektors am Ausgang des Modulators setzt sich für eine angenommene monochromatische Laserdiode aus drei Spektrallinien, herrührend vom Jones-Vektor am Eingang und dessen Verschiebung um $\pm\omega_m$, zusammen. Das gilt für jede Komponente der Jones-Vektoren und $\mathbf{V_0}$ als Diagonalmatrix.

4.2.3 Frequenzschieber

Periodische Matrizenfunktion. Der Frequenzschieber lässt sich durch die periodische Matrizenfunktion

$$\mathbf{V}(t)=\mathbf{V_0}\exp(j\omega_m t) \tag{4.60}$$

beschreiben.

Fourierkoeffizienten. Für die Fourierkoeffizienten des Frequenzschiebers ergibt sich mit 4.51 und $\omega_0=\omega_m$:

$$\mathbf{j_n}=\frac{\mathbf{V_0}}{T}\int_0^T \exp[-j(n-1)\omega_m t_2]\,dt_2, \tag{4.61}$$

$$\mathbf{j_n}=\mathbf{V_0}\delta_{n,1}. \tag{4.62}$$

Übertragungsgleichung im Frequenzbereich. Die Übertragungsgleichung des Frequenzschiebers im Frequenzbereich lautet

$$\vec{A}_{out}(j\omega) = \mathbf{V_0}\vec{A}_{in}[j(\omega - \omega_m)]. \quad (4.63)$$

4.2.4 Phasenmodulator

Periodische Matrizenfunktion. Ein Phasenmodulator wird durch die periodische Matrizenfunktion

$$\mathbf{V}(t) = \mathbf{V_0} \exp[j\gamma \sin(\omega_m t + \varphi)] \quad (4.64)$$

vollständig charakterisiert. Darin ist γ eine reelle Konstante, die den Modulationsindex bezeichnet.

Fourierkoeffizienten. Die Fourierkoeffizienten des Phasenmodulators berechnet man mit

$$\mathbf{j_n} = \frac{\mathbf{V_0}}{T}\int_0^T \exp\{-j[\omega_m n t_2 - \gamma \sin(\omega_m t_2 + \varphi)]\} dt_2 \,. \quad (4.65)$$

Im Integral nach 4.65 führen wir folgende Substitution durch:

$$\begin{aligned} \Theta &= \omega_m t_2 + \varphi, & \Theta_0 &= 2\pi + \varphi \\ d\Theta &= \omega_m dt_2, & \Theta_u &= \varphi. \end{aligned} \quad (4.66)$$

Einsetzen von 4.66 in 4.65 ergibt

$$\mathbf{j_n} = \mathbf{V_0} \exp(jn\varphi)\frac{1}{2\pi}\int_{\varphi}^{2\pi+\varphi} \exp[-jn\Theta + j\gamma \sin\Theta] d\Theta \,. \quad (4.67)$$

Das Integral in 4.67 ist die Integraldarstellung der Bessel-Funktion $J_n(\gamma)$:

$$J_n(\gamma) = \frac{1}{2\pi}\int_{\varphi}^{2\pi+\varphi} \exp[-jn\Theta + j\gamma \sin\Theta] d\Theta \,. \quad (4.68)$$

Damit erhält man für die Fourierkoeffizienten

$$\mathbf{j_n} = \mathbf{V_0} \exp(jn\varphi) J_n(\gamma). \quad (4.69)$$

Übertragungsgleichung im Frequenzbereich. Aus 4.69 folgt, dass die Übertragungsgleichung des Phasenmodulators im Frequenzbereich wegen der Eigenschaften der Bessel-Funktion unendlich viele nichtverschwindende Summanden enthält.

4.3 Monomode-Lichtwellenleiter

Überblick. In hochbitratigen optischen Nachrichtensystemen und faseroptischen Sensornetzwerken für die Präzisionsmesstechnik verwendet man Monomode-LWL. In diesen LWL breitet sich nur ein Mode mit zwei z.B. in x- und y-Richtung orientierten Polarisationsanteilen aus. Man spricht in diesem Zusammenhang von den Polarisationsmoden. Daher spielen aufbauend auf den Basiseigenschaften *Dämpfung* und *Dispersion* polarisationsabhängige Effekte wie PDL (polarization dependent loss) und PMD (polarization mode dispersion) für moderne Anwendungen eine große Rolle. Zur Lösung von Ankoppelproblemen muss man außerdem die Feldverteilung im LWL kennen.

Dämpfung und Dispersion sind Gegenstand des Unterabschnittes 4.3.1. Im Unterabschnitt 4.3.2 wird die Feldverteilung im Monomode-LWL besprochen und im Unterabschnitt 4.3.3 ist die Signalübertragung mit diesem LWL dargestellt.

4.3.1 Basiseigenschaften

4.3.1.1 Dämpfung

Ursachen der Dämpfung. Die Ursachen der Signalverminderung beim Durchlauf durch LWL sind die Materialabsorption des verwendeten Siliziumdioxids, die Rayleigh-Streuung, die mit der Wellenlänge λ in der Form λ^{-4} variiert, und Unvollkommenheiten des Wellenleiters aufgrund von Inhomogenitäten im Kern und Mantel sowie zufällige Kernradiusschwankungen.

Dämpfungskoeffizient. Die Leistungsabnahme entlang der Faser (z-Richtung) ist gegeben durch

$$\frac{dP}{dz} = -\alpha_P P\,, \tag{4.70}$$

wobei α_P den Dämpfungskoeffizienten und P die optische Leistung darstellt. Für einen LWL der Länge L gilt dann zwischen Ein- und Ausgang

$$P_{out} = P_{in}\exp\left(-\alpha_P L\right). \tag{4.71}$$

Es ist üblich die Dämpfungskoeffizienten α_L in dB/km anzugeben. Dafür gilt die Umrechnung

$$\alpha_L\,/\,\mathrm{dB/km} = -\frac{10}{L\,/\,\mathrm{km}}\lg\left(\frac{P_{out}}{P_{in}}\right) = 4{,}343\alpha_P\,/\,Np\,/\,km\,. \tag{4.72}$$

Umrechnung des Leistungsdämpfungskoeffizienten auf den Verschiebungsflussdichte-Koeffizienten. Für das Feld der Verschiebungsflussdichte im LWL kann man schreiben:

$$\vec{D}(x,y,z,t) = \vec{D}_0(x,y)\exp(-\alpha\, z)\exp\left[j(\omega_0 t - \beta\, z)\right]. \tag{4.73}$$

Aus 4.2 folgt mit 3.18:

$$P(z) = \frac{c^2 Z_0}{2}\exp(-2\alpha z)\int_{-\infty}^{\infty}\int_{-\infty}^{\infty}\left|\vec{D}_0(x,y)\right|^2 dxdy\,. \tag{4.74}$$

Die Leistung $P(z)$ wird also mit

$$\alpha_p = 2\alpha \tag{4.75}$$

gedämpft.

Spektrale Abhängigkeit des Dämpfungskoeffizienten. Bild 4-6 zeigt die Abhängigkeit des Dämpfungskoeffizienten α_L von der Wellenlänge λ. Man erkennt, dass α_L bei $\lambda = 0{,}85\,\mu\mathrm{m}$, $\lambda = 1{,}3\,\mu\mathrm{m}$ und $\lambda = 1{,}55\,\mu\mathrm{m}$ lokale Minima besitzt. Das sind die so genannten optischen Fenster eines LWL, in denen ein Standard-LWL betrieben wird. Die Dämpfungskurve zeigt weiterhin, dass α_L bei $\lambda = 1{,}55\mu\mathrm{m}$ am geringsten ist. Daher arbeiten moderne optische Nachrichtensysteme häufig in diesem Fenster.

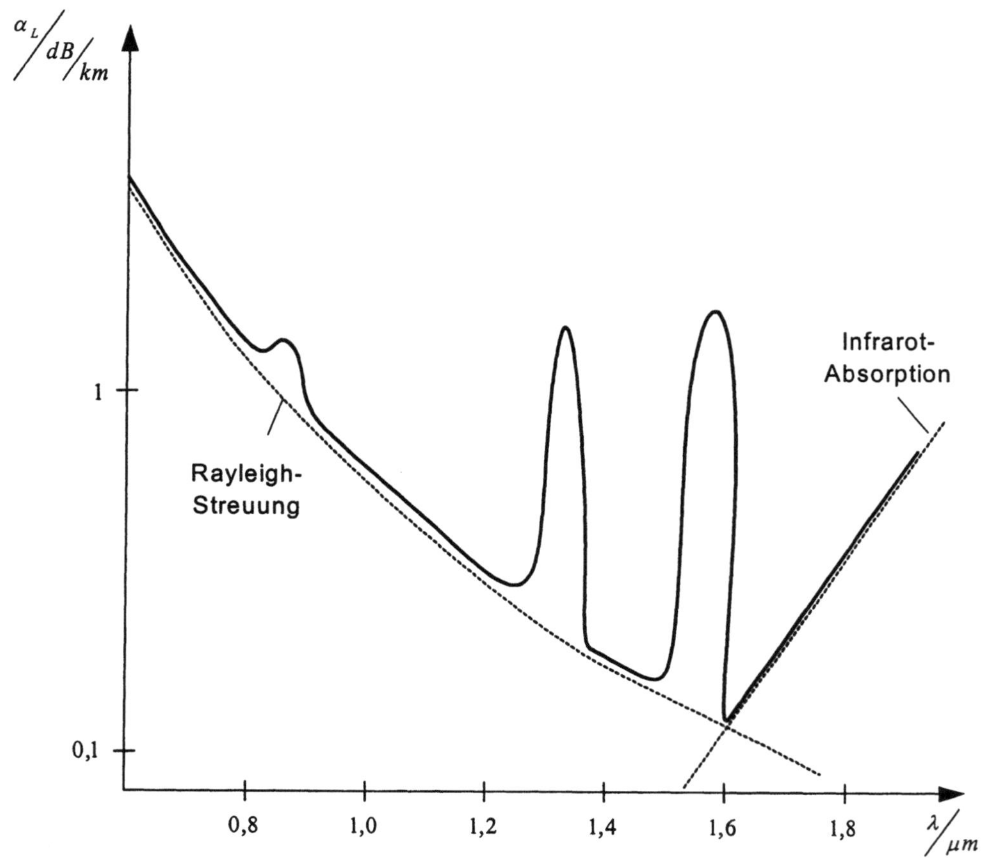

Bild 4-6 Spektrale Abhängigkeit des Dämpfungskoeffizienten

PDL. Die polarisationsabhängige Dämpfung PDL wird definiert nach 4.76.

$$PDL = 10\lg\left(\frac{\langle I_y\rangle_{\max}}{\langle I_y\rangle_{\min}}\right)\mathrm{dB} \tag{4.76}$$

$\langle I_y\rangle_{\max}$ und $\langle I_y\rangle_{\min}$ sind die Ensemblemittelwerte der Ausgangsintensität für die Polarisationsmoden mit dem niedrigsten bzw. höchsten Verlust.

Beispiel 4.4: PDL des LWL nach Beispiel 2.8

Für den Ensemblemittelwert der Intensität am Ausgang gilt nach 2.128:

$$\langle I_y\rangle = \hat{D}_0^2\left[\cosh(a_0) - 2|e_x||e_y|\sinh(a_0)\cos\psi\right] \tag{4.77}$$

Bildung von $\langle I_y\rangle_{\max}$:

$\langle I_y \rangle_{\max}$ nach 4.77 stellt sich für den linearen Polarisationszustand

$$|e_x| = |e_y| = \frac{1}{\sqrt{2}}, \psi = \pi \tag{4.78}$$

am Eingang des LWL ein.

$$\langle I_y \rangle_{\max} = \hat{D}_0^2 [\cosh(a_0) + \sinh(a_0)] = \hat{D}_0^2 \exp(a_0) \tag{4.79}$$

Bildung von $\langle I_y \rangle_{\min}$:

$\langle I_y \rangle_{\min}$ ergibt sich für den linearen Polarisationszustand

$$|e_x| = |e_y| = \frac{1}{\sqrt{2}}, \psi = 0 \tag{4.80}$$

am Eingang des LWL.

$$\langle I_y \rangle_{\min} = \hat{D}_0^2 [\cosh(a_0) - \sinh(a_0)] = \hat{D}_0^2 \exp(-a_0) \tag{4.81}$$

PDL:

$$PDL = 10 \lg \left(\frac{\langle I_y \rangle_{\max}}{\langle I_y \rangle_{\min}} \right) \text{dB} = 10 \lg[\exp(2a_0)] \text{dB} = a_0 20 \lg(e) \text{dB} = 8{,}686 a_0 \text{ dB} \tag{4.82}$$

□

4.3.1.2 Dispersion

Ursachen und Arten der Dispersion. Unter Dispersion versteht man die Verbreiterung optischer Impulse beim Durchlaufen eines LWL durch wellenlängen- und geometrieabhängige Effekte. Wir unterscheiden zwischen der chromatischen Dispersion, bestehend aus Material- und Wellenleiterdispersion, und der Polarisationsmodendispersion. Während die Materialdispersion ihre Ursache in der Wellenlängenabhängigkeit der Brechzahl hat, rührt die Wellenleiterdispersion von der Abhängigkeit der Phasenkonstanten β vom Unterschied der Brechzahlen im Kern und Material des LWL her. Die Polarisationsmodendispersion hat ihre Ursache in den unterschiedlichen Ausbreitungsgeschwindigkeiten der Impulse, die in den Polarisationsmoden laufen. Die unterschiedlichen Ausbreitungsgeschwindigkeiten kommen durch die Doppelbrechungseigenschaften der Glasfaser zustande.

Materialdispersion. Der Brechzahlverlauf von Glas wird durch molekulare und elektronische Resonanzfrequenzen bestimmt. Zur Beschreibung der Wellenlängenabhängigkeit der Brechzahl wird der so genannte Sellmeier-Ansatz mit drei Resonanzwellenlängen verwendet [4.3]: Das ist für den Wellenlängenbereich von $0{,}8\,\mu\text{m} \le \lambda \le 1{,}6\,\mu\text{m}$ ausreichend.

$$n^2(\lambda) = 1 + \sum_{i=1}^{3} A_i \frac{\lambda^2}{\lambda^2 - \lambda_i^2} \tag{4.83}$$

In 4.83 bezeichnet n die Brechzahl, A_i die jeweilige Oszillatorstärke und λ_i die zugehörige Resonanzwellenlänge. Typische Werte für die Standardglasfaser sind in Tabelle 4-1 enthalten.

Tabelle 4-1 Sellmeier-Koeffizienten [4.3]

λ_1	69,006 nm	A_1	0,69675
λ_2	115,662 nm	A_2	0,408218
λ_3	9,900559 µm	A_3	0,890815

Die Verläufe der Brechzahl $n(\lambda)$ und der Gruppenbrechzahl $N(\lambda)$ sind im Bild 4-7 dargestellt. Die Gruppenbrechzahl gibt an, um wie viel langsamer sich die Energie der Welle in einem Medium als im freien Raum ausbreitet [4.3].

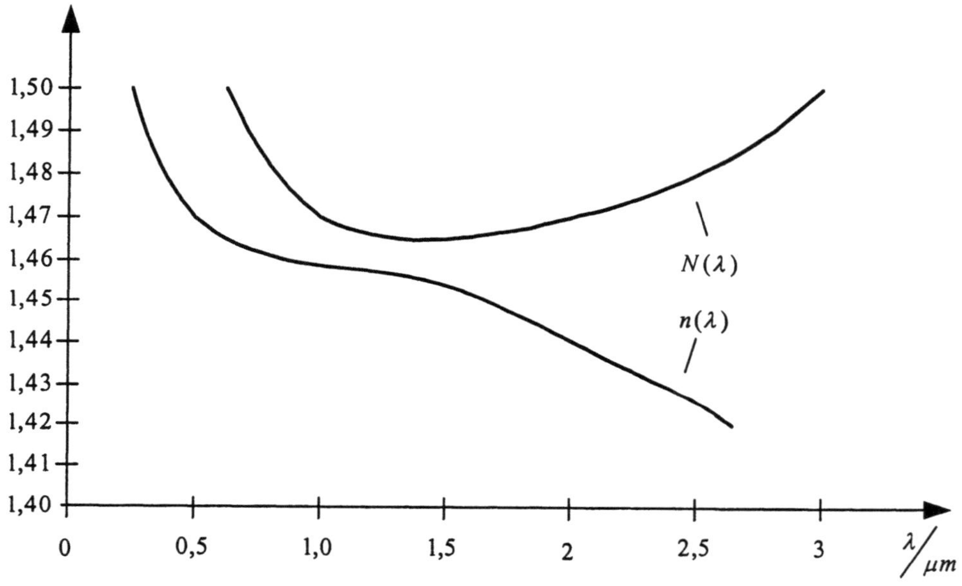

Bild 4-7 Brechzahl $n(\lambda)$ und Gruppenbrechzahl $N(\lambda)$ über der Wellenlänge λ [4.3]

Für die Gruppenbrechzahl gilt:

$$N(\lambda) = n - \lambda \frac{dn}{d\lambda}. \tag{4.84}$$

Unter Berücksichtigung von 4.83 erhält man

$$N(\lambda) = \sqrt{1 + \sum_{i=1}^{3} A_i \frac{\lambda^2}{\lambda^2 - \lambda_i^2}} + \lambda \left(1 + \sum_{i=1}^{3} A_i \frac{\lambda^2}{\lambda^2 - \lambda_i^2}\right)^{-\frac{1}{2}} \cdot \sum_{i=1}^{3} A_i \frac{\lambda \, \lambda_i^2}{\left(\lambda^2 - \lambda_i^2\right)^2}. \tag{4.85}$$

Für die Gruppenlaufzeit t_g infolge Materialdispersion gilt:

$$t_g = N(\lambda) \frac{L}{c}. \tag{4.86}$$

Dabei ist L die Länge des LWL und $c = 3 \cdot 10^8 \frac{\mathrm{m}}{\mathrm{s}}$.

Die Dispersion wird durch den Dispersionsparameter D_M infolge Materialdispersion charakterisiert. Mit 4.84 und 4.86 ergibt sich:

$$D_M = \frac{1}{L}\frac{dt_g}{d\lambda} = \frac{1}{c}\frac{dN(\lambda)}{d\lambda} = -\frac{\lambda}{c}\frac{d^2 n}{d\lambda^2}. \tag{4.87}$$

Durch Einsetzen des Sellmeier-Ansatzes [4.3] 4.83 in 4.87 erhält man schließlich

$$D_M = \frac{\lambda}{c}\left(\frac{1}{n^3}\sum_{i=1}^{3} A_i^2 \frac{\lambda_i^4 \lambda^2}{\left(\lambda^2 - \lambda_i^2\right)^4} - \frac{1}{n}\sum_{i=1}^{3} \frac{3A_i\lambda^2\lambda_i^2 + A_i\lambda_i^4}{\left(\lambda^2 - \lambda_i^2\right)^3}\right) \tag{4.88}$$

Der Materialdispersionsparameter D_M als Funktion von λ ist im Bild 4-8 dargestellt. Man erkennt, dass er im zweiten optischen Fenster bei $\lambda \approx 1{,}3\,\mu\mathrm{m}$ verschwindet und damit dort keine Impulsverbreiterung hervorruft.

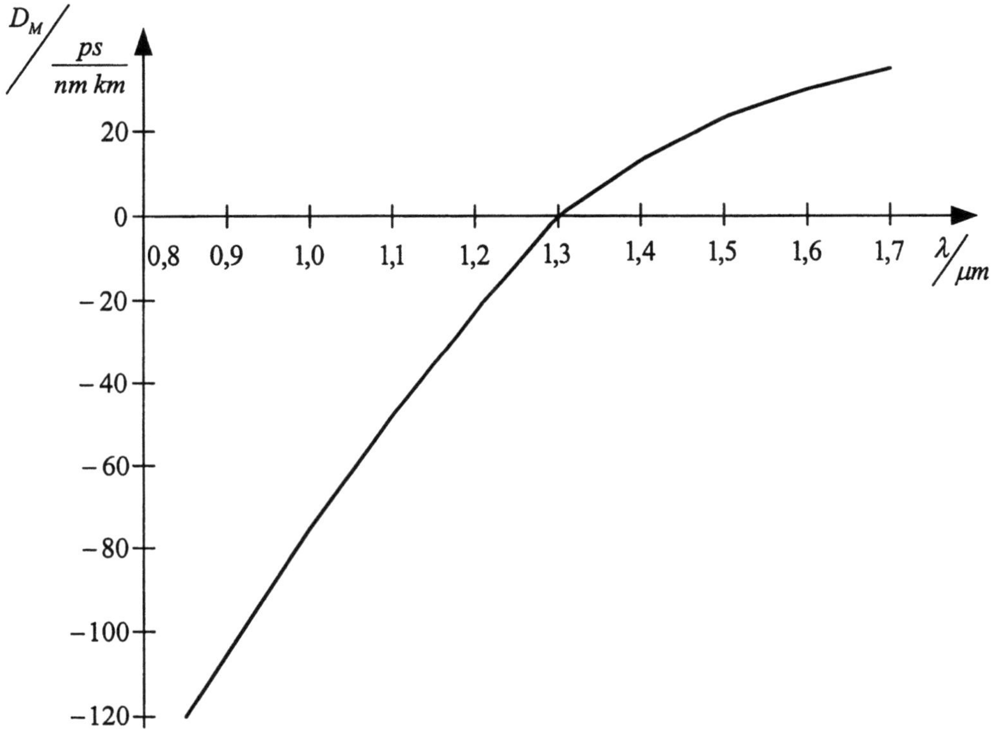

Bild 4-8 Materialdispersionsparameter D_M als Funktion der Wellenlänge λ

Chromatische Dispersion. Die chromatische Dispersion eines LWL setzt sich aus Material- und Wellenleiterdispersion zusammen. Hierfür soll der zugehörige Dispersionsparameter D abgeleitet werden. Dazu gehen wir von der Phasenkonstante β aus. Sie liegt für einen runden Monomode-LWL zwischen den Wellenzahlen des Kern- und Mantelmaterials:

$$\frac{2\pi\, n_2}{\lambda} \le \beta \le \frac{2\pi\, n_1}{\lambda} \tag{4.89}$$

In 4.89 ist n_1 die Kernbrechzahl und n_2 die Mantelbrechzahl. Die Wellenausbreitung erfolgt in einem Monomode-LWL wegen den vorhandenen kleinen z-Komponenten mancher Felder unter einem Winkel γ schräg zur z-Achse. Daher kann man neben der Wellenlänge λ eine Wellenlänge in z-Richtung der Form $\frac{\lambda}{\cos\gamma}$ entsprechend Bild 4-9 einführen.

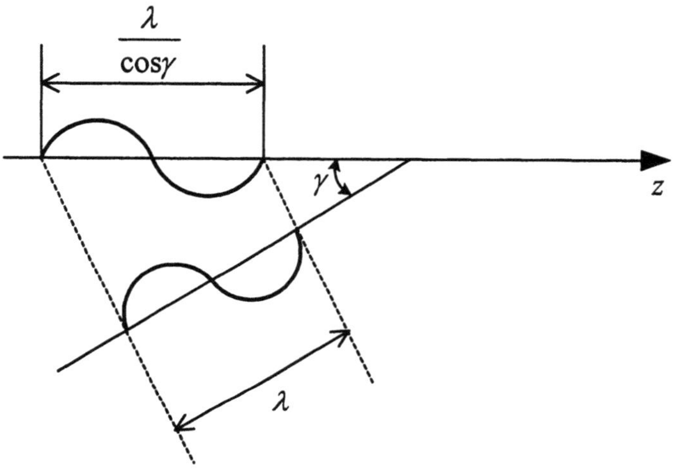

Bild 4-9 Wellenlänge in z-Richtung

Für stufenförmige Brechzahlprofile des LWL kann die Phasenkonstante β nach 4.90 angesetzt werden.

$$\beta = \frac{2\pi\, n_1}{\lambda}\cos\gamma \tag{4.90}$$

Der nächste Schritt beinhaltet die Einführung der Phasenkoeffizienten δ, d und B, mit denen sich die durchzuführenden Rechnungen vereinfachen lassen. Der Phasenkoeffizient δ ist wie folgt definiert

$$\cos\gamma = \sqrt{1-2\delta}\,. \tag{4.91}$$

Mit 4.89, 4.90 und 4.91 erhält man den Wertebereich

$$0 \le \delta \le \Delta\,. \tag{4.92}$$

Für die relative Brechzahldifferenz Δ gilt dabei

$$\Delta = \frac{n_1^2 - n_2^2}{2n_1^2}\,. \tag{4.93}$$

Die Definitionsgleichungen für d und B lauten

$$\delta = d\Delta\,, 0 \le d \le 1 \tag{4.94}$$

sowie

$$d = 1 - B\,, 1 \ge B \ge 0\,. \tag{4.95}$$

Damit geht 4.91 über in

$$\cos\gamma = \sqrt{1 - 2\Delta(1-B)}\,. \tag{4.96}$$

Für kleine relative Brechzahldifferenzen Δ erhält man aus 4.90 mit 4.96 die Phasenkonstante

$$\beta \approx \frac{2\pi\, n_1}{\lambda}\left[1 - \Delta(1-B)\right]. \tag{4.97}$$

Für die Wellenphase φ am Ausgang des LWL gilt dann

$$\varphi = \beta L \approx \frac{2\pi\, n_1 L}{\lambda}\left[1 - \Delta(1-B)\right], \tag{4.98}$$

wobei L die LWL-Länge ist.

Bei so genannten schwach führenden LWL gilt für kleine relative Brechzahldifferenzen

$$\Delta \approx \frac{n_1 - n_2}{n_1}\,. \tag{4.99}$$

Mit 4.99 ergibt sich in diesem Fall für die Wellenphase

$$\varphi \approx \frac{2\pi\, n_2 L}{\lambda} + \frac{2\pi\, L}{\lambda}\left(n_1 - n_2\right) B\,. \tag{4.100}$$

Mit Hilfe von 4.100 lässt sich nun die Gruppenlaufzeit aus ihrer Definitionsgleichung herleiten:

$$t_g = \frac{d\varphi}{d\omega} = \frac{d\varphi}{d\lambda}\frac{d\lambda}{d\omega}\,. \tag{4.101}$$

Aus 3.1 ergibt sich:

$$\frac{d\lambda}{d\omega} = -\frac{\lambda^2}{2\pi\, c}\,. \tag{4.102}$$

Aus 4.100 folgt:

$$\frac{d\varphi}{d\lambda} = -\frac{2\pi\, L}{\lambda^2} N_2 - \frac{2\pi\, L}{\lambda^2} B\left(N_1 - N_2\right) + \frac{2\pi\, L}{\lambda}\frac{dB}{d\lambda}\left(n_1 - n_2\right) \tag{4.103}$$

mit

$$N_1 = n_1 - \lambda\frac{dn_1}{d\lambda} \tag{4.104}$$

und

$$N_2 = n_2 - \lambda\frac{dn_2}{d\lambda}\,. \tag{4.105}$$

N_1 und N_2 sind die Gruppenbrechzahlen von Kern und Mantel des LWL.

Mit 4.102 und 4.103 erhält man für die Gruppenlaufzeit nach 4.101:

$$t_g = \frac{L}{c} N_2 + \frac{L}{c} B \left(N_1 - N_2 \right) - \left(n_1 - n_2 \right) \frac{L}{c} \lambda \frac{dB}{d\lambda}. \tag{4.106}$$

Wir führen den LWL-spezifischen Parameter *normierte Frequenz V* ein:

$$V = \frac{2\pi\, \rho_K n_1 \sqrt{2\Delta}}{\lambda}. \tag{4.107}$$

Die Größe ρ_K ist der Kernradius des LWL.

Die Ableitung $\frac{dB}{d\lambda}$ lässt sich in der Form

$$\frac{dB}{d\lambda} = \frac{dB}{dV} \frac{dV}{d\lambda} \approx -\frac{V}{\lambda} \frac{dB}{dV} \tag{4.108}$$

mit der Näherung

$$\frac{dV}{d\lambda} \approx -\frac{V}{\lambda} \tag{4.109}$$

schreiben. Die Näherung 4.109 setzt etwa gleiche Anstiege

$$\frac{dn_1}{d\lambda} \approx \frac{dn_2}{d\lambda} \tag{4.110}$$

voraus. Mit der daraus folgenden Näherung

$$N_1 - N_2 \approx n_1 - n_2 \tag{4.111}$$

ergibt sich für die Gruppenlaufzeit nach 4.106 unter Berücksichtigung von 4.108:

$$t_g \approx \frac{L}{c} \left[N_2 + \left(N_1 - N_2 \right) \frac{d(VB)}{dV} \right]. \tag{4.112}$$

Die Größe $\frac{d(VB)}{dV}$ heißt Modenlaufzeitfaktor mit der Abkürzung *LF*.

$$LF = \frac{d(VB)}{dV} \tag{4.113}$$

Für den Phasenkoeffizienten *B* des Grundmode eines Stufenprofil-LWL ist in [4.7] die Näherung

$$B(V) \approx 1 - \frac{(2{,}405)^2}{\left[1 + \sqrt[4]{(1{,}405)^4 + V^4} \right]^2} \tag{4.114}$$

angegeben. Damit kann der Modenlaufzeitfaktor *LF* für den Grundmode unter Verwendung von 4.113 berechnet werden.

Beispiel 4.5: Modenlaufzeitfaktor für den Grundmode eines Stufenprofil-LWL

$$LF = B + V\frac{dB}{dV} \tag{4.115}$$

$$\frac{dB}{dV} \approx \frac{2(2{,}405)^2 V^3}{\left[\sqrt[4]{(1{,}405)^4 + V^4} + \sqrt{(1{,}405)^4 + V^4}\right]^3} \tag{4.116}$$

Unter Verwendung von 4.114, 4.115 und 4.116 ergeben sich die Darstellungen von *B(V)* und *LF* nach Bild 4-10

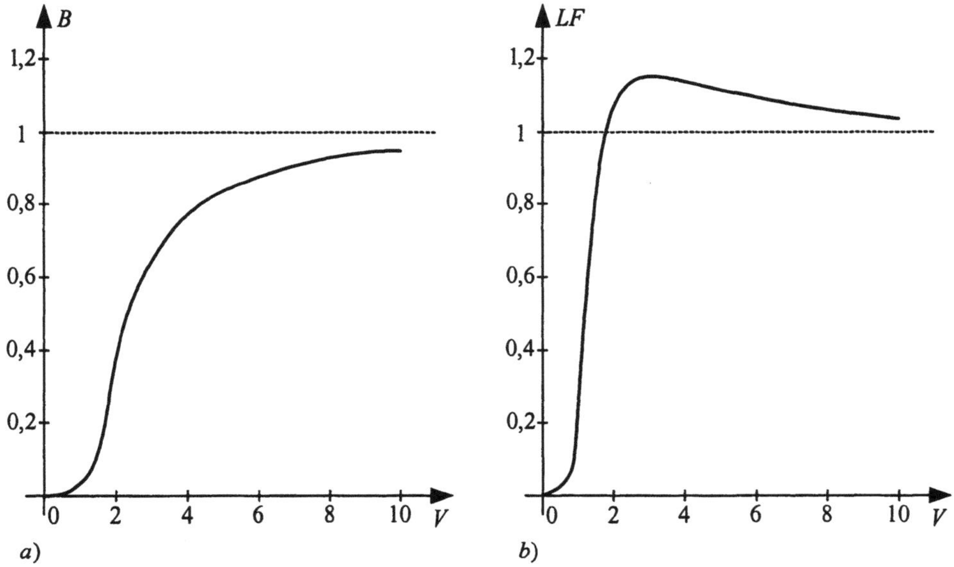

Bild 4-10 a) Phasenkoeffizient *B(V)* und
b) Modenlaufzeitfaktor $LF = \frac{d(VB)}{dV}$ für den Grundmode eines Stufenprofil-LWL □

Der Dispersionsparameter *D* der chromatischen Dispersion ist in Analogie zu 4.87 definiert.

$$D = \frac{1}{L}\frac{dt_g}{d\lambda} \tag{4.117}$$

Zur Ableitung des Dispersionsparameters *D* muss hier die Gruppenlaufzeit t_g nach 4.112 verwendet werden. Mit der Näherung [4.7]

$$\frac{d[(N_1 - N_2)\,d(VB)/dV]}{d\lambda} \approx (N_1 - N_2)\frac{d^2(VB)}{dV^2}\frac{dV}{d\lambda} \approx -(N_1 - N_2)\frac{d^2(VB)}{dV^2}\frac{V}{\lambda} \tag{4.118}$$

ergibt sich für *D* nach 4.117:

$$D \approx \frac{1}{c}\frac{dN_2}{d\lambda} - \frac{N_1 - N_2}{c\lambda} V \frac{d^2(VB)}{dV^2} = D_M + D_W \tag{4.119}$$

Die Größe $V \cdot d^2(VB)/dV^2$ heißt Dispersionsfaktor, Abkürzung DF [4.7].

$$DF = V \frac{d^2(VB)}{dV^2} \tag{4.120}$$

Wellenleiterdispersion. D_W ist der Wellenleiterdispersionsparameter. Aus 4.119 folgt

$$D_W = \frac{N_2 - N_1}{\lambda c} DF\,. \tag{4.121}$$

Beispiel 4.6: Dispersionsfaktor für den Grundmode eines Stufenprofil-LWL

$$DF = 2V \frac{dB}{dV} + V^2 \frac{d^2B}{dV^2} \tag{4.122}$$

Für $\dfrac{dB}{dV}$ gilt 4.116 und die zweite Ableitung von 4.116 lautet:

$$\begin{aligned}\frac{d^2B}{dV^2} \approx\ & \frac{6(2{,}405)^2 V^2}{\left[\sqrt[4]{(1{,}405)^4 + V^4} + \sqrt[2]{(1{,}405)^4 + V^4}\right]^3} \\ & - \frac{6(2{,}405)^2 V^6}{\left[\sqrt[4]{(1{,}405)^4 + V^4} + \sqrt[2]{(1{,}405)^4 + V^4}\right]^4} \\ & \cdot \left[\frac{1}{\left(\sqrt[4]{(1{,}405)^4 + V^4}\right)^3} + \frac{2}{\sqrt[2]{(1{,}405)^4 + V^4}}\right]\end{aligned} \tag{4.123}$$

Aus 4.116, 4.122 und 4.123 erhält man die Darstellung des Dispersionsfaktors DF nach Bild 4-11a. Der Wellenleiterdispersionsparameter D_W kann wie folgt umgeformt werden. Mit 4.99, 4.107 und 4.111 ergibt sich aus 4.121 [4.8]:

$$D_W \approx \frac{-\sqrt{\Delta}}{2\sqrt{2\pi}\,\rho_K c} V \cdot DF = -K \cdot V \cdot DF\,. \tag{4.124}$$

Der Verlauf von $D_W(V)$ ist im Bild 4-11b mit dem typischen Wert für die Konstante $K \approx 5 \dfrac{\text{ps}}{\text{nm} \cdot \text{km}}$ dargestellt [4.8].

Der Vergleich der Bilder 4.8 und 4.11b zeigt, dass die Materialdispersion bei $\lambda \approx 1{,}55\,\mu\text{m}$ durch die Wellenleiterdispersion für einen gleichen Wert für $V < 3$ kompensiert werden kann. Das resultiert aus den unterschiedlichen Vorzeichen von Material- und Wellenleiterdispersionsparameter in den angegebenen Bereichen.

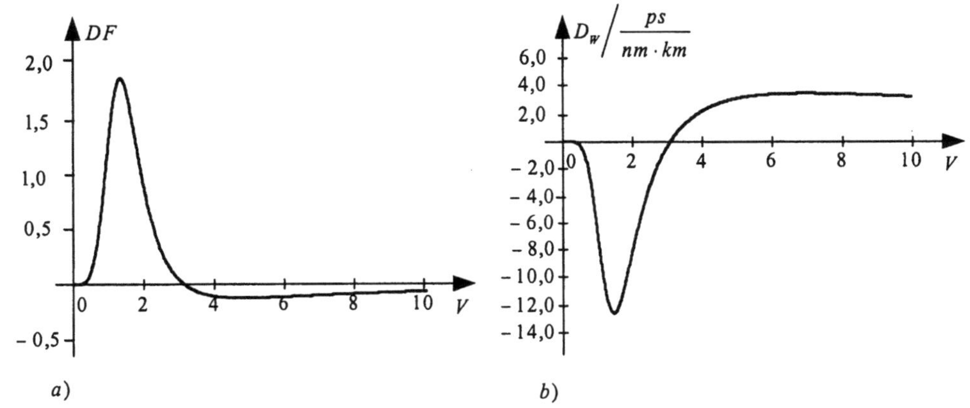

Bild 4-11 a) Dispersionsfaktor *DF* für den Grundmode und
b) Wellenleiterdispersionsparameter D_W des Stufenprofil-LWL □

Polarisationsmodendispersion. Bedingt durch die unterschiedlichen Ausbreitungsgeschwindigkeiten v_{gx} und v_{gy} der Impulse, die in den Polarisationsmoden laufen, entsteht am Ende eines langen LWL die Gruppenlaufzeitdifferenz $\Delta\tau$. Bild 4-12 zeigt diesen Zusammenhang.

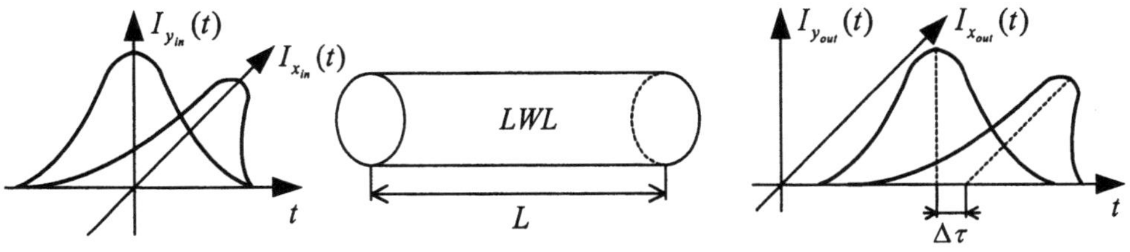

Bild 4-12 Gruppenlaufzeitdifferenz $\Delta\tau$ der Intensitäten $I_{xout}(t)$ und $I_{yout}(t)$

Daher gilt der Ansatz 4.125 zur Berechnung der Gruppenlaufzeitdifferenz $\Delta\tau$.

$$\Delta\tau = \left| \frac{L}{v_{gx}} - \frac{L}{v_{gy}} \right| \qquad (4.125)$$

Die Gruppengeschwindigkeiten v_{gx} und v_{gy} lassen sich durch die Gruppenbrechzahlen N_x und N_y für die in *x*- und *y*-Richtung orientierten Polarisationsmoden mit Hilfe der Lichtgeschwindigkeit *c* des Vakuums ausdrücken.

$$v_{gx} = \frac{c}{N_x}, \; v_{gy} = \frac{c}{N_y} \qquad (4.126)$$

$$N_x = n_x - \lambda \frac{dn_x}{d\lambda}, \; N_y = n_y - \lambda \frac{dn_y}{d\lambda} \qquad (4.127)$$

Mit 4.126 und 4.127 geht 4.125 über in

$$\Delta\tau = \frac{L}{c}\left|n_x - n_y - \lambda\left(\frac{dn_x}{d\lambda} - \frac{dn_y}{d\lambda}\right)\right|. \tag{4.128}$$

Führt man die Phasenkonstanten β_x und β_y entsprechend

$$\beta_x = \frac{2\pi n_x}{\lambda}, \ \beta_y = \frac{2\pi n_y}{\lambda} \tag{4.129}$$

ein, so folgt aus 4.128:

$$\Delta\tau = \frac{L\lambda^2}{2\pi c}\left|\frac{d(\beta_x - \beta_y)}{d\lambda}\right|. \tag{4.130}$$

Die Umrechnung von $\Delta\tau(\lambda)$ auf $\Delta\tau(\omega)$ ergibt

$$\Delta\tau(\omega) = L\left|\frac{d(\beta_x - \beta_y)}{d\omega}\right|. \tag{4.131}$$

Dazu wurden

$$\omega = \frac{2\pi c}{\lambda}, \ \frac{d\omega}{d\lambda} = -\frac{2\pi c}{\lambda^2} \tag{4.132}$$

verwendet.

Mit $\phi_x = \phi_y = 0$ in 3.27 und 3.28 folgt analog 3.37 für den Ausgang des LWL mit $z = L$:

$$-\psi_{out} = \psi_{xout} - \psi_{yout} = (\beta_x - \beta_y)L. \tag{4.133}$$

Aus 4.133 folgt für $\Delta\tau(\omega)$ nach 4.131:

$$\Delta\tau(\omega) = \left|-\frac{d\psi_{out}}{d\omega}\right|. \tag{4.134}$$

Jones-Matrix-Eigenanalyse. Die Gruppenlaufzeitdifferenz $\Delta\tau(\omega)$ kann durch die so genannte Jones-Matrix-Eigenanalyse für einen LWL mit bekannter unitärer Jones-Matrix $\mathbf{J}(j\omega)$ bestimmt werden. Dazu gehen wir von der Übertragungsgleichung im Frequenzbereich 4.135 aus.

$$\vec{A}_{out}(j\omega) = \mathbf{J}(j\omega)\vec{A}_{in}(j\omega) \tag{4.135}$$

Nun nehmen wir an, dass sich die Übertragungseigenschaften des LWL durch interne und externe Effekte ändern. Interne Effekte sind nichtzirkularer Kern und Mantel sowie Zugspannungen. Seitliche mechanische Beanspruchungen, Faserbiegungen und -torsionen bilden externe Effekte. Da nach unserem Modell die Jones-Matrix des LWL nur von ω abhängt, müssen sich die genannten Effekte in einer Verschiebung der Frequenz um $\Delta\omega$ äußern. Diese Änderung der Kreisfrequenz führt zu einer veränderten Jones-Matrix $\mathbf{J}[j(\omega + \Delta\omega)]$ und damit zu einem Ausgangs-Jones-Vektor $\vec{A}_{out}[j(\omega + \Delta\omega)]$ entsprechend 4.136.

$$\vec{A}_{out}[j(\omega + \Delta\omega)] = \mathbf{J}[j(\omega + \Delta\omega)]\vec{A}_{in}(j\omega) \tag{4.136}$$

Für die Jones-Matrix in 4.136 verwenden wir eine Taylor-Reihenentwicklung, die nach dem linearen Glied abgebrochen wird:

$$\mathbf{J}[j(\omega+\Delta\omega)] \approx \mathbf{J}(j\omega) + \mathbf{J}'(j\omega)\Delta\omega \tag{4.137}$$

In 4.137 ist $\mathbf{J}'(j\omega)$ die erste Ableitung von $\mathbf{J}(j\omega)$ nach dem Argument ω.

Der Ausgangs-Jones-Vektor $\vec{A}_{out}(j\omega)$ wird zerlegt in

$$\vec{A}_{out}(j\omega) = \hat{D}_{out}\exp[-j\psi_{xout}(\omega)]\vec{e}_{out}(j\omega) \tag{4.138}$$

mit

$$\vec{e}_{out}(j\omega) = \begin{pmatrix} |e_{xout}(j\omega)| \\ |e_{yout}(j\omega)|\exp[-j\psi_{out}(\omega)] \end{pmatrix}. \tag{4.139}$$

Für den Vektor $\vec{A}_{out}[j(\omega+\Delta\omega)]$ gilt dann

$$\vec{A}_{out}[j(\omega+\Delta\omega)] = \hat{D}_{out}\exp[-j\psi_{xout}(\omega+\Delta\omega)]\vec{e}_{out}(j\omega)\ . \tag{4.140}$$

In 4.140 wurde $\vec{e}_{out}(j\omega)$ geschrieben, weil wir neben der Gruppenlaufzeitdifferenz $\Delta\tau(\omega)$ die Ausgangs-Jones-Vektoren suchen, die trotz Änderung der Jones-Matrix nicht zu einer Änderung der Polarisation führen. Diese Polarisationszustände heißen Polarisationshauptzustände oder *Principal States of Polarization*.

Für den Phasenterm in 4.140 wird die Näherung

$$\exp[-j\psi_{xout}(\omega+\Delta\omega)] \approx \exp[-j\psi_{xout}(\omega)][1 - j\psi'_{xout}(\omega)\Delta\omega] \tag{4.141}$$

verwendet.

Durch Kombination von 4.135 bis 4.141 erhält man das Eigenwertproblem

$$\left[\mathbf{J}'(j\omega)\mathbf{J}^{-1}(j\omega) - j\tau_x(\omega)\mathbf{I}\right]\vec{e}_{xout}(j\omega) = \vec{0} \tag{4.142}$$

mit

$$\tau_x(\omega) = -\frac{d\psi_{xout}(\omega)}{d\omega} = -\psi'_{xout}(\omega) \tag{4.143}$$

und

$$\mathbf{I} = \begin{pmatrix} 1 & 0 \\ 0 & 1 \end{pmatrix}. \tag{4.144}$$

In Analogie zu 4.142 gilt

$$\left[\mathbf{J}'(j\omega)\mathbf{J}^{-1}(j\omega) - j\tau_y(\omega)\mathbf{I}\right]\vec{e}_{yout}(j\omega) = \vec{0} \tag{4.145}$$

mit

$$\tau_y(\omega) = -\frac{d\psi_{yout}(\omega)}{d\omega} = -\psi'_{yout}(\omega) \tag{4.146}$$

und

$$\vec{e}_{yout}(j\omega) = \begin{pmatrix} |e_{xout}(j\omega)|\exp[j\psi_{out}(\omega)] \\ |e_{yout}(j\omega)| \end{pmatrix}. \tag{4.147}$$

Beispiel 4.7: Jones-Matrix-Eigenanalyse

Lichtwellenleiter mit der unitären Jones-Matrix

$$\mathbf{J}(j\omega)=\begin{pmatrix}\cos\left(\frac{\omega\tau_0}{2}\right) & -j\sin\left(\frac{\omega\tau_0}{2}\right)\\ -j\sin\left(\frac{\omega\tau_0}{2}\right) & \cos\left(\frac{\omega\tau_0}{2}\right)\end{pmatrix} \tag{4.148}$$

$$\mathbf{J}^{-1}(j\omega)=\begin{pmatrix}\cos\left(\frac{\omega\tau_0}{2}\right) & j\sin\left(\frac{\omega\tau_0}{2}\right)\\ j\sin\left(\frac{\omega\tau_0}{2}\right) & \cos\left(\frac{\omega\tau_0}{2}\right)\end{pmatrix} \tag{4.149}$$

$$\mathbf{J}'(j\omega)=-\frac{\tau_0}{2}\begin{pmatrix}\sin\left(\frac{\omega\tau_0}{2}\right) & j\cos\left(\frac{\omega\tau_0}{2}\right)\\ j\cos\left(\frac{\omega\tau_0}{2}\right) & \sin\left(\frac{\omega\tau_0}{2}\right)\end{pmatrix} \tag{4.150}$$

$$\mathbf{J}'(j\omega)\mathbf{J}^{-1}(j\omega)=-\frac{\tau_0}{2}\begin{pmatrix}0 & j\\ j & 0\end{pmatrix} \tag{4.151}$$

Eigenwertproblem für τ_x und $\vec{e}_{xout}$:

$$\begin{pmatrix}\tau_x & \frac{\tau_0}{2}\\ \frac{\tau_0}{2} & \tau_x\end{pmatrix}\begin{pmatrix}|e_{xout}|\\ |e_{yout}|\exp(-j\psi_{out})\end{pmatrix}=\begin{pmatrix}0\\0\end{pmatrix} \tag{4.152}$$

$$\begin{vmatrix}\tau_x & \frac{\tau_0}{2}\\ \frac{\tau_0}{2} & \tau_x\end{vmatrix}=\tau_x^2-\frac{\tau_0^2}{4}=0 \tag{4.153}$$

$$\tau_{x_{1,2}}=\pm\frac{\tau_0}{2} \tag{4.154}$$

τ_{x_1}:

$$\begin{pmatrix}\frac{\tau_0}{2} & \frac{\tau_0}{2}\\ \frac{\tau_0}{2} & \frac{\tau_0}{2}\end{pmatrix}\begin{pmatrix}|e_{x_1out}|\\ |e_{y_1out}|\exp(-j\psi_{1out})\end{pmatrix}=\begin{pmatrix}0\\0\end{pmatrix} \tag{4.155}$$

$$|e_{x_1out}|=|e_{y_1out}|=\frac{1}{\sqrt{2}},\ \psi_{1out}=\pm\pi \tag{4.156}$$

τ_{x_2} :

$$\begin{pmatrix} -\frac{\tau_0}{2} & \frac{\tau_0}{2} \\ \frac{\tau_0}{2} & -\frac{\tau_0}{2} \end{pmatrix} \begin{pmatrix} |e_{x_2 out}| \\ |e_{y_2 out}| \exp(-j\psi_{2out}) \end{pmatrix} = \begin{pmatrix} 0 \\ 0 \end{pmatrix} \tag{4.157}$$

$$|e_{x_2 out}| = |e_{y_2 out}| = \frac{1}{\sqrt{2}}, \; \psi_{2out} = 0 \tag{4.158}$$

Eigenwertproblem für τ_y und $\vec{e}_{yout}$:

$$\begin{pmatrix} \tau_y & \frac{\tau_0}{2} \\ \frac{\tau_0}{2} & \tau_y \end{pmatrix} \begin{pmatrix} |e_{xout}| \exp(j\psi_{out}) \\ |e_{yout}| \end{pmatrix} = \begin{pmatrix} 0 \\ 0 \end{pmatrix} \tag{4.159}$$

$$\tau_{y_{3,4}} = \pm \frac{\tau_0}{2} \tag{4.160}$$

τ_{y_3} :

$$\begin{pmatrix} \frac{\tau_0}{2} & \frac{\tau_0}{2} \\ \frac{\tau_0}{2} & \frac{\tau_0}{2} \end{pmatrix} \begin{pmatrix} |e_{x_3 out}| \exp(j\psi_{3out}) \\ |e_{y_3 out}| \end{pmatrix} = \begin{pmatrix} 0 \\ 0 \end{pmatrix} \tag{4.161}$$

$$|e_{x_3 out}| = |e_{y_3 out}| = \frac{1}{\sqrt{2}}, \; \psi_{3out} = \mp \pi \tag{4.162}$$

τ_{y_4} :

$$\begin{pmatrix} -\frac{\tau_0}{2} & \frac{\tau_0}{2} \\ \frac{\tau_0}{2} & -\frac{\tau_0}{2} \end{pmatrix} \begin{pmatrix} |e_{x_4 out}| \exp(j\psi_{4out}) \\ |e_{y_4 out}| \end{pmatrix} = \begin{pmatrix} 0 \\ 0 \end{pmatrix} \tag{4.163}$$

$$|e_{x_4 out}| = |e_{y_4 out}| = \frac{1}{\sqrt{2}}, \; \psi_{4out} = 0 \tag{4.164}$$

Jeden beliebigen Polarisationszustand $\vec{e}_{out}(j\omega)$ kann man aus orthogonalen Polarisationshauptzuständen $\vec{e}_{xout}(j\omega)$ und $\vec{e}_{yout}(j\omega)$ für die vorliegende unitäre Jones-Matrix $\mathbf{J}(j\omega)$ des LWL zusammensetzen. Es gilt:

$$\vec{e}_{out}(j\omega) = \frac{1}{2}\exp[-j\psi_{xout}(\omega)]\vec{e}_{xout}(j\omega) + \frac{1}{2}\exp[-j\psi_{yout}(\omega)]\vec{e}_{yout}(j\omega). \tag{4.165}$$

In unserem Beispiel treten die Polarisationszustände

$$\vec{e}'_{x_1 out} = \frac{1}{\sqrt{2}}(1, \; -1), \; \vec{e}'_{x_2 out} = \frac{1}{\sqrt{2}}(1, \; 1) \tag{4.166}$$

$$\vec{e}'_{y_3out} = \frac{1}{\sqrt{2}}(-1,\ 1),\ \vec{e}'_{y_4out} = \frac{1}{\sqrt{2}}(1,\ 1) \tag{4.167}$$

auf. Relevante orthogonale Zustände sind

$$\vec{e}'_{x_1out}\ \vec{e}_{y_4out} = 0 \tag{4.168}$$

und

$$\vec{e}'_{x_2out}\ \vec{e}_{y_3out} = 0\,. \tag{4.169}$$

Dazu gehört die Gruppenlaufzeitdifferenz

$$\Delta\tau = \left|\tau_{y_4} - \tau_{x_1}\right| = \left|\tau_{y_3} - \tau_{x_2}\right| = \tau_0\,. \tag{4.170}$$

Mit 4.165 sowie 4.166 bis 4.169 und

$$\psi_{x_1out} = -\frac{\omega\tau_0}{2},\ \psi_{x_2out} = \frac{\omega\tau_0}{2} \tag{4.171}$$

$$\psi_{y_3out} = -\frac{\omega\tau_0}{2},\ \psi_{y_4out} = \frac{\omega\tau_0}{2} \tag{4.172}$$

lassen sich die Ausgangspolarisationszustände zusammensetzen, die den Spaltenvektoren der Jones-Matrix 4.148 bis auf einen konstanten Faktor entsprechen. Dazu gehören eine horizontale oder vertikale lineare Eingangspolarisation. Es sei ausdrücklich betont, dass das Beispiel 4.7 keinen praxisrelevanten Fall eines LWL darstellt. Es dient ausschließlich der Verifikation der Jones-Matrix-Eigenanalyse. Der praxisrelevante Fall wird im Abschnitt 4.3.3.2 besprochen.□

4.3.2 Feldverteilungen

4.3.2.1 Skalare Helmholtz-Gleichung

Lichtwellenleiter. Wir betrachten einen LWL nach Bild 4-13 und führen neben dem kartesischen x, y, z-Koordinatensystem das Zylinderkoordinatensystem mit den Koordinaten ρ, α und z ein.

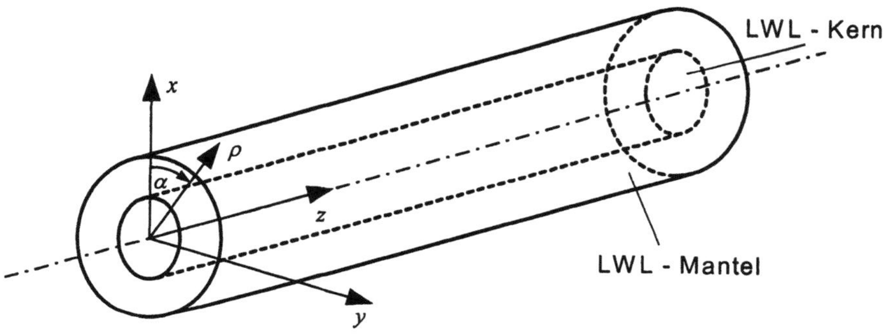

Bild 4-13 Koordinatensysteme im LWL

Vektorielle Helmholtz-Gleichung. Zur Ermittlung der Feldverteilung in einem LWL wird die skalare Helmholtz-Gleichung benötigt, die sich aus der vektoriellen Helmholtz-Gleichung ergibt. Die vektorielle Helmholtz-Gleichung erhält man aus den Maxwell-Gleichungen wie folgt.

Für die Raumladungsdichte und das Material des LWL werden zunächst nachstehende Eigenschaften angenommen (siehe auch 2.186, 2.188, 2.189 und 2.190):

Raumladungsdichte	$\rho = 0$		(4.173)
Leitfähigkeit	$\kappa = 0$		(4.174)
Dielektrizität	$\varepsilon = n^2(\rho)\varepsilon_0$	mit der radialen Brechzahl $n(\rho)$	(4.175)
Permeabilität	$\mu = \mu_0$		(4.176)

Durch Rotationsbildung von 2.184 ergibt sich mit 2.190 und 4.176:

$$rot\, rot\, \vec{E} = -j\omega\, rot\, \vec{B} = -j\omega\mu_0\, rot\, \vec{H}\ . \tag{4.177}$$

Einsetzen von 2.185 in 4.177 mit der Bedingung 4.174 und $\vec{S} = \vec{0}$ nach 2.188 führt auf

$$rot\, rot\, \vec{E} = \omega^2 \mu_0 \vec{D} = \omega^2 n^2(\rho)\varepsilon_0\mu_0 \vec{E}\ . \tag{4.178}$$

Für den rechten Teil von 4.178 wurden 2.189 und 4.175 verwendet.

Mit der Lichtgeschwindigkeit $c = 1/\sqrt{\varepsilon_0\mu_0}$ und der Wellenzahl des Vakuums $k_0 = \omega / c$ geht 4.178 über in

$$rot\, rot\, \vec{E} = n^2(\rho) k_0^2 \vec{E}\ . \tag{4.179}$$

Aus 2.179 folgt mit 4.179:

$$grad\, div\, \vec{E} - \vec{\Delta}\vec{E} = n^2(\rho) k_0^2 \vec{E}\ . \tag{4.180}$$

Die Divergenz der elektrischen Feldstärke $\vec{E}$ erhält man aus dem Zusammenhang [4.7]:

$$div\, \vec{D} = \varepsilon_0\, div \left[n^2(\rho)\vec{E} \right] = \varepsilon_0 \vec{E} \cdot grad\, n^2(\rho) + \varepsilon_0\, n^2(\rho)\, div\, \vec{E} = 0\ . \tag{4.181}$$

Es gilt also

$$div\, \vec{E} = -\frac{grad\, n^2(\rho)}{n^2(\rho)} \cdot \vec{E}\ . \tag{4.182}$$

Nun wird 4.182 in 4.180 eingeführt und es ergibt sich die Wellengleichung

$$\vec{\Delta}\vec{E} + n^2(\rho) k_0^2 \vec{E} = -grad \left(\frac{grad\, n^2(\rho)}{n^2(\rho)} \cdot \vec{E} \right). \tag{4.183}$$

Ist die rechte Seite von 4.183 Null, spricht man von der vektoriellen Helmholtz-Gleichung. Sie lautet

$$\vec{\Delta}\vec{E} + n^2(\rho) k_0^2 \vec{E} = \vec{0}\ . \tag{4.184}$$

In 4.184 ist $\vec{\Delta}$ der vektorielle Laplace-Operator, der in Zylinderkoordinaten die folgende Form annimmt [4.9]:

$$\vec{\Delta}\vec{E} = \left(\Delta E_\rho - \frac{2}{\rho^2}\frac{\partial E_\alpha}{\partial \alpha} - \frac{E_\rho}{\rho^2}\right)\vec{e}_\rho + \left(\Delta E_\alpha - \frac{2}{\rho^2}\frac{\partial E_\rho}{\partial \alpha} - \frac{E_\alpha}{\rho^2}\right)\vec{e}_\alpha + \Delta E_z \vec{e}_z . \qquad (4.185)$$

In 4.185 stellt Δ den skalaren Laplace-Operator in Zylinderkoordinaten nach 2.183, Beispiel 2.15 dar.

Für die elektrische Feldstärke $\vec{E}$ gilt:

$$\vec{E} = E_\rho \vec{e}_\rho + E_\alpha \vec{e}_\alpha + E_z \vec{e}_z . \qquad (4.186)$$

Im nachfolgenden Beispiel wird gezeigt, dass die vektorielle Helmholtz-Gleichung auf ein homogenes, lineares und raumladungsfreies Medium mit konstanter Brechzahl $n(\rho) = n_1$ angewendet werden darf.

Beispiel 4.8: Gradient des Brechzahlquadrates eines Stufenprofil-LWL

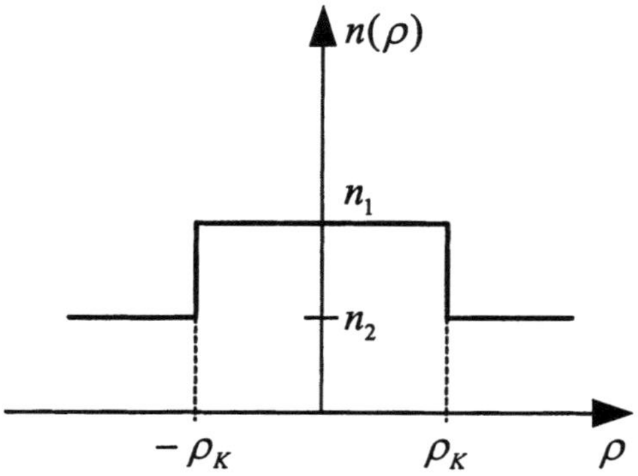

Bild 4-14 Brechzahlverlauf $n(\rho)$ eines Stufenprofil-LWL

Im Bild 4-14 sind n_1 und n_2 die Kern- und Mantelbrechzahl, ρ_K ist der Kernradius.

Brechzahlverlauf:

$$n(\rho) = n_2 + (n_1 - n_2)[s(\rho + \rho_K) - s(\rho - \rho_K)] \qquad (4.187)$$

$$n^2(\rho) = n_2^2 + \left(n_1^2 - n_2^2\right)[s(\rho + \rho_K) - s(\rho - \rho_K)] \qquad (4.188)$$

Aus 2.148 folgt der Gradient des Brechzahlquadrates

$$grad\; n^2(\rho) = \frac{\partial n^2(\rho)}{\partial \rho}\vec{e}_\rho = \left\{\left(n_1^2 - n_2^2\right)[\delta(\rho + \rho_K) - \delta(\rho - \rho_K)]\right\}\vec{e}_\rho \qquad (4.189)$$

$\delta(\rho + \rho_K)$ und $\delta(\rho - \rho_K)$ sind Dirac-Stöße an den Stellen $\pm\rho_K$.

Die rechte Seite von 4.183 verschwindet für

$$grad\; n^2(\rho) = 0 . \qquad (4.190)$$

Die Bedingung 4.190 ist im Beispiel 4.8 nur sinnvoll zu realisieren mit $n_1 = n_2$, wie aus 4.189 ersichtlich ist. Damit kann die Schlussfolgerung gezogen werden, dass die vektorielle Helmholtz-Gleichung auf den Stufenprofil-LWL, getrennt für Kern und Mantel wegen der dort konstanten Brechzahlen, verwendet werden darf. An der Kern-Mantel-Grenzfläche müssen dann die Lösungen für Kern und Mantel mit Hilfe der Grenzschichtbedingungen, z.B. 2.193 aneinander angepasst werden.

Skalare Helmholtz-Gleichung. Der eben beschriebene Weg zur Ermittlung der Feldverteilung in einem LWL ist wegen des hohen Kompliziertheitsgrades des vektoriellen Laplace-Operators in Zylinderkoordinaten sehr mühselig. Wie man aus 4.185 erkennt, ist die z-Komponente mit den anderen Feldkomponenten nicht gekoppelt. Daher lässt sich die so genannte skalare Helmholtz-Gleichung für die z-Komponente abspalten. Sie lautet in Zylinderkoordinaten:

$$\frac{\partial^2 E_z}{\partial \rho^2}+\frac{1}{\rho}\frac{\partial E_z}{\partial \rho}+\frac{1}{\rho^2}\frac{\partial^2 E_z}{\partial \alpha^2}+\frac{\partial^2 E_z}{\partial z^2}+n^2 k_0^2 E_z=0\,. \tag{4.191}$$

Für die magnetische Feldstärke $\vec{H}$ und deren Komponente H_z lassen sich zu 4.185 und 4.191 analoge Gleichungen angeben.

Lösungsansätze. Als Lösungsansatz für 4.184 und 4.191 wählen wir eine monochromatische lokal ebene Welle der komplexen vektoriellen Amplituden des elektromagnetischen Feldes

$$\vec{E}(\rho,\alpha,z)=\vec{E}(\rho,\alpha)\exp(-j\beta z), \tag{4.192}$$

$$\vec{H}(\rho,\alpha,z)=\vec{H}(\rho,\alpha)\exp(-j\beta z), \tag{4.193}$$

wobei β die Phasenkonstante für die Ausbreitung der Welle in positive z-Richtung ist [4.10].
Das Feld wird nun in den transversalen und longitudinalen Anteil zerlegt:

$$\vec{E}(\rho,\alpha)=\vec{E}_t(\rho,\alpha)+E_z(\rho,\alpha)\vec{e}_z \tag{4.194}$$

$$\vec{H}(\rho,\alpha)=\vec{H}_t(\rho,\alpha)+H_z(\rho,\alpha)\vec{e}_z \tag{4.195}$$

$\vec{E}_t$ und $\vec{H}_t$ bilden die transversalen und E_z, H_z die longitudinalen Komponenten. Damit geht 4.191 über in

$$\frac{\partial^2 E_z(\rho,\alpha)}{\partial \rho^2}+\frac{1}{\rho}\frac{\partial E_z(\rho,\alpha)}{\partial \rho}+\frac{1}{\rho^2}\frac{\partial^2 E_z(\rho,\alpha)}{\partial \alpha^2}+\left(n^2k_0^2-\beta^2\right)E_z(\rho,\alpha)=0\,. \tag{4.196}$$

Aus Symmetriegründen können die Longitudinalkomponenten im runden Stufenprofil-LWL in Fourier-Reihen entwickelt werden [4.10]:

$$E_z(\rho,\alpha)=\sum_{\nu=0}^{\infty}F_\nu(\rho)\cos(\nu\alpha)+F'_\nu(\rho)\sin(\nu\alpha) \tag{4.197}$$

$$H_z(\rho,\alpha)=\sum_{\nu=0}^{\infty}G_\nu(\rho)\cos(\nu\alpha)+G'_\nu(\rho)\sin(\nu\alpha) \tag{4.198}$$

Der Index ν ist ganzzahlig und $F_\nu(\rho)$, $G_\nu(\rho)$ bzw. $F'_\nu(\rho)$, $G'_\nu(\rho)$ stellen den geraden bzw. ungeraden Anteil der transversalen Feldverteilung dar [4.10]. Setzt man 4.197 in 4.196 ein, entsteht z.B. für $F_\nu(\rho)$ die Besselsche Differentialgleichung

$$\frac{d^2F_\nu(\rho)}{d\rho^2}+\frac{1}{\rho}\frac{dF_\nu(\rho)}{d\rho}+\left(k_{tr}^2-\frac{\nu^2}{\rho^2}\right)F_\nu(\rho)=0\,. \tag{4.199}$$

In 4.199 bedeutet k_{tr} die transversale Wellenzahl, entsprechend

$$k_{tr}^2 = n^2 k_0^2 - \beta^2 . \tag{4.200}$$

Die Lösungen der Besselschen Differentialgleichung für den Stufenprofil-LWL werden im Unterabschnitt 4.3.2.2 besprochen.

Für eine lokal ebene Welle lassen sich die z-Komponenten der elektrischen und magnetischen Feldstärke als erzeugende Komponenten für die transversalen Feldstärkeanteile auffassen. Aus den Maxwell-Gleichungen folgt in Übereinstimmung mit [4.10]:

$$\vec{E}_t = \frac{-j}{k_{tr}^2}\left(\beta\, grad_t\, E_z + \omega\mu_0\, grad\, H_z \times \vec{e}_z\right), \tag{4.201}$$

$$\vec{H}_t = \frac{-j}{k_{tr}^2}\left(\beta\, grad_t\, H_z - \omega\varepsilon_0 n^2\, grad\, E_z \times \vec{e}_z\right). \tag{4.202}$$

Der transversale Gradientenoperator lautet dabei z.B. in Zylinderkoordinaten:

$$grad_t \circ = \vec{e}_\rho \frac{\partial \circ}{\partial \rho} + \vec{e}_\alpha \frac{1}{\rho}\frac{\partial \circ}{\partial \alpha} . \tag{4.203}$$

4.3.2.2 Feldverteilungen im Stufenprofil-LWL

Lösungen für die Besselsche Differentialgleichung. Unter Berücksichtigung der Tatsache, dass sich das Feld aus energetischen Gründen mit zunehmendem Radius ρ in seiner Feldstärke verringert und bei $\rho = 0$ einen endlichen Wert annehmen muss, kommen als Lösungen für den Kern nur die Bessel-Funktionen J_ν und für den Mantel des LWL nur die modifizierten Hankel-Funktionen K_ν in Frage. Zur Darstellung dieser Lösungen führen wir die modalen Parameter U und W sowie den normierten Radius $R = \rho / \rho_K$ ein.

$$U = \rho_K \sqrt{n_1^2 k_0^2 - \beta^2}\ , \quad W = \rho_K \sqrt{\beta^2 - n_2^2 k_0^2} \tag{4.204}$$

Die Bessel-Funktionen $J_\nu(UR)$ lassen sich durch die Potenzreihe

$$J_\nu(UR) = \sum_{m=0}^{\infty} (-1)^m \frac{1}{m!(m+\nu)!}\left(\frac{UR}{2}\right)^{\nu+2m} \tag{4.205}$$

beschreiben [4.11]. Damit gilt für die Bessel-Funktionen nullter und erster Ordnung:

$$J_0(UR) \approx 1 - \frac{(UR)^2}{4} + \frac{(UR)^4}{64} - \frac{(UR)^6}{2304}, \tag{4.206}$$

$$J_1(UR) \approx \frac{UR}{2} - \frac{(UR)^3}{16} + \frac{(UR)^5}{384} - \frac{(UR)^7}{18432}. \tag{4.207}$$

$J_0(UR)$ und $J_1(UR)$ sind im Bild 4-15a dargestellt.

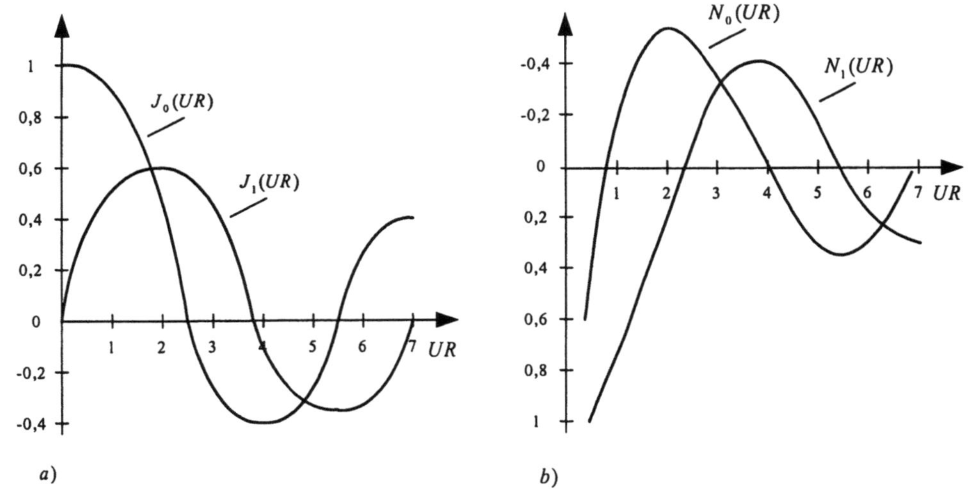

Bild 4-15 Ausgewählte Lösungen der Besselschen Differentialgleichung
a) Bessel-Funktionen $J_0(UR)$ und $J_1(UR)$
b) Neumann-Funktionen $N_0(UR)$ und $N_1(UR)$

Zur Ermittlung der modifizierten Hankel-Funktionen K_0 und K_1 werden als weitere Lösungen der Differentialgleichung 4.199 die Neumann-Funktionen nullter und erster Ordnung N_0 und N_1 benötigt. Für N_0 und N_1 gelten folgende Näherungen [4.12]:

$$N_0(UR) \approx \frac{2}{\pi} \ln\left(\frac{|UR|}{2} + C\right), \quad 0 \leq UR << 1. \tag{4.208}$$

Die Eulersche Konstante ist gegeben durch

$$C = 0{,}577216. \tag{4.209}$$

$$N_0(UR) \approx \sqrt{\frac{2}{\pi UR}} \sin\left(UR - \frac{\pi}{4}\right), \quad UR >> 1 \tag{4.210}$$

$$N_1(UR) \approx -\frac{2}{\pi}\frac{1}{UR}, \quad 0 \leq UR << 1 \tag{4.211}$$

$$N_1(UR) \approx \sqrt{\frac{2}{\pi UR}} \sin\left(UR - \frac{3}{4}\pi\right), \quad UR >> 1 \tag{4.212}$$

Die Funktionen N_0 und N_1 sind im Bild 4-15b dargestellt. Ebenso lassen sich für die Bessel-Funktionen Näherungen angeben [4.12]:

$$J_0(UR) \approx 1 - \frac{(UR)^2}{4}, \quad 0 \leq UR << 1 \tag{4.213}$$

$$J_0(UR) \approx \sqrt{\frac{2}{\pi UR}} \cos\left(UR - \frac{\pi}{4}\right), \; UR >> 1 \tag{4.214}$$

$$J_1(UR) \approx \frac{UR}{2}, \; 0 \le UR << 1 \tag{4.215}$$

$$J_1(UR) \approx \sqrt{\frac{2}{\pi UR}} \cos\left(UR - \frac{3}{4}\pi\right), \; UR >> 1 \tag{4.216}$$

Für die modifizierte Hankel-Funktion nullter und erster Ordnung $K_0(WR)$ und $K_1(WR)$ kann man die Darstellungen

$$K_0(WR) = -j\frac{\pi}{2}\left[J_0(-jWR) - jN_0(-jWR)\right], \tag{4.217}$$

$$K_1(WR) = -\frac{\pi}{2}\left[J_1(-jWR) - jN_1(-jWR)\right] \tag{4.218}$$

zur Beschreibung von Feldverläufen im Mantel des Stufenprofil-LWL verwenden [4.7]. Mit Hilfe der Näherungen 4.108 bis 4.116 erhält man bei Anwendung der Substitution $UR \to -jWR$ die groben Abschätzungen:

$$K_0(WR) \approx -\left[\ln\left(\frac{WR}{2}\right) + C\right], \; 0 \le WR << 1 \tag{4.219}$$

$$K_0(WR) \approx \sqrt{\frac{\pi}{2WR}} \exp(-WR), \; WR >> 1 \tag{4.220}$$

$$K_1(WR) = \frac{1}{WR}, \; 0 \le WR << 1 \tag{4.221}$$

$$K_1(WR) \approx \sqrt{\frac{\pi}{2WR}} \exp(-WR), \; WR >> 1 \tag{4.222}$$

Die Funktionsverläufe der modifizierten Hankel-Funktionen sind im Bild 4-16 zu finden.

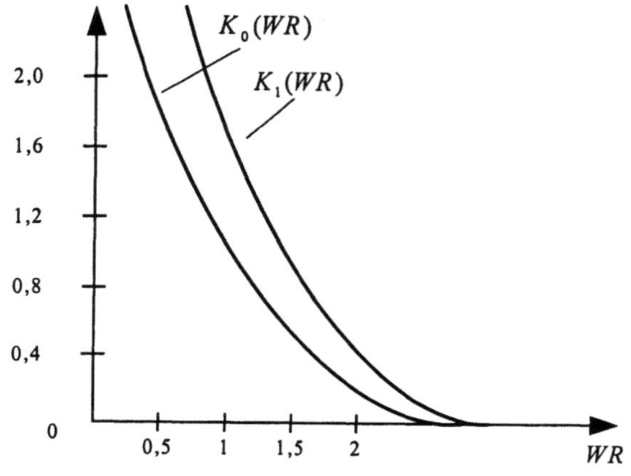

Bild 4-16 Modifizierte Hankel-Funktionen $K_0(WR)$ und $K_1(WR)$

Longitudinalkomponenten im Stufenprofil-LWL. Die Lösungen für die z-Komponenten für den Feldverlauf im Kern $(0 \le R \le 1)$ und Mantel $(R \ge 1)$ erfüllen 4.196 und lauten unter Berücksichtigung von 4.197 und 4.198 sowie den Lösungen von 4.199:

$$E_z(R,\alpha) = \sum_{\nu} A_\nu J_\nu(UR)\cos(\nu\alpha),\ 0 \le R \le 1 \tag{4.223}$$

$$H_z(R,\alpha) = \sum_{\nu} B_\nu J_\nu(UR)\sin(\nu\alpha),\ 0 \le R \le 1 \tag{4.224}$$

$$E_z(R,\alpha) = \sum_{\nu} C_\nu K_\nu(WR)\cos(\nu\alpha),\ R \ge 1 \tag{4.225}$$

$$H_z(R,\alpha) = \sum_{\nu} D_\nu K_\nu(WR)\sin(\nu\alpha),\ R \ge 1 \tag{4.226}$$

Die Bedingungen an die Konstanten A_ν, B_ν, C_ν und D_ν werden im Unterabschnitt 4.3.2.3 formuliert.

4.3.2.3 Eigenwertgleichungen, Modendiagramm und Einwelligkeitsbedingung

Transversalmagnetische Moden. Moden sind im LWL geführte Wellen. Die transversalmagnetischen wie auch die transversalelektrischen Moden besitzen keine z-Komponenten. Aus 4.223 bis 4.226 ergeben sich für $\nu = 0$ die transversalmagnetischen Moden mit dem Feldverlauf der z-Komponente der elektrischen Feldstärke gemäß

$$E_z(R,\alpha) = E_z(R) = A_0 J_0(UR),\ 0 \le R \le 1 \tag{4.227}$$

$$E_z(R,\alpha) = E_z(R) = C_0 K_0(WR),\ R \ge 1. \tag{4.228}$$

Die Feldstärke $E_z(R)$ erzeugt entsprechend 4.201 und 4.202 die Transversalkomponenten der elektrischen und magnetischen Feldstärke $\vec{E}_t$ und $\vec{H}_t$ für die Bereiche $0 \le R \le 1$ und $R \ge 1$. Mit $H_z = 0$ gilt

$$\vec{E}_{t_1} = -\frac{j\beta}{\rho_K k_{tr_1}^2} A_0 U J_0'(UR)\vec{e}_\rho,\ 0 \le R \le 1, \tag{4.229}$$

$$\vec{E}_{t_2} = -\frac{j\beta}{\rho_K k_{tr_2}^2} C_0 W K_0'(WR)\vec{e}_\rho,\ R \ge 1. \tag{4.230}$$

Für die transversalen Wellenzahlen k_{tr_1} und k_{tr_2} im Kern und Mantel des LWL ergibt sich aus 4.200 und 4.204:

$$k_{tr_1}^2 = \frac{U^2}{\rho_K^2},\ k_{tr_2}^2 = -\frac{W^2}{\rho_K^2}. \tag{4.231}$$

Die Ableitungen $J_0'(UR)$ und $K_0'(WR)$ lassen sich in der Form

$$J_0'(UR) = -J_1(UR),\ K_0'(WR) = -K_1(WR) \tag{4.232}$$

darstellen. Mit 4.231 und 4.232 erhält man für die transversalen elektrischen Feldstärken $\vec{E}_{t_1}$ und $\vec{E}_{t_2}$ im Kern und Mantel des Stufenprofil-LWL:

$$\vec{E}_{t_1} = \frac{j\beta\rho_K}{U} A_0 J_1(UR)\vec{e}_\rho\,,\; 0 \le R \le 1\,, \tag{4.233}$$

$$\vec{E}_{t_2} = -\frac{j\beta\rho_K}{W} C_0 K_1(WR)\vec{e}_\rho\,,\; R \ge 1\,. \tag{4.234}$$

Die transversalen magnetischen Feldstärken für Kern und Mantel lauten:

$$\vec{H}_{t_1} = \frac{j\omega\varepsilon_0 n_1^2 \rho_K}{U} A_0 J_1(UR)\vec{e}_\alpha\,,\; 0 \le R \le 1\,, \tag{4.235}$$

$$\vec{H}_{t_2} = -\frac{j\omega\varepsilon_0 n_2^2 \rho_K}{W} C_0 K_1(WR)\vec{e}_\alpha\,,\; R \ge 1\,. \tag{4.236}$$

Eigenwertgleichung für die transversalmagnetischen Moden. Aus den Stetigkeitsbedingungen an der Kern-Mantel-Grenzfläche bei $R = 1$, d.h.

$$E_{z_1} = E_{z_2} \text{ und } \vec{H}_{t_1} = \vec{H}_{t_2} \tag{4.237}$$

ergibt sich das homogene Gleichungssystem zur Bestimmung einer der beiden Konstanten A_0 oder C_0:

$$\begin{pmatrix} J_0(U) & -K_0(W) \\ \frac{n_1^2}{U} J_1(U) & \frac{n_2^2}{W} K_1(W) \end{pmatrix} \begin{pmatrix} A_0 \\ C_0 \end{pmatrix} = \begin{pmatrix} 0 \\ 0 \end{pmatrix} \tag{4.238}$$

Die andere Konstante wird durch die Anregung des jeweiligen Modes festgelegt. Weil das homogene Gleichungssystem 4.238 nur nichttriviale Lösungen besitzt, wenn die Koeffizientendeterminante verschwindet, gilt als Eigenwertgleichung für die transversalen Moden

$$\frac{n_1^2 J_1(U)}{U J_0(U)} + \frac{n_2^2 K_1(W)}{W K_0(W)} = 0\,. \tag{4.239}$$

Bei schwachführenden LWL mit $n_1 \approx n_2$ folgt daraus:

$$\frac{J_1(U)}{U J_0(U)} + \frac{K_1(W)}{W K_0(W)} = 0\,. \tag{4.240}$$

Modendiagramm: Die Lösungen von 4.240 stellt man im Modendiagramm dar [4.7]. Bild 4-17 zeigt einen Ausschnitt daraus für die so genannte TM_{01} - Welle (*TM* für transversalmagnetisch) und den noch abzuleitenden HE_{01} - Mode als Grundwelle (*H* für magnetisch und *E* für elektrisch bei jeweils nicht verschwindenden z-Komponenten).

Den Funktionsverlauf für den TM_{01} - Mode erhält man näherungsweise aus 4.240 wie folgt:

Man kann die Besselfunktionen im Bild 4-15 für $R = 1$ als Funktion von U und die Hankel-Funktionen nach Bild 4-16 als Funktion von W auffassen. Da $K_0(W)$ und $K_1(W)$ beide positiv sind, muss nach 4.240 das Verhältnis von $J_1(U)/J_0(U)$ negativ sein. Das ist erstmals für $2{,}405 \le U \le 3{,}832$ nach Bild 4-15 der Fall. Dieser Bereich von U kennzeichnet den Existenzbereich des TM_{01} - Modes. An der unteren Grenze des Existenzbereiches sind wegen der Nullstelle von $J_0(U)$ große Werte von $J_1(U)/J_0(U)$ zu erwarten. Da sich nach Bild 4-16 und 4.219 sowie 4.221 für $K_0(W)$ und $K_1(W)$ im Bereich $0 < W << 1$ große Werte ergeben, die sich durch das Verhältnis $K_1(W)/K_0(W)$ in der Eigenwertgleichung etwa kompensieren, müssen sich nach 4.240 Werte $W \ll 1$ einstellen. An der oberen Grenze des Existenzbereiches stellen sich für $J_1(U)/J_0(U)$ wegen der Nullstelle von $J_1(U)$ kleine Werte ein. Für W folgen aus 4.240 in Übereinstimmung mit 4.220 und 4.222 große Werte.

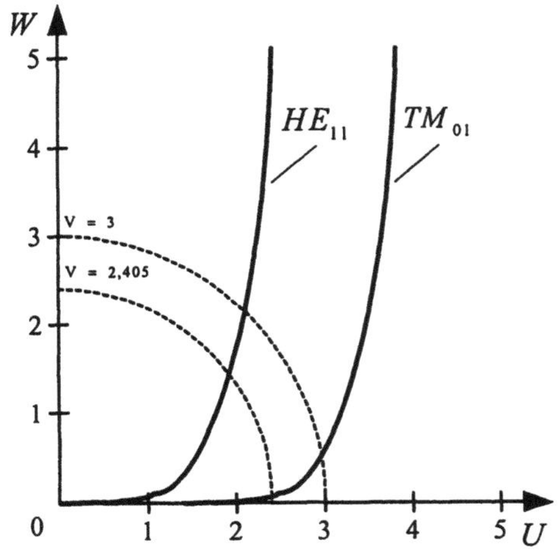

Bild 4-17 Modendiagramm für die TM_{01}- und HE_{01}-Welle bei schwachführenden LWL

Hybridmoden. Für $\upsilon = 1$ erhält man aus 4.223 bis 4.226 die z-Komponenten der elektrischen und magnetischen Feldstärke entsprechend 4.241 bis 4.244.

$$E_{z_1}(R,\alpha) = A_1 J_1(UR)\cos\alpha\,,\quad 0 \le R \le 1 \tag{4.241}$$

$$H_{z_1}(R,\alpha) = B_1 J_1(UR)\sin\alpha\,,\quad 0 \le R \le 1 \tag{4.242}$$

$$E_{z_2}(R,\alpha) = C_1 K_1(WR)\cos\alpha\,,\quad R \ge 1 \tag{4.243}$$

$$H_{z_2}(R,\alpha) = D_1 K_1(WR)\sin\alpha\,,\quad R \ge 1 \tag{4.244}$$

Die Feldanteile E_{z_1}, H_{z_1}, E_{z_2} und H_{z_2} *erzeugen* gemäß 4.201 und 4.202, die folgenden transversalen Feldstärken im Kern (1) und Mantel (2) des Stufenprofil-LWL:

$$\vec{E}_{t_1}(R,\alpha) = \left(-\frac{j\beta}{\rho_K k_{tr_1}^2} A_1 U J_1'(UR)\cos\alpha - \frac{j\omega\mu_0}{\rho\, k_{tr_1}^2} B_1 J_1(UR)\cos\alpha \right)\vec{e}_\rho$$

$$+ \left(\frac{j\beta}{\rho\, k_{tr_1}^2} A_1 J_1(UR)\sin\alpha + \frac{j\omega\mu_0}{\rho_K k_{tr_1}^2} B_1 U J_1'(UR)\sin\alpha \right)\vec{e}_\alpha\,, \tag{4.245}$$

$$\vec{E}_{t_2}(R,\alpha)=\left(-\frac{j\beta}{\rho_K k_{tr_2}^2}C_1 W K_1'(WR)\cos\alpha-\frac{j\omega\mu_0}{\rho\, k_{tr_2}^2}D_1 K_1(WR)\cos\alpha\right)\vec{e}_\rho$$

$$+\left(\frac{j\beta}{\rho\, k_{tr_2}^2}C_1 K_1(WR)\sin\alpha+\frac{j\omega\mu_0}{\rho_K k_{tr_2}^2}D_1 W K_1'(WR)\sin\alpha\right)\vec{e}_\alpha\,, \tag{4.246}$$

$$\vec{H}_{t_1}(R,\alpha)=\left(-\frac{j\beta}{\rho_K k_{tr_1}^2}B_1 U J_1'(UR)\sin\alpha-\frac{j\omega\varepsilon_0 n_1^2}{\rho\, k_{tr_1}^2}A_1 J_1(UR)\sin\alpha\right)\vec{e}_\rho$$

$$-\left(\frac{j\beta}{\rho\, k_{tr_1}^2}B_1 J_1(UR)\cos\alpha+\frac{j\omega\varepsilon_0 n_1^2}{\rho_K k_{tr_1}^2}A_1 U J_1'(UR)\cos\alpha\right)\vec{e}_\alpha\,, \tag{4.247}$$

$$\vec{H}_{t_2}(R,\alpha)=\left(\frac{j\beta}{\rho_K k_{tr_2}^2}D_1 W K_1'(WR)\sin\alpha-\frac{j\omega\varepsilon_0 n_2^2}{\rho\, k_{tr_2}^2}C_1 K_1(WR)\sin\alpha\right)\vec{e}_\rho$$

$$-\left(\frac{j\beta}{\rho\, k_{tr_2}^2}D_1 K_1(WR)\cos\alpha+\frac{j\omega\varepsilon_0 n_2^2}{\rho_K k_{tr_2}^2}C_1 W K_1'(WR)\cos\alpha\right)\vec{e}_\alpha\,. \tag{4.248}$$

Aus den Stetigkeitsbedingungen für die z- und α-Komponenten an der Kern-Mantel-Grenzfläche, d.h. bei $R = 1$, folgt das homogene Gleichungssystem 4.249 zur Bestimmung der Konstanten A_1, B_1, C_1 und D_1 in Abhängigkeit voneinander.

$$\begin{pmatrix} J_1(U) & 0 & -K_1(W) & 0 \\ 0 & J_1(U) & 0 & -K_1(W) \\ \frac{\beta}{U^2}J_1(U) & \frac{\omega\mu_0}{U}J_1'(U) & \frac{\beta}{W^2}K_1(W) & \frac{\omega\mu_0}{W}K_1'(W) \\ \frac{\omega\varepsilon_0 n_1^2}{U}J_1'(U) & \frac{\beta}{U^2}J_1(U) & \frac{\omega\varepsilon_0 n_2^2}{W}K_1'(W) & \frac{\beta}{W^2}K_1(W) \end{pmatrix}\begin{pmatrix} A_1 \\ B_1 \\ C_1 \\ D_1 \end{pmatrix}=\begin{pmatrix} 0 \\ 0 \\ 0 \\ 0 \end{pmatrix} \tag{4.249}$$

Eigenwertgleichung für die Hybridmoden. Die Bedingung der verschwindenden Koeffizientendeterminante für nichttriviale Lösungen von 4.249 führt auf die Eigenwertgleichung

$$\left[\frac{J_1'(U)}{UJ_1(U)}+\frac{K_1'(W)}{WK_1(W)}\right]\left[\frac{k_0^2 n_1^2 J_1'(U)}{UJ_1(U)}+\frac{k_0^2 n_2^2 K_1'(W)}{WK_1(W)}\right]=\beta^2\left(\frac{1}{U^2}+\frac{1}{W^2}\right). \tag{4.250}$$

Bei schwachführenden LWL mit $n_1 \approx n_2$ ergibt sich bei Berücksichtigung von 4.204:

$$\frac{J_1'(U)}{UJ_1(U)}\approx-\frac{K_1'(W)}{WK_1(W)}\,. \tag{4.251}$$

Mit

$$J_1'(U)=J_0(U)-\frac{1}{U}J_1(U) \tag{4.252}$$

$$K_1'(W) = -K_0(W) - \frac{1}{W}K_1(W) \tag{4.253}$$

erhält man schließlich die Eigenwertgleichung :

$$\frac{J_0(U)}{UJ_1(U)} \approx \frac{K_0(W)}{WK_1(W)}. \tag{4.254}$$

Für $0 \leq U \leq 2{,}405$ lassen sich erstmals entsprechende W-Werte aus 4.254 finden. Das ist der Existenzbereich des HE_{11}- Modes bzw. der Grundwelle im Stufenprofil-LWL. Im Modendiagramm nach Bild 4-17 ist die Kurve für den HE_{11}- Mode eingezeichnet.

Mit 4.107 und 4.204 ergibt sich der Zusammenhang:

$$U^2 + W^2 = V^2. \tag{4.255}$$

Aus 4.255 und Bild 4-17 folgen die U- und W-Werte für die einzelnen Moden als Schnittpunkte der Kurven die man als Lösungen der Eigenwertgleichungen erhält, mit den Kreisen entsprechend 4.255 für ein vorgegebenes V des LWL.

Einwelligkeitsbedingung. Die Bedingung für den Monomode-Betrieb des Stufenprofil-LWL heißt Einwelligkeitsbedingung und lautet

$$0 < V < 2{,}405. \tag{4.256}$$

Für $V = 3$ wird der zweite Mode, die TM_{01}- Welle, mit angeregt. Dieser Fall ist deshalb praxisrelevant, weil damit im zweiten optischen Fenster neben der Materialdispersion auch die Wellenleiterdispersion verschwindet.

4.3.2.4 Gauß-Felder

Kartesische Transversalkomponenten des Grundmode. Zur Konstruktion des näherungsweise gaußförmigen Feldverlaufs in der Transversalebene für den Grundmode benötigt man die kartesischen Transversalkomponenten E_x und E_y im Kern (1) und Mantel (2) des LWL. Diese Feldanteile sind mit E_ρ und E_α wie folgt verknüpft:

$$\begin{pmatrix} E_x \\ E_y \end{pmatrix} = \begin{pmatrix} \cos\alpha & -\sin\alpha \\ \sin\alpha & \cos\alpha \end{pmatrix} \begin{pmatrix} E_\rho \\ E_\alpha \end{pmatrix}. \tag{4.257}$$

Mit

$$J_1'(UR) = J_0(UR) - \frac{1}{UR}J_1(UR) \tag{4.258}$$

und 4.245 sowie 4.257 folgt für die x-Komponente im Kern des LWL

$$E_{x_1} = -\frac{j\beta}{\rho_K k_{tr_1}^2} A_1 U J_0(UR)\cos^2\alpha + \frac{j\beta}{\rho_K k_{tr_1}^2}\frac{A_1}{R}J_1(UR)\cos^2\alpha$$

$$-\frac{j\omega\mu_0}{\rho\, k_{tr_1}^2} B_1 J_1(UR)\cos^2\alpha - \frac{j\omega\mu_0}{\rho_K k_{tr_1}^2} B_1 U J_0(UR)\sin^2\alpha$$

$$+\frac{j\omega\mu_0}{\rho_K k_{tr_1}^2}\frac{B_1}{R}J_1(UR)\sin^2\alpha-\frac{j\beta}{\rho k_{tr_1}^2}A_1J_1(UR)\sin^2\alpha\,. \tag{4.259}$$

Zur Ableitung des Zusammenhangs zwischen der Konstanten A_1 und B_1 gehen wir von 4.249 aus und eliminieren C_1 und D_1 mit

$$\begin{pmatrix}C_1\\D_1\end{pmatrix}=\frac{J_1(U)}{K_1(W)}\begin{pmatrix}1&0\\0&1\end{pmatrix}\begin{pmatrix}A_1\\B_1\end{pmatrix}. \tag{4.260}$$

Das reduzierte Gleichungssystem lautet dann

$$\begin{pmatrix}a_{11}&a_{12}\\a_{21}&a_{22}\end{pmatrix}\begin{pmatrix}A_1\\B_1\end{pmatrix}=\begin{pmatrix}0\\0\end{pmatrix} \tag{4.261}$$

mit

$$a_{11}=a_{22}=\beta\left(\frac{1}{U^2}+\frac{1}{W^2}\right)J_1(U), \tag{4.262}$$

$$a_{12}=\omega\mu_0\left(\frac{J_1'(U)}{U}+\frac{J_1(U)}{W}\frac{K_1'(W)}{K_1(W)}\right), \tag{4.263}$$

$$a_{21}=\omega\varepsilon_0 n_1^2\left(\frac{J_1'(U)}{U}+\frac{J_1(U)}{W}\frac{K_1'(W)}{K_1(W)}\right). \tag{4.264}$$

In 4.264 wurde die Bedingung $n_1\approx n_2$ für schwache Führung im LWL verwendet. Damit gilt weiterhin

$$n_1k_0\approx\beta\approx n_2k_0>>k_{tr}\,, \tag{4.265}$$

$$k_0=\frac{\omega}{c}=\omega\sqrt{\mu_0\varepsilon_0}\,. \tag{4.266}$$

Unter Berücksichtigung einer verschwindenden Koeffizientendeterminante für nichttriviale Lösungen von 4.261, d.h.

$$a_{11}a_{22}-a_{12}a_{21}=0\,, \tag{4.267}$$

sowie Multiplikation der Gleichungen 4.261 folgt

$$B_1\approx\pm n_1\sqrt{\frac{\varepsilon_0}{\mu_0}}A_1=\pm\frac{n_1}{Z_0}A_1\,. \tag{4.268}$$

Das obere Vorzeichen gilt für die HE-Moden und das untere für die hier nicht behandelten EH-Moden [4.7]. Mit 4.265, 4.266 und 4.268 erhält man

$$\beta A_1\approx n_1\omega\sqrt{\mu_0\varepsilon_0}A_1 \tag{4.269}$$

und

$$\omega\mu_0B_1\approx\omega\mu_0n_1\sqrt{\frac{\varepsilon_0}{\mu_0}}A_1=n_1\omega\sqrt{\mu_0\varepsilon_0}A_1\,. \tag{4.270}$$

Setzt man die Ergebnisse von 4.269 und 4.270 in 4.259 ein, so kompensieren sich der zweite und dritte Summand sowie der fünfte und sechste Feldanteil, wenn noch für $R = \frac{\rho}{\rho_K}$ geschrieben wird. Mit $k_{tr_1}^2 = U^2 / \rho_K^2$ erhält man das einfache Resultat

$$E_{x_1} \approx \tilde{A}_1 J_0(UR), \quad 0 \le R \le 1. \tag{4.271}$$

$$\tilde{A}_1 = -j \frac{\omega n_1 \rho_K}{cU} A_1 \tag{4.272}$$

Mit

$$K_1'(WR) = -K_0(WR) - \frac{1}{WR} K_1(WR) \tag{4.273}$$

und 4.246 sowie 4.257 ergibt sich für die x-Komponente der elektrischen Feldstärke im Mantel des LWL die Darstellung

$$\begin{aligned} E_{x_2} = & \frac{j\beta}{\rho_K k_{tr_2}^2} C_1 W K_0(WR) \cos^2\alpha + \frac{j\beta}{\rho_K k_{tr_2}^2} \frac{C_1}{R} K_1(WR) \cos^2\alpha \\ & - \frac{j\omega\mu_0}{\rho\, k_{tr_2}^2} D_1 K_1(WR) \cos^2\alpha - \frac{j\omega\mu_0}{\rho\, k_{tr_2}^2} C_1 K_1(WR) \sin^2\alpha \\ & + \frac{j\beta}{\rho_K k_{tr_2}^2} C_1 W K_0(WR) \sin^2\alpha + \frac{j\omega\mu_0}{\rho_K k_{tr_0}^2} \frac{D_1}{R} K_1(WR) \sin^2\alpha . \end{aligned} \tag{4.274}$$

Weiterhin folgt aus 4.274 mit 4.260, 4.268 sowie $k_{tr_2}^2 = -W^2 / \rho_K^2$ und 4.272:

$$E_{x_2} \approx \tilde{A}_1 \frac{U}{W} \frac{J_1(U)}{K_1(W)} K_0(WR). \tag{4.275}$$

Unter Berücksichtigung von 4.254 erzielt man aus 4.275 für den Feldverlauf der x-Komponente im Mantel des LWL das Ergebnis

$$E_{x_2} \approx \tilde{A}_1 \frac{J_0(U)}{K_0(W)} K_0(WR), \quad R \ge 1. \tag{4.276}$$

Auf analogem Wege ergibt sich für die y-Komponente im Kern und Mantel des Stufenprofil-LWL

$$E_{y_1} \approx 0, \quad 0 \le R \le 1, \tag{4.277}$$

$$E_{y_2} \approx 0, \quad R \ge 1. \tag{4.278}$$

Gauß-Feldnäherung für den Grundmode. Das Gesamtfeld für den Grundmode setzt sich aus den z-Komponenten E_{z_1} und E_{z_2} sowie 4.271 und 4.276 zusammen. Die z-Komponenten sind jedoch häufig vernachlässigbar klein, so dass das Feld näherungsweise transversalen Charakter besitzt. Außerdem ist es linear polarisiert und man spricht deshalb beim Grundmode auch von der LP_{01} - Welle (*LP* für linear polarisiert). Die Güte dieser Näherung erkennt man, wenn der Betrag von $\tilde{A}_1$ gegenüber dem Betrag von A_1 abgeschätzt wird.

Beispiel 4.9: Abschätzung von $|\widetilde{A}_1|/|A_1|$

Aus 4.272 folgt

$$\frac{|\widetilde{A}_1|}{|A_1|} = \frac{\omega\, n_1 \rho_K}{cU}. \tag{4.279}$$

Mit $\omega \approx 4\pi \cdot 10^{14}\,\mathrm{s}^{-1}$, $n_1 \approx 1{,}5$, $\rho_K \approx 5\,\mu\mathrm{m}$, $c \approx 3 \cdot 10^8\,\mathrm{m/s}$, $U \approx 2$ ergibt sich

$$\frac{|\widetilde{A}_1|}{|A_1|} \approx 15{,}7\,. \tag{4.280}$$

□

Zur Ermittlung der Gauß-Feldnäherung stellen wir das Transversalfeld in folgender Form dar:

$$\psi_1(R) = \frac{E_{x_1}}{\widetilde{A}_1} \approx J_0(UR),\ 0 \le R \le 1 \tag{4.281}$$

$$\psi_2(R) = \frac{E_{x_2}}{\widetilde{A}_1} \approx \frac{J_0(U)}{K_0(W)} K_0(WR),\ R \ge 1 \tag{4.282}$$

Es wird nun behauptet, dass sich das Feld nach 4.281 und 4.282 geschlossen mit Hilfe der Gauß-Funktion

$$\psi(R) = \exp\left[-\left(\frac{\rho_K R}{w_0}\right)^2\right],\ 0 \le R \le \infty \tag{4.283}$$

beschreiben lässt. In 4.283 ist w_0 der so genannte Modenfeldradius. Das sieht man wie folgt ein. Wir entwickeln $\psi_2(R)$ nach 4.282 an der Stelle $R = 1$ in eine Taylor-Reihe und brechen diese Reihe nach dem linearen Glied ab. Außerdem werden folgende Näherungen verwendet:

$$J_0(U) \approx 1 - \frac{U^2}{4}, \tag{4.284}$$

$$K_0(W) \approx \sqrt{\frac{\pi}{2W}} \exp(-W), \tag{4.285}$$

$$K_0(WR) \approx \sqrt{\frac{\pi}{2WR}} \exp(-WR). \tag{4.286}$$

Damit nimmt $\psi_2(R)$ die Form

$$\psi_2(R) \approx \left(1 - \frac{U^2}{4}\right)\left[1 - \left(\frac{1}{2} + W\right)(R-1)\right] \tag{4.287}$$

an. Die Gauß-Funktion wird ebenfalls an der Stelle $R = 1$ in eine Taylor-Reihe entwickelt und nach dem linearen Glied abgebrochen. Das ergibt

$$\psi(R) \approx \exp\left[-\left(\frac{\rho_K}{w_0}\right)^2\right]\left[1-\frac{2\rho_K}{w_0}(R-1)\right]. \tag{4.288}$$

Durch Vergleich von 4.287 und 4.288 erhalten wir die Bedingungen

$$U^2 \approx 4\left(1-\exp\left[-\left(\frac{\rho_K}{w_0}\right)^2\right]\right), \tag{4.289}$$

$$W^2 \approx \left(\frac{2\rho_K}{w_0}\right)^2 - \frac{2\rho_K}{w_0} + \frac{1}{4}. \tag{4.290}$$

Verwendet man für die Exponentialfunktion die Näherung

$$\exp\left[-\left(\frac{\rho_K}{w_0}\right)^2\right] \approx 1-\left(\frac{\rho_K}{w_0}\right)^2, \tag{4.291}$$

so gilt

$$U^2 \approx 4\left(\frac{\rho_K}{w_0}\right)^2. \tag{4.292}$$

Mit 4.255, 4.290 und 4.292 erhalten wir die quadratische Gleichung

$$\left(\frac{\rho_K}{w_0}\right)^2 - \frac{1}{4}\left(\frac{\rho_K}{w_0}\right) + \frac{1}{32} - \frac{V^2}{8} \approx 0 \tag{4.293}$$

zur Bestimmung des Modenfeldradius w_0 aus der normierten Frequenz V und dem Kernradius ρ_K des Stufenprofil-LWL. Die physikalisch relevante Lösung von 4.293 ist

$$\frac{w_0}{\rho_K} \approx \frac{8}{1+\sqrt{8V^2-1}}. \tag{4.294}$$

Im Bild 4-18 ist der normierte Modenfeldradius über der normierten Frequenz dargestellt.

Aus Bild 4-18 und 4.283 erkennt man, dass sich das Feld mit steigenden V-Werten immer mehr im LWL-Kern konzentriert. Im Bild 4-19 sind die Feldverläufe nach 4.281, 4.282 und vergleichsweise die Gauß-Näherung 4.283 mit 4.294 für $V = 2{,}405$ gezeigt. Die U- und W-Werte müssen dabei für 4.281 und 4.282 aus dem Modendiagramm nach Bild 4-17 entnommen werden.

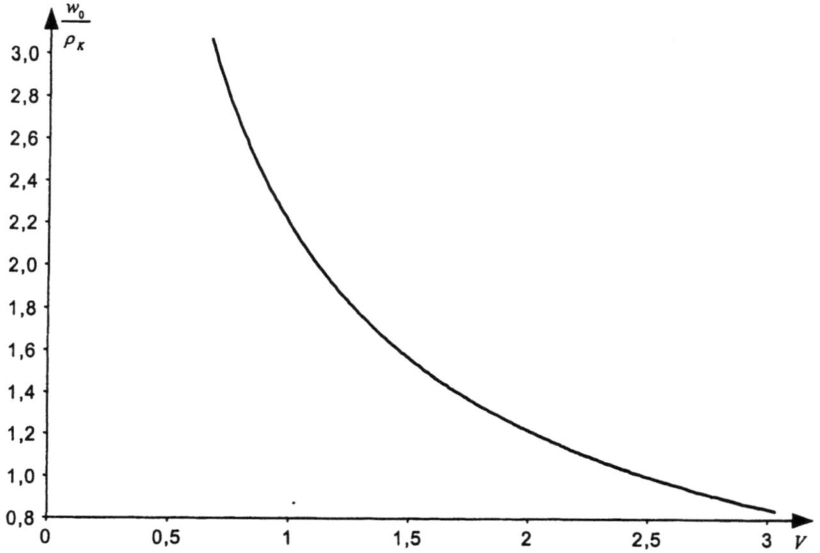

Bild 4-18 Normierter Modenfeldradius w_0 / ρ_K als Funktion der normierten Frequenz V

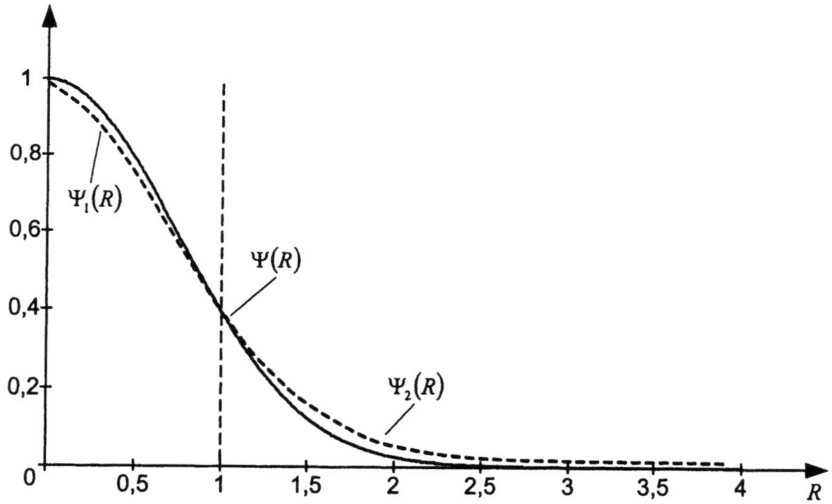

Bild 4-19 Vergleich zwischen den Feldverläufen nach 4.281, 4.282 und 4.283 für $V = 2{,}405$

Hankel-Transformation zwischen Nah- und Fernfeld. Die Darstellung nach Bild 4-19 entspricht dem Nahfeld z.B. auf der Endfläche des Stufenprofil-LWL. Das Fernfeld weitab vom Ausgang des LWL erhält man durch Hankel-Transformation des Nahfeldes $\psi(\rho)$. Zur Ableitung der Hankel-Transformation betrachten wir das Bild 4-20.

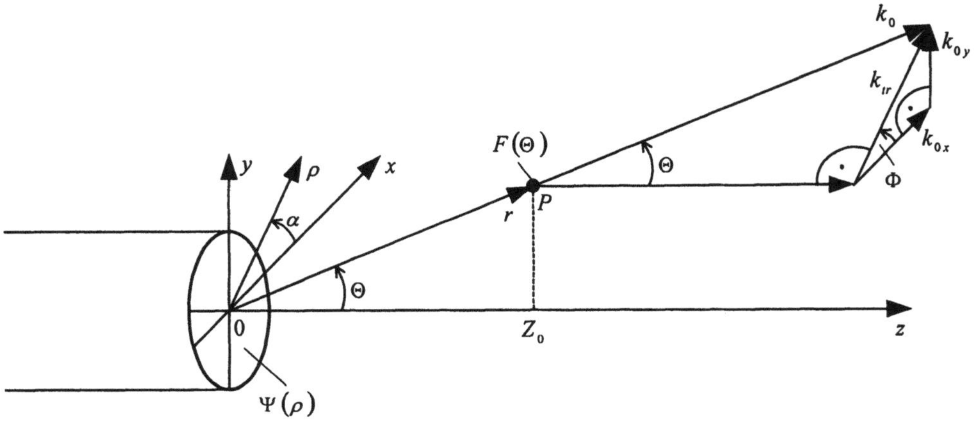

Bild 4-20 Zur Ableitung der Hankel-Transformation zwischen Nahfeld $\psi(\rho)$ und Fernfeld $F(\Theta)$

Aus Bild 4-20 entnimmt man:

$$\vec{\rho} = x\vec{e}_x + y\vec{e}_y\,,\; x = \rho\cos\alpha\,,\; y = \rho\sin\alpha \tag{4.295}$$

$$\vec{k}_{tr} = k_{0x}\vec{e}_x + k_{0y}\vec{e}_y\,,\; k_{0x} = k_0\sin\Theta\cos\phi\,,\; k_{0y} = k_0\sin\Theta\sin\phi \tag{4.296}$$

Für die Wellenzahl k_0 gilt $k_0 = \omega / c$. In 4.295 ist $\vec{\rho}$ der Ortsvektor in der Transversalebene am Ende des LWL und $\vec{k}_{tr}$ ist der transversale Wellenvektor im Punkt P mit den Wellenzahlen k_{0x} und k_{0y}. Der Zusammenhang zwischen dem Nahfeld $\psi(x,y)$ und dem Ortspektrum $\tilde{F}(k_{0x},k_{0y})$ kann zunächst durch die zweidimensionale Fourier-Transformation in der Form

$$\tilde{F}(k_{0x},k_{0y}) = \int_{-\infty}^{\infty}\int_{-\infty}^{\infty}\psi(x,y)\exp\left(-j\vec{k}_{tr}\cdot\vec{\rho}\right)dxdy \tag{4.297}$$

$$\psi(x,y) = \frac{1}{4\pi^2}\int_{-\infty}^{\infty}\int_{-\infty}^{\infty}\tilde{F}(k_{0x},k_{0y})\exp\left(j\vec{k}_{tr}\cdot\vec{\rho}\right)dk_{0x}dk_{0y} \tag{4.298}$$

beschrieben werden. Dabei wird die Übertragungsfunktion des optischen Systems zwischen $z = 0$ und dem Punkt P nach Bild 4-20 noch nicht berücksichtigt. Aus 4.297 folgt mit 4.295 und 4.296:

$$\tilde{F}(k_{0x},k_{0y}) = \int_{-\infty}^{\infty}\int_{-\infty}^{\infty}\psi(x,y)\exp\left[-j\left(k_{0x}x + k_{0y}y\right)\right]dxdy$$

$$= \int_0^\infty \int_0^{2\pi} \psi(\rho,\alpha)\rho \exp[-jk_0\rho \sin\Theta(\cos\phi\cos\alpha + \sin\phi\sin\alpha)]\,d\alpha\, d\rho \quad (4.299)$$

Mit den Additionstheorem

$$\cos(\alpha-\phi) = \cos\phi\cos\alpha + \sin\phi\sin\alpha \quad (4.300)$$

ergibt sich

$$\widetilde{F}(k_0\sin\Theta,\phi) = \int_0^\infty \int_0^{2\pi} \psi(\rho,\alpha)\exp[-jk_0\rho\sin\Theta\cos(\alpha - \phi)]\,d\alpha\, d\rho\,. \quad (4.301)$$

Setzt man nun für das Nahfeld Funktionen der Art

$$\psi(\rho,\alpha) = \exp(jn\alpha)\psi(\rho),\ (n \text{ ganzzahlig}) \quad (4.302)$$

voraus und substituiert in 4.301 mit

$$\alpha - \phi = \varphi - \frac{\pi}{2},\ \phi_0 = \frac{\pi}{2} - \phi, \quad (4.303)$$

erhält man

$$\widetilde{F}(k_0\sin\Theta,\phi) = \int_0^\infty \rho\psi(\rho) \int_{\phi_0}^{2\pi+\phi_0} \exp\left[jn\left(\phi - \frac{\pi}{2}\right) + j(n\varphi - k_0\rho\sin\Theta\sin\varphi)\right] d\varphi\, d\rho\,. \quad (4.304)$$

Mit der Darstellung der Bessel-Funktion n-ter Ordnung

$$J_n(k_0\rho\sin\Theta) = \frac{1}{2\pi}\int_{\phi_0}^{2\pi+\phi_0} \exp[j(n\varphi - k_0\rho\sin\Theta\sin\varphi)]\,d\varphi \quad (4.305)$$

geht 4.304 über in

$$\widetilde{F}(k_0\sin\Theta,\phi) = 2\pi\left[\exp jn\left(\phi - \frac{\pi}{2}\right)\right]\cdot \int_0^\infty \rho\psi(\rho)J_n(k_0\rho\sin\Theta)\,d\rho$$

$$= \exp\left[jn\left(\phi - \frac{\pi}{2}\right)\right]\widetilde{F}(k_0\sin\Theta)\,. \quad (4.306)$$

Das Feld $\widetilde{F}(k_0\sin\Theta)$ lässt sich mit der Hankel-Transformierten n-ter Ordnung $H_n\{\psi(\rho)\}$ des Nahfeldes $\psi(\rho)$ darstellen.

$$H_n\{\psi(\rho)\} = \int_0^\infty \rho\psi(\rho)J_n(k_0\rho\sin\Theta)\,d\rho \quad (4.307)$$

$$\widetilde{F}(k_0\sin\Theta) = 2\pi\, H_n\{\psi(\rho)\} \quad (4.308)$$

Führt man abschließend den Winkelmaßstab

$$\nu = k_0\sin\Theta = \frac{\omega}{c}\sin\Theta \quad (4.309)$$

ein, so ergibt sich $\widetilde{F}(\nu)$ aus dem Nahfeld $\psi(\rho)$ mit 4.310.

$$\tilde{F}(\nu) = 2\pi \int_0^\infty \rho\psi(\rho) J_n(\nu\rho) d\rho \tag{4.310}$$

Für die inverse Hankel-Transformation $H_n^{-1}\{\psi(\rho)\}$ gilt aus Reziprozitätsgründen [4.13]:

$$\exp(jn\alpha)\psi(\rho) = H_n^{-1}\{\tilde{F}(\nu)\}\frac{\exp(jn\alpha)}{2\pi} = \frac{\exp(jn\alpha)}{2\pi}\int_0^\infty \nu\,\tilde{F}(\nu) J_n(\nu\rho) d\nu . \tag{4.311}$$

$$\psi(\rho) = \frac{1}{2\pi}\int_0^\infty \nu\,\tilde{F}(\nu) J_n(\nu\rho) d\nu \tag{4.312}$$

Die Übertragungsfunktion des optischen Systems zwischen der Endfläche des LWL und der parallelen Ebene im Punkt P nach Bild 4-20 wird nun für große Abstände $r \approx Z_0$ unter der Voraussetzung angegeben, dass die Endfläche des LWL dem Betrachter im Punkt P als Punktquelle mit kleinem Öffnungswinkel erscheint und demzufolge Θ für alle Punkte auf der Endfläche des LWL näherungsweise gleich ist. Die Übertragungsfunktion lautet [4.5]:

$$T(j\omega) \approx \frac{j\omega}{2\pi\, cr}\exp(-j\omega r / c). \tag{4.313}$$

Damit erhält man das Ergebnis für das Fernfeld $F(\nu)$:

$$F(\nu) = T(j\omega)\tilde{F}(\nu), \tag{4.314}$$

$$F(\nu) \approx 2\pi\, T(j\omega)\int_0^\infty \rho\psi(\rho) J_n(\nu\rho) d\rho . \tag{4.315}$$

Beispiel 4.10: Fernfeld eines Stufenprofil-LWL bei gaußförmigem Nahfeld

Nahfeld: $\psi(\rho,\alpha) = \psi(\rho) = \exp\left[-\left(\frac{\rho}{w_0}\right)^2\right]$

$$F(\nu) \approx 2\pi\, T(j\omega)\int_0^\infty \rho \exp\left[-\left(\frac{\rho}{w_0}\right)^2\right] J_0(\nu\rho) d\rho$$

Aus dem allgemeinen Zusammenhang [4.13]

$$\int_0^\infty \rho^{n+1}\exp\left(-a\rho^2\right) J_n(\nu\rho) d\rho = \frac{\nu^n}{(2a)^{n+1}}\exp\left(-\frac{\nu^2}{4a}\right) \tag{4.316}$$

folgt mit $n = 0$ und $a = \frac{1}{w_0^2}$:

$$F(\nu) = \pi\, w_0^2\, T(j\omega)\exp\left[-\left(\frac{w_0\nu}{2}\right)^2\right]. \tag{4.317}$$

Mit dem so genannten Modenfeldwinkel $W_0 = \frac{2}{w_0}$ und Ersatz von $T(j\omega)$ nach 4.313 folgt aus 4.317 für das Fernfeld:

$$F(v) = \frac{2}{W_0^2}\frac{j\omega}{cr}\exp(-j\omega r/c)\exp\left[-\left(\frac{v}{W_0}\right)^2\right]. \tag{4.318}$$

□

4.3.3 Signalübertragung

4.3.3.1 Leistungsübertragungsfunktionen

Separierbare optische Quelle. Zur Ermittlung der Leistungsübertragungsfunktionen eines LWL setzen wir eine separierbare stationäre optische Quelle voraus. Eine stationäre optische Quelle, z.B. eine Laserdiode, heißt separierbar, falls die zugehörige Kohärenzmatrix im Frequenzbereich $\mathbf{R_x}(\omega)$ Diagonalform besitzt:

$$\mathbf{R_x}(\omega) = \begin{pmatrix} S_{xx}(\omega) & 0 \\ 0 & S_{yy}(\omega) \end{pmatrix}. \tag{4.319}$$

In der Hauptdiagonalen von $\mathbf{R_x}(\omega)$ sehen wir dabei die Leistungsspektren der Polarisationsmoden $S_{xx}(\omega)$ und $S_{yy}(\omega)$.

H-Matrix. Als Leistungsübertragungsfunktionen eines optischen Systems bezeichnet man die Hauptdiagonalelemente der so genannten **H**-Matrix. Diese Matrix erhält man wie folgt. Ausgangspunkt ist das Leistungsspektrum am Ausgang eines optischen Systems $S_y(\omega)$, das durch eine separierbare stationäre optische Quelle angeregt wird. Für $S_y(\omega)$ gilt

$$S_y(\omega) = sp\left[\mathbf{T}(j\omega)\mathbf{R_x}(\omega)\mathbf{T}'^*(j\omega)\right] = sp\left[\mathbf{T}'^*(j\omega)\mathbf{T}(j\omega)\mathbf{R_x}(\omega)\right]. \tag{4.320}$$

Die **H**-Matrix ist dann gegeben durch die Transfermatrix $\mathbf{T}(j\omega)$ in der Form

$$\mathbf{H}(\omega) = \mathbf{T}'^*(j\omega)\mathbf{T}(j\omega) = \begin{pmatrix} H_{xx}(\omega) & H_{xy}(\omega) \\ H_{yx}(\omega) & H_{yy}(\omega) \end{pmatrix}. \tag{4.321}$$

Mit 4.319, 4.320 und 4.321 kann das Leistungsspektrum am Ausgang mit Hilfe der Leistungsübertragungsfunktionen $H_{xx}(\omega)$ und $H_{yy}(\omega)$ dargestellt werden.

$$S_y(\omega) = H_{xx}(\omega)S_{xx}(\omega) + H_{yy}(\omega)S_{yy}(\omega) \tag{4.322}$$

Beispiel 4.11: Leistungsübertragungsfunktionen eines LWL

Separierbare optische Quelle nach Beispiel 2.8 mit $|e_x| = 1$, $|e_y| = 0$:

$$\mathbf{R_x}(\omega) = \frac{4\hat{D}_0^2}{\Delta\omega} \cdot \frac{1}{1+\left(\frac{\omega-\omega_0}{\Delta\omega/2}\right)^2} \cdot \begin{pmatrix} 1 & 0 \\ 0 & 0 \end{pmatrix} \tag{4.323}$$

LWL nach Beispiel 2.8, Gleichung 2.126, zugehörige **H**-Matrix:

$$\mathbf{H}(\omega)=\mathbf{T}'^{*}(j\omega)\mathbf{T}(j\omega)=\begin{pmatrix}\cosh(a_0) & -\sinh(a_0)\\ -\sinh(a_0) & \cosh(a_0)\end{pmatrix} \tag{4.324}$$

Leistungsübertragungsfunktionen:

$$H_{xx}(\omega)=H_{yy}(\omega)=\cosh(a_0) \tag{4.325}$$

Leistungsspektrum am Ausgang

$$S_y(\omega)=H_{xx}(\omega)S_{xx}(\omega)+H_{yy}(\omega)S_{yy}(\omega)$$

$$S_y(\omega)=\frac{4\hat{D}_0^2}{\Delta\omega}\cdot\frac{\cosh(a_0)}{1+\left(\frac{\omega-\omega_0}{\Delta\omega/2}\right)^2} \tag{4.326}$$

Das Ergebnis 4.326 stimmt mit 2.127 für $|e_x|=1$ und $|e_y|=0$ überein. Der Rechenweg über die Leistungsübertragungsfunktion ist jedoch kürzer. □

4.3.3.2 Polarisationsübertragungsmatrix

Gisin-Huttner-Modell. Zur Ermittlung der Polarisationsübertragungsmatrix eines LWL modifizieren wir das Modell von Gisin und Huttner, in dem die polarisationsabhängigen Effekte PDL und PMD gleichermaßen Berücksichtigung finden [4.14].

Man kann bei der Polarisationsübertragung von vier Effekten in realen LWL ausgehen. Das sind eine symmetrische PM-Kopplung, eine antisymmetrische PM-Kopplung und die Ausbreitung der Polarisationsmoden (PM) ohne und mit PDL und PMD. Diese Erscheinungen lassen sich durch Transfermatrizen nach den Tabellen 4-2 bis 4-5 beschreiben. Die so genannten Pauli-Matrizen bzw. die Einheitsmatrix können als erzeugende Matrizen für die jeweilige Kopplungs- oder Ausbreitungseigenschaft aufgefasst werden. Aus den Exponentialdarstellungen folgen dann mit Hilfe des Cayley-Hamilton-Theorems, siehe Beispiel 2.7, die hyperbolischen und trigonometrischen Formen der entsprechenden Matrizen. Die bei der Modellierung von LWL zu bestimmenden Parameter sind a_υ, a_μ und a_i infolge PDL; τ_υ, τ_μ und τ_i infolge PMD sowie die Grunddämpfung a und die Phasenkonstante $\beta(\omega)$ infolge chromatischer Dispersion. L ist die Gesamtlänge des LWL und für die Indizes gilt

$$\upsilon,\mu,i,m\in\{1,2,\ldots,N\},\ \upsilon\neq\mu\neq i\neq m\,. \tag{4.327}$$

Bei den Ausbreitungsmatrizen steht *PD* für *polarization dependent* und *PI* für *polarization independent*.

Zur Modellierung des realen LWL müssen dann im Modell LWL-Abschnitte mit i.A. unterschiedlichen Parametern in den Transfermatrizen in Kette geschaltet, d.h. die Matrizen bei Beachtung der Reihenfolge multipliziert werden. Das Matrizenprodukt ergibt die Polarisationsübertragungsmatrix des LWL.

Mit der *Gisin-Huttner-Eigenanalyse* kann man auf die differentielle Gruppenlaufzeit $\Delta\tau(\omega)$ und die differentielle Dämpfung $\Delta a(\omega)$ schließen, die bei Verwendung einer genügend großen Zahl von LWL-Abschnitten mit dem Verhalten realer LWL unter stochastischen Bedingungen näherungsweise übereinstimmen.

Tabelle 4-2 Symmetrische PM-Kopplungsmatrix

Name	Darstellung
Pauli-Matrix	$$\boldsymbol{\sigma}_{\mathbf{v}} = \begin{pmatrix} 0 & 1 \\ 1 & 0 \end{pmatrix} \quad (4.328)$$
Symmetrische PDL-Kopplungs-Matrix	Exponentialdarstellung $$\exp\left[-\frac{a_\upsilon}{2}\boldsymbol{\sigma}_{\mathbf{v}}\right] = \exp\left[-\frac{a_\upsilon}{2}\begin{pmatrix} 0 & 1 \\ 1 & 0 \end{pmatrix}\right] \quad (4.329)$$ Hyperbolische Darstellung $$\exp\left[-\frac{a_\upsilon}{2}\boldsymbol{\sigma}_{\mathbf{v}}\right] = \begin{pmatrix} \cosh\left(\frac{a_\upsilon}{2}\right) & -\sinh\left(\frac{a_\upsilon}{2}\right) \\ -\sinh\left(\frac{a_\upsilon}{2}\right) & \cosh\left(\frac{a_\upsilon}{2}\right) \end{pmatrix} \quad (4.330)$$
Symmetrische PMD-Kopplungs-Matrix	Exponentialdarstellung $$\exp\left[-\frac{j\omega\tau_\upsilon}{2}\boldsymbol{\sigma}_{\mathbf{v}}\right] = \exp\left[-\frac{j\omega\tau_\upsilon}{2}\begin{pmatrix} 0 & 1 \\ 1 & 0 \end{pmatrix}\right] \quad (4.331)$$ Trigonometrische Darstellung $$\exp\left[-\frac{j\omega\tau_\upsilon}{2}\boldsymbol{\sigma}_{\mathbf{v}}\right] = \begin{pmatrix} \cos\left(\frac{\omega\tau_\upsilon}{2}\right) & -j\sin\left(\frac{\omega\tau_\upsilon}{2}\right) \\ -j\sin\left(\frac{\omega\tau_\upsilon}{2}\right) & \cos\left(\frac{\omega\tau_\upsilon}{2}\right) \end{pmatrix} \quad (4.332)$$
Symmetrische PM-Kopplungs-matrix	Exponentialdarstellung $$\mathbf{T}_{\mathbf{v}}(j\omega) = \exp\left[-\left(\frac{a_\upsilon}{2} + \frac{j\omega\tau_\upsilon}{2}\right)\boldsymbol{\sigma}_{\mathbf{v}}\right] = \exp\left[-\frac{a_\upsilon}{2}\boldsymbol{\sigma}_{\mathbf{v}}\right]\cdot\exp\left[-\frac{j\omega\tau_\upsilon}{2}\boldsymbol{\sigma}_{\mathbf{v}}\right] \quad (4.333)$$ Hyperbolisch-Trigonometrische Darstellung $$\mathbf{T}_{\mathbf{v}}(j\omega) = \begin{pmatrix} \cosh\left(\frac{a_\upsilon}{2}\right) & -\sinh\left(\frac{a_\upsilon}{2}\right) \\ -\sinh\left(\frac{a_\upsilon}{2}\right) & \cosh\left(\frac{a_\upsilon}{2}\right) \end{pmatrix} \begin{pmatrix} \cos\left(\frac{\omega\tau_\upsilon}{2}\right) & -j\sin\left(\frac{\omega\tau_\upsilon}{2}\right) \\ -j\sin\left(\frac{\omega\tau_\upsilon}{2}\right) & \cos\left(\frac{\omega\tau_\upsilon}{2}\right) \end{pmatrix} = \begin{pmatrix} \cos\left(\frac{\omega\tau_\upsilon}{2}\right) & -j\sin\left(\frac{\omega\tau_\upsilon}{2}\right) \\ -j\sin\left(\frac{\omega\tau_\upsilon}{2}\right) & \cos\left(\frac{\omega\tau_\upsilon}{2}\right) \end{pmatrix} \begin{pmatrix} \cosh\left(\frac{a_\upsilon}{2}\right) & -\sinh\left(\frac{a_\upsilon}{2}\right) \\ -\sinh\left(\frac{a_\upsilon}{2}\right) & \cosh\left(\frac{a_\upsilon}{2}\right) \end{pmatrix} \quad (4.334)$$

Tabelle 4-3 Antisymmetrische PM-Kopplungsmatrix

Name	Darstellung
Pauli-Matrix	$\boldsymbol{\sigma}_{\boldsymbol{\mu}} = \begin{pmatrix} 0 & -j \\ j & 0 \end{pmatrix}$ (4.335)
Anti-symmetrische PDL-Kopplungs-Matrix	Exponentialdarstellung $\exp\left[-\frac{a_\mu}{2}\boldsymbol{\sigma}_{\boldsymbol{\mu}}\right] = \exp\left[-\frac{a_\mu}{2}\begin{pmatrix} 0 & -j \\ j & 0 \end{pmatrix}\right]$ (4.336) Hyperbolische Darstellung $\exp\left[-\frac{a_\mu}{2}\boldsymbol{\sigma}_{\boldsymbol{\mu}}\right] = \begin{pmatrix} \cosh\left(\frac{a_\mu}{2}\right) & j\sinh\left(\frac{a_\mu}{2}\right) \\ -j\sinh\left(\frac{a_\mu}{2}\right) & \cosh\left(\frac{a_\mu}{2}\right) \end{pmatrix}$ (4.337)
Anti-symmetrische PMD-Kopplungs-Matrix	Exponentialdarstellung $\exp\left[-\frac{j\omega\tau_\mu}{2}\boldsymbol{\sigma}_{\boldsymbol{\mu}}\right] = \exp\left[-\frac{j\omega\tau_\mu}{2}\begin{pmatrix} 0 & -j \\ j & 0 \end{pmatrix}\right]$ (4.338) Trigonometrische Darstellung $\exp\left[-\frac{j\omega\tau_\mu}{2}\boldsymbol{\sigma}_{\boldsymbol{\mu}}\right] = \begin{pmatrix} \cos\left(\frac{\omega\tau_\mu}{2}\right) & -\sin\left(\frac{\omega\tau_\mu}{2}\right) \\ \sin\left(\frac{\omega\tau_\mu}{2}\right) & \cos\left(\frac{\omega\tau_\mu}{2}\right) \end{pmatrix}$ (4.339)
Anti-symmetrische PM-Kopplungs-matrix	Exponentialdarstellung $\mathbf{T}_{\boldsymbol{\mu}}(j\omega) = \exp\left[-\left(\frac{a_\mu}{2} + \frac{j\omega\tau_\mu}{2}\right)\boldsymbol{\sigma}_{\boldsymbol{\mu}}\right] = \exp\left[-\frac{a_\mu}{2}\boldsymbol{\sigma}_{\boldsymbol{\mu}}\right]\cdot\exp\left[-\frac{j\omega\tau_\mu}{2}\boldsymbol{\sigma}_{\boldsymbol{\mu}}\right]$ $= \exp\left[-\frac{j\omega\tau_\mu}{2}\boldsymbol{\sigma}_{\boldsymbol{\mu}}\right]\cdot\exp\left[-\frac{a_\mu}{2}\boldsymbol{\sigma}_{\boldsymbol{\mu}}\right]$ (4.340) Hyperbolisch-Trigonometrische Darstellung $\mathbf{T}_{\boldsymbol{\mu}}(j\omega) = \begin{pmatrix} \cosh\left(\frac{a_\mu}{2}\right) & j\sinh\left(\frac{a_\mu}{2}\right) \\ -j\sinh\left(\frac{a_\mu}{2}\right) & \cosh\left(\frac{a_\mu}{2}\right) \end{pmatrix}\begin{pmatrix} \cos\left(\frac{\omega\tau_\mu}{2}\right) & -\sin\left(\frac{\omega\tau_\mu}{2}\right) \\ \sin\left(\frac{\omega\tau_\mu}{2}\right) & \cos\left(\frac{\omega\tau_\mu}{2}\right) \end{pmatrix}$ $= \begin{pmatrix} \cos\left(\frac{\omega\tau_\mu}{2}\right) & -\sin\left(\frac{\omega\tau_\mu}{2}\right) \\ \sin\left(\frac{\omega\tau_\mu}{2}\right) & \cos\left(\frac{\omega\tau_\mu}{2}\right) \end{pmatrix}\begin{pmatrix} \cosh\left(\frac{a_\mu}{2}\right) & j\sinh\left(\frac{a_\mu}{2}\right) \\ -j\sinh\left(\frac{a_\mu}{2}\right) & \cosh\left(\frac{a_\mu}{2}\right) \end{pmatrix}$ (4.341)

Tabelle 4-4 PD-Ausbreitungsmatrix

Name	Darstellung
Pauli-Matrix	$\boldsymbol{\sigma}_\mathbf{i} = \begin{pmatrix} 1 & 0 \\ 0 & -1 \end{pmatrix}$ (4.342)
PDL-Ausbreitungs-matrix	Exponentialdarstellung $\exp\left[-\frac{a_i}{2}\boldsymbol{\sigma}_\mathbf{i}\right] = \exp\left[-\frac{a_i}{2}\begin{pmatrix} 1 & 0 \\ 0 & -1 \end{pmatrix}\right]$ (4.343) Hyperbolische Darstellung $\exp\left[-\frac{a_i}{2}\boldsymbol{\sigma}_\mathbf{i}\right] = \begin{pmatrix} \cosh\left(\frac{a_i}{2}\right) - \sinh\left(\frac{a_i}{2}\right) & 0 \\ 0 & \cosh\left(\frac{a_i}{2}\right) + \sinh\left(\frac{a_i}{2}\right) \end{pmatrix}$ (4.344)
PMD-Ausbreitungs-matrix	Exponentialdarstellung $\exp\left[-\frac{j\omega\tau_i}{2}\boldsymbol{\sigma}_\mathbf{i}\right] = \exp\left[-\frac{j\omega\tau_i}{2}\begin{pmatrix} 1 & 0 \\ 0 & -1 \end{pmatrix}\right]$ (4.345) Trigonometrische Darstellung $\exp\left[-\frac{j\omega\tau_i}{2}\boldsymbol{\sigma}_\mathbf{i}\right] = \begin{pmatrix} \cos\left(\frac{\omega\tau_i}{2}\right) - j\sin\left(\frac{\omega\tau_i}{2}\right) & 0 \\ 0 & \cos\left(\frac{\omega\tau_i}{2}\right) + j\sin\left(\frac{\omega\tau_i}{2}\right) \end{pmatrix}$ (4.346)
PD-Ausbreitungs-matrix	Exponentialdarstellung $\mathbf{T_i}(j\omega) = \exp\left[-\left(\frac{a_i}{2} + \frac{j\omega\tau_i}{2}\right)\begin{pmatrix} 1 & 0 \\ 0 & -1 \end{pmatrix}\right] = \begin{pmatrix} \exp\left[-\left(\frac{a_i}{2} + \frac{j\omega\tau_i}{2}\right)\right] & 0 \\ 0 & \exp\left[\frac{a_i}{2} + \frac{j\omega\tau_i}{2}\right] \end{pmatrix}$ (4.347) Hyperbolisch-Trigonometrische Darstellung $\mathbf{T_i}(j\omega) = \begin{pmatrix} \cosh\left(\frac{a_i}{2}\right) - \sinh\left(\frac{a_i}{2}\right) & 0 \\ 0 & \cosh\left(\frac{a_i}{2}\right) + \sinh\left(\frac{a_i}{2}\right) \end{pmatrix} \cdot \begin{pmatrix} \cos\left(\frac{\omega\tau_i}{2}\right) - j\sin\left(\frac{\omega\tau_i}{2}\right) & 0 \\ 0 & \cos\left(\frac{\omega\tau_i}{2}\right) + j\sin\left(\frac{\omega\tau_i}{2}\right) \end{pmatrix}$ (4.348)

Tabelle 4-5 PI-Ausbreitungsmatrix

Name	Darstellung
Einheitsmatrix	$\mathbf{I}=\begin{pmatrix}1 & 0\\ 0 & 1\end{pmatrix}$ (4.349)
PIL-Ausbreitungs-matrix	Exponentialdarstellung $\exp\left[-\left(a+\sum_{m=1}^{N}\frac{a_m}{2}\right)\begin{pmatrix}1 & 0\\ 0 & 1\end{pmatrix}\right]$ $=\begin{pmatrix}\exp\left[-\left(a+\sum_{m=1}^{N}\frac{a_m}{2}\right)\right] & 0\\ 0 & \exp\left[-\left(a+\sum_{m=1}^{N}\frac{a_m}{2}\right)\right]\end{pmatrix}$ (4.350) Hyperbolische Darstellung $=\begin{pmatrix}\cosh\left(a+\sum_{m=1}^{N}\frac{a_m}{2}\right)-\sinh\left(a+\sum_{m=1}^{N}\frac{a_m}{2}\right) & 0\\ 0 & \cosh\left(a+\sum_{m=1}^{N}\frac{a_m}{2}\right)-\sinh\left(a+\sum_{m=1}^{N}\frac{a_m}{2}\right)\end{pmatrix}$ (4.351)
CD-Ausbreitungs-matrix	Exponentialdarstellung $\exp\left[-j\beta(\omega)L\begin{pmatrix}1 & 0\\ 0 & 1\end{pmatrix}\right]=\begin{pmatrix}\exp[-j\beta(\omega)L] & 0\\ 0 & \exp[-j\beta(\omega)L]\end{pmatrix}$ (4.352) Trigonometrische Darstellung $=\begin{pmatrix}\cos[\beta(\omega)L]-j\sin[\beta(\omega)L] & 0\\ 0 & \cos[\beta(\omega)L]-j\sin[\beta(\omega)L]\end{pmatrix}$ (4.353)
PI-Ausbreitungs-matrix	Exponentialdarstellung $\widetilde{\mathbf{T}}_{\mathbf{0}}(j\omega)=\exp\left[-\left(a+\sum_{m=1}^{N}\frac{a_m}{2}+j\beta(\omega)L\right)\begin{pmatrix}1 & 0\\ 0 & 1\end{pmatrix}\right]$ $=\begin{pmatrix}\exp\left[-\left(a+\sum_{m=1}^{N}\frac{a_m}{2}+j\beta(\omega)L\right)\right] & 0\\ 0 & \exp\left[-\left(a+\sum_{m=1}^{N}\frac{a_m}{2}+j\beta(\omega)L\right)\right]\end{pmatrix}$ (4.354)

	Hyperbolisch-Trigonometrische Darstellung $\tilde{\mathbf{T}}_0(j\omega)=\begin{pmatrix} \cosh\left(a+\sum_{m=1}^{N}\frac{a_m}{2}\right)-\sinh\left(a+\sum_{m=1}^{N}\frac{a_m}{2}\right) & 0 \\ 0 & \cosh\left(a+\sum_{m=1}^{N}\frac{a_m}{2}\right)-\sinh\left(a+\sum_{m=1}^{N}\frac{a_m}{2}\right)\end{pmatrix}$ $\cdot\begin{pmatrix} \cos[\beta(\omega)L]-j\sin[\beta(\omega)L] & 0 \\ 0 & \cos[\beta(\omega)L]-j\sin[\beta(\omega)L]\end{pmatrix}$ (4.355)

Gisin-Huttner-Eigenanalyse. Bei der Gisin-Huttner-Eigenanalyse wird davon ausgegangen, dass sich der Ausgangs-Jones-Vektor bei Frequenzänderung um $\Delta\omega$, hervorgerufen durch die Eigenschaften des LWL, vom Ausgangs-Jones-Vektor vor der Frequenzänderung nur durch eine komplexe skalare Größe $\exp\left(\frac{j\kappa\Delta\omega}{2}\right)$ unterscheidet:

$$\vec{A}_{out}[j(\omega+\Delta\omega)]=\exp\left(\frac{j\kappa\Delta\omega}{2}\right)\vec{A}_{out}(j\omega). \tag{4.356}$$

Dabei kennzeichnet κ eine komplexe Zahl mit der Darstellung

$$\kappa_{\pm}=\pm[\Delta\tau(\omega)-j\Delta a(\omega)]. \tag{4.357}$$

In 4.357 sind $\Delta\tau(\omega)$ und $\Delta a(\omega)$ die differentielle Gruppenlaufzeit und die differentielle Dämpfung.

In Analogie zur Jones-Matrix-Eigenanalyse lässt sich das zu 4.356 gehörige Eigenwertproblem wie folgt ableiten:

$$\frac{d\vec{A}_{out}(j\omega)}{d\omega}=\lim_{\Delta\omega\to 0}\frac{\vec{A}_{out}[j(\omega+\Delta\omega)]-\vec{A}_{out}(j\omega)}{\Delta\omega}$$

$$=\lim_{\Delta\omega\to 0}\frac{\exp\left(\frac{j\kappa\Delta\omega}{2}\right)-1}{\Delta\omega}\vec{A}_{out}(j\omega)=j\frac{\kappa}{2}\vec{A}_{out}(j\omega), \tag{4.358}$$

$$\vec{A}_{out}(j\omega)=\mathbf{T}(j\omega)\vec{A}_{in}(j\omega), \tag{4.359}$$

$$\frac{d\vec{A}_{out}(j\omega)}{d\omega}=\mathbf{T}'(j\omega)\vec{A}_{in}(j\omega)+\mathbf{T}(j\omega)\frac{d\vec{A}_{in}(j\omega)}{d\omega}, \tag{4.360}$$

$$\frac{d\vec{A}_{in}(j\omega)}{d\omega}=\vec{0}, \tag{4.361}$$

$$\mathbf{T}'(j\omega)=\frac{d\mathbf{T}(j\omega)}{d\omega}, \tag{4.362}$$

$$\Rightarrow\left[\mathbf{T}'(j\omega)\mathbf{T}^{-1}(j\omega)-j\frac{\kappa}{2}\mathbf{I}\right]\vec{A}_{out}(j\omega)=\vec{0} \tag{4.363}$$

Für die Transfermatrix $\mathbf{T}(j\omega)$ des LWL gilt

$$\mathbf{T}(j\omega) = \mathbf{T_N}(j\omega)\tilde{\mathbf{T}}_\mathbf{0}(j\omega) \tag{4.364}$$

mit

$$\mathbf{T_N}(j\omega) = \exp\left[-\left(\frac{a_N}{2} + \frac{j\omega\Delta\tau_N}{2}\right)\boldsymbol{\sigma}_\mathbf{N}\right]\cdot \ldots \cdot \exp\left[-\left(\frac{a_2}{2} + \frac{j\omega\Delta\tau_2}{2}\right)\boldsymbol{\sigma}_\mathbf{2}\right]$$
$$\cdot \exp\left[-\left(\frac{a_1}{2} + \frac{j\omega\Delta\tau_1}{2}\right)\boldsymbol{\sigma}_\mathbf{1}\right], \tag{4.365}$$

$$\boldsymbol{\sigma}_\mathbf{1},\ \boldsymbol{\sigma}_\mathbf{2},\ \ldots,\ \boldsymbol{\sigma}_\mathbf{N} \in \left\{\begin{pmatrix} 0 & 1 \\ 1 & 0 \end{pmatrix}, \begin{pmatrix} 0 & -j \\ j & 0 \end{pmatrix}, \begin{pmatrix} 1 & 0 \\ 0 & -1 \end{pmatrix}\right\} \tag{4.366}$$

und

$$\tilde{\mathbf{T}}_\mathbf{0}(j\omega) = \exp\left[-\left(a + \sum_{m=1}^{N}\frac{a_m}{2} + j\beta(\omega)L\right)\right]\begin{pmatrix} 1 & 0 \\ 0 & 1 \end{pmatrix}. \tag{4.367}$$

Aus 4.363, 4.364 und 4.367 folgt das modifizierte Eigenwertproblem

$$\left[\mathbf{T'_N}(j\omega)\mathbf{T_N^{-1}}(j\omega) - j\left(\frac{\kappa_N}{2} + \beta'(\omega)L\right)\mathbf{I}\right]\vec{A}_{out}(j\omega) = \vec{0}. \tag{4.368}$$

Aus 4.368 erkennt man, dass die Laufzeit $\beta'(\omega)L$ eine zusätzliche frequenzabhängige Verschiebung im Realteil der Eigenwerte verursacht. Außerdem wurde κ durch κ_N ersetzt, um eine Unterscheidung in den zu berechnenden Eigenwerten bei Zusammenschaltung einer bestimmten Anzahl N von LWL-Abschnitten zu haben (siehe Beispiel 4.12).

Nach [4.14] kann man für $\mathbf{T'_N}(j\omega)\mathbf{T_N^{-1}}(j\omega)$ eine Rekursionsformel benutzen, die die systematische Erhöhung der Anzahl N der in Kette geschalteten LWL-Abschnitte von $N = 1$ an erlaubt. Diese Rekursionsformel erhält man wie folgt:

$$\mathbf{T_N}(j\omega) = \exp\left[-\left(\frac{a_N}{2} + \frac{j\omega\tau_N}{2}\right)\boldsymbol{\sigma}_\mathbf{N}\right]\mathbf{T_{N-1}}(j\omega), \tag{4.369}$$

$$\mathbf{T_N^{-1}}(j\omega) = \mathbf{T_{N-1}^{-1}}(j\omega)\exp\left[-\left(\frac{a_N}{2} + \frac{j\omega\tau_N}{2}\right)\boldsymbol{\sigma}_\mathbf{N}\right], \tag{4.370}$$

$$\mathbf{T'_N}(j\omega) = -j\frac{\tau_N}{2}\boldsymbol{\sigma}_\mathbf{N}\mathbf{T_N}(j\omega) + \exp\left[-\left(\frac{a_N}{2} + \frac{j\omega\tau_N}{2}\right)\boldsymbol{\sigma}_\mathbf{N}\right]\mathbf{T'_{N-1}}(j\omega), \tag{4.371}$$

$$\mathbf{T'_N}(j\omega)\mathbf{T_N^{-1}}(j\omega) = -j\frac{\tau_N}{2}\boldsymbol{\sigma}_\mathbf{N} + \exp\left[-\left(\frac{a_N}{2} + \frac{j\omega\tau_N}{2}\right)\boldsymbol{\sigma}_\mathbf{N}\right]\mathbf{T'_{N-1}}(j\omega)\mathbf{T_{N-1}^{-1}}(j\omega)$$
$$\cdot \exp\left[-\left(\frac{a_N}{2} + \frac{j\omega\tau_N}{2}\right)\boldsymbol{\sigma}_\mathbf{N}\right]. \tag{4.372}$$

Die Initialbedingung für 4.372 ist

$$\mathbf{T_0}(j\omega)=\begin{pmatrix}1 & 0\\ 0 & 1\end{pmatrix}, \tag{4.373}$$

nicht zu verwechseln mit $\widetilde{\mathbf{T}}_0(j\omega)$ nach 4.367. Mit 4.372 kann 4.368 als N-stufiges Eigenwertproblem aufgefasst werden. Durch Ähnlichkeitsvergleich der in jeder Stufe errechneten Eigenwerte, z.B. in ihrem Realteil mit einer gemessenen differentiellen Gruppenlaufzeit für den gesamten LWL, können die Parameter der jeweiligen LWL-Abschnitte so variiert werden, bis eine ausreichende Ähnlichkeit zwischen Modell und gemessenem LWL hergestellt ist. Dieses Problem ist jedoch noch ungelöst.

Zur Gisin-Huttner-Eigenanalyse soll das nachfolgende Beispiel betrachtet werden.

Beispiel 4.12: Gisin-Huttner-Eigenanalyse

Zusammenschaltung von drei LWL-Abschnitten ohne Berücksichtigung der chromatischen Dispersion entsprechend

$$\mathbf{T_3}(j\omega)=\exp\left[-\frac{j\omega\tau_3}{2}\begin{pmatrix}0 & -j\\ j & 0\end{pmatrix}\right]\exp\left[-\frac{a_2}{2}\begin{pmatrix}1 & 0\\ 0 & -1\end{pmatrix}\right]\exp\left[-\frac{j\omega\tau_1}{2}\begin{pmatrix}0 & 1\\ 1 & 0\end{pmatrix}\right]. \tag{4.374}$$

3-stufige Eigenwertberechnung:

1. $$\mathbf{T}_1'(j\omega)\mathbf{T}_1^{-1}(j\omega)=-j\frac{\tau_1}{2}\boldsymbol{\sigma}_1=-j\frac{\tau_1}{2}\begin{pmatrix}0 & 1\\ 1 & 0\end{pmatrix} \tag{4.375}$$

$$\det\left[\begin{pmatrix}0 & -j\frac{\tau_1}{2}\\ -j\frac{\tau_1}{2} & 0\end{pmatrix}-\begin{pmatrix}j\frac{\kappa_1}{2} & 0\\ 0 & j\frac{\kappa_1}{2}\end{pmatrix}\right]=0 \tag{4.376}$$

$$\Rightarrow \kappa_{1\pm}=\pm\tau_1=\pm\Delta\tau_1 \tag{4.377}$$

$$\Rightarrow \Delta\tau_1=\tau_1 \tag{4.378}$$

2. $$\mathbf{T}_2'(j\omega)\mathbf{T}_2^{-1}(j\omega)=\exp\left[-\frac{a_2}{2}\begin{pmatrix}1 & 0\\ 0 & -1\end{pmatrix}\right]\left(-j\frac{\tau_1}{2}\right)\begin{pmatrix}0 & 1\\ 1 & 0\end{pmatrix}\exp\left[\frac{a_2}{2}\begin{pmatrix}1 & 0\\ 0 & -1\end{pmatrix}\right]$$
$$=\begin{pmatrix}0 & -j\frac{\tau_1}{2}\exp(-a_2)\\ -j\frac{\tau_1}{2}\exp(a_2) & 0\end{pmatrix} \tag{4.379}$$

$$\det\left[\begin{pmatrix}0 & -j\frac{\tau_1}{2}\exp(-a_2)\\ -j\frac{\tau_1}{2}\exp(a_2) & 0\end{pmatrix}-\begin{pmatrix}j\frac{\kappa_2}{2} & 0\\ 0 & j\frac{\kappa_2}{2}\end{pmatrix}\right]=0 \tag{4.380}$$

$$\Rightarrow \kappa_{2\pm}=\pm\tau_2=\pm\Delta\tau_2 \tag{4.381}$$

$$\Rightarrow \Delta\tau_2=\tau_1 \tag{4.382}$$

3. $$\mathbf{T}_3'(j\omega)\mathbf{T}_3^{-1}(j\omega) = -j\frac{\tau_3}{2} + \exp\left[-\frac{j\omega\tau_3}{2}\begin{pmatrix}0 & -j\\ j & 0\end{pmatrix}\right]$$

$$\cdot\begin{pmatrix}0 & -j\frac{\tau_1}{2}\exp(-a_2)\\ -j\frac{\tau_1}{2}\exp(a_2) & 0\end{pmatrix}\exp\left[\frac{j\omega\tau_3}{2}\begin{pmatrix}0 & -j\\ j & 0\end{pmatrix}\right]$$

$$= \begin{pmatrix}t_{11} & t_{12}\\ t_{21} & t_{22}\end{pmatrix} \tag{4.383}$$

$$t_{11} = j\frac{\tau_1}{2}\cosh(a_2)\sin(\omega\tau_3) = -t_{22} \tag{4.384}$$

$$t_{12} = -\frac{\tau_3}{2} - j\frac{\tau_1}{2}\left(\cosh(a_2)\cos(\omega\tau_3) - \sinh(a_2)\right) \tag{4.385}$$

$$t_{21} = \frac{\tau_3}{2} - j\frac{\tau_1}{2}\left(\cosh(a_2)\cos(\omega\tau_3) + \sinh(a_2)\right) \tag{4.386}$$

$$\det\left[\begin{pmatrix}t_{11} & t_{12}\\ t_{21} & t_{22}\end{pmatrix} - \begin{pmatrix}j\frac{\kappa_3}{2} & 0\\ 0 & j\frac{\kappa_3}{2}\end{pmatrix}\right] = 0 \tag{4.387}$$

$$\begin{aligned}\kappa_{3\pm} &= \pm\sqrt{\tau_1^2 + \tau_3^2 - j2\tau_1\tau_3\sinh(a_2)}\\ &= \pm\sqrt[4]{\tau_1^4 + 2\tau_1^2\tau_3^2\cosh(2a_2) + \tau_3^4}\\ &\quad\cdot\left\{\cos\left[\frac{1}{2}\arctan\left(\frac{2\tau_1\tau_3\sinh(a_2)}{\tau_1^2+\tau_3^2}\right)\right] - j\sin\left[\frac{1}{2}\arctan\left(\frac{2\tau_1\tau_3\sinh(a_2)}{\tau_1^2+\tau_3^2}\right)\right]\right\}\end{aligned} \tag{3.488}$$

differentielle Gruppenlaufzeit :

$$\Delta\tau_3 = \sqrt[4]{\tau_1^4 + 2\tau_1^2\tau_3^2\cosh(2a_2) + \tau_3^4}\cdot\cos\left[\frac{1}{2}\arctan\left(\frac{2\tau_1\tau_3\sinh(a_2)}{\tau_1^2+\tau_3^2}\right)\right] \tag{4.389}$$

differentielle Dämpfung :

$$\Delta a_3 = \sqrt[4]{\tau_1^4 + 2\tau_1^2\tau_3^2\cosh(2a_2) + \tau_3^4}\cdot\sin\left[\frac{1}{2}\arctan\left(\frac{2\tau_1\tau_3\sinh(a_2)}{\tau_1^2+\tau_3^2}\right)\right] \tag{4.390}$$

□

4.4 Faseroptischer Verstärker

Historie. Erst seit den neunziger Jahren stehen fertigungsreife Baugruppen zur Verfügung, die optische Signale direkt im optischen Frequenzbereich verstärken. Sie nutzen die aufsummierende Wirkung eines durch stimulierte Emission bedingten längenbezogenen Verstärkungseffektes von erbium- oder z.B. praseodymdotierten LWL bei einer Länge, die in der Größenordnung von 30 Metern liegt. Dabei werden Verstärkungen bis ca. 40 dB für eingangsseitige Lichtleistungen erreicht.

Erbium-dotierte Faserverstärker zeigen den Verstärkungseffekt bei ca. 1550 nm und Verstärker mit praseodym-dotiertem LWL bei ca. 1300 nm Signal-Wellenlänge. Die Eigenschaften von 1550 nm- und 1300 nm-Faserverstärker sind in den Unterabschnitten 4.4.2 und 4.4.3 dargestellt. Im Unterabschnitt 4.4.1 werden einleitend grundlegende Eigenschaften faseroptischer Verstärker besprochen.

4.4.1 Grundprinzip

Verstärkung im ungesättigten Zustand. Das Grundprinzip der optischen Verstärkung ist durch den Austausch von Pumpenergie gegen Signalenergie gekennzeichnet. Dieser Austauschprozess wird durch das optische Eingangssignal des Verstärkers in stimulierender Form angeregt. Die optische Leistung als Eingangssignal durchläuft die mit seltenen Erden dotierte Faser, wird dort verstärkt und verlässt sie als größere optische Ausgangsleistung.

Absorption und Emission im aktiven Material hängen von der Energiedifferenz ΔW zwischen Grundzustand und angeregtem Zustand entsprechend des vereinfachten Bändermodells ab. Nach [4.2] ergibt sich der längenbezogene Verstärkungskoeffizient $g(\omega)$ zu

$$g(\omega) = \frac{g_0}{1 + (\omega - \omega_0)^2 \tau_2^2 + P/P_S}. \tag{4.391}$$

Darin bedeuten

g_0 der durch die Pumpleistung bestimmte Spitzenwert des Verstärkungskoeffizienten,

ω Kreisfrequenz des optischen Eingangssignals,

ω_0 die durch ΔW bestimmte Mittenfrequenz des optischen Verstärkers,

τ_2 Dipolrelaxationszeit $\left(10^{-13}\text{s} < \tau_2 < 10^{-9}\text{s}\right)$,

P Leistung im Verstärker und

P_S Sättigungsleistung.

Im ungesättigten Zustand wird aus 4.391 mit $P/P_S << 1$:

$$g(\omega) = \frac{g_0}{1 + (\omega - \omega_0)^2 \tau_2^2}. \tag{4.392}$$

Für die Lorentz-Kurve 4.392 ergibt sich die Bandbreite des Verstärkungskoeffizienten aus der Bedingung $g(\omega_g) = g_0/2$:

$$\Delta\omega_g = 2(\omega_g - \omega_0) = \frac{2}{\tau_2}. \tag{4.393}$$

Zur Ermittlung der Verstärkung $G(\omega)$ des optischen Verstärkers wird die Methode nach [4.2] benutzt. Der Leistungszuwachs dP in der aktiven Faser entlang der Ausbreitungsrichtung z des Faserverstärkers der Länge L ist gegeben durch

$$dP = g(\omega)P(z)\,dz \tag{4.394}$$

bzw.

$$\frac{dP}{dz} = g(\omega)P(z). \tag{4.395}$$

Die Differentialgleichung 4.395 wird durch Trennung der Veränderlichen gelöst. Man erhält mit der optischen Eingangsleistung P_{in}:

$$P(z) = P_{in}\exp[g(\omega)\,z] \tag{4.396}$$

bzw.

$$G(\omega) = \frac{P_{out}}{P_{in}} = \frac{P(L)}{P_{in}} = \exp[g(\omega)\,L]. \tag{4.397}$$

Durch Einsetzen von 4.392 in 4.397 ergibt sich die frequenzabhängige Verstärkung

$$G(\omega) = \exp\left[\frac{g_0 L}{1+(\omega-\omega_0)^2\tau_2^2}\right]. \tag{4.398}$$

Das Maximum der Verstärkung G_0 liegt bei $\omega = \omega_0$ und beträgt:

$$G(\omega_0) = G_0 = \exp(g_0 L). \tag{4.399}$$

Die Bandbreite der Verstärkung $\Delta\omega_G$ lässt sich aus

$$G(\omega_G) = \frac{\exp(g_0 L)}{2} = \exp\left[\frac{g_0 L}{1+(\omega_G-\omega_0)^2\tau_2^2}\right] \tag{4.400}$$

ermitteln und ergibt

$$\Delta\omega_G = 2(\omega_G-\omega_0) = \frac{2}{\tau_2}\sqrt{\frac{\ln 2}{g_0 L - \ln 2}} = \Delta\omega_g\sqrt{\frac{\ln 2}{g_0 L - \ln 2}}. \tag{4.401}$$

Das nachfolgende Zahlenbeispiel zeigt, dass optische Faserverstärker extrem breitbandig sind.

Beispiel 4.13: Bandbreiten von längenbezogenem Verstärkungskoeffizient und Verstärkung
Für $g_0 L = 5$ und $\tau_2 = 1\,\text{ps}$ erhält man:

$$G_0 = \exp(5) = 148{,}4 \mathrel{\hat{=}} 21{,}7\,\text{dB}$$

$$\Delta f_g = 318\,\text{GHz}$$

$$\Delta f_G = \Delta f_g\sqrt{\frac{\ln 2}{5-\ln 2}} = 0{,}4\Delta f_g = 127\,\text{GHz} \tag{4.402}$$

Den normierten Funktionsverlauf $g(\omega)$ nach 4.392 und $G(\omega)$ nach 4.398 sowie 4.399 mit den Daten nach Beispiel 4.13 zeigt Bild 4-21.

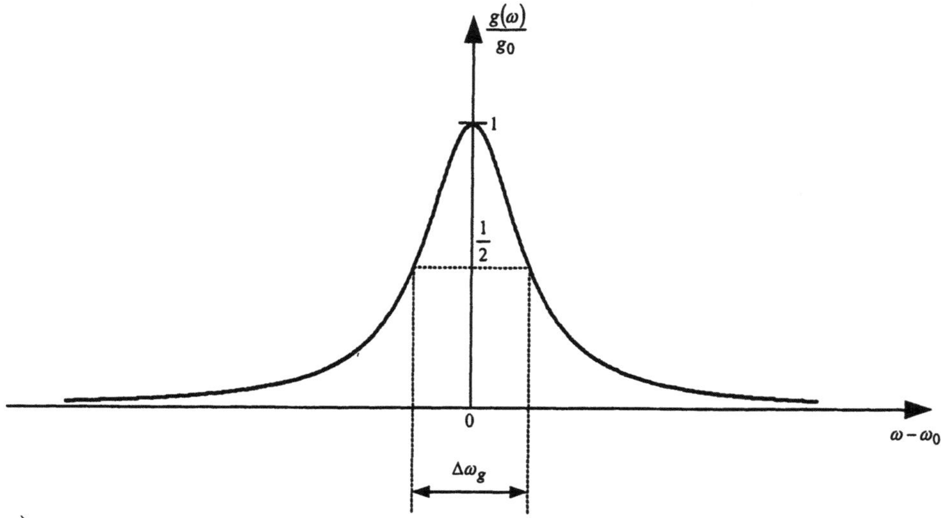

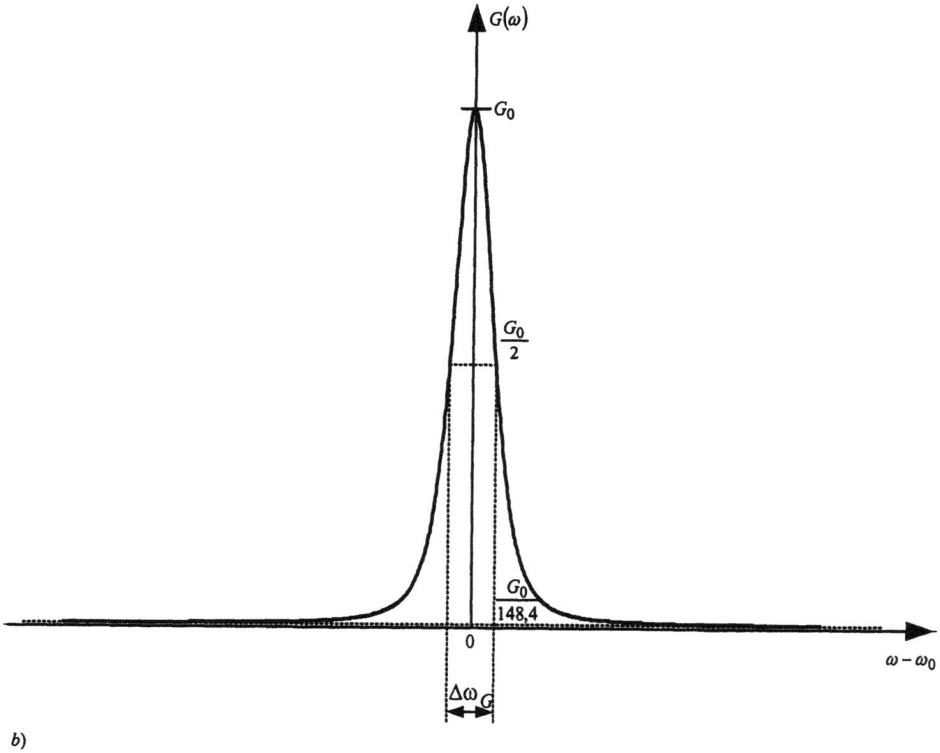

Bild 4-21 Frequenzabhängigkeit a) des normierten längenbezogenen Verstärkungskoeffizienten und b) der Verstärkung □

Sättigungsverhalten. Das Sättigungsverhalten bei der Mittenfrequenz $\omega = \omega_0$ des faseroptischen Verstärkers erhält man aus 4.391 und 4.395 zu

$$\frac{dP}{dz} = \frac{g_0 P}{1 + P / P_S}. \tag{4.403}$$

Die Lösung der Differentialgleichung 4.403 ermöglicht eine implizite Formulierung der Verstärkung G in Abhängigkeit der Ausgangsleistung P_{out}.

$$\int_{P_{in}}^{P_{out}} \frac{1 + P / P_S}{P} dP = g_0 \int_0^L dz \tag{4.404}$$

$$\ln\left(\frac{P_{out}}{P_{in}}\right) + \frac{P_{out} - P_{in}}{P_S} = g_0 L \tag{4.405}$$

Mit $G = P_{out} / P_{in}$ und $G_0 = \exp(g_0 L)$ ergibt sich in Übereinstimmung mit [4.2]:

$$G = G_0 \exp\left(-\frac{G-1}{G}\frac{P_{out}}{P_S}\right). \tag{4.406}$$

Die Abnahme der Verstärkung G mit steigender Ausgangsleistung P_{out} erkennt man aus Bild 4-22, in dem 4.406 dargestellt ist.

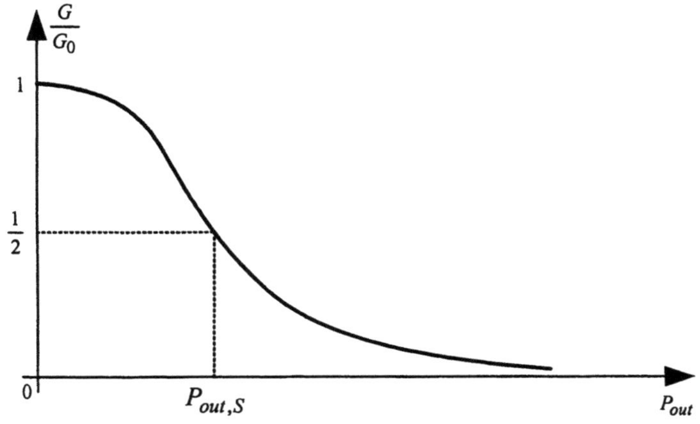

Bild 4-22 Verstärkungsabnahme mit zunehmender Ausgangsleistung des Signals [4.2]

Im Bild 4-22 ist $P_{out,S}$ die Ausgangs-Sättigungsleistung für den Abfall von G auf $G_0 / 2$. Aus

$$\frac{G_0}{2} = G_0 \exp\left[-\frac{G_0/2 - 1}{G_0/2}\frac{P_{out,S}}{P_S}\right] \tag{4.407}$$

folgt

$$P_{out,S} = P_S \frac{G_0 \ln 2}{G_0 - 2} \approx P_S \ln 2 = 0{,}693 P_S\,, \tag{4.408}$$

mit $G_0 >> 2$. Damit ist die Sättigungsleistung P_S durch Messung von $P_{out,S}$ bestimmbar [4.2].

Rauschverhalten. Das Rauschen in faseroptischen Verstärkern ist im Wesentlichen durch die auftretenden spontanen Emissionen bedingt. Dieses Rauschsignal wird ebenso wie das durch stimulierte Emission gegebene Signal verstärkt. Man spricht von *amplified spontaneous emission*, abgekürzt ASE. Die Rauschleistungsdichte S_{sp} des ASE ist näherungsweise gegeben durch [4.2]

$$S_{sp} = (G-1)\hbar\omega_0 n_{sp}\,. \tag{4.409}$$

In 4.409 stellt n_{sp} den *Spontanemissionsfaktor* dar. Der Spontanemissionsfaktor n_{sp} ist durch das Verhältnis der Zahl der Teilchen im angeregten Zustand (N_2) und im Grundzustand (N_1) gegeben [4.2]

$$n_{sp} = \frac{N_2}{N_2 - N_1}\,. \tag{4.410}$$

Weil die Grundbedingung für die Verstärkung eine Besetzungsinversion, d.h. $N_2 > N_1$ ist, gilt

$$n_{sp} \geq 1\,. \tag{4.411}$$

Signal und Rauschen sollten im elektrischen Bereich betrachtet werden, weil die optische Signalübertragung über Sender, LWL, Verstärker und Empfänger letztendlich zwischen der elektrisch/optischen und optisch/elektrischen Schnittstelle erfolgt. Mit der Empfindlichkeit S_E der Photodiode, siehe 4.619 oder 4.626, in der Form

$$S_E = \frac{e\eta}{\hbar\omega_0} \tag{4.412}$$

und der Annahme $G >> 1$ ergibt sich zunächst

$$S_{sp} = \frac{\eta\, e\, G\, n_{sp}}{S_E}\,. \tag{4.413}$$

Ausgehend von der optischen Rauschbandbreite B_o in Hz, die näherungsweise mit der Bandbreite Δf_G des optischen Verstärkers übereinstimmt, kann für die durch spontane Emission bedingte Rauschleistung

$$P_{sp} = S_{sp} B_o \tag{4.414}$$

geschrieben werden. Das zeitgemittelte Rauschstromquadrat nach der Photodiode , quasi am elektrischen Ausgang des faseroptischen Verstärkers ergibt sich bei Reduktion der optischen Bandbreite B_o auf die elektrische Bandbreite B_e zu

$$\overline{i_{sp}^2} = (S_E P_{sp})^2 \frac{B_e}{B_o} = S_E^2 S_{sp}^2 B_o B_e\,. \tag{4.415}$$

Wie in [4.2] näher beschrieben, ist die ASE Ursache weiterer Rauschsignale, die durch optische Überlagerung im Sinne einer Mischung hervorgerufen werden. Das sind als relevante Beiträge zum gesamten Rauschstromquadrat $\overline{i_n^2}$ das signal-spontane Mischrauschen

$$\overline{i_{s-sp}^2} = 2S_E^2 G P_S P_{sp} \frac{B_e}{B_o} = 4S_E^2 G P_s S_{sp} B_e B_o \tag{4.416}$$

und das spontan-spontane Mischrauschen

$$\overline{i_{sp-sp}^2} = 2S_E^2 S_{sp}^2 B_o B_e \,. \tag{4.417}$$

$$\overline{i_n^2} = \overline{i_{s-sp}^2} + \overline{i_{sp-sp}^2} \tag{4.418}$$

Damit erhält man für das Signal-Rauschverhältnis am Ausgang [4.2]:

$$SRV_{out} = \frac{\left(S_E G P_{s,in}\right)^2}{\overline{i_n^2}} = \frac{\left(G P_{s,in}\right)^2}{2S_{sp} B_e \left(2GP_{s,in} + S_{sp} B_o\right)} \tag{4.419}$$

$P_{S,in}$ ist dabei die eingangsseitige Signalleistung.

Zur Kennzeichnung des Eigenrauschens faseroptischer Verstärker definiert man die Rauschzahl F als Verhältnis der Signal-Rausch-Verhältnisse am Eingang SRV_{in} und Ausgang SRV_{out}:

$$F = \frac{SRV_{in}}{SRV_{out}} \,. \tag{4.420}$$

Das zugehörige logarithmische Maß ergibt sich aus:

$$F'/_{dB} = 10 \lg F \,. \tag{4.421}$$

SVR_{in} ist günstigstenfalls gegeben durch die optoelektronisch gewandelte Nutzleistung zur Quantenrauschleistung [4.2]:

$$SRV_{in} = \frac{\left(S_E P_{s,in}\right)^2}{2eS_E P_{s,in} B_e} \,. \tag{4.422}$$

Wird nur das signal-spontane Mischrauschen im Verstärker berücksichtigt, erhält man als Rauschzahl nach [4.2]:

$$F = \frac{2S_E S_{sp}}{eG} \,. \tag{4.423}$$

Mit 4.412 und 4.409 ergibt sich

$$F = 2n_{sp} \frac{G-1}{G} \approx 2n_{sp} \,. \tag{4.424}$$

Da das Minimum von $n_{sp} = 1$ ist, beträgt das theoretische Minimum der Rauschzahl

$$F_{min} = 2 \text{ bzw. } F' = 3dB \,. \tag{4.425}$$

4.4.2 1550 nm - Faserverstärker

4.4.2.1 Theorie der erbium-dotierten Faser

Energieschema von Er^{3+}-dotiertem Silikatglas. Im Bild 4-23 ist das vereinfachte Energieschema des erbium-dotierten Silikatglases dargestellt. Von großer Bedeutung für die Betriebseigenschaften des Faserverstärkers sind die beiden untersten Energieniveaus $^4I_{13/2}$ und $^4I_{11/2}$. Als Pumpwellenlänge spielen heute 0,98 µm und 1,48 µm eine Rolle, wobei nach [4.2] die Verstärkereffizienz bei der ersten 10,2 dB/mW und bei der zweiten, also 1,48 µm, 5,9 dB/mW beträgt. Man erkennt aus Bild 4-23, dass die Bänder verbreitert sind. Dadurch ergibt sich eine große Verstärkungsbandbreite (etwa 30 nm), und es sind nur geringe Pumpleistungen in der Größenordnung 10 mW notwendig. Den Signal-Wellenlängen lässt sich das Intervall 1,53 µm bis 1,56 µm zuordnen. Die Verstärkung von erbium-dotierten Faserverstärkern liegt in der Größenordnung 25...40 dB bei Faserlängen von 10...40 m [4.2].

Das Bild 4-24 zeigt das Absorptions- und Emissionsspektrum von erbium-dotiertem Silikatglas. Auf der Ordinate ist die Intensität *I* aufgetragen:.

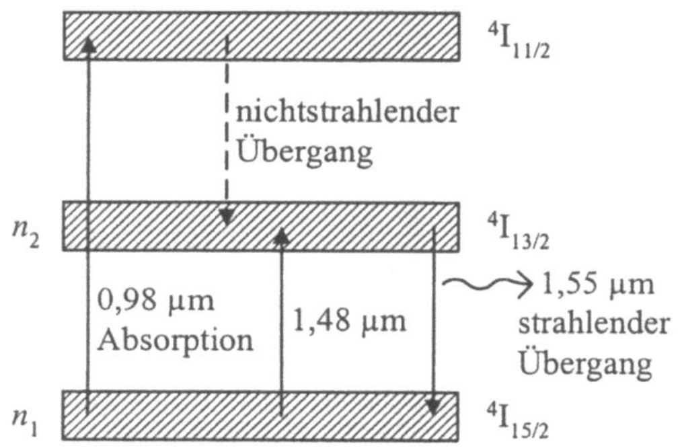

Bild 4-23 Energieschema von Er^{3+}-dotiertem Silikatglas

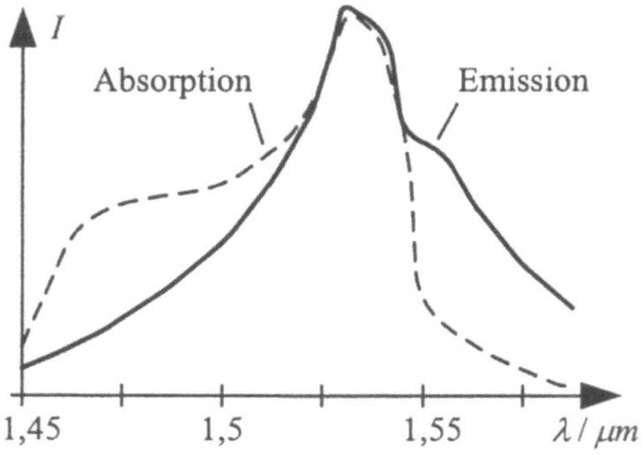

Bild 4-24 Emissions- und Absorptionsspektrum von Er^{3+}-dotiertem Silikatglas

Wirkungsquerschnitte. Für die exakte Beschreibung der Eigenschaften faseroptischer Verstärker sind die Berechnungsvorschriften der so genannten Wirkungsquerschnitte der Emissionen und Absorptionen von zentraler Bedeutung. Der Absorptions-Wirkungsquerschnitt $\sigma_a(\omega)$ kann in Übereinstimmung mit 4.426 direkt aus der Messung der erbium-induzierten Dämpfung $\alpha_{Er}(\omega)$ in dB/m bei der optischen Frequenz ω bestimmt werden. Es gilt nach [4.15]:

$$\sigma_a(\omega) = \frac{a_{Er}(\omega)}{2\pi \int\limits_0^{\rho_{dot}} \rho_{Er}(\rho)\, I(\omega,\rho)\, \rho\, d\rho\, \lg(e)\, dB} \qquad (4.426)$$

Darin bedeuten

$\rho_{Er}(\rho)$ die vom Radius ρ abhängige Erbium-Konzentration in der Querschnittsebene der erbium-dotierten Faser

ρ_{dot} Erbium-Dotierungsradius

$I(\omega,\rho)$ normierte LP_{01}-Modenintensität und

$e = 2{,}71828$ Eulersche Zahl.

Als Normierungsbedingung für die Modenintensität ist dabei

$$2\pi \int_0^{\rho_{dot}} I(\omega,\rho)\,\rho\, d\rho = 1 \tag{4.427}$$

gewählt [4.15]. Als Beispiel für die Anwendung von 4.427 betrachten wir die Normierung der Gauß-Funktion.

Beispiel 4.14: Normierung der LP_{01}-Modenintensität $I(\omega,\rho)$

Nach 4.283 gilt

$$\psi(\rho) = \frac{E_x}{\tilde{A}_1} = \exp\left[-\left(\frac{\rho}{w_0}\right)^2\right]. \tag{4.428}$$

Mit 4.272 wird

$$D_x = \varepsilon_0 n_1^2 E_x = \frac{-j\omega\varepsilon_0 n_1^3 \rho_K}{cU} A_1 \exp\left[-\left(\frac{\rho}{w_0}\right)^2\right]. \tag{4.429}$$

Aus der Definition

$$I(\omega,\rho) = D_x D_x^* \tag{4.430}$$

erhalten wir

$$I(\omega,\rho) = \frac{\omega^2 \varepsilon_0^2 n_1^6 \rho_K^2}{c^2 U^2} |A_1|^2 \exp\left[-\left(\frac{\rho}{w_0/\sqrt{2}}\right)^2\right]. \tag{4.431}$$

Laut 4.427 ergibt sich

$$\frac{2\pi\omega^2 \varepsilon_0^2 n_1^6 \rho_K^2 w_0^2}{2c^2 U^2} |A_1|^2 \int_0^\infty \exp\left[-\left(\frac{\rho}{w_0/\sqrt{2}}\right)^2\right] d\left[\left(\frac{\rho}{w_0/\sqrt{2}}\right)^2\right] = 1\,. \tag{4.432}$$

Mit

$$\int_0^\infty \exp\left[-\left(\frac{\rho}{w_0/\sqrt{2}}\right)^2\right] d\left[\left(\frac{\rho}{w_0/\sqrt{2}}\right)^2\right] = 1 \tag{4.433}$$

folgt aus 4.432:

$$|A_1|^2 = \frac{c^2 U^2}{\pi\omega^2 \varepsilon_0^2 n_1^6 \rho_K^2 w_0^2} \tag{4.434}$$

Damit erhalten wir die normierte LP_{01}-Modenintensität zu

$$I(\omega,\rho)=\frac{1}{\pi w_0^2}\exp\left[-\left(\frac{\rho}{w_0/\sqrt{2}}\right)^2\right]. \tag{4.435}$$

□

Der Wirkungsquerschnitt der Emission $\sigma_e(\omega)$ lässt sich durch Verstärkungsmessung von $g'(\omega)$ bestimmen. Nach [4.15] gilt:

$$\sigma_e(\omega)=\frac{g'(\omega)}{2\pi\int\limits_0^{\rho_{dot}}\rho_{Er}(\rho)\,I(\omega,\rho)\,\rho\,d\rho\cdot 10\lg(e)dB} \tag{4.436}$$

Darin ist $g'(\omega)$ der längenbezogene Verstärkungskoeffizient in dB/m.

Besetzungsdichten. Die Besetzungsdichten $n_1(\rho,\alpha,z)$ und $n_2(\rho,\alpha,z)$ im Grundzustand und im angeregten Zustand sind gegeben durch [4.15]:

$$n_1(\rho,\alpha,z)=\rho_{Er}(\rho)-n_2(\rho,\alpha,z) \tag{4.437}$$

$$n_2(\rho,\alpha,z)=\rho_{Er}(\rho)\frac{R_{pa}(\rho,\alpha,z)+W_{sa}(\rho,z)}{R_{pe}(\rho,\alpha,z)+R_{pa}(\rho,\alpha,z)+W_{se}(\rho,z)+W_{sa}(\rho,z)} \tag{4.438}$$

Darin ist $R_{pa}(\rho,\alpha,z)$ die Pumpabsorptionsrate mit

$$R_{pa}=\sigma_{pa}\sum_{\nu\mu}I_p^{\nu\mu}(\rho,\alpha,z)\frac{1}{\hbar\omega_p}. \tag{4.439}$$

σ_{pa} kennzeichnet den Wirkungsquerschnitt der Absorption bei der Pumpkreisfrequenz ω_p. Die Intensität des $LP_{\nu\mu}$-Pumpmodes kann in der Form

$$I_p^{\nu\mu}(\rho,\alpha,z)=P_p^{\nu\mu}(z)\left|E_p^{\nu\mu}(\rho,\alpha)\right|^2 \tag{4.440}$$

geschrieben werden. Darin ist $P_p^{\nu\mu}(z)$ die Pumpleistung des Modes $LP_{\nu\mu}$ am Ort z in der Faser.

Für die elektrische Feldstärke $E_p^{\nu\mu}(\rho,\alpha)$ gilt hier wie auch für alle anderen Modenfelder $E(\rho,\alpha)$ die Normierungsbedingung

$$\int\limits_0^{2\pi}\int\limits_0^{\infty}\left|E(\rho,\alpha)\right|^2\rho\,d\rho\,d\alpha=1. \tag{4.441}$$

Die Pumpemissionsrate $R_{pe}(\rho,\alpha,z)$ für die Pumpwellenlänge $\lambda_p=1480nm$ ist gegeben durch

$$R_{pe}(\rho,\alpha,z)=\sigma_{pe}\sum_{\nu\mu}I_p^{\nu\mu}(\rho,\alpha,z)\frac{1}{\hbar\omega_p}. \tag{4.442}$$

Darin ist σ_{pe} der Wirkungsquerschnitt der Emission bei $\lambda_p = 1480nm$. Für $\lambda_p = 980nm$ gilt $\sigma_{pe} = 0$ und damit $R_{pe}(\rho,\alpha,z) = 0$.

Die Signalemissions- und Signalabsorptionsrate W_{se} und W_{sa} lassen sich nach [4.15] aus der Signalleistung $P_s(z)$ und der Leistungsdichte der ASE $S_{ASE}(\omega,z)$ an der Stelle z bei der Kreisfrequenz ω bestimmen. Dabei ist $S_{ASE}(\omega,z)$ die Leistungsdichte für beide Polarisationen des Signal-Grundmodes. Bezeichnen $\sigma_e(\omega)$ und $\sigma_a(\omega)$ die Wirkungsquerschnitte für Emission und Absorption, ω_s die Signalkreisfrequenz und $I_s(\rho) = |E_s(\rho)|^2$ die mit 4.441 normierte Modenintensität des Signals, so gilt

$$W_{se}(\rho,z) = \left[\frac{\sigma_e(\omega_s)}{\hbar\omega_s} P_s(z) + \frac{1}{2\pi}\int_0^\infty \frac{\sigma_e(\omega)}{\hbar\omega} S_{ASE}(\omega,z)\,d\omega\right] I_s(\rho) \tag{4.443}$$

$$W_{sa}(\rho,z) = \left[\frac{\sigma_a(\omega_s)}{\hbar\omega_s} P_s(z) + \frac{1}{2\pi}\int_0^\infty \frac{\sigma_a(\omega)}{\hbar\omega} S_{ASE}(\omega,z)\,d\omega\right] I_s(\rho) \tag{4.444}$$

Die spontane Emission wird sowohl in Vorwärtsrichtung ($S^+_{ASE}(\omega,z)$) als auch in Rückwärtsrichtung ($S^-_{ASE}(\omega,z)$) entlang der LWL-Achse verstärkt. Das totale Leistungsdichtespektrum der ASE ergibt sich deshalb aus

$$S_{ASE}(\omega,z) = S^+_{ASE}(\omega,z) + S^-_{ASE}(\omega,z)\,. \tag{4.445}$$

Die spontane Emissionsrate A_e ist durch die Lebensdauer (*radiative lifetime*) τ bzw. durch das Spektrum des Wirkungsquerschnittes bei Emission $\sigma_e(\omega)$ in der Form

$$A_e = \frac{1}{\tau} = \left(\frac{n}{\pi c}\right)^2 \int_0^\infty \omega^2 \sigma_e(\omega)\,d\omega \tag{4.446}$$

gegeben [4.15]. Dabei ist n die Kernbrechzahl und c die Lichtgeschwindigkeit in Vakuum.

Leistungsverteilung entlang der erbium-dotierten Faser. Bevor Gleichungen zur Ermittlung der Leistungsverteilung angegeben werden, sollen die Berechnungsvorschriften der Leistungsdichtespektren $S^-_{ASE}(\omega,z)$ und $S^+_{ASE}(\omega,z)$ angegeben werden. Für sie gelten die folgenden Differentialgleichungen [4.15].

$$\frac{dS^-_{ASE}(\omega,z)}{dz} = -2\hbar\omega\gamma_e(\omega,z) - [\gamma_e(\omega,z) - \gamma_a(\omega,z)]S^-_{ASE}(\omega,z) \tag{4.447}$$

$$\frac{dS^+_{ASE}(\omega,z)}{dz} = -2\hbar\omega\gamma_e(\omega,z) + [\gamma_e(\omega,z) - \gamma_a(\omega,z)]S^+_{ASE}(\omega,z) \tag{4.448}$$

Emissions- und Absorptionsfaktor $\gamma_e(\omega,z)$ und $\gamma_a(\omega,z)$ sind dabei bestimmt durch die Wirkungsquerschnitte von Emission und Absorption sowie das Überlappungsintegral zwischen den jeweiligen Besetzungsdichten und der Modenintensität des Signals:

$$\gamma_e(\omega,z) = \sigma_e(\omega) \int_0^{2\pi} \int_0^{\rho_{dot}} n_2(\gamma,\alpha,z) I_s(\rho)\, \rho\, d\rho\, d\alpha\,, \tag{4.449}$$

$$\gamma_a(\omega,z) = \sigma_a(\omega) \int_0^{2\pi} \int_0^{\rho_{dot}} n_1(\gamma,\alpha,z) I_s(\rho)\, \rho\, d\rho\, d\alpha\,. \tag{4.450}$$

Das in positiver z-Richtung verstärkte Signal erhalten wir aus

$$\frac{dP_s(z)}{dz} = [\gamma_e(\omega_s,z) - \gamma_a(\omega_s,z)] P_s(z)\,. \tag{4.451}$$

Die Leistungsänderung der $LP_{\nu\mu}$-Moden ist gegeben durch

$$\frac{dP_p^{\nu\mu}(z)}{dz} = a_p^{\nu\mu}(z) P_p^{\nu\mu}(z)\,. \tag{4.452}$$

Bei Verwendung der Pumpwellenlängen $\lambda_p = 980nm$ und $\lambda_p = 1480nm$ lässt sich der Pumpabsorptionsfaktor $a_p^{\nu\mu}(z)$ durch 4.453 darstellen.

$$\begin{aligned} a_p^{\nu\mu}(z) = &-F \int_0^{2\pi} \int_0^{\rho_{dot}} \left| E_p^{\nu\mu}(\rho,\alpha) \right|^2 \sigma_{pa}(\omega_p) n_1(\rho,\alpha,z)\, \rho\, d\rho\, d\alpha \\ &+F \int_0^{2\pi} \int_0^{\rho_{dot}} \left| E_p^{\nu\mu}(\rho,\alpha) \right|^2 \sigma_{pe}(\omega_p) n_2(\rho,\alpha,z)\, \rho\, d\rho\, d\alpha \end{aligned} \tag{4.453}$$

Für die Ausbreitung der Pumpleistung des jeweiligen Modes in Signalrichtung ist $F = 1$ und entgegen der Signalrichtung $F = -1$ zu schreiben. Bei $\lambda_p = 980nm$ gilt $\sigma_{pe} = 0$ und bei $\lambda_p = 1480nm$ ist $\sigma_{pe} \neq 0$. Leider sind die Gleichungen 4.447, 4.448, 4.451 und 4.52 nicht analytisch lösbar. Im allgemeinen Fall verwendet man deshalb zur exakten Lösung des angegebenen Gleichungssystems numerische Methoden. Eine andere Möglichkeit zur Verstärkeranalyse bieten Näherungsmethoden, wie sie im Unterabschnitt 4.4.2.2 dargestellt sind.

4.4.2.2 Näherungsmethoden zur Verstärkeranalyse

Rauschzahl. Zur näherungsweisen Ableitung der Rauschzahl eines erbium-dotierten Faserverstärkers setzen wir ein kohärentes Eingangssignal und eine infinitesimal kleine Bandbreite um die Signal- bzw. Mittenfrequenz $\omega_s = \omega_0$ voraus. Letzteres wird durch ein schmalbandiges Filter am Ausgang des Faserverstärkers erreicht. Die Varianz V_s der Signalleistung kann aus:

$$\frac{dV_s(z)}{dz} = 2[\gamma_e(\omega,z) - \gamma_a(\omega,z)] V_s(z) + [\gamma_e(\omega,z) + \gamma_a(\omega,z)] P_s(z) \tag{4.454}$$

bestimmt werden [4.15], wenn die Signalleistung $P_s(z)$ als Lösung von 4.451 bekannt ist.

Für ein kohärentes Eingangssignal, d.h. $V_s(0) = P_s(0)$ und der Länge L des Faserverstärkers folgt für die Rauschzahl

$$F = \frac{[P_s(0)]^2 / V_s(0)}{[P_s(L)]^2 / V_s(L)} = P_s(0) \frac{V_s(L)}{[P_s(L)]^2} . \qquad (4.455)$$

Mit 4.451, 4.454 und 4.455 kann F auch durch

$$F = \int_0^L \frac{\gamma_e(\omega_s, z) + \gamma_a(\omega_s, z)}{P_s(z)} P_s(0)\, dz + 1 \qquad (4.456)$$

dargestellt werden [4.15].

Nach der Methode in [4.15] lässt sich ein Zusammenhang zwischen der Rauschzahl F und der spektralen Leistungsdichte der sich in Vorwärtsrichtung ausbreitenden ASE angeben. Dazu definiert man wie folgt:

$$p(z) = \hbar\omega_s \left[\frac{V_s(z)}{P_s(z)} - 1 \right] . \qquad (4.457)$$

Unter Verwendung von 4.451 und 4.454 erhalten wir mit 4.457 die Differentialgleichung

$$\frac{dp(z)}{dz} = \hbar\omega_s \frac{V_s(z)}{P_s(z)} [\gamma_e(\omega, z) - \gamma_a(\omega, z)] + \hbar\omega_s [\gamma_e(\omega, z) + \gamma_a(\omega, z)] . \qquad (4.458)$$

Durch Kombination von 4.457 und 4.458 ergibt sich

$$\frac{dp(z)}{dz} = [\gamma_e(\omega, z) - \gamma_a(\omega, z)] p(z) + 2\hbar\omega_s \gamma_e(\omega, z) . \qquad (4.459)$$

Nun wird 4.459 mit 4.448 verglichen. Weil sowohl $p(z)$ als auch $S^+_{ASE}(\omega, z)$ bei $z = 0$ verschwinden, gilt

$$S^+_{ASE}(\omega_s, L) = p(L) = \hbar\omega_s \left[\frac{V_s(L)}{P_s(L)} - 1 \right] . \qquad (4.460)$$

Daraus folgt mit 4.455:

$$F = \frac{1}{G} \left[\frac{S^+_{ASE}(\omega_s, L)}{\hbar\omega_s} + 1 \right] \qquad (4.461)$$

Für die Verstärkung gilt dabei $G = P_s(L)/P_s(0)$.

Beispiel 4.15: Berechnung des theoretischen Minimums der Rauschzahl eines faseroptischen Verstärkers

Mit $\quad S^+_{ASE}(\omega_s, L) = 2S_{sp} = 2(G-1)\hbar\omega_s n_{sp} \qquad (4.462)$

bei gleichmäßiger Anregung beider Polarisationen wird aus 4.461

$$F = \frac{1}{G} [(G-1) 2n_{sp} + 1] \approx 2n_{sp} = 2 \qquad (4.463)$$

für $G >> 1$ und $n_{sp} = 1$ sowie $\omega_0 = \omega_s$.

Man erkennt die Übereinstimmung von 4.463 und 4.425. □

Um das Rauschverhalten erbium-dotierter Faserverstärker qualitativ einordnen zu können, werden im nachfolgenden Beispiel 4.16 aus Näherungen für die Rauschzahl F Diagramme entwickelt.

Beispiel 4.16: Rauschzahl erbium-dotierter Faserverstärker als Funktion der Länge und der normierten Ausgangsleistung

- Rauschzahl als Funktion der Länge des Faserverstärkers:

  Unter den Voraussetzungen $P_{out} << P_S$ und $G \approx G_0 = \exp(g_0 L)$ ergibt sich aus dem linken Teil von 4.463:

$$F \approx 2n_{sp}\frac{\exp(g_0 L)-1}{\exp(g_0 L)} + \exp(-g_0 L) \tag{4.464}$$

  Mit den typischen Werten $n_{sp} \approx 2$ aus 4.464 und $g_0 \approx 0{,}2\,m^{-1}$ erhalten wir das Bild 4-25a. Es stellt sich Sättigungsverhalten der Rauschzahl F mit zunehmender Länge L des Faserverstärkers im Kleinsignalbetrieb ($P_{out} << P_S$) ein.

- Rauschzahl als Funktion der normierten Ausgangsleistung des Faserverstärkers:

  Aus $G = G_0 \exp\left[-\frac{G-1}{G}\frac{P_{out}}{P_S}\right]$ folgt

$$\frac{P_{out}}{P_S} = \frac{G}{G-1}\ln\left(\frac{G_0}{G}\right). \tag{4.465}$$

  und mit

$$F = \frac{1}{G}\left[(G-1)2n_{sp}+1\right] \tag{4.466}$$

  erhalten wir die Darstellung von 4.465 und 4.466 im Bild 4-25b mit $n_{sp} \approx 2$ und $G_0 = 100$.

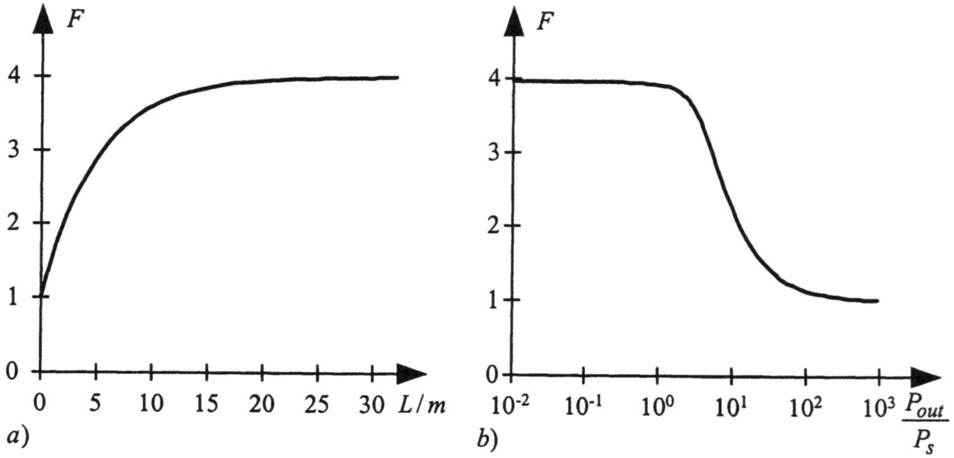

Bild 4-25 Rauschzahl als Funktion der Länge (a) und Rauschzahl als Funktion der normierten Ausgangsleistung (b) □

Methode der äquivalenten Bandbreite. Die Idee dieser Methode ist die Beschreibung der ASE mit nur einer Differentialgleichung [4.15]. Aus 4.447 und 4.448 folgt durch Integration über die Kreisfrequenz ω und Ersatz des Leistungsdichtespektrums der ASE durch die Leistung $P^{\pm}_{ASE}(z)$ in positiver (+) bzw. in negativer (-) z-Richtung

$$\frac{dP^{\pm}_{ASE}(z)}{dz} = \pm g_s(z) P^{\pm}_{ASE}(z) \pm 2B\hbar\omega_s\, a(z) \tag{4.467}$$

Der lokale Verstärkungskoeffizient $g_s(z)$ wird bei der Signalmittenfrequenz ω_s genommen und ergibt sich aus

$$g_s(z) = \int_0^{2\pi}\int_0^{\rho_{dot}} I_s(\rho)\left[\sigma_e(\omega_s) n_2(\rho,\alpha,z) - \sigma_a(\omega_s) n_1(\rho,\alpha,z)\right]\rho\, d\rho\, d\alpha\,. \tag{4.468}$$

Ebenso ist der Emissionsfaktor $a(z)$ des LP_{01}-Modes bei der Frequenz ω_s definiert [4.15]:

$$a(z) = \sigma_e(\omega_s) \int_0^{2\pi}\int_0^{\rho_{dot}} I_s(\rho) n_2(\rho,\alpha,z)\,\rho\, d\rho\, d\alpha\,. \tag{4.469}$$

Der Hauptparameter dieser vereinfachten Beschreibung ist jedoch die äquivalente Bandbreite der spontanen Emission mit der Definition

$$B = \frac{\frac{1}{2\pi}\int_{-\infty}^{\infty}\sigma_e(\omega)\,d\omega}{\sigma_e(\omega_s)} \tag{4.470}$$

Im Bild 4-26 ist $2\pi B$ als eine Seite zu dem zu $\int_{-\infty}^{\infty}\sigma_e(\omega)\,d\omega$ flächengleichen Rechteck $2\pi B\cdot\sigma_e(\omega_s)$ eingetragen.

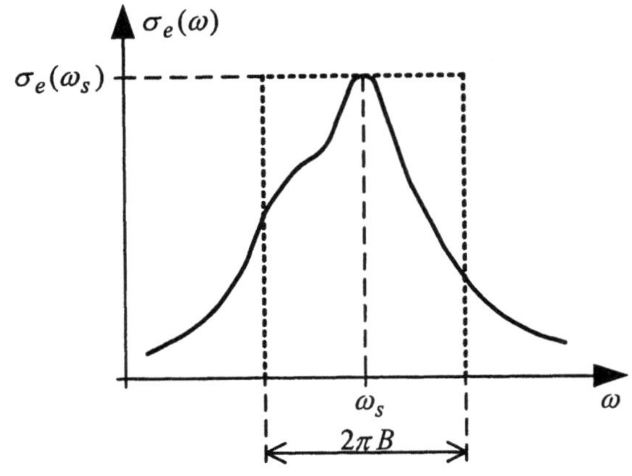

Bild 4-26 Zur äquivalenten Bandbreite der spontanen Emission

Der typische Wert der äquivalenten Bandbreite liegt bei $B \approx 7\,THz$, und der Maximalwert des Wirkungsquerschnittes der Emission beträgt $\sigma_e(\omega_s) \approx 7 \cdot 10^{-25} m^2$ [4.15].

Näherungsformeln für Verstärkung und optimale Länge. Die Verstärkung G als Funktion der Länge der aktiven Faser durchläuft ein Maximum. Das kann hier wie folgt erklärt werden.

Zunächst wächst die Verstärkung mit zunehmender Länge durch die Absorption der eingangsseitig eingespeisten Pumpleistung. Die Pumpleistung nimmt aber infolge des Austauschprozesses zwischen Pump- und Signalenergie mit zunehmender Länge ab. Nach einer optimalen Länge L_{opt} sinkt G wieder, weil die Faserdämpfung für $L > L_{opt}$ den Gewinn durch die geringer werdende Verstärkung immer stärker kompensiert. Bild 4-27 zeigt diesen Zusammenhang.

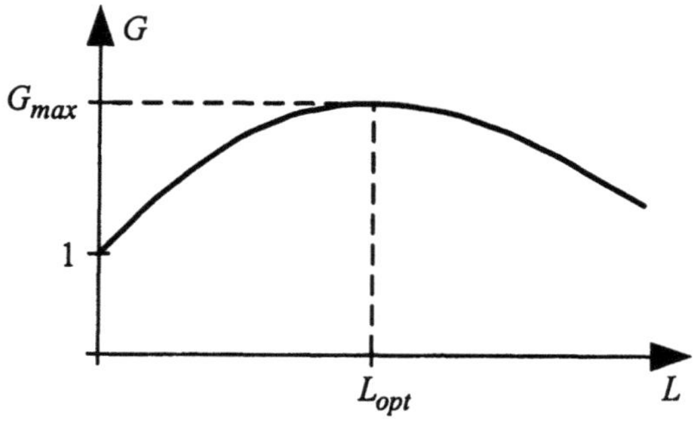

Bild 4-27 Verstärkung als Funktion der Länge

Den Verlauf der Verstärkung G erhält man näherungsweise aus [4.15]

$$\frac{P_{p,in}}{\hbar\omega_p}\left[1-\left(\frac{G}{G_{\max}}\right)^{\delta}\right] = \frac{P_{s,sat}}{\hbar\omega_s}\left[\alpha_s L + \ln(G)\right] + \frac{P_{s,in}}{\hbar\omega_s}(G-1). \tag{4.471}$$

Gleichung 4.471 gilt unter den Voraussetzungen, dass die Sättigung der Verstärkung durch ASE ignoriert werden kann und das Überlappungsintegral zwischen den Pumpmoden und dem Erbium-Dotierungsprofil leistungsunabhängig ist. Das kann bei genügend hohen Pumpleistungen oder einer begrenzten Erbium-Dotierung vorausgesetzt werden.

In 4.471 sind $P_{p,in}$ und $P_{s,in}$ die Eingangspumpleistung und die Eingangssignalleistung. Die Sättigungsleistung des Signals ist in 4.472 definiert.

$$P_{s,sat} = I_{s,sat} \frac{2\pi \int\limits_0^{\rho_{dot}} \rho_{Er}(\rho)\,\rho\, d\rho \int\limits_0^{2\pi}\int\limits_0^{\rho_{dot}} |E_s(\rho,\alpha)|^2 \rho\, d\rho\, d\alpha}{\int\limits_0^{2\pi}\int\limits_0^{\rho_{dot}} \rho_{Er}(\rho)|E_s(\rho,\alpha)|^2 \rho\, d\rho\, d\alpha} \tag{4.472}$$

Die Sättigungsintensität ist gegeben durch

$$I_{s,sat} = \frac{\hbar\omega_s}{[\sigma_e(\omega_s)+\sigma_a(\omega_s)]\tau}. \tag{4.473}$$

Dabei stellt τ die Lebensdauer der Teilchen im angeregten Zustand ($^4I_{13/2}$-Niveau) mit $\tau \approx 10ms$ dar. Weil τ mit 10 ms relativ groß ist, treten nichtlineare Effekte bei erbiumdotierten Faserverstärkern nur bei Signalfrequenzen $< 100\,Hz$ auf. Wird dieser Frequenzbereich vermieden, kann dieser optische Verstärker als linearer Verstärker angesehen werden [4.2].

Für die maximale Verstärkung G_{max} gilt:

$$G_{max} = \exp\left[\left(\frac{\alpha_p}{\delta} - \alpha_s\right) L_{opt}\right]. \tag{4.474}$$

Die in 4.474 auftretenden Kleinsignal-Absorptionskoeffizienten erhält man aus

$$\alpha_k = \rho_a(\omega_k) \frac{\int_0^{2\pi} \int_0^{\rho_{dot}} \rho_{Er}(\rho) |E_s(\rho,\alpha)|^2 \rho \, d\rho \, d\alpha}{\int_0^{2\pi} \int_0^{\rho_{dot}} |E_s(\rho,\alpha)|^2 \rho \, d\rho \, d\alpha}, \quad k \in \{s, p\}. \tag{4.475}$$

Schließlich beinhaltet δ das Verhältnis der Sättigungsleistungen $P_{s,sat}$ und $P_{p,sat}$.

$$\delta = \frac{P_{s,sat} / \hbar\omega_s}{P_{p,sat} / \hbar\omega_p} \tag{4.476}$$

Die Pumpsättigungsleistung $P_{p,sat}$ ist dabei gegeben durch

$$P_{p,sat} = I_{p,sat} \frac{2\pi \int_0^{\rho_{dot}} \rho_{Er}(\rho) \rho \, d\rho \int_0^{2\pi} \int_0^{\rho_{dot}} |E_p(\rho,\alpha)|^2 \rho \, d\rho \, d\alpha}{\int_0^{2\pi} \int_0^{\rho_{dot}} \rho_{Er}(\rho) |E_p(\rho,\alpha)|^2 \rho \, d\rho \, d\alpha} \tag{4.477}$$

mit

$$I_{p,sat} = \frac{\hbar\omega_p}{[\sigma_e(\omega_p) + \sigma_a(\omega_p)]\tau}. \tag{4.478}$$

Setzen wir nun eine Gauß-Approximation für den LP_{01}-Pumpmode in der Form

$$|E_p(\rho)|^2 = \frac{1}{\pi w_p^2} \exp\left[-\left(\frac{\rho}{w_p}\right)^2\right] \tag{4.479}$$

mit dem Modenfeldradius der Pump-Intensität w_p voraus, so lässt sich die von der Pumpleistung abhängige optimale Länge L_{opt} wie folgt bestimmen [4.15]:

$$L_{opt} = \int_{\kappa_{tr}}^{\kappa_{in}} \frac{d\kappa}{f_\kappa(\kappa)} = \int_{P_{p,tr}}^{P_{p,in}} f(P_p) \, dP_p. \tag{4.480}$$

Gleichung 4.480 gilt unter der Voraussetzung, dass sowohl Signal- als auch ASE-Leistungen im Verhältnis zur Pumpleistung vernachlässigbar sind. In 4.480 stellt κ die normierte Pumpleistung, κ_{tr} die normierte transparente Pumpleistung und κ_{in} die normierte Eingangspumpleistung dar.

$$\kappa = \frac{P_p(z)}{P_{p,th}}, \quad \kappa_{tr} = \frac{P_{p,tr}}{P_{p,th}}, \quad \kappa_{in} = \frac{P_{p,in}}{P_{p,th}} \tag{4.481}$$

Die Schwellenpumpleistung $P_{p,th}$, bei der die Verstärkung als Funktion der Pumpleistung $G = 1$ wird, ist gegeben durch

$$P_{p,th} = \frac{\pi w_p^2 \hbar \omega_p}{\left[\sigma_a(\omega_p) + \sigma_e(\omega_p)\right]\tau}. \tag{4.482}$$

$P_{p,th}$ ist im Bild 4-28 eingezeichnet.

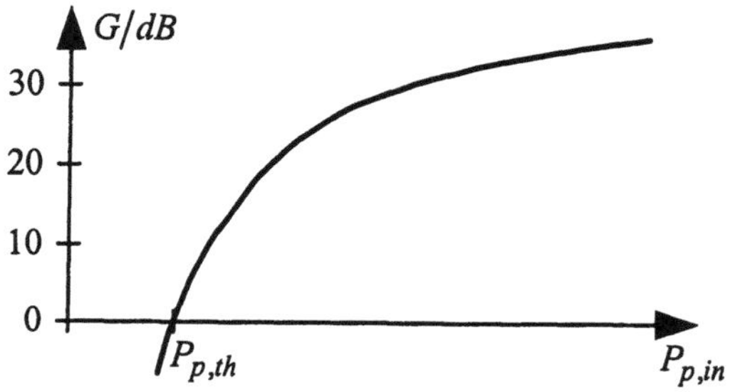

Bild 4-28 Verstärkung als Funktion der Eingangspumpleistung

Die transparente Pumpleistung $P_{p,tr}$ ist die am Ausgang des Faserverstärkers verbleibende Pumpleistung bei optimaler Länge. Sie kann über κ_{tr} im Falle der Gauß-Approximation des Pumpmodes aus

$$\int_0^{\left(\frac{\rho_{dot}}{w_s}\right)^2} \exp(-y) \frac{\left[\frac{\sigma_a(\omega_p)}{\sigma_a(\omega_p) - \sigma_e(\omega_p)} + \left(\frac{\sigma_a(\omega_p)}{\sigma_a(\omega_p) - \sigma_e(\omega_p)} - 1\right)\Gamma\right]\kappa_{tr} \exp(-qy) - \Gamma}{\kappa_{tr} \exp(-qy) + \Gamma} dy = 0 \tag{4.483}$$

bestimmt werden [4.15].

Dabei gilt

$$\Gamma = \frac{\sigma_a(\omega_s)}{\sigma_e(\omega_s)}, \quad q = \left(\frac{w_s}{w_p}\right)^2 \tag{4.484}$$

und w_s stellt den Modenfeldradius der Intensität des LP_{01}-Modes des Signals bei der Signalwellenlänge dar.

Der Integrand von 4.480 wird durch die Funktion $f_\kappa(\kappa)$ bestimmt.

$$
\begin{aligned}
f_\kappa(\kappa) = {} & \rho_{Er}\sigma_a(\omega_p)\left[1-\frac{\sigma_{ESA}(\omega_p)}{\sigma_a(\omega_p)-\sigma_e(\omega_p)}\ln\left[\frac{1+\kappa}{1+\kappa\exp\left(-\tau_p\right)}\right]\right] \\
& + \rho_{Er}\sigma_a(\omega_p)\frac{\sigma_{ESA}(\omega_p)}{\sigma_a(\omega_p)-\sigma_e(\omega_p)}\kappa\left[1-\exp\left(-\tau_p\right)\right]
\end{aligned}
\tag{4.485}
$$

Der Parameter τ_p ist durch den Dotierungsradius ρ_{dot} und den Modenfeldradius w_p der LP_{01}-Pumpintensität als $\tau_p = \left(\rho_{dot}/w_p\right)^2$ definiert. Die Größe $\sigma_{ESA}(\omega_p)$ kennzeichnet den Wirkungsquerschnitt bei Absorption der Pumpintensität mit der Pumpkreisfrequenz ω_p zwischen höheren Energiezuständen des Bändermodells der erbium-dotierten Faser. Dabei steht ESA für *excited state absorption*. Typische Werte sind $\sigma_{ESA}\left(\lambda_p = 980nm\right) \approx 2\cdot 10^{-25}m^2$ und $\sigma_{ESA}\left(\lambda_p = 1480nm\right) \approx 5\cdot 10^{-26}m^2$ [4.15].

4.4.2.3 Pumpen von EDFA

Aufbau erbium-dotierter Faserverstärker (EDFA). Den Aufbau erbium-dotierter Faserverstärker für verschiedene Pumpmöglichkeiten zeigt Bild 4-29. Bis auf den optischen Isolator, der durch den nach rechts gerichteten Pfeil dargestellt ist und den optischen Bandpass, sind die Schaltzeichen der Elemente Tabelle 7-1 zu entnehmen. Klassifiziert wird nach der Pumplicht-Ausbreitungsrichtung. Das Vorwärtspumpen in Signal-Ausbreitungsrichtung sorgt im Zusammenhang mit dem optischen Bandpass für geringes Rauschen (Bild 4-29a). Beim Rückwärtspumpen entgegengesetzt zur Signal-Ausbreitungsrichtung entsteht eine hohe Ausgangsleistung des Faserverstärkers (Bild 4-29b). Beidseitiges Pumpen im Bild 4-29c vereint beide Vorteile der vorher angegebenen Pumpverfahren. Als Pumplichtquelle wird eine Laserdiode verwendet. Der optische Isolator verhindert Rückwirkungen des Pumplichts auf die links von ihm befindlichen Baugruppen. Der optische Bandpass sorgt für eine signifikante Verringerung der durch ASE bedingten Rauschleistung $P_{ASE}^{+}(L)$. Die bisherigen Berechnungen zu faseroptischen Verstärkern bezogen sich also auf die Anordnung nach Bild 4-29a.

Wahl der Pumpwellenlänge. Stehen entsprechende Pumplaserdioden zur Verfügung, und nimmt man als Kriterien die Verstärkungseffizienz sowie die Rauscheigenschaften von faseroptischen Verstärkern, so ist der Pumpwellenlänge $\lambda_p \approx 980nm$ der Vorzug gegenüber $\lambda_p \approx 1480nm$ zu geben.

4.4.2.4 Temperaturabhängigkeit von Verstärkung und Rauschzahl

Messungen haben ergeben, dass die Temperaturabhängigkeit von Verstärkung und Rauschzahl im 980 nm-Pumpband nicht signifikant sind [4.15]. Die Situation ist etwas anders, wenn der faseroptische Verstärker mit $\lambda_p \approx 1480nm$ gepumpt wird. Dann ergeben sich die Verläufe für Verstärkung und Rauschzahl in Abhängigkeit von der Temperatur ϑ nach Bild 4-30. Die Verstärkungsänderung von ca. 1,5 dB kann mit Hilfe einer AGC (*automatic gain control*) ausgeglichen werden. Die Änderung der Rauschzahl mit der Temperatur ist nach Bild 4-30b sehr gering.

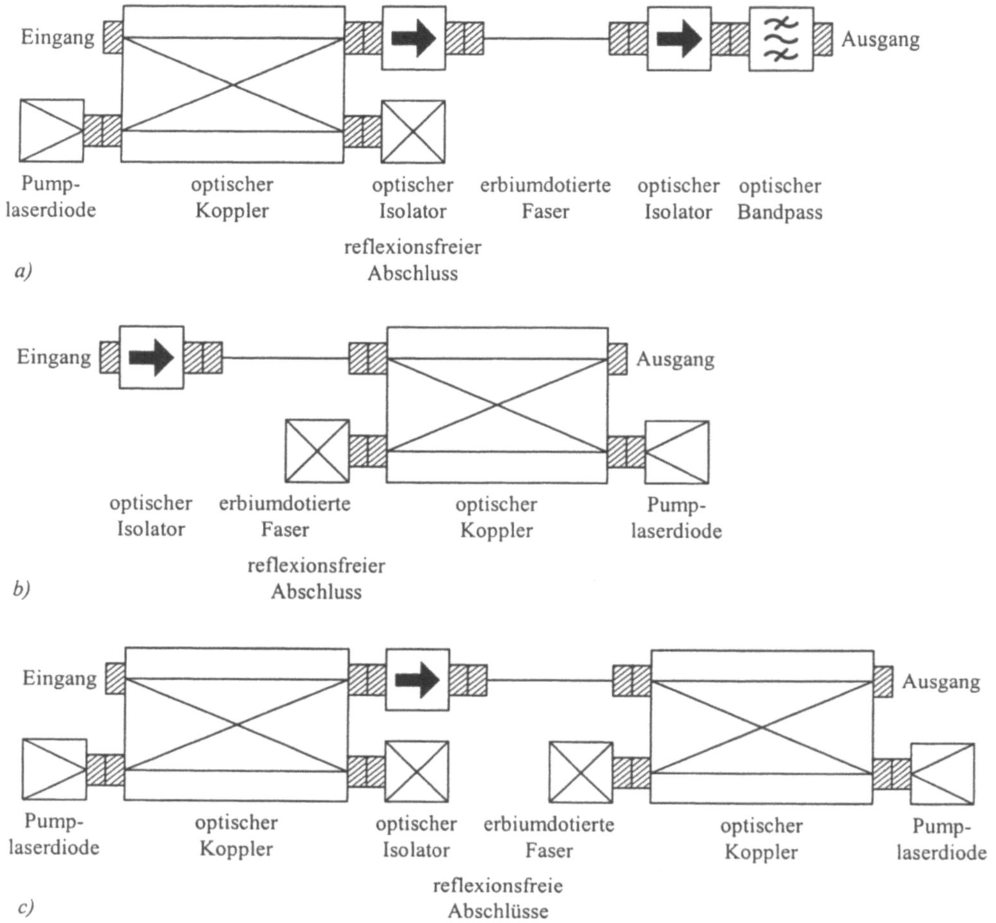

Bild 4-29 Pumpmöglichkeiten von EDFA
a) Vorwärtspumpen
b) Rückwärtspumpen
c) Beidseitiges Pumpen

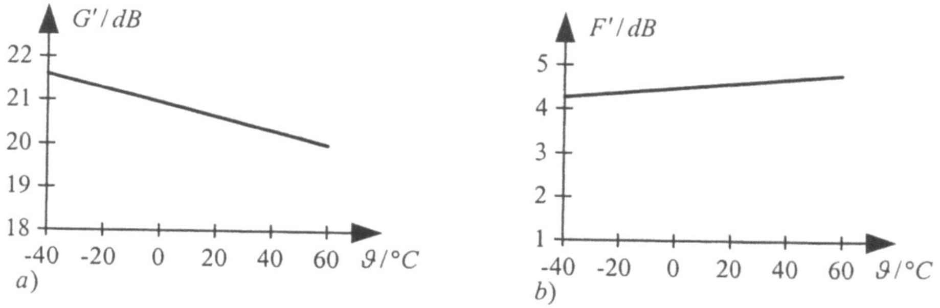

Bild 4-30 Temperaturabhängigkeit von Verstärkung (a) und Rauschzahl (b) [4.15]

4.4.3 1300 nm - Faserverstärker

4.4.3.1 Theorie der praseodymium-dotierten Faser

Energieschema von Pr^{3+}. Viele optische Nachrichtensysteme arbeiten im zweiten optischen Fenster bei 1,3 µm Wellenlänge. Die dafür benötigten Verstärker lassen sich auf der Grundlage von praseodymium-dotierten Fasern herstellen. Man spricht in diesem Zusammenhang von PDFA, d.h. *praseodymium-doped fiber amplifiers*. Bild 4-31 zeigt das Energieschema von Pr^{3+}. Gewünscht ist die 1310-nm-Emmision zwischen den Energieniveaus $^1G_4$ und $^3H_5$. Das Pumpen erfolgt häufig vom Niveau $^3H_4$ zu $^1G_4$ mit einer Wellenlänge von 1015 nm (GSA: *ground state absorption*). Die nicht strahlenden Übergänge sind gestrichelt eingezeichnet. Für die Theorie der praseodymium-dotierten Faser sind die Besetzungsdichten n_1 in $^3H_4$ und n_7 in $^1G_4$ relevant. Alle anderen Populationen können im jeweiligen Energieniveau näherungsweise Null gesetzt werden [4.15].

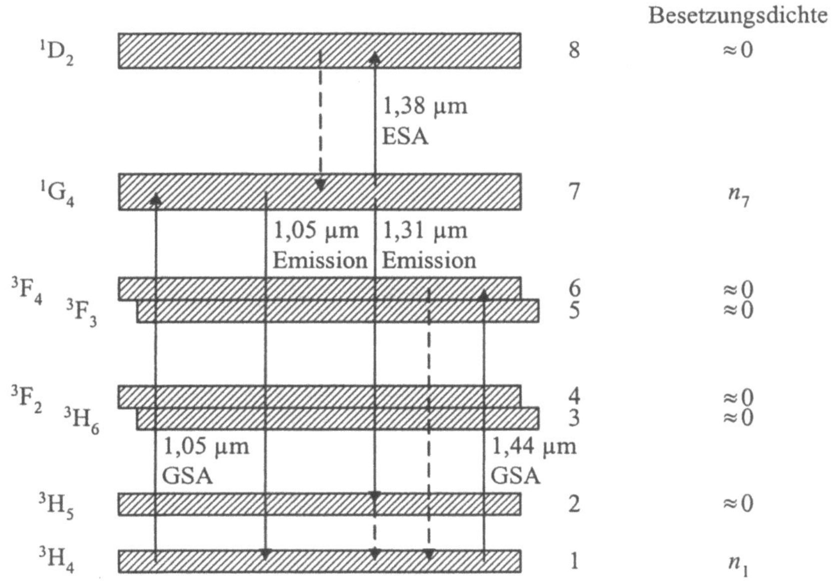

Bild 4-31 Energieschema von Pr^{3+} [4.15]

Besetzungsdichten. Die Besetzungsdichten $n_1(\rho, z)$ und $n_2(\rho, z)$ im Grundzustand und im angeregten Zustand sind gegeben durch [4.15]:

$$n_7(\rho,z) = \frac{\left(W_p^{abs} + W_{1050}^{abs}\right)\rho_{\mathrm{Pr}}(\rho)}{W_p^{abs} + W_p^{ems} + W_{1050}^{abs} + W_{1050}^{ems} + W_{SSE} + W_{1310}^{ems} + \frac{1}{\tau}} \tag{4.486}$$

$$n_1(\rho,z) + n_7(\rho,z) = \rho_{\mathrm{Pr}}(\rho), \tag{4.487}$$

mit den Raten

$$W_p^{abs}(\rho,z) = \frac{\sigma_{17}(\omega_p)}{\hbar\omega_p} P_p(z) \left|E(\rho,\omega_p)\right|^2 , \tag{4.488}$$

$$W_p^{ems}(\rho,z) = \frac{\sigma_{71}(\omega_p)}{\hbar\omega_p} P_p(z) \left|E(\rho,\omega_p)\right|^2 , \tag{4.489}$$

$$W_{SSE}(\rho,z) = \frac{\sigma_{72}(\omega_s)}{\hbar\omega_s} P_s(z,\omega_s) \left|E(\rho,\omega_s)\right|^2 , \tag{4.490}$$

$$W_{1050}^{abs}(\rho,z) = \frac{1}{2\pi} \int_0^\infty \frac{\sigma_{17}(\omega)}{\hbar\omega} \left(P_{1050}^+(z,\omega) + P_{1050}^-(z,\omega)\right) \left|E(\rho,\omega)\right|^2 d\omega , \tag{4.491}$$

$$W_{1050}^{ems}(\rho,z) = \frac{1}{2\pi} \int_0^\infty \frac{\sigma_{71}(\omega)}{\hbar\omega} \left(P_{1050}^+(z,\omega) + P_{1050}^-(z,\omega)\right) \left|E(\rho,\omega)\right|^2 d\omega , \tag{4.492}$$

$$W_{1310}^{ems}(\rho,z) = \frac{1}{2\pi} \int_0^\infty \frac{\sigma_{72}(\omega)}{\hbar\omega} \left(P_{1310}^+(z,\omega) + P_{1310}^-(z,\omega)\right) \left|E(\rho,\omega)\right|^2 d\omega , \tag{4.493}$$

Dabei steht *abs* für *Absorption, ems* für *Emission* und *SSE* für *source spontaneous emission.* $\rho_{Pr}(\rho)$ ist die radiale Verteilung der Pr^{3+}-Ionen. Die Lebensdauer des angeregten Energieniveaus $^1G_4$ der Pr^{3+}-Ionen im Silikatglas beträgt in der Größenordnung $\tau \approx 1\mu s$. $P_p(z)$ und $P_s(z,\omega_s)$ sind die Pump- und Signalleistung. $\left|E(\rho,\omega_p)\right|^2$ und $\left|E(\rho,\omega_s)\right|^2$ stellen die normierten Intensitäten des Pump- und Signal-Grundmodes dar. Mit $\left|E(\rho,\omega)\right|^2$ ist die normierte radiale und spektral abhängige Intensitätsverteilung des Grundmodes bezeichnet. $P_{1050}^+(z,\omega)$, $P_{1050}^-(z,\omega)$, $P_{1310}^+(z,\omega)$ und $P_{1310}^-(z,\omega)$ sind die spektral- und ortsabhängigen Leistungen pro s^{-1} der sich vorwärts (+) und rückwärts (-) ausbreitenden ASE im 1050-nm- und 1310-nm-Band. $\sigma_{17}(\omega)$, $\sigma_{71}(\omega)$ und $\sigma_{72}(\omega)$ stellen die Spektren der Wirkungsquerschnitte für die GSA, 1050-nm-Emission und 1310-nm-Emission dar. Sie können durch Gauß- oder Lorentz-Funktionen mit den Maximalwerten $\sigma_{17}(\omega_p)$, $\sigma_{71}(\omega_p)$ und $\sigma_{72}(\omega_s)$ approximiert werden.

Leistungsverteilungen. Für die Pumpleistung $P_p^\pm(z)$, die sich entweder in positive *z*-Richtung (+) oder in die entgegengesetzte Richtung (-) ausbreitet, gilt mit dem Dämpfungsfaktor $a_p(z)$:

$$\frac{dP_p^\pm(z)}{dz} = \pm a_p(z) P_p^\pm(z) , \tag{4.494}$$

$$a_p(z) = 2\pi \int_0^{\rho_{dot}} \left|E(\rho,\omega_p)\right|^2 \left[n_7(\rho,z)\sigma_{71}(\omega_p) - n_1(\rho,z)\sigma_{17}(\omega_p)\right] \rho \, d\rho . \tag{4.495}$$

In Analogie zu 4.494 gilt für die Signalleistung $P_s^\pm(z)$ mit dem Verstärkungsfaktor $g_s(z)$:

$$\frac{dP_s^\pm(z)}{dz} = \pm g_s(z) P_s^\pm(z) , \tag{4.496}$$

$$g_s(z) = 2\pi \int_0^{\rho_{dot}} |E(\rho,\omega_s)|^2 \left[n_7(\rho,z)\left(\sigma_{72}(\omega_s) - \sigma_{78}(\omega_s)\right) - n_1(\rho,z)\sigma_{16}(\omega_s)\right]\rho\, d\rho\,. \tag{4.497}$$

Für Leistungen pro s^{-1} infolge ASE gilt im 1050-nm-Band

$$\frac{dP_{1050}^{\pm}(z,\omega)}{dz} = \pm g_{1050}(z,\omega)\, P_{1050}^{\pm}(z,\omega) \pm 2\hbar\omega\, a_{1050}(z,\omega)\,, \tag{4.498}$$

$$g_{1050}(z,\omega) = 2\pi \int_0^{\rho_{dot}} |E(\rho,\omega)|^2 \left[n_7(\rho,z)\sigma_{71}(\omega) - n_1(\rho,z)\sigma_{17}(\omega)\right]\rho\, d\rho\,, \tag{4.499}$$

$$a_{1050}(z,\omega) = 2\pi\sigma_{71}(\omega) \int_0^{\rho_{dot}} |E(\rho,\omega)|^2 n_7(\rho,z)\,\rho\, d\rho \tag{4.500}$$

und im 1310-nm-Band

$$\frac{dP_{1310}^{\pm}(z,\omega)}{dz} = \pm g_{1310}(z,\omega)\, P_{1310}^{\pm}(z,\omega) \pm 2\hbar\omega\, a_{1310}(z,\omega)\,, \tag{4.501}$$

$$g_{1310}(z,\omega) = 2\pi \int_0^{\rho_{dot}} |E(\rho,\omega)|^2 \left[n_7(\rho,z)\left(\sigma_{72}(\omega) - \sigma_{78}(\omega)\right) - n_1(\rho,z)\sigma_{16}(\omega)\right]\rho\, d\rho\,, \tag{4.502}$$

$$a_{1310}(z,\omega) = 2\pi\sigma_{72}(\omega) \int_0^{\rho_{dot}} |E(\rho,\omega)|^2 n_7(\rho,z)\,\rho\, d\rho\,. \tag{4.503}$$

Damit sind alle Gleichungen, die zum Modell des PDFA gehören, angegeben [4.15]. Die Ermittlung der Lösung dieses Gleichungssystems unterliegt ähnlichen Schwierigkeiten wie beim EDFA.

4.4.3.2 Verstärkung des PDFA

Überlappungsfaktoren. Zur Angabe von Formeln für die Kleinsignalverstärkung des PDFA werden die Überlappungsfaktoren F, F_p und F_s nach 4.504 benötigt.

$$\begin{aligned} F &= 1 - \exp\left[-2\rho_k^2 \left(\frac{w_s^2 + w_p^2}{w_s^2\, w_p^2}\right)\right] \\ F_p &= 1 - \exp\left(-\frac{2\rho_k^2}{w_p^2}\right) \\ F_s &= 1 - \exp\left(-\frac{2\rho_k^2}{w_s^2}\right) \end{aligned} \tag{4.504}$$

F kennzeichnet die Überlappung zwischen Pump- und Signalmode sowie dem Kern der praseodymium-dotierten Faser. F_p und F_s sind ein Maß für die Überlappung zwischen dem Faserkern und entweder der Feldverteilung des Pump- oder Signalmodes.

Kleinsignalverstärkung als *low pump solution*. In diesem Fall wird für 4.505 vorausgesetzt, dass die Pumpleistung nicht ausreicht, um den Grundzustand im Bändermodell von Pr^{3+} signifikant zu entvölkern. Für Pr^{3+}-Fasern mit homogener Dotierung im Kern ergibt sich [4.15]:

$$G_{Lp} = 4{,}343 \frac{\sigma_s \tau}{\hbar\omega_p} \frac{1}{A} \frac{2\rho_k^2}{w_s^2 + w_p^2} \frac{F}{F_p} P_p^{abs} \, dB \tag{4.505}$$

G_{Lp} ist die Kleinsignalverstärkung, P_p^{abs} die absorbierte Pumpleistung, A die Kernquerschnittsfläche, w_s und w_p sind die Modenfeldradien der Feldverteilung des Signal- und Pumpmodes. σ_s stellt den Wirkungsquerschnitt der Emission bei der Signalkreisfrequenz ω_s dar und τ ist die Lebensdauer im höheren Laserniveau.

Kleinsignalverstärkung als *high pump solution*. Die Lösung für die Kleinsignalverstärkung G_{Hp} setzt voraus, dass die Besetzungsdichte im höheren Laserniveau ungefähr Eins ist, wenn man sie auf ρ_{Pr} normiert. In diesem Fall muss die Pumpintensität so groß sein, dass alle Pr^{3+}-Ionen angeregt sind.

Es gilt dann [4.15]:

$$G_{Hp} = 4{,}343 \frac{\sigma_s \tau}{\hbar\omega_p} \frac{F_s}{A} P_p^{abs} \, dB \tag{4.506}$$

Für Pumpleistungen kleiner 1W erhält man jedoch durch G_{Lp} eine gute Approximation der Verstärkung.

4.5 Optischer Koppler

Aufbau. Optische Koppler, genauer Richtkoppler, bestehen gemäß Bild 4-32 z.B. aus zwei monomodigen LWL, die über die Strecke L im Abstand s parallel verlaufen. Zwischen den beiden LWL mit dem Kernradius ρ_k kommt es zum Leistungsaustausch auf Grund der sich überlappenden Felder.

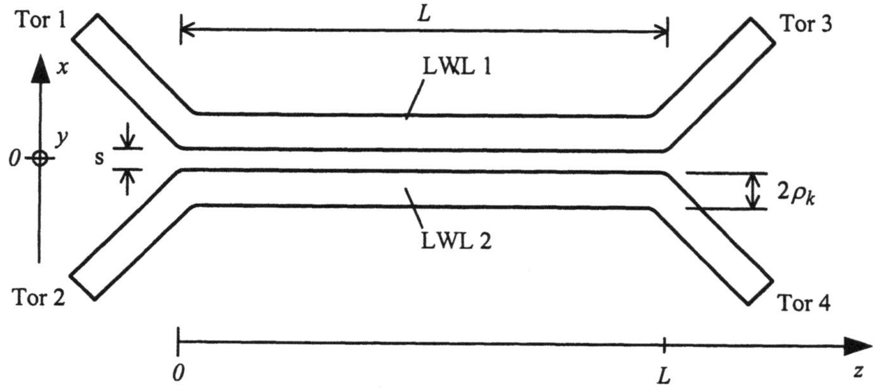

Bild 4-32 Aufbau eines optischen Kopplers

Theorie der Supermoden. Die Theorie der Supermoden [4.17] wird hier zur Ableitung der Verschiebungsflussdichtegleichungen des 3dB-Richtkopplers verwendet. Ein 3dB-Koppler ist dadurch gekennzeichnet, dass bei einseitiger Einspeisung, z.B. am Tor 1, die Leistungen an den Toren 3 und 4 gleich groß sind und damit der Hälfte der eingespeisten Leistung entsprechen. Dazu können gaußförmige normierte transversale Feldverteilungen für die schwach führenden Monomode-LWL gemäß Bild 4-33a angenommen werden. Für den Parameter a gilt dabei

$$a = 1 + \frac{s}{2\rho_k}. \tag{4.507}$$

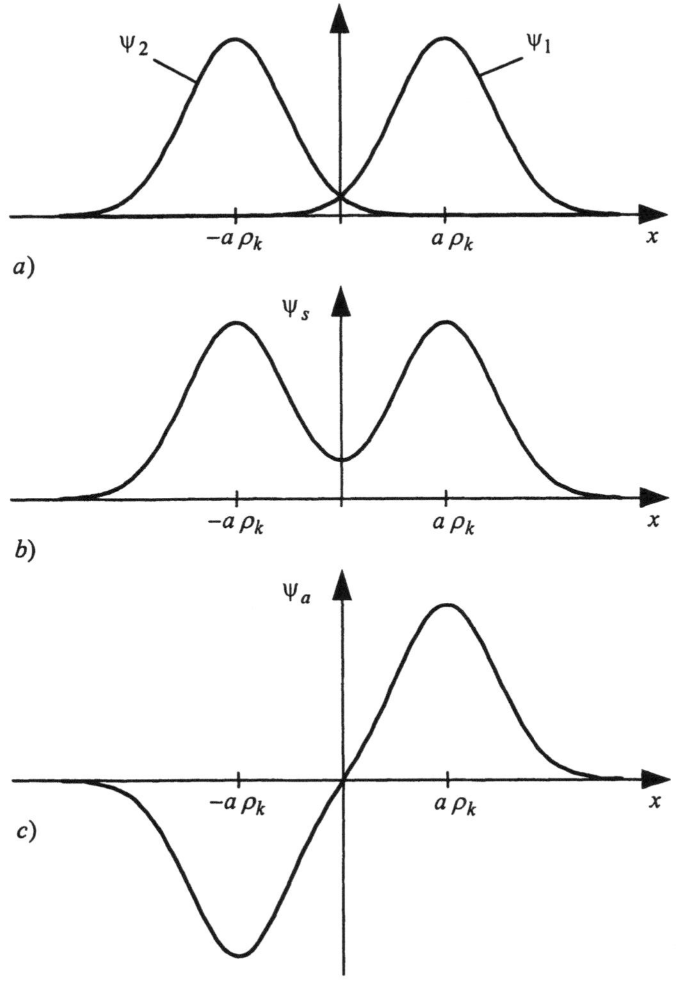

Bild 4-33 Zur Theorie der Supermoden

a) transversale Feldverteilungen in den runden Monomode-LWL für $z = y = 0$

b) symmetrischer Supermode $\psi_s \sim \psi_1 + \psi_2$ für $z = y = 0$

c) antisymmetrischer Supermode $\psi_a \sim \psi_1 - \psi_2$ für $z = y = 0$

Für ψ_1 und ψ_2 gilt:

$$\psi_1 = \exp\left[-\frac{(x - a\rho_k)^2 + y^2}{w_0^2}\right], \tag{4.508}$$

$$\psi_2 = \exp\left[-\frac{(x + a\rho_k)^2 + y^2}{w_0^2}\right]. \tag{4.509}$$

Die Feldverteilungen 4.508 und 4.509 lassen sich nun durch die orthogonalen und ungekoppelten Verteilungen ψ_s und ψ_a für den symmetrischen Supermode s und den antisymmetrischen Supermode a nach den Bildern 4.33b und c darstellen. Diese Supermoden

$$\psi_s \sim \psi_1 + \psi_2, \quad \Psi_a \sim \Psi_1 - \Psi_2 \tag{4.510}$$

breiten sich mit den Phasenkonstanten β_s und β_a in positiver z-Richtung aus. Dadurch kommt es an der Stelle $z = L$ zu den relativen Phasenverschiebungen

$$\phi_{s,a} = \beta_{s,a} L. \tag{4.511}$$

Für die Amplituden der elektrischen Feldstärken der Supermoden kann man schreiben

$$E_{s,a}(z) = E_{s,a}(z = 0)\exp(-j\phi_{s,a}). \tag{4.512}$$

An den Eingängen gilt für die Amplituden E_{1in} und E_{2in}

$$E_{1in} \sim E_s(z = 0) + E_a(z = 0), \tag{4.513}$$

$$E_{2in} \sim E_s(z = 0) - E_a(z = 0). \tag{4.514}$$

An den Ausgängen folgt entsprechend

$$E_{3out} \sim E_s(z = L) + E_a(z = L), \tag{4.515}$$

$$E_{4out} \sim E_s(z = L) - E_a(z = L). \tag{4.516}$$

Aus 4.511 bis 4.516 erhalten wir

$$\begin{pmatrix} E_{3out} \\ E_{4out} \end{pmatrix} = \begin{pmatrix} \dfrac{\exp(-j\phi_s) + \exp(-j\phi_a)}{2} & \dfrac{\exp(-j\phi_s) - \exp(-j\phi_a)}{2} \\ \dfrac{\exp(-j\phi_s) - \exp(-j\phi_a)}{2} & \dfrac{\exp(-j\phi_s) + \exp(-j\phi_a)}{2} \end{pmatrix} \begin{pmatrix} E_{1in} \\ E_{2in} \end{pmatrix} \tag{4.417}$$

Mit der mittleren Phasenverschiebung ϕ_m und dem Koppelwinkel Θ_c nach

$$\phi_m = \frac{\phi_s + \phi_a}{2}, \quad \phi_s = \phi_m + \Theta_c, \quad \phi_a = \phi_m - \Theta_c \tag{4.418}$$

folgt

$$\begin{pmatrix} E_{3out} \\ E_{4out} \end{pmatrix} = \exp(-j\phi_m) \begin{pmatrix} \cos\Theta_c & -j\sin\Theta_c \\ -j\sin\Theta_c & \cos\Theta_c \end{pmatrix} \begin{pmatrix} E_{1in} \\ E_{2in} \end{pmatrix}. \tag{4.419}$$

Multipliziert man 4.419 mit einer einheitlichen Dielektrizitätskonstanten, so gilt die Gleichung auch für Verschiebungsflussdichten an den Innenseiten der eingangs- und ausgangsseitigen Grenzflächen des Kopplers.

Für der Koppelwinkel Θ_c gilt mit dem Koppelkoeffizienten σ,

$$\Theta_c = \sigma L\,. \tag{4.520}$$

Koppelkoeffizient. Der Koppelkoeffizient σ kann näherungsweise aus

$$\sigma \approx \frac{8\pi n_1 \Delta}{\lambda} \frac{\int\limits_{-\rho_k}^{\rho_k} \int\limits_{(a-1)\rho_k}^{(a+1)\rho_k} \psi_1 \psi_2 \, dx \, dy}{\int\limits_{-\infty}^{\infty} \int\limits_{-\infty}^{\infty} \psi^2 \, dx \, dy} \tag{4.521}$$

bestimmt werden. Dabei sind Δ die relative Brechzahldifferenz, ψ_1 und ψ_2 die Modenfeldverteilungen nach 4.508 und 4.509, und für die Feldverteilung ψ gilt

$$\psi = \exp\left[-\frac{x^2 + y^2}{w_0^2}\right], \tag{4.522}$$

wenn zylindrische Monomode-LWL mit schwacher Führung zum Aufbau des Richtkopplers Verwendung finden. In 4.521 steht im Zähler das Überlappungsintegral zwischen den Feldverteilungen ψ_1 und ψ_2 sowie dem stufenförmigen Brechzahlprofil, ausgedrückt durch $n_1\Delta$ bei vorausgesetzten schwach führenden Monomode-LWL. Im Nenner von 4.521 steht das Integral als modenleistungsproportionale Größe eines LWL des Kopplers. Im nachfolgenden Beispiel wird der Koppelkoeffizient σ für typische Werte abgeschätzt.

Beispiel 4.17: Abschätzung des Koppelkoeffizienten für einen symmetrischen verlustlosen Koppler aus schwach führenden runden Monomode-LWL mit stufenförmigem Brechzahlprofil

Daten: $a = 1{,}5$, $\rho_k \approx w_0 \approx 5\mu m$, $\lambda \approx 1{,}55\mu m$, $n_1\Delta \approx 10^{-3}$

Mit den Feldverteilungen 4.508 und 4.509 sowie 4.522 folgt:

$$\sigma \approx \frac{8\pi n_1 \Delta}{\lambda} \frac{\int\limits_{-w_0}^{w_0} \int\limits_{0,5w_0}^{2,5w_0} \psi_1 \psi_2 \, dx \, dy}{\int\limits_{-\infty}^{\infty} \int\limits_{-\infty}^{\infty} \psi^2 \, dx \, dy} \tag{4.523}$$

$$\int\limits_{-w_0}^{w_0} \int\limits_{0,5w_0}^{2,5w_0} \psi_1 \psi_2 \, dx \, dy = \exp\left(-a^2\right) \int\limits_{-w_0}^{w_0} \exp\left[-2\left(\frac{y}{w_0}\right)^2\right] dy \int\limits_{0,5w_0}^{2,5w_0} \exp\left[-2\left(\frac{x}{w_0}\right)^2\right] dx \tag{4.524}$$

$$\int\limits_{-w_0}^{w_0} \exp\left[-2\left(\frac{y}{w_0}\right)^2\right] dy = w_0 \int\limits_0^2 \exp\left[-\frac{\upsilon^2}{2}\right] d\upsilon = 1{,}196 w_0 \tag{4.525}$$

$$\int\limits_{0,5w_0}^{2,5w_0} \exp\left[-2\left(\frac{x}{w_0}\right)^2\right] dy = \frac{w_0}{2} \int\limits_1^5 \exp\left[-\frac{\upsilon^2}{2}\right] d\upsilon = 0{,}199 w_0 \tag{4.526}$$

$$\int_{-\infty}^{\infty}\int_{-\infty}^{\infty}\psi^2\,dx\,dy=\int_{-\infty}^{\infty}\exp\left[-2\left(\frac{x}{w_0}\right)^2\right]dx\int_{-\infty}^{\infty}\exp\left[-2\left(\frac{y}{w_0}\right)^2\right]dy$$

$$=\frac{w_0^2}{4}\left[\int_{-\infty}^{\infty}\exp\left[-\frac{\upsilon^2}{2}\right]d\upsilon\right]^2=\frac{\pi}{2}w_0^2 \tag{4.527}$$

$$\sigma\approx\frac{16\cdot 10^{-3}\cdot\exp\left[-(1{,}5)^2\right]\cdot 1{,}196\cdot 0{,}199}{1{,}55\cdot 10^{-4}cm} \tag{4.528}$$

$$\underline{\underline{\sigma\approx 2{,}6cm^{-1}}}\,.$$ □

Intensitäten des 3dB-Kopplers. Für den Ortsverlauf der Intensitäten in den LWL 1 und 2 des Kopplers kann bei einseitiger Einspeisung am Tor 1 folgendes angesetzt werden:

$$I_1(x,y,z)=I_1(z)\exp\left[-2\frac{(x-a\rho_k)^2+y^2}{w_0^2}\right] \tag{4.529}$$

$$I_1(z)=I_0\cos^2(\sigma z) \tag{4.530}$$

$$I_2(x,y,z)=I_2(z)\exp\left[-2\frac{(x+a\rho_k)^2+y^2}{w_0^2}\right] \tag{4.531}$$

$$I_1(z)=I_0\sin^2(\sigma z) \tag{4.532}$$

Dabei ist I_0 die am Tor 1 eingespeiste Intensität. Die z-Abhängigkeit der Intensitäten $I_1(z)$ und $I_2(z)$ nach 4.530 und 4.532 ergibt sich aus 4.519 mit $E_{2in}=0$ und Ersatz der Länge L durch die Variable z im Koppelwinkel Θ_c. Im Bild 4-33 ist die Gesamtintensität $I(x,y,z)$, normiert auf I_0, entsprechend

$$\frac{I(x,y,z)}{I_0}=\cos^2(\sigma z)\exp\left[-2\frac{(x-a\rho_k)^2+y^2}{w_0^2}\right]+\sin^2(\sigma z)\exp\left[-2\frac{(x+a\rho_k)^2+y^2}{w_0^2}\right] \tag{4.533}$$

mit den Werten aus Beispiel 4.17 bis zur Länge L, die sich aus der Bedingung für den 3dB-Koppler zu

$$\sigma L=\frac{\pi}{4} \tag{4.534}$$

$$L=\frac{\pi}{4\sigma}=\frac{\pi}{4\cdot 2{,}6}cm=0{,}3cm \tag{4.535}$$

ergibt, darstellt.

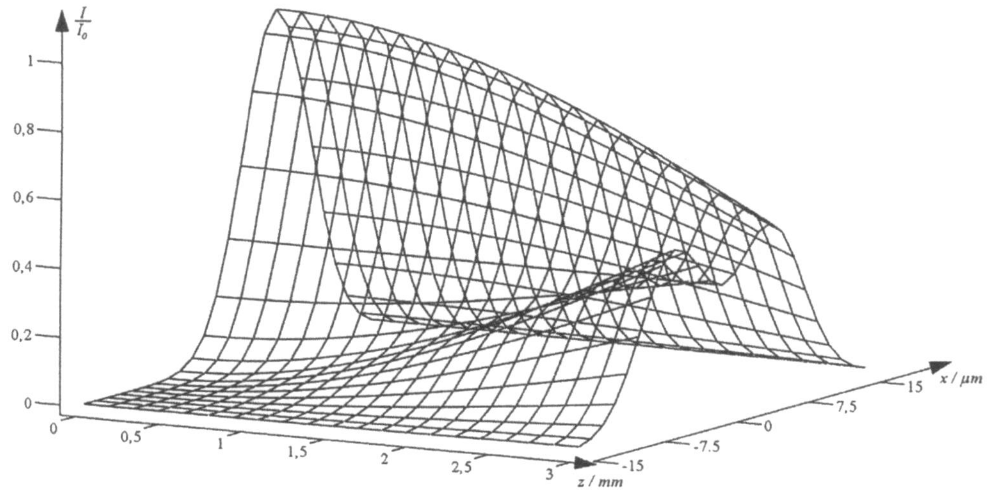

Bild 4-34 Normierte Intensität des 3dB-Kopplers als Funktion von x und z sowie $y = 0$

Aus Bild 4-34 erkennt man im Ansatz den Pendelvorgang der Energie zwischen den LWL's des Kopplers.

4.6 Polarisatoren

4.6.1 Normierte Darstellungen des Jones-Vektors

Standardform I. Bevor wir uns den linearen und elliptischen Polarisatoren zuwenden, werden normierte Darstellungen des Jones-Vektors eingeführt. Der allgemeine Jones-Vektor ist dabei durch

$$\vec{A} = \begin{pmatrix} A_x \exp(j\phi_x) \\ A_y \exp(j\phi_y) \end{pmatrix} \tag{4.536}$$

gegeben. Bei der Standardform I führt man durch Division durch $\exp(j\phi_x)$ die Phasendifferenz $-\psi = \phi_y - \phi_x$ ein und normiert mit der Konstanten C in der Form

$$C^2 \vec{A}'^* \vec{A} = 1 \tag{4.537}$$

Daraus ergibt sich die Konstante

$$C = \frac{1}{\sqrt{A_x^2 + A_y^2}}. \tag{4.538}$$

Der Jones-Vektor lautet dann

$$\vec{A}_\psi = \begin{pmatrix} \dfrac{A_x}{\sqrt{A_x^2 + A_y^2}} \\ \dfrac{A_y}{\sqrt{A_x^2 + A_y^2}} \exp(-j\psi) \end{pmatrix} \tag{4.539}$$

Mit Hilfe der Beziehungen

$$\sin\left(\arctan\frac{A_y}{A_x}\right) = \frac{A_y}{A_x\sqrt{1+\left(\dfrac{A_y}{A_x}\right)^2}}$$

und

$$\cot\left(\arctan\frac{A_y}{A_x}\right) = \frac{\cos\left(\arctan\dfrac{A_y}{A_x}\right)}{\sin\left(\arctan\dfrac{A_y}{A_x}\right)} = \frac{A_x}{A_y}$$

sowie

$$\beta = \arctan\frac{A_y}{A_x}$$

ergibt sich die Standardform I:

$$\vec{A}_\psi = \begin{pmatrix} \cos\beta \\ \sin\beta\exp(-j\psi) \end{pmatrix} \tag{4.540}$$

Dabei gilt für β und ψ:

$$0 \le \beta \le \frac{\pi}{2}, \quad -\pi < \psi < \pi \tag{4.541}$$

Bei der Standardform I ist die gesamte Phaseninformation nur in der y-Komponente enthalten.

Standardform II. Die Standardform II erhält man aus 4.540 durch Division beider Komponenten durch $\exp(j\psi/2)$.

$$\vec{A}_{\psi/2} = \begin{pmatrix} \cos\beta\exp(j\psi/2) \\ \sin\beta\exp(-j\psi/2) \end{pmatrix} \tag{4.542}$$

Bei $\vec{A}_{\psi/2}$ ist die Phaseninformation sowohl in der x- als auch in der y-Komponente des normierten Jones-Vektors enthalten.

4.6.2 Vorüberlegungen zur Ableitung der Jones-Matrizen von Polarisatoren

Voraussetzungen. Die Ableitung der Jones-Matrizen der linearen und elliptischen Polarisatoren in den Unterabschnitten 4.6.3 und 4.6.4 soll unter folgenden Voraussetzungen erfolgen:

1. Der Lichtstrahl fällt senkrecht auf die Stirnfläche des optischen Bauelementes.
2. Die Ausbreitungsrichtung des Lichtstrahls ist die positive z-Achse.

Physikalische Eigenschaften des Mediums, das der Lichtstrahl in optischen Bauelementen passiert. Es lässt sich zeigen, dass der ein optisches Medium passierender Jones-Vektor der Lichtwelle mit dem Faktor

$$\exp\left[-j\left(\frac{2\pi d}{\lambda}\right)(n-jk)\right] \tag{4.543}$$

skaliert wird. Hierbei sind n die Brechzahl, k die Absorptionszahl, λ die Wellenlänge und d die Entfernung, die das Licht im optischen Bauelement zurücklegt. Die Größe $(n-jk)$ ist die komplexe Brechzahl.

Durch Zerlegung von 4.543 in

$$\exp\left[-j\left(\frac{2\pi d}{\lambda}\right)(n-jk)\right]=\exp\left(-\frac{2\pi d}{\lambda}k\right)\exp\left(-j\frac{2\pi d}{\lambda}n\right) \tag{4.544}$$

erkennt man, dass sich der Skalierungsfaktor aus einem Dämpfungs- und einem Phasenterm zusammensetzt. Folglich wird beim Passieren des optischen Bauelementes die Lichtwelle durch Absorption und Phasenstellung beeinflusst.

4.6.3 Lineare Polarisatoren

Allgemeine Jones-Matrix. Man stelle sich zunächst ein optisches Bauelement vor, dessen optische Achsen parallel zu den x- und y-Koordinatenachsen liegen. Dann gilt mit dem Skalierungsfaktor 4.543, angewandt auf die x- und y-Richtung, die Transformationsbeziehung zwischen den Jones-Vektoren $\vec{A}_{in}$ und $\vec{A}_{out}$ am Ein- und Ausgang des optischen Bauelementes

$$\vec{A}_{out}=\mathbf{J}(0)\,\vec{A}_{in} \tag{4.545}$$

und

$$\mathbf{J}(0)=\begin{pmatrix} N_x & 0 \\ 0 & N_y \end{pmatrix} \tag{4.546}$$

$$N_x=\exp\left[-j\left(\frac{2\pi d}{\lambda}\right)(n_x-jk_x)\right]$$

$$N_y=\exp\left[-j\left(\frac{2\pi d}{\lambda}\right)(n_y-jk_y)\right]$$

Mit n_x, n_y und k_x, k_y sind die Brechzahlen und Absorptionszahlen in x- und y-Richtung bezeichnet. Der Parameter (0) in $\mathbf{J}(0)$ bedeutet, dass keine Drehung der optischen Achsen bezogen auf die Koordinatenachsen existiert. Für beliebige Winkel Θ zwischen den optischen und Koordinatenachsen gilt mit der z-Koordinate als Drehachse

$$\begin{pmatrix} x' \\ y' \end{pmatrix}=\begin{pmatrix} \cos\Theta & \sin\Theta \\ -\sin\Theta & \cos\Theta \end{pmatrix}\begin{pmatrix} x \\ y \end{pmatrix} \tag{4.547}$$

Die Drehungsmatrix in 4.547 wird mit $\mathbf{D}(\Theta)$ bezeichnet.

Aus 4.546 ergibt sich bei Anwendung der Koordinatentransformation 4.547 die allgemeine Jones-Matrix im xyz-Koordinatensystem

$$\mathbf{J}(\Theta) = \mathbf{D}(-\Theta)\,\mathbf{J}(0)\,\mathbf{D}(\Theta) = \begin{pmatrix} N_x \cos^2\Theta + N_y \sin^2\Theta & (N_x - N_y)\cos\Theta\,\sin\Theta \\ (N_x - N_y)\cos\Theta\,\sin\Theta & N_x \sin^2\Theta + N_y \cos^2\Theta \end{pmatrix} \tag{4.548}$$

Beschreibung des linearen Polarisators. Der lineare Polarisator überträgt den Lichtstrahl in einer Ebene, in der der zugehörige elektrische Verschiebungsflussdichtevektor oszilliert. Diese Ebene enthält auch die Strahlenachse, und sie kann im Raum durch Drehung des Polarisators um die Strahlenachse verändert werden. Ist diese Polarisationsebene horizontal (vertikal) ausgerichtet, so spricht man vom horizontalen (vertikalen) Polarisator.

Jones-Matrix des linearen Polarisators. Den Ausgangspunkt für die Ableitung der Jones-Matrix linearer Polarisatoren bildet Gleichung 4.548. Der lineare Polarisator ist dadurch gekennzeichnet, dass er die Jones-Vektorkomponente, die parallel zu seiner optischen Achse liegt, passieren lässt und die dazu rechtwinklige Komponente absorbiert. Dieser Sachverhalt kann mit den Absorptionszahlen

$$k_x = 0 \text{ und } k_y \to \infty \tag{4.549}$$

ausgedrückt werden. Bei Berücksichtigung von 4.546 geht 4.548 über in

$$\mathbf{J}(\Theta) = \exp\left(-j\frac{2\pi d n_x}{\lambda}\right)\begin{pmatrix} \cos^2\Theta & \cos\Theta\,\sin\Theta \\ \cos\Theta\,\sin\Theta & \sin^2\Theta \end{pmatrix} \tag{4.550}$$

Schreibt man für

$$\exp\left(-j\frac{2\pi d n_x}{\lambda}\right) = \exp(-j\gamma n_x)$$

erhalten wir die spezielle Jones-Matrix $\mathbf{P}(\Theta)$ des linearen Polarisators

$$\mathbf{P}(\Theta) = \exp(-j\gamma n_x)\begin{pmatrix} \cos^2\Theta & \cos\Theta\,\sin\Theta \\ \cos\Theta\,\sin\Theta & \sin^2\Theta \end{pmatrix}. \tag{4.551}$$

Wie man aus Gleichung 4.551 erkennt, kann man die auftretende gemeinsame Phasenverschiebung $-\gamma n_x$ wegen $dn_x \neq 0$ nicht verhindern.

Das nachfolgende Beispiel behandelt die Wirkung horizontaler und vertikaler Polarisatoren auf horizontal polarisiertes Eingangslicht.

Beispiel 4.18: Horizontale und vertikale Polarisatoren

Jones-Matrix des horizontalen Polarisators:

$$\Theta = 0: \qquad \mathbf{P}(0) = \exp(-j\gamma n_x)\begin{pmatrix} 1 & 0 \\ 0 & 0 \end{pmatrix} \tag{4.552}$$

Jones-Matrix des vertikalen Polarisators:

$$\Theta = \frac{\pi}{2}: \qquad \mathbf{P}(0) = \exp(-j\gamma n_x)\begin{pmatrix} 0 & 0 \\ 0 & 1 \end{pmatrix} \tag{4.553}$$

Eingangsvektor horizontal polarisierten Lichtes:

$$\beta = \psi = 0: \quad \vec{A}_{\psi\, in} = \vec{A}_{\psi/2\, in} = \begin{pmatrix} 1 \\ 0 \end{pmatrix} \tag{4.554}$$

Ausgangsvektoren des horizontalen und vertikalen Polarisators:

$$\Theta = 0: \qquad \vec{A}_{\psi\, out} = \mathbf{P}(0)\,\vec{A}_{\psi\, in}$$

$$= \exp(-j\gamma n_x)\begin{pmatrix}1 & 0\\ 0 & 0\end{pmatrix}\begin{pmatrix}1\\ 0\end{pmatrix}$$

$$= \exp(-j\gamma n_x)\begin{pmatrix}1\\ 0\end{pmatrix} \tag{4.555}$$

$$= \exp(-j\gamma n_x)\vec{A}_{\psi\, in}$$

$$\Theta = \frac{\pi}{2}: \qquad \vec{A}_{\psi\, out} = \mathbf{P}(0)\,\vec{A}_{\psi\, in}$$

$$= \exp(-j\gamma n_x)\begin{pmatrix}0 & 0\\ 0 & 1\end{pmatrix}\begin{pmatrix}1\\ 0\end{pmatrix} \tag{4.556}$$

$$= \begin{pmatrix}0\\ 0\end{pmatrix}$$

Im Fall $\Theta = 0$ nach 4.555 erfährt der Eingangsvektor eine Phasendrehung $-\gamma n_x$ und bei $\Theta = \dfrac{\pi}{2}$ nach 4.556 wird das Eingangslicht vollständig absorbiert. □

4.6.4 Elliptische Polarisatoren

Beschreibung. Elliptische Polarisatoren sind die Verallgemeinerung der linearen Polarisatoren. Sie werden mit Hilfe der Eigenwerttheorie beschrieben. Dazu führen wir zunächst Definitionen ein. Danach folgen entsprechende Ableitungen mit dem Ziel der Aufstellung der Jones-Matrix elliptischer Polarisatoren.

Polarisationsvariable. Die Polarisationsvariable χ beschreibt einen Polarisationszustand durch die Kenngrößen $|e_x|$, $|e_x|$ und ϕ_x, ϕ_y bzw. ψ_x, ψ_y des Polarisationseinheitsvektors. Sie ist definiert durch

$$\chi = \frac{|e_y|}{|e_x|}\exp\left[j\left(\phi_y - \phi_x\right)\right] = \frac{|e_y|}{|e_x|}\exp\left[-j\left(\psi_y - \psi_x\right)\right] \tag{4.557}$$

und kann auch mit Hilfe des Erhebungswinkels Θ und des Elliptizitätswinkels η in der Form

$$\chi = \frac{\tan\Theta + j\tan\eta}{1 - j\tan\Theta\,\tan\eta} \tag{4.558}$$

berechnet werden [4.19].

Jones-Vektoren als Funktion der Polarisationsvariable. Der Jones-Vektor am Eingang $\vec{A}_{in}$ lässt sich darstellen in der Form

$$\vec{A}_{in} = \begin{pmatrix}A_{in\,u}\\ A_{in\,v}\end{pmatrix}. \tag{4.559}$$

Dabei bezeichnen A_{inu} und A_{inv} die komplexen Amplituden der zwei Projektionen der Basispolarisationszustände u und v auf $\vec{A}_{in}$. Typischerweise sind das zwei orthogonale lineare oder zirkulare Polarisationen.

Für die zugehörige Intensität von 4.559 gilt

$$\vec{A}_{in}^{\prime *}\vec{A}_{in} = A_{inu}^{*}A_{inu} + A_{inv}^{*}A_{inv} = A_{in}^{*}A_{in}\,. \tag{4.560}$$

Mit Hilfe der Polarisationsvariablen

$$\chi_{in} = \frac{A_{inv}}{A_{inu}} \tag{4.561}$$

lässt sich $\vec{A}_{in}$ nach 4.562 darstellen.

$$\vec{A}_{in} = \frac{A_{in}}{\left(1+\chi_{in}\chi_{in}^{*}\right)^{\frac{1}{2}}}\begin{pmatrix}1\\ \chi_{in}\end{pmatrix} \tag{4.462}$$

$$\begin{aligned} A_{in} &= A_{inu}\left[1+\left(A_{inv}^{*}A_{in} / A_{inu}^{*}A_{inu}\right)\right]^{\frac{1}{2}} \\ &= A_{in0}\exp\left(j\phi_{in}\right) \end{aligned}$$

Der Zusammenhang zwischen dem Ausgangsvektor $\vec{A}_{out}$ und dem Eingangsvektor $\vec{A}_{in}$ ist durch die zu ermittelnde Jones-Matrix beschreibbar (4.563).

$$\vec{A}_{out} = \mathbf{J}\vec{A}_{in}\,, \quad \mathbf{J} = \begin{pmatrix}J_{11} & J_{12}\\ J_{21} & J_{22}\end{pmatrix} \tag{4.563}$$

In Analogie zu 4.562 gilt

$$\vec{A}_{out} = \frac{A_{out}}{\left(1+\chi_{out}\chi_{out}^{*}\right)^{\frac{1}{2}}}\begin{pmatrix}1\\ \chi_{out}\end{pmatrix} \tag{4.564}$$

und

$$\chi_{out} = \frac{J_{22}\chi_{in}+J_{21}}{J_{12}\chi_{in}+J_{11}}\,, \tag{4.565}$$

$$A_{out} = \left(\frac{1+\chi_{out}\chi_{out}^{*}}{1+\chi_{in}\chi_{in}^{*}}\right)^{\frac{1}{2}}\left(J_{12}\chi_{in}+J_{11}\right)A_{in}\,. \tag{4.566}$$

Komplexe Amplituden-Transferfunktion. Diese Funktion beschreibt die Übertragung zwischen der komplexen Eingangsamplitude A_{in} und der komplexen Ausgangsamplitude A_{out}. Sie trägt die Abkürzung CATF für *Complex-Amplitude Transfer Function* und lautet

$$T(\chi_{in}) = \left(\frac{1+\chi_{out}\chi_{out}^{*}}{1+\chi_{in}\chi_{in}^{*}}\right)^{\frac{1}{2}}\left(J_{12}\chi_{in}+J_{11}\right) \tag{4.567}$$

Die CATF lässt sich in der Form

$$T(\chi_{in}) = T_A(\chi_{in}) \exp\left[jT_\phi(\chi_{in})\right] \tag{4.568}$$

mit der Amplituden-Transferfunktion (ATF) $T_A(\chi_{in})$ und der Phasen-Transferfunktion (PHTF) $T_\phi(\chi_{in})$ schreiben.

Verwendet man für A_{out} und A_{in} die Polarkoordinatenformen

$$A_{out} = A_{out0} \exp(j\phi_{out})$$

und

$$A_{in} = A_{in0} \exp(j\phi_{in})$$

folgt

$$T_A(\chi_{in}) = \frac{A_{out0}}{A_{in0}}, \quad \phi_{out} = T_\phi(\chi_{in}) + \phi_{in} \; . \tag{4.569}$$

Eigenwertproblem des elliptischen Polarisators. Aus 4.565 ergeben sich zunächst mit $\chi_{out} = \chi_{in} = \chi_e$ die so genannten Eigenpolarisationen

$$\chi_{e_{1,2}} = \frac{1}{2J_{12}}\left\{(J_{22} - J_{11}) \pm \left[(J_{22} - J_{11})^2 + 4J_{12}J_{21}\right]^{\frac{1}{2}}\right\} \tag{4.570}$$

Die Eigenwerte $\gamma_{e_{1,2}}$ kann man aus der Bedingung

$$\gamma_{e_{1,2}} = T(\chi_{e_{1,2}}) = J_{12}\chi_{e_{1,2}} + J_{11} \tag{4.571}$$

aus Gleichung 4.567 oder alternativ mit

$$\mathbf{J}\vec{A}_e = \gamma \vec{A}_e \tag{4.572}$$

errechnen. Man erhält

$$\gamma_{e_{1,2}} = \frac{1}{2}\left\{(J_{22} + J_{11}) \pm \left[(J_{22} - J_{11})^2 + 4J_{12}J_{21}\right]\right\} \tag{4.573}$$

Diese Eigenwerte $\gamma_{e_{1,2}}$ können in 4.572 eingesetzt werden, und es ergeben sich die Eigenvektoren

$$\vec{A}_{e_1} = \begin{pmatrix} 1 \\ \chi_{e_1} \end{pmatrix}, \quad \vec{A}_{e_2} = \begin{pmatrix} 1 \\ \chi_{e_2} \end{pmatrix}. \tag{4.574}$$

Aus den Gleichungen 4.570, 4.571 und 4.573 errechnet man die Matrizenelemente der Jones-Matrix:

$$\begin{aligned} J_{11} &= \frac{\gamma_{e_2}\chi_{e_1} - \gamma_{e_1}\chi_{e_2}}{\chi_{e_1} - \chi_{e_2}}, \qquad & J_{12} &= \frac{\gamma_{e_1} - \gamma_{e_2}}{\chi_{e_1} - \chi_{e_2}}, \\ J_{21} &= \frac{-\chi_{e_1}\chi_{e_2}}{\chi_{e_1} - \chi_{e_2}}(\gamma_{e_1} - \gamma_{e_2}), \qquad & J_{22} &= \frac{\gamma_{e_1}\chi_{e_1} - \gamma_{e_2}\chi_{e_2}}{\chi_{e_1} - \chi_{e_2}}. \end{aligned} \tag{4.575}$$

Beispiel 4.19: Idealer elliptischer Polarisator

Ein idealer elliptischer Polarisator besitzt zwei orthogonale Eigenpolarisationen χ_{et} und χ_{ee} mit der Orthogonalitätsbedingung

$$\chi_{et}\chi_{ee}^{*} = -1\,, \tag{4.576}$$

vergleiche 4.574.

Die Eigenpolarisation χ_{et} wird unverändert übertragen, der Index t steht für *transmitted*, und sie besitzt entsprechend 4.572 den Eigenwert γ_{et}=1. Die Eigenpolarisation χ_{ee} wird dagegen vollständig unterdrückt, der zweite Index e steht für *extinguished*, hierzu gehört der Eigenwert γ_{ee}=0. Durch Einsetzen von $\chi_{e_1} = \chi_{et}$, $\chi_{e_2} = \chi_{ee}$, $\gamma_{e_1} = \gamma_{et} = 1$, $\gamma_{e_2} = \gamma_{ee} = 0$ in 4.575 sowie Beachtung der Orthogonalitätsbedingung 4.576 erhalten wir für die Jones-Matrix

$$\mathbf{J} = \frac{1}{1+\chi_{et}\chi_{et}^{*}}\begin{pmatrix} 1 & \chi_{et}^{*} \\ \chi_{et} & \chi_{et}\chi_{et}^{*} \end{pmatrix} \tag{4.577}$$

Die kartesische Jones-Matrix ergibt sich aus 4.577 mit

$$\chi_{et} = \frac{\tan\Theta + j\tan\eta}{1 - j\tan\Theta\,\tan\eta}$$

zu

$$\begin{aligned} J_{11} &= \cos^2\Theta\,\cos^2\eta + \sin^2\Theta\,\sin^2\eta \\ J_{22} &= \sin^2\Theta\,\cos^2\eta + \cos^2\Theta\,\sin^2\eta \\ J_{12} &= J_{21}^{*} = (\cos\Theta\,\cos\eta + j\sin\Theta\,\sin\eta)(\sin\Theta\,\cos\eta + j\cos\Theta\,\sin\eta) \end{aligned} \tag{4.578}$$

In 4.578 ist die gemeinsame Phase nicht berücksichtigt. Bis auf den konstanten Phasenterm erhält man den linearen Polarisator aus der Bedingung eines verschwindenden Elliptizitätswinkel, d.h. η=0. □

4.7 Retarder

4.7.1 Elliptischer Retarder

Beschreibung. Ein optisches Bauelement heißt elliptischer Retarder, wenn seine Eigenpolarisationen $\chi_{e_1} = \chi_{ef}$ und $\chi_{e_2} = \chi_{es}$ orthogonal sind, d.h.

$$\chi_{ef}\chi_{es}^{*} = -1 \tag{4.579}$$

gilt sowie die Eigenwerte $\gamma_{e_1} = \gamma_{ef}$ und $\gamma_{e_2} = \gamma_{es}$ durch die Phasenfaktoren

$$\gamma_{ef} = \exp\left(j\frac{\delta}{2}\right), \quad \gamma_{es} = \exp\left(-j\frac{\delta}{2}\right) \tag{4.580}$$

gegeben sind. Die Größe δ nennt man relative Verzögerung und die Indizes *f/s* stehen für *fast/slow* im Sinne einer schnell bzw. langsam durch das Bauelement laufender Eigenpolarisation.

Jones-Matrix. Mit den Beziehungen für die Eigenwerte

$$\gamma_{ef} = \gamma_{es}^*, \quad \gamma_{ef}\gamma_{es} = 1 \tag{4.581}$$

und 4.575, 4.579 sowie 4.581 erhalten wir für die Jones-Matrix des elliptischen Retarders

$$\mathbf{J} = \frac{1}{1+\chi_{ef}\chi_{ef}^*}\begin{pmatrix} \exp\left(j\frac{\delta}{2}\right)+\chi_{ef}\chi_{ef}^*\exp\left(-j\frac{\delta}{2}\right) & 2j\chi_{ef}^*\sin\left(\frac{\delta}{2}\right) \\ 2j\chi_{ef}\sin\left(\frac{\delta}{2}\right) & \chi_{ef}\chi_{ef}^*\exp\left(j\frac{\delta}{2}\right)+\exp\left(-j\frac{\delta}{2}\right) \end{pmatrix} \tag{4.582}$$

Die Jones-Matrix **J** ist unitär, denn es gilt

$$J_{11} = J_{22}^*, \quad J_{12} = -J_{21}^*, \quad \det\mathbf{J} = 1 \tag{4.583}$$

4.7.2 Linearer und zirkularer Retarder

Einordnung. Der lineare und zirkulare Retarder sind Spezialfälle des elliptischen Retarders, wenn die allgemeine Form der Polarisationsvariablen

$$\chi_{ef} = \frac{\tan\Theta + j\tan\eta}{1 - j\tan\Theta\tan\eta} \tag{4.584}$$

in

$$\chi_{ef} = \tan\Theta \quad \text{(linearer Retarder)} \tag{4.585}$$

bzw.

$$\chi_{ef} = \tan\left(\eta + \frac{\pi}{4}\right)\exp(-j2\Theta) \quad \text{(zirkularer Retarder)} \tag{4.586}$$

spezialisiert wird.

Jones-Matrix des linearen Retarders. Mit 4.585 ergibt sich aus 4.582 folgende Jones-Matrix **L** für jeden beliebigen linearen Retarder, beschrieben durch den Erhebungswinkel Θ und die relative Verzögerung δ:

$$\mathbf{L} = \begin{pmatrix} \cos^2\Theta\exp\left(j\frac{\delta}{2}\right)+\sin^2\Theta\exp\left(-j\frac{\delta}{2}\right) & 2j\sin\Theta\cos\Theta\sin\left(\frac{\delta}{2}\right) \\ 2j\sin\Theta\cos\Theta\sin\left(\frac{\delta}{2}\right) & \sin^2\Theta\exp\left(j\frac{\delta}{2}\right)+\cos^2\Theta\exp\left(-j\frac{\delta}{2}\right) \end{pmatrix} \tag{4.587}$$

Beispiel 4.20: $\frac{\lambda}{4}$– und $\frac{\lambda}{2}$–Platte

Lineare Retarder werden Verzögerungsplatten genannt, wenn folgende relative Verzögerungen eingestellt werden:

$$\frac{\lambda}{4}\text{- Platte:} \quad \delta = \frac{\pi}{2} \tag{4.588}$$

$$\frac{\lambda}{2}\text{- Platte:} \quad \delta = \pi \tag{4.589}$$

Jones-Matrix der $\frac{\lambda}{4}$ – Platte für Θ=0:

$$\mathbf{L}_{\frac{\lambda}{4}} = \begin{pmatrix} \exp\left(j\frac{\pi}{4}\right) & 0 \\ 0 & \exp\left(-j\frac{\pi}{4}\right) \end{pmatrix} \tag{4.590}$$

Jones-Matrix der $\frac{\lambda}{2}$ – Platte für Θ=0:

$$\mathbf{L}_{\frac{\lambda}{2}} = \begin{pmatrix} j & 0 \\ 0 & -j \end{pmatrix} \tag{4.591}$$

□

4.8 Rotator

Beschreibung. Der optische Rotator dreht die Polarisationsebene linear polarisierten Eingangslichtes um dem Winkel αd. Dabei ist d die Dicke des Bauelementes und α der relative Absorptionskoeffizient nach 4.592.

$$\alpha = \frac{4\pi}{\lambda}\left(k_o - k_e\right) \tag{4.592}$$

In 4.592 bezeichnet λ die Wellenlänge, und k_o sowie k_e stellen die ordentliche bzw. außerordentliche Absorptionszahl für senkrecht bzw. parallel zur optischen Achse linear polarisiertes Licht dar.

Jones-Matrix. Die Jones-Matrix des Rotators ist durch

$$\mathbf{J_R} = \exp\left(-j\frac{2\pi nd}{\lambda}\right)\begin{pmatrix} \cos(\alpha d) & -\sin(\alpha d) \\ \sin(\alpha d) & \cos(\alpha d) \end{pmatrix} \tag{4.593}$$

gegeben. In 4.593 tritt zusätzlich zur Drehungsmatrix die gemeinsame Phase $2\pi nd/\lambda$ mit der mittleren Brechzahl n auf.

4.9 Optischer Isolator

Beschreibung. Der optische Isolator lässt das Licht in einer Richtung mit minimaler Dämpfung durch. In der anderen Richtung wird es mit maximaler Dämpfung gesperrt. Ein solches Bauelement kann mit Hilfe eines Polarisators und eines Rotators gemäß Bild 4-35 realisiert werden.

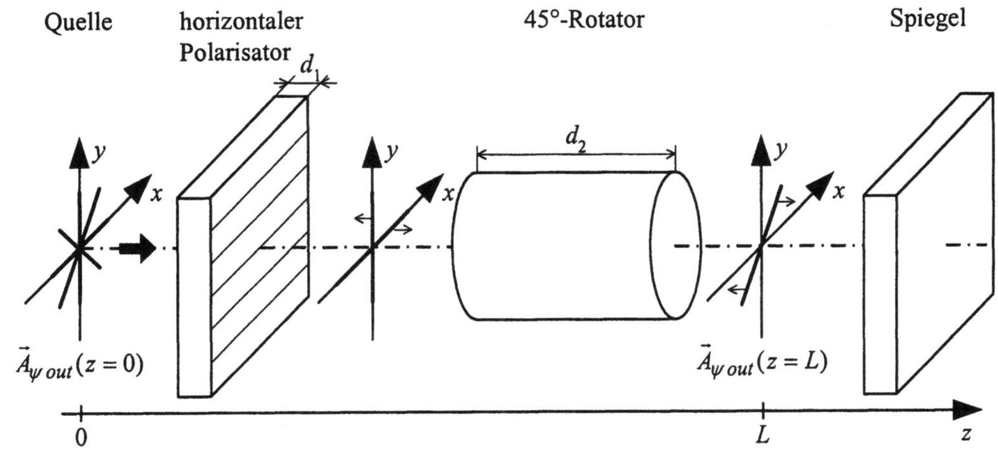

Bild 4-35 Optischer Isolator aus horizontalem Polarisator und 45°-Rotator

Mathematischer Nachweis des Funktionsprinzips. Wir berechnen zunächst den Ausgangs-Jones-Vektor $\vec{A}_{\psi\, out}(z=L)$ für die Übertragung horizontal polarisierten Quellenlichtes in positiver z-Richtung. Es gilt

$$\vec{A}_{\psi\, out}(z=L)=\exp\left[-j\frac{2\pi}{\lambda}\left(n_1 d_1+n_2 d_2\right)\right]\underbrace{\frac{1}{\sqrt{2}}\begin{pmatrix}1 & -1\\ 1 & 1\end{pmatrix}}_{\text{45°-Rotator}}\underbrace{\begin{pmatrix}1 & 0\\ 0 & 0\end{pmatrix}}_{\substack{\text{horizontaler}\\ \text{Polarisator}}}\underbrace{\begin{pmatrix}1\\ 0\end{pmatrix}}_{\substack{\text{horizontal}\\ \text{polarisiertes}\\ \text{Eingangslicht}}} \tag{4.594}$$

$$\vec{A}_{\psi\, out}(z=L)=\underbrace{\frac{\exp\left[-j\frac{2\pi}{\lambda}\left(n_1 d_1+n_2 d_2\right)\right]}{\sqrt{2}}\begin{pmatrix}1\\ 1\end{pmatrix}}_{\text{45°-linear-polarisiertes Ausgangslicht}} \tag{4.595}$$

Für die Übertragung in negativer z-Richtung muss das Vorzeichen z.B. der x-Komponente von 4.595, das jetzt das Eingangslicht wegen der Reflexion durch den Spiegel darstellt, gewechselt werden. Außerdem benötigt man die inverse Matrix des 45°-Rotators und die Pseudoinverse des horizontalen Polarisators. Die Pseudoinverse stimmt jedoch mit der entsprechenden Matrix für den horizontalen Polarisator in 4.594 überein. Die bei der Pseudoinversion auftretende homogene Lösung kann aus physikalischen Gründen Null gesetzt werden. Der Ausgangs-Jones-Vektor $\vec{A}_{\psi\, out}(z=0)$ entsprechend Bild 4-35 ergibt sich zu Null, wie 4.597 zeigt.

$$\vec{A}_{\psi\, out}(z=0)=\underbrace{\begin{pmatrix}1 & 0\\ 0 & 0\end{pmatrix}}_{\substack{\text{horizontaler}\\ \text{Polarisator}}}\underbrace{\frac{1}{\sqrt{2}}\begin{pmatrix}1 & 1\\ -1 & 1\end{pmatrix}}_{\text{45°-Rotator}}\underbrace{\frac{1}{\sqrt{2}}\begin{pmatrix}-1\\ 1\end{pmatrix}}_{\substack{\text{45°-linear}\\ \text{polarisiertes}\\ \text{Eingangslicht}}} \tag{4.596}$$

$$\vec{A}_{\psi\, out}(z=0)=\begin{pmatrix}1 & 0\\ 0 & 0\end{pmatrix}\begin{pmatrix}0\\ 1\end{pmatrix}=\begin{pmatrix}0\\ 0\end{pmatrix} \tag{4.597}$$

4.10 Photodiode

4.10.1 Eigenschaften

Überblick. Mit Photodioden werden die einfallenden Photonen in Elektronen-/Lochpaare gewandelt und erzeugen im Außenkreis einen elektrischen Strom, wenn sie in Sperrrichtung vorgespannt sind. Da die Photonen in regelloser Reihenfolge eintreffen, entstehen statistische Stromstöße im elektrischen Kreis, die zum so genannten Schrotrauschen führen. Bei der Absorption von Photonen der Energie $\hbar\omega$ gehen Elektronen vom Valenzband ins Leitungsband über. Dabei muss die Bedingung $\hbar\omega \geq W_g$ mit W_g als Energiedifferenz der Bandlücke des Halbleiters erfüllt sein.

Lichtintensität und Photostrom. Ausgangspunkt zur Erklärung des Zusammenhanges zwischen der Intensität des einfallenden Lichtes und dem Photostrom ist das quasimonochromatische Lichtfeld der elektrischen Verschiebungsflussdichte in der reellen Form

$$D(t) = D_0(t)\exp(j\omega_0 t) + D_0^*(t)\exp(-j\omega_0 t)\,. \tag{4.598}$$

Für quasimonochromatisches Licht wird eine spektrale Bandbreite $\Delta\omega$ angenommen, die klein ist gegenüber der Mittenfrequenz ω_0 ($\Delta\omega << \omega_0$). Der Photostrom $i_{ph}(t)$ ist proportional zum Betragsquadrat der im Vergleich zu $\exp(j\omega_0 t)$ langsam veränderlichen Verschiebungsflussdichte $D_0(t)$. Es gilt mit der Intensität $I(t)$:

$$i_{ph}(t) \sim |D_0(t)|^2 = I(t)\,. \tag{4.599}$$

Leistungsdichtespektrum des Photostromes. Zur Ableitung der spektralen Leistungsdichte des Photostromes gehen wir von seinem Spektrum als Fourier-Transformierte aus. Es gilt

$$I_{ph}(j\omega_m) = \int_{-\infty}^{\infty} i_{ph}(t)\exp(-j\omega_m t)\,dt\,, \tag{4.600}$$

$$i_{ph}(t) = 2\pi \int_{-\infty}^{\infty} I_{ph}(j\omega_m)\exp(j\omega_m t)\,d\omega_m\,. \tag{4.601}$$

Die Messung des Spektrums 4.600 kann nur innerhalb einer endlichen Integrationszeit T erfolgen. Mit $i_{ph}(t) = 0$ für $t \leq -T/2$ und $t \geq T/2$ ergibt sich

$$I_T(j\omega_m) = \int_{-T/2}^{T/2} i_{ph}(t)\exp(-j\omega_m t)\,dt\,. \tag{4.602}$$

Bei vorausgesetztem reellen Photostrom $i_{ph}(t)$ folgt

$$I_T^*(j\omega_m) = I_T(-j\omega_m)\,. \tag{4.603}$$

Der Photostrom fließt i.A. durch einen angeschlossenen Lastwiderstand R_L und erzeugt die Momentanleistung

$$p(t) = R_L\, i_{ph}^2(t)\,. \tag{4.604}$$

Der zeitliche Mittelwert der Leistung $\overline{P}$ ist mit 4.600 bis 4.604:

$$\begin{aligned}\overline{P} &= \frac{\mathrm{R_L}}{\mathrm{T}} \int_{-T/2}^{T/2} i_{ph}^2(t)\,dt \\ &= \frac{R_L}{2\pi T} \int_{-T/2}^{T/2} i_{ph}(t) \int_{-\infty}^{\infty} I_T(j\omega_m)\exp(j\omega_m t)\,d\omega_m\,dt \\ &= \frac{R_L}{2\pi T} \int_{-\infty}^{\infty} \left|I_T(j\omega_m)\right|^2 d\omega_m \\ &= \frac{2R_L}{2\pi T} \int_{0}^{\infty} \left|I_T(j\omega_m)\right|^2 d\omega_m \\ &= \frac{1}{2\pi} \int_{0}^{\infty} S_T(\omega_m)\,d\omega_m .\end{aligned} \tag{4.605}$$

Damit erhalten wir für das einseitige Leistungsdichtespektrum $S_T(\omega_m)$ innerhalb der Messzeit T:

$$S_T(\omega_m) = \frac{2R_L}{T}\left|I_T(j\omega_m)\right|^2 \tag{4.606}$$

Leistungsdichtespektrum zufälliger Impulsfolgen [4.20]. Der elektrische Photostrom $i_T(t)$ entsteht aus der Überlagerung der zeitlich veränderlichen Beiträge $i_e(t-t_i)$ mit statistisch verteilten Anfangszeitpunkten t_i, die jeweils von einem Photoelektron herrühren. Sie bilden eine zufällige Impulsfolge

$$i_T(t) = \sum_{i=1}^{N_T} i_e(t-t_i)\,. \tag{4.607}$$

Dabei stellt N_T die Gesamtzahl der Ereignisse im Beobachtungszeitraum T dar. Für die Fourier-Transformierte von 4.607 gilt

$$\begin{aligned}I_T(j\omega_m) &= \sum_{i=1}^{N_T} \int_{-\infty}^{\infty} i_e(t-t_i)\exp(-j\omega_m t)\,dt \\ &= \sum_{i=1}^{N_T} \exp(-j\omega_m t_i) \int_{-\infty}^{\infty} i_e(t)\exp(-j\omega_m t)\,dt \\ &= \sum_{i=1}^{N_T} \exp(-j\omega_m t_i) I_e(j\omega_m).\end{aligned} \tag{4.608}$$

Für das Betragsquadrat von 4.608 folgt

$$\begin{aligned}|I_T(j\omega_m)|^2 &= |I_e(j\omega_m)|^2 \sum_{i=1}^{N_T}\sum_{j=1}^{N_T} \exp\left[-j\omega_m\left(t_i - t_j\right)\right] \\ &= |I_e(j\omega_m)|^2 \left[N_T + \sum_{i=j}^{N_T}\sum_{j}^{N_T} \exp\left[-j\omega_m\left(t_i - t_j\right)\right]\right].\end{aligned} \tag{4.609}$$

Wir bilden nun den Ensemblemittelwert von 4.609 und nehmen an, dass es sich um eine große Zahl N_T von Elementarereignissen mit kleiner Dauer gegenüber der Beobachtungsdauer T handelt. Außerdem sollen die Anfangszeitpunkte t_i im Beobachtungszeitraum gleichverteilt sein. Dann kann der zweite Summand in 4.609 gegenüber N_T vernachlässigt werden. Man erhält

$$\left\langle |I_T(j\omega_m)|^2 \right\rangle = N_T \, |I_e(j\omega_m)|^2 \, . \tag{4.610}$$

Daraus folgt für das mittlere Leistungsdichtespektrum mit 4.606:

$$\langle S_T(\omega_m) \rangle = \frac{2R_L N_T}{T} |I_e(j\omega_m)|^2 \tag{4.611}$$

Aus 4.611 erkennt man, dass die mittlere spektrale Leistungsdichte proportional zur mittleren Zahl N_T/T der pro Zeiteinheit erzeugten Ladungsträger ist. Außerdem ist die Form des Leistungsdichtespektrums durch $|I_e(j\omega_m)|^2$ bestimmt.

Schrotrauschen. Ein wichtiger Rauschprozess, der auch in Photodioden auftritt, ist das Schrotrauschen. Es entsteht z.B. durch die Drift von Elektronen, die an der Kathode nach Bild 4-36 erzeugt werden und zur Anode wandern.

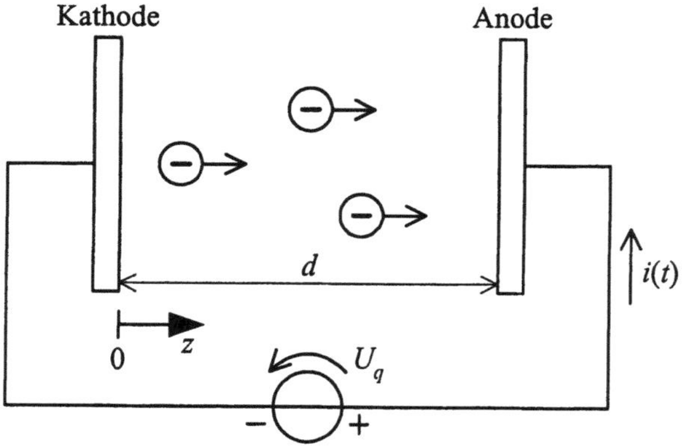

Bild 4.36 Drift von Elektronen zwischen Kathode und Anode in einem elektrischen Feld

Mit der Elementarladung e, dem Abstand d zwischen Anode und Kathode und der Driftgeschwindigkeit $v(t)$ wird im äußeren Kreis durch ein Elektron der Strom

$$i_e(t) = \frac{e}{d} v(t) \tag{4.612}$$

influenziert. Die mittlere Anzahl der pro Zeiteinheit erzeugten Ladungsträger N_T/T ergibt sich aus dem mittleren Gesamtstrom $\langle i(t)\rangle$ und der Elementarladung e zu

$$\frac{N_T}{T}=\frac{\langle i(t)\rangle}{e}. \tag{4.613}$$

Um das Leistungsdichtespektrum des Schrotrauschens angeben zu können, benötigen wir die Fourier-Transformierte von 4.612. Sie ergibt sich aus

$$I_e(j\omega_m)=\int_{-\infty}^{\infty} i_e(t)\exp(-j\omega_m t)dt=\frac{e}{d}\int_0^{t_e} v(t)\exp(-j\omega_m t)dt. \tag{4.614}$$

In 4.614 ist t_e die Transitzeit der Elektronen, wobei für die Frequenzen $\omega_m << 1/t_e$ angenommen wird. Nach [4.20] ist damit der Kern der Fourier-Transformation $\exp(-j\omega_m t)$ in 4.614 ungefähr Eins. Mit $v(t)=dz(t)/dt$ und $x(t_e)=d$ erhalten wir

$$I_e(j\omega_m)\approx\frac{e}{d}\int_0^d dz=e. \tag{4.615}$$

Folglich gilt mit 4.611, 4.613 und 4.615 für das einseitige Leistungsdichtespektrum des Schrotrauschens als Ensemblemittelwert

$$\langle S_T(\omega_m)\rangle=2R_L e\langle i(t)\rangle. \tag{4.616}$$

Das Schrotrauschen kann durch eine äquivalente Rauschstromquelle nach Bild 4-37a für den dann als rauschfrei anzunehmenden Zweipol erfasst werden.

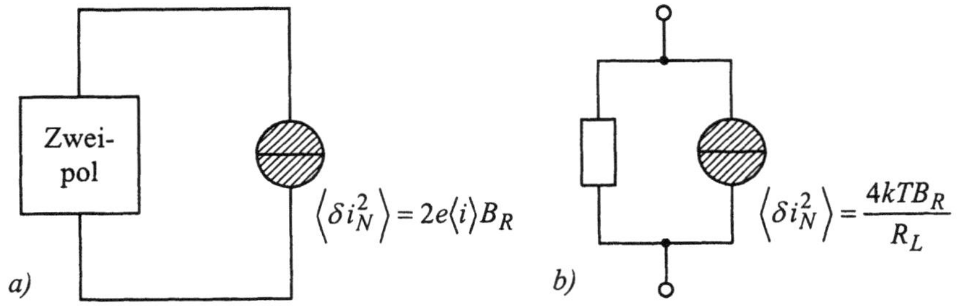

Bild 4.37 Rauschersatzschaltbilder
a) Schrotrauschen
b) Thermisches Widerstandsrauschen

Die mittlere quadratische Amplitude des Rauschstromes $\langle \delta i_N^2\rangle$ erhält man mit der Rauschbandbreite B_R aus

$$\langle \delta i_N^2\rangle=\frac{\langle S_T(\omega_m)\rangle B_R}{R_L}=2e\langle i(t)\rangle B_R \tag{4.617}$$

Dabei muss man die Rauschstromkomponente δi_N als fluktuierende Wechselstromkomponente auffassen.

Thermisches Widerstandsrauschen. Durch die thermisch bedingte Wimmelbewegung der Ladungsträger in einem Widerstand kommt es mikroskopisch gesehen zu der mittleren quadratischen Amplitude des Rauschstromes entsprechend der Ersatzschaltung nach Bild 4-37b:

$$\left\langle \delta i_N^2 \right\rangle = \frac{4kTB_R}{R_L}. \tag{4.618}$$

In 4.618 ist T die Temperatur in Kelvin und k die Boltzmann-Konstante $k = 1{,}38 \cdot 10^{-23} Ws/K$. Eine entsprechende Ableitung der Nyquist-Formel 4.618 ist in z.B. [4.20] zu finden.

pin-Photodiode. Bei der pin-Photodiode erfolgt die Photonenabsorption hauptsächlich in der eigenleitenden oder i-Schicht. Im Bild 4-38 sind die Zonenfolge, das Bändermodell und die Ortsabhängigkeit der Strahlungsleistung $P(z)$ dargestellt.

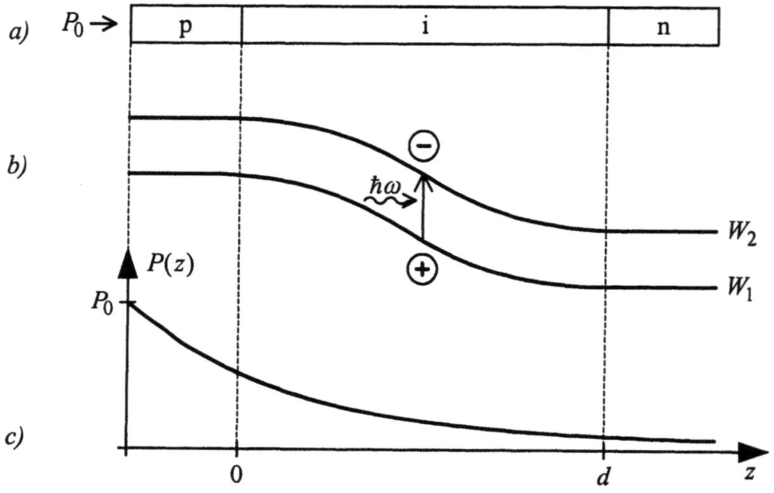

Bild 4-38 pin-Photodiode
a) Zonenfolge
b) Bändermodell
c) Strahlungsleistung $P(z)$

Den Zusammenhang zwischen dem mittleren Photostrom $\left\langle i_{ph} \right\rangle$ und der auf das Bauelement fallenden optischen Leistung P_0 erhält man wie folgt:

Die Anzahl der pro Sekunde am p-Gebiet eintreffenden Photonen ist $P_0/\hbar\omega$. Nur der Teil $\eta P_0/\hbar\omega$ wird in der i-Schicht absorbiert und erzeugt pro Sekunde die mittlere Anzahl $\left\langle i_{ph} \right\rangle / e$ an Ladungsträgern. Damit gilt die Gleichung

$$\frac{\left\langle i_{ph} \right\rangle}{e} = \frac{\eta P_0}{\hbar\omega}$$

oder

$$\left\langle i_{ph} \right\rangle = \frac{e\eta}{\hbar\omega} P_0 . \tag{4.619}$$

In 4.619 ist η der Quantenwirkungsgrad. Er kann näherungsweise mit

$$\eta \approx 1 - \exp(-\alpha d) \tag{4.620}$$

bestimmt werden [4.20]. In 4.620 bezeichnet α den Absorptionskoeffizienten, der für verschiedene Materialien unterschiedlich von der Wellenlänge λ abhängt [4.20].

4.10.2 Übertragungsverhalten

Impulsantwort der pin-Photodiode bei Einfluss der Driftzeit. Die in der i-Schicht der pin-Photodiode erzeugten Ladungsträger tragen während der gesamten Driftzeit τ_d zum Photostrom $i_{ph}(t)$ bei, der im Zeitintervall $0 \le t \le \tau_d$ im Außenkreis influenziert wird. Er ist näherungsweise zeitlich konstant und durch die driftende Ladungsmenge $Q(t)$ und die Driftzeit τ_d in der Form

$$i_{ph}(t) = \frac{Q(t)}{\tau_d} \tag{4.621}$$

bestimmt. Für die Ladungsmenge gilt

$$Q(t) = \frac{e\eta}{\hbar\omega} \int_{t-\tau_d}^{t} P_0(t')\,dt', \tag{4.622}$$

wobei zur Bestimmung der Impulsantwort $i_{ph}(t) = g_{ph}(t)$ die optische Leistung

$$P_0(t) = W\delta(t) \tag{4.623}$$

mit dem Dirac-Impuls $\delta(t)$ und der zugehörigen Energie W verwendet wird. Durch Kombination von 4.621 bis 4.623 erhalten wir die Impulsantwort

$$\begin{aligned} g_{ph}(t) &= \frac{e\eta W}{\hbar\omega\tau_d} \int_{t-\tau_d}^{t} \delta(t')\,dt' \\ &= \frac{e\eta W}{\hbar\omega\tau_d} \{s(t) - s(t-\tau_d)\}. \end{aligned} \tag{4.624}$$

Bedingt durch die Wirkung der Sprungfunktion $s(t)$ und $s(t-\tau_d)$ in 4.624 ergibt sich eine rechteckförmige Impulsantwort nach Bild 4-39.

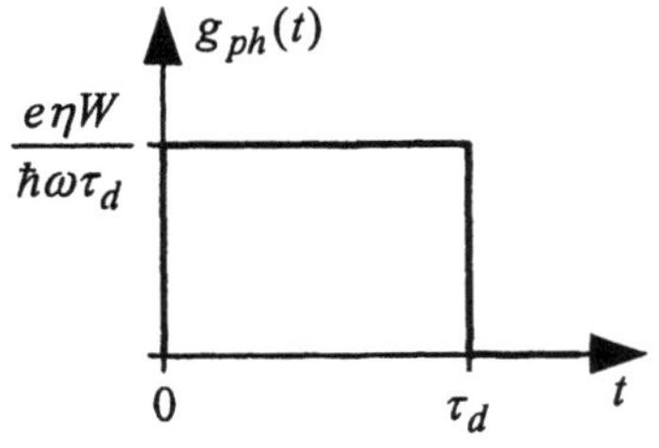

Bild 4-39 Impulsantwort $g_{ph}(t)$ des Photostromes bei Berücksichtigung der Driftzeit τ_d

Übertragungsfunktion der pin-Photodiode infolge Driftzeit. Die Übertragungsfunktion mit Berücksichtigung der Driftzeit folgt aus der Fourier-Transformierten der zugehörigen auf W normierten Impulsantwort:

$$\begin{aligned} T_{ph}(j\omega_m) &= \frac{1}{W} \int_{-\infty}^{\infty} g_{ph}(t) \exp(-j\omega_m t) dt \\ &= \frac{e\eta}{\hbar\omega\tau_d} \int_0^{\tau_d} \exp(-j\omega_m t) dt \\ &= S_E \exp\left(-j\frac{\omega_m \tau_d}{2}\right) \frac{\sin\left(\frac{\omega_m \tau_d}{2}\right)}{\frac{\omega_m \tau_d}{2}} \end{aligned} \tag{4.625}$$

In 4.625 stellt S_E die so genannte Photoempfindlichkeit mit

$$S_E = \frac{e\eta}{\hbar\omega} \tag{4.626}$$

dar. Die Übertragungsfunktion kann in Polarkoordinatenform mit dem Betrag

$$\left| T_{ph}\left(j\frac{\omega_m \tau_d}{2}\right) \right| = S_E \left| \frac{\sin\left(\frac{\omega_m \tau_d}{2}\right)}{\frac{\omega_m \tau_d}{2}} \right| \tag{4.627}$$

und der Phase

$$B\left(\frac{\omega_m \tau_d}{2}\right) = \begin{cases} \frac{\omega_m \tau_d}{2} & \text{für} \quad 0 \le \frac{\omega_m \tau_d}{2} \le \pi \\ \frac{\omega_m \tau_d}{2} - \pi & \text{für} \quad \pi \le \frac{\omega_m \tau_d}{2} \le 2\pi \end{cases} \tag{4.628}$$

geschrieben werden, wenn man sich auf das Intervall $0 \le \frac{\omega_m \tau_d}{2} \le 2\pi$ beschränkt. Normierter Betrag und Phase der Übertragungsfunktion infolge Driftzeit sind im Bild 4-40 gezeigt.

Die Grenzfrequenz für den Abfall des normierten Betrages der Übertragungsfunktion auf die Hälfte ist durch

$$\omega_g = \frac{1{,}2\pi}{\tau_d} \quad \text{bzw.} \quad \frac{\omega_g \tau_d}{2} = 0{,}6\pi \tag{4.629}$$

gegeben.

Übertragungsfunktion infolge der Sperrschichtkapazität. Bild 4-41 zeigt die vereinfachte elektrische Ersatzschaltung der pin-Photodiode. Darin sind C_S die Sperrschichtkapazität und R_L der Lastwiderstand. Die Stromquelle mit dem Photostrom $i_{ph}(t)$ wird durch die einfallende optische Leistung gesteuert.

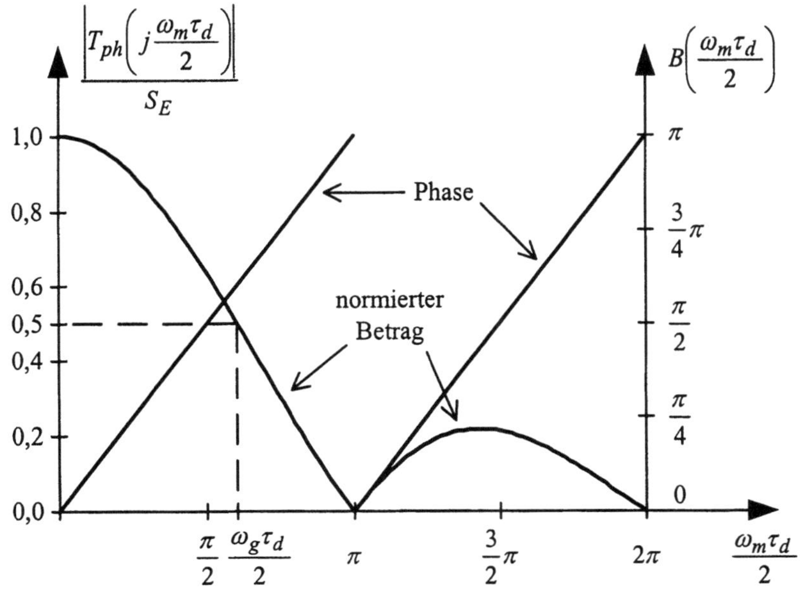

Bild 4-40 Normierter Betrag $\left|T_{ph}\left(j\frac{\omega_m \tau_d}{2}\right)\right| / S_E$ und Phase $B\left(\frac{\omega_m \tau_d}{2}\right)$ der Übertragungsfunktion der pin-Photodiode infolge Driftzeit

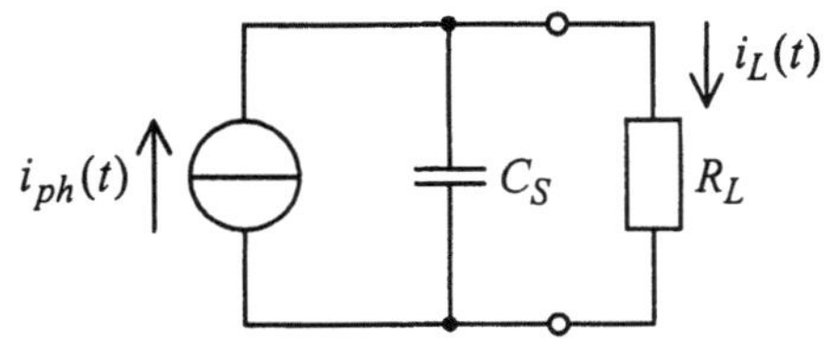

Bild 4-41 Vereinfachte elektrische Ersatzschaltung der pin-Photodiode

Mit $I_{ph}(j\omega_m)$ und $I_L(j\omega_m)$ als Fourier-Transformierte der i.A. zeitabhängigen Ströme $i_{ph}(t)$ und $i_L(t)$ ergibt sich bei Anwendung der Stromteilerregel für die Übertragungsfunktion des rein elektrischen Teils der pin-Photodiode nach Bild 4-41

$$T_{ee}(j\omega_m) = \frac{I_L(j\omega_m)}{I_{ph}(j\omega_m)} = \frac{1}{1 + j\omega_m \tau_{ee}}. \tag{4.630}$$

Zeitkonstante: $\tau_{ee} = C_S R_L$. (4.631)

Übertragungsverhalten der pin-Photodiode. Das Gesamtübertragungsverhalten der pin-Photodiode wird durch die Übertragungsgleichung im Frequenzbereich

$$I_L(j\omega_m) = T_E(j\omega_m) P_E(j\omega_m) \tag{4.632}$$

beschrieben. Dabei setzt sich die Gesamtübertragungsfunktion $T_E(j\omega_m)$ aus dem Produkt der Teilübertragungsfunktionen $T_{ph}(j\omega_m)$ und $T_{ee}(j\omega_m)$ zusammen. Es gilt

$$\begin{aligned} T_E(j\omega) &= T_{ee}(j\omega_m)\cdot T_{ph}(j\omega_m) \\ &= S_E \frac{\sin\left(\frac{\omega_m \tau_d}{2}\right)}{\frac{\omega_m \tau_d}{2}} \frac{\exp\left(-j\frac{\omega_m \tau_d}{2}\right)}{1+j\omega_m \tau_{ee}}. \end{aligned} \tag{4.633}$$

Mit 4.632 und 4.633 kann das Spektrum des Laststromes der pin-Photodiode $I_L(j\omega_m)$ bei bekanntem Spektrum der einfallenden optischen Leistung $P_E(j\omega_m)$, beide als Funktion der Modulationskreisfrequenz ω_m, berechnet werden.

4.10.3 Modulationsverhalten

Kosinusförmige Intensitätsmodulation. Zur Ableitung von Signal-Rauschverhältnis und Detektionsempfindlichkeit der Photodiode betrachten wir ein kosinusförmig intensitätsmoduliertes Signal mit der empfangenen optischen Leistung

$$P_E(t) = P_0\left[1 + m\cos(\omega_m t)\right] \tag{4.634}$$

für den Modulationshub $m \le 1$. Nimmt man an, dass die Modulationsfrequenz ω_m so klein ist, dass die Driftzeit τ_d und die elektrische Zeitkonstante τ_{ee} keine Rolle spielen, ergibt sich mit der Photoempfindlichkeit S_E der Photostrom zu

$$i_{ph}(t) = S_E P_0 + m S_E P_0 \cos(\omega_m t). \tag{4.635}$$

Die mittlere elektrische Signalleistung ist proportional zu

$$\left\langle i_s^2 \right\rangle = \frac{(m S_E P_0)^2}{2}. \tag{4.636}$$

Das Schrotrauschen rührt vom Dunkelstrom i_D und vom Photostrom $i_{ph}(t)$ her, entsprechend der mittleren quadratischen Amplitude

$$\left\langle \delta i_{NS}^2 \right\rangle = 2e\left\langle i_D + i_{ph}(t)\right\rangle B_R. \tag{4.637}$$

Der Dunkelstrom i_D ist dabei der durch die in Sperrrichtung vorgespannte Photodiode fließende zeitlich konstante Strom, wenn keine optische Leistung auf das Bauelement trifft. Der Ensemblemittelwert in 4.637 kann durch den Zeitmittelwert ersetzt werden. Beispiel 4.21 zeigt diesen Sachverhalt.

Beispiel 4.21: Ensemble- und Zeitmittelwert des Schrotrauschens bei kosinusförmiger Intensitätsmodulation

Ensemblemittelwert:

$$\left\langle i_D + i_{ph}(t)\right\rangle = \int_{-\infty}^{\infty} \left[i_D + i_{ph}(t)\right] f\left(i_D + i_{ph}(t)\right) d\left\{i_D + i_{ph}(t)\right\}$$

$$i_D + i_{ph}(t) = i_D + S_E P_0 + m S_E P_0 \cos(\omega_m t)$$

$$f\left(i_D + i_{ph}(t)\right) = \frac{1}{2mS_E P_0}\left\{s\left[i_D + (1-m)S_E P_0\right] - s\left[i_D + (1+m)S_E P_0\right]\right\}$$

$$\begin{aligned}\left\langle i_D + i_{ph}(t)\right\rangle &= \frac{1}{2mS_E P_0}\int\limits_{i_D+(1-m)S_E P_0}^{i_D+(1+m)S_E P_0}\left[i_D + i_{ph}(t)\right]d\left\{i_D + i_{ph}(t)\right\} \\ &= i_D + S_E P_0\end{aligned}$$

Zeitmittelwert:

$$\begin{aligned}\overline{i_D + i_{ph}(t)} &= \lim_{T\to\infty}\frac{1}{2T}\int\limits_{-T}^{T}\left[i_D + i_{ph}(t)\right]dt \\ &= \lim_{T\to\infty}\frac{1}{2T}\int\limits_{-T}^{T}\left(i_D + S_E P_0\right)dt + \lim_{T\to\infty}\frac{1}{2T}\int\limits_{-T}^{T} mS_E P_0\cos(\omega_m t)\,dt \\ &= i_D + S_E P_0\end{aligned}$$

□

Damit ergibt sich aus 4.637 unter Verwendung von 4.635:

$$\left\langle \delta i_{NS}^2\right\rangle = 2e\left(i_D + S_E P_0\right)B_R\,. \tag{4.638}$$

Bei der Bildung des Signal-Rauschverhältnisses muss neben 4.636 und 4.638 auch das thermische Rauschen des Lastwiderstandes R_L nach 4.618 Berücksichtigung finden:

$$\begin{aligned}SRV &= \frac{\left\langle i_s^2\right\rangle}{\left\langle \delta i_{NS}^2\right\rangle + \left\langle \delta i_{NT}^2\right\rangle} \\ &= \frac{\left(mS_E P_0\right)^2}{4e\left(i_D + S_E P_0\right)B_R + 8kT\,B_R/R_L}\,.\end{aligned} \tag{4.639}$$

Die Detektionsempfindlichkeit ist die minimal detektierbare Leistung P_{0min} bei $SRV = 1$. Aus 4.639 erhalten wir

$$P_{0min}^2 - \frac{4eB_R}{m^2 S_E}P_{0min} - \frac{4eB_R}{m^2 S_E^2}\left(i_D + \frac{2U_T}{R_L}\right) = 0 \tag{4.640}$$

mit der Temperaturspannung $U_T = \frac{kT}{e}$. Die physikalisch relevante Lösung von 4.640 ist

$$P_{0min} = \frac{2eB_R}{m^2 S_E}\left(1 + \sqrt{1 + \frac{\left(i_D + 2U_T/R_L\right)m^2}{eB_R}}\right). \tag{4.641}$$

Ein kleines P_{0min} erfordert einen großen Lastwiderstand R_L und großen Modulationshub m.

Rechteckmodulation. Bei rechteckförmig mit der Frequenz ω_m modulierter Leistung gilt [4.20]:

$$P_E(t)=\begin{cases}P_0(1+m) & \text{für} \quad 2\ell\pi/\omega_m \le t<(2\ell+1)\pi/\omega_m \\ P_0(1-m) & \text{für} \quad (2\ell+1)\pi/\omega_m \le t<(2\ell+2)\pi/\omega_m\end{cases} \quad \ell=0,\pm 1,\pm 2,\cdots \tag{4.642}$$

Für den Photostrom ergibt sich

$$i_{ph}(t)=(1\pm m)S_E P_0 \,. \tag{4.643}$$

Die mittlere elektrische Leistung des Nutzsignals ist bei Rechteckmodulation proportional zu

$$\begin{aligned}\left\langle i_s^2\right\rangle &=\frac{(1+m)^2+(1-m)^2}{2}S_E P_0 \\ &=\left(1+m^2\right)\left(S_E P_0\right)^2 \,.\end{aligned} \tag{4.644}$$

In Analogie zu 4.639 erhalten wir für das Signal-Rauschverhältnis

$$SRV=\frac{\left(1+m^2\right)\left(S_E P_0\right)^2}{2e\left(i_D+S_E P_0\right)B_R+4kT\,B_R/R_L} \,. \tag{4.645}$$

Durch Vergleich von 4.639 mit 4.645 erkennt man, dass das Signal-Rauschverhältnis bei Rechteckmodulation um dem Faktor $2\left(1+m^{-2}\right)$ größer ist als bei kosinusförmiger Intensitätsmodulation.

Die minimal detektierbare Leistung bei $SRV=1$ ist hier

$$P_{0\,min}=\frac{eB_R}{(1+m^2)\,S_E}\left(1+\sqrt{1+\frac{2\,(1+m^2)\,(i_D+2U_T/R_L)}{eB_R}}\right). \tag{4.646}$$

Frequenzmodulation und heterodyne Detektion. Der Photostrom ist bei heterodyner Detektion und Frequenzmodulation durch

$$i_{ph}(t)\sim\left[\hat{D}_L^2+\hat{D}_E^2+2\hat{D}_L\hat{D}_E\cos\left[\int_{-\infty}^{t}\omega_m(\tau)\,d\tau\right]\right]. \tag{4.647}$$

gegeben. Dabei bezeichnen $\hat{D}_L$ und $\hat{D}_E$ die Amplituden der Lokallaser- und der empfangenen Signalwelle. Üblicherweise gilt $\hat{D}_L >> \hat{D}_E$.

Mit den Leistungen P_L und P_E für Lokallaserwelle und empfangenes Signal wird der Photostrom

$$i_{ph}(t)=S_E P_L\left[1+2\sqrt{\frac{P_E}{P_L}}\cos\left[\int_{-\infty}^{t}\omega_m(\tau)\,d\tau\right]\right]. \tag{4.648}$$

Die mittlere Signalleistung ist proportional zu

$$\left\langle i_s^2\right\rangle=\frac{\left(2S_E\sqrt{P_E P_L}\right)^2}{2} \,. \tag{4.649}$$

Das Schrotrauschen ist näherungsweise durch die Leistung des Lokallasers bestimmt.

$$\left\langle \delta i_{NS}^2 \right\rangle \approx 2eS_E P_L B_R \tag{4.650}$$

Alle anderen Rauschbeiträge gehen wie bei der kosinusförmigen und Rechteckintensitätsmodulation ein. Damit erhalten wir für das Signal-Rauschverhältnis

$$SRV = \frac{S_E^2 P_E P_L}{e\left(i_D + S_E P_L\right) B_R + 2kT\, B_R / R_L}. \tag{4.651}$$

Für hohe Lokallaserlichtleistungen überwiegt im Nenner von 4.651 das Schrotrauschen 4.650. Bei Einbeziehung von 4.626 ergibt sich damit

$$SRV = \frac{\eta P_E}{B_R \hbar\omega} \tag{4.652}$$

Mit $\eta \approx 1$ erhalten wir als minimal detektierbare Leistung $P_{E\,min}$ die so genannte Quantengrenze der Detektion [4.20]:

$$P_{E\,min} = \hbar\omega B_R\,. \tag{4.653}$$

4.11 Literatur

[4.1] Freund, H.: *Faserbragg-Gitter - stabilisierte Halbleiterlaser für die Telekommunikation.* Bakkalaureusarbeit, Hochschule Zittau/Görlitz (FH), 2001

[4.2] Glaser, W.: *Photonik für Ingenieure.* Verlag Technik Berlin, 1997

[4.3] Rücker, G.: *Untersuchung des Einflusses von Gruppenlaufzeit-Schwankungen von optischen Fasergittern auf die Übertragungseigenschaften von Glasfaserstrecken.* Bakkalaureusarbeit, Hochschule Zittau/Görlitz (FH), 2001

[4.4] Mildenberger, O.: *Übertragungstechnik. Grundlagen analog und digital.* Vieweg Verlag Braunschweig/Wiesbaden, 1997

[4.5] Tröndle, K.; Lutz, E.: *Systemtheorie der optischen Nachrichtentechnik.* Oldenburg Verlag München/Wien, 1983

[4.6] Weissman, Y.: *Optical Network Theory.* Artech House, Boston, London, 1992

[4.7] Grimm, E.; Nowak, W.: *Lichtwellenleitertechnik.* Verlag Technik Berlin, 1988

[4.8] Nowak, W.: *Einführung in die Lichtwellenleitertheorie.* Lehrheft der TU Dresden, Sektion Informationstechnik, 1988

[4.9] Strassacker, G.: *Rotation, Divergenz und das Drumherum. Eine Einführung in die elektromagnetische Feldtheorie.* Teubner Studienskripten, B.G. Teubner Stuttgart, 1992

[4.10] Huard, S.: *Polarization of Light.* John Wiley & Sons, New York, 1997

[4.11] Wunsch, G.: *Feldtheorie. Band 1.* Verlag Technik Berlin, 1973

[4.12] Kneubühl, K.: *Repetitorium der Physik.* B.G. Teubner Stuttgart, 1975

[4.13] Debnath, L.: *Integral transforms and their applications.* CRC Press, Boca Raton, New York, London, Tokyo, 1995

[4.14] Gisin, H.; Huttner, B.: *Combined effects of polarization mode dispersion and polarization dependent losses in optical fibres.* Optics Communications 142 (1997) 119-125

[4.15] Bjarklev, A.: *Optical Fiber Amplifiers. Design and System Applications.* Artech House, Bosten, London, 1993

[4.16] Herter, E.; Graf, M.: *Optische Nachrichtentechnik.* Hanser Verlag, München, Wien, 1994

[4.17] Grattan, K.T.V.; Megitt, B.T.: *Optical Fiber Sensor Technology. Volume 2, Devices and Technology.* Chapman & Hall, London, 1998

[4.18] Haak, T.: *Beschreibung optischer Bauelemente mit Hilfe der Jones-Matrix.* Belegarbeit, HTWS Zittau, Studienrichtung Nachrichten- und Kommunikationstechnik, 1997

[4.19] Azzam, R.M.A.; Bashara, N.M.: *Ellipsometry and polarized light.* Elsevier, Amsterdam, 1987

[4.20] Eberling, K.J.: *Integrierte Optoelektronik.* Springer Verlag, Berlin, 1992

5 Optische Nachrichtensysteme mit Direktempfang

Die Anforderungen an digitale Nachrichtensysteme werden in der heutigen Zeit durch den wachsenden Datenverkehr immer größer. Das gilt auch für die optischen Übertragungsstrecken, die mit Monomode-Lichtwellenleitern das Rückgrat moderner Kommunikationsnetze bilden. Es wird versucht, immer mehr Informationen über eine einzige Glasfaser zu übertragen. Das gelingt durch die Anwendung von Multiplexverfahren. Diesem Streben wirken jedoch lineare und nichtlineare Effekte entgegen, die Gegenstand des Kapitels 5 sind.

Im Abschnitt 5.1 werden dazu Aufbau und Grundprinzip optischer Nachrichtensysteme mit so genanntem Direktempfang besprochen. Der Abschnitt 5.2 behandelt die Detektion des intensitätsmodulierten Signals. Danach erfolgt im Abschnitt 5.3 die Einbeziehung faseroptischer Verstärker in Direktempfangssysteme und im Abschnitt 5.4 werden als Qualitätskenngrößen Bitfehlerwahrscheinlichkeit und Signal-Rausch-Verhältnis angegeben.

5.1 Aufbau und Grundprinzip

5.1.1 Übertragungssystem

Aufbau. Das Ziel eines nachrichtentechnischen Übertragungssystems ist es, Informationen, die in Form von Daten, Bildern und Tönen vorliegen, von einem Ort zu einem anderen zu transportieren. Der prinzipielle Aufbau eines optischen Übertragungssystems ist im Bild 5-1 dargestellt.

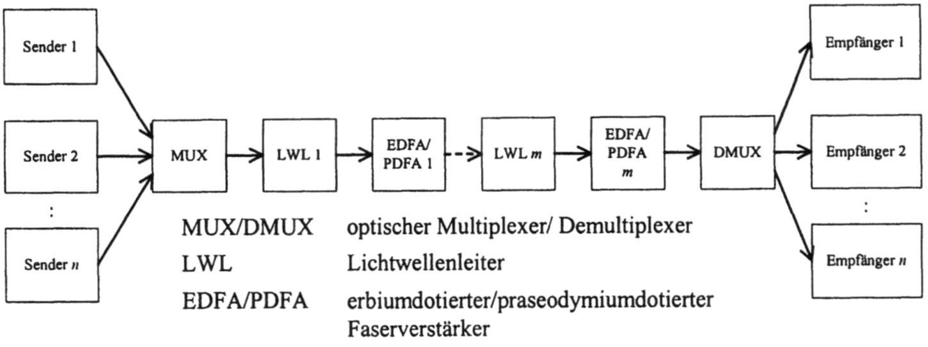

Bild 5-1 Optisches Übertragungssystem

Im Sender wird das Signal, das im Basisband vorliegt, in eine Frequenzlage und Form konvertiert, die für das Übertragungsmedium LWL geeignet ist. Nach der Übertragung wird das eingehende Signal im Empfänger verstärkt und so verarbeitet, dass Verzerrungen und Veränderungen, die das Signal auf der Übertragungsstrecke erfahren hat, ausreichend kompensiert werden. Anschließend erfolgt die Umsetzung des Signals in das Basisband, wo es dann mehr oder weniger in die ursprüngliche Form zurückgeführt werden kann.

Grundgesetz der Nachrichtentechnik. Ziel der Übertragungstechnik ist es, möglichst hohe

Datenraten bei möglichst kleiner Bandbreite und geringen Kosten zu übertragen. Dabei gibt es einen Zusammenhang zwischen Signaldauer *T*, Dynamik *D* und Bandbreite *B* in der Form

$$D \cdot T \cdot B = const\,. \tag{5.1}$$

Gleichung 5.1 wird Grundgesetz der Nachrichtentechnik genannt und besagt, dass Signaldauer, Dynamik und Bandbreite nicht unabhängig voneinander vorgegeben werden können.

Eine moderne Lösung stellt das optische Übertragungssystem dar. Die hohen Datenraten werden durch die Zeit- oder Wellenlängenmultiplextechnik erreicht. Der Monomode-LWL weist für die Übertragung günstige Eigenschaften auf, so dass mehrere Kanäle auf einer Glasfaser übertragen werden können. In diesem Fall verwendet man die Wellenlängenmultiplextechnik oder kurz WDM-Technik. WDM steht für *Wavelength Division Multiplex*. Damit kann man auch bidirektionale Verbindungen aufbauen. Bei Einkanalanwendungen ist die Bandbreite des LWL kein begrenzender Faktor, da die Bandbreite eines EDFA mehrere THz beträgt und dieses Band auch über Glasfaser übertragen werden kann. Mit EDFA lassen sich die Signale mehrerer Kanäle verstärken, was eine Bedingung in der WDM-Technik ist. Optische Faserverstärker besitzen den Nachteil, das sie dem Nutzsignal Rauschen hinzufügen.

Die maximal mögliche Übertragungslänge ist also nicht nur dispersionsbegrenzt, durch die Polarisationsmodendispersion und chromatische Dispersion, sondern auch durch die Dämpfung der optischen Komponenten dämpfungsbegrenzt und damit im Zusammenspiel mit den Faserverstärkern rauschbegrenzt.

Jeder Empfänger kann in der digitalen Übertragungstechnik ein minimales Signal-Rauschverhältnis *SRV* verkraften, bei dem eine bestimmte Bitfehlerhäufigkeit, *BER* für *Bit Error Rate*, nicht überschritten wird.

Die jeweilige Anzahl der Faserabschnitte nach Bild 5-1 und die Verwendung optischer Wellenlängenmultiplexer/Demultiplexer sind vom Anwendungsfall abhängig und optional.

5.1.2 Sender

Laserdiode. Es wird davon ausgegangen, dass die Laserdiode mit einem konstanten elektrischen Strom angesteuert wird und das optische Trägersignal der elektrischen Verschiebungsflussdichte nach 4.11, also

$$\vec{D}(x,y,t) = |D(t)| \exp[-j\phi(t)] \exp[j\omega_0 t] \exp\left[-\left(\frac{x}{\sqrt{2}\,w_x}\right)^2 - \left(\frac{y}{\sqrt{2}\,w_y}\right)^2\right] \vec{e} \tag{5.2}$$

am Ort $z = 0$ erzeugt.

Mach-Zehnder-Modulator. Für Bitraten von $R = 40\,\mathrm{GBit/s}$ ist eine direkte Modulation der Laserdiode wegen der Bandbreite eines Halbleiterlasers von etwa 10 GHz nicht mehr möglich, so dass eine Intensitätsmodulation mit einem schnellen Modulator durchgeführt werden muss. Dazu eignen sich Mach-Zehnder-Modulatoren *MZM*. Der MZM nutzt den elektrooptischen Effekt. Als Basismaterial dient meist $LiNbO_3$. Den Aufbau des MZM zeigt Bild 5-2.

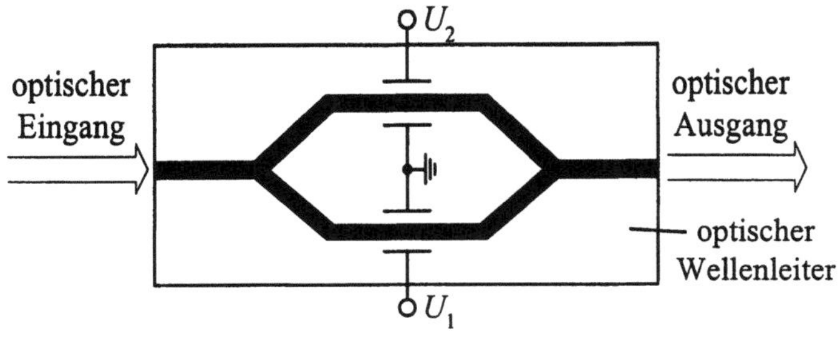

Bild 5-2 Aufbau des Mach-Zehnder-Modulators [5.1]

In Abhängigkeit von den angelegten Steuerspannungen U_1 und U_2 an den beiden aufgeteilten optischen Wellenleitern ändert sich die optische Brechzahl und damit die Phasenkonstante sowie die Phase des sich ausbreitenden Lichtes. Die Phasenverschiebung ist abhängig von der Eingangspolarisation. Das bedeutet, es muss mit linearer Polarisation so eingekoppelt werden, dass die maximale Wirkung des elektrooptischen Effekts auftritt. In Abhängigkeit von der Phasenverschiebung des sich ausbreitenden Lichtes zwischen den Armen des MZM interferieren die beiden Wellen bei ihrer Zusammenführung. Dabei entsteht in Abhängigkeit der angelegten Steuerspannungen ein intensitätsmoduliertes Signal am Ausgang des MZM. MZM steuert man in hochbitratigen Übertragungssystemen im *Push-Pull-Betrieb* an, d.h. an die Arme wird eine Modulationsspannung mit gleicher Amplitude aber entgegengesetzter Polarität angelegt. Die komplexe Feldamplitude des Lichtes am Eingang ist

$$\tilde{D}_{in}(t) = |D(t)| \exp[-j\phi(t)]. \tag{5.3}$$

Am Ausgang des MZM ergibt sich

$$\tilde{D}_{out}(t) = \tilde{D}_{in}(t) \cdot \cos\left[\frac{\Phi_2(t) - \Phi_1(t)}{2}\right] \cdot \exp\left[j\left(\frac{\Phi_2(t) + \Phi_1(t)}{2}\right)\right]. \tag{5.4}$$

Für die Intensität am Ausgang des MZM gilt

$$\begin{aligned} I_{out}(t) &= \tilde{D}_{out}(t)\, \tilde{D}^*_{out}(t) \\ &= I_{in}(t) \cos^2\left[\frac{\Phi_2(t) - \Phi_1(t)}{2}\right] \end{aligned} \tag{5.5}$$

mit

$$I_{in}(t) = \tilde{D}_{in}(t)\, \tilde{D}^*_{in}(t)\,. \tag{5.6}$$

Die Phasenverschiebung in beiden Armen des MZM ist proportional zur jeweils angelegten Spannung.

$$\Phi_1(t) = \Phi_0 - \pi \frac{U_1(t)}{U_\pi} \tag{5.7}$$

$$\Phi_2(t) = \Phi_0 - \pi \frac{U_2(t) + U_B}{U_\pi} \tag{5.8}$$

Φ_0 ist der Phasenoffset. Zur Beseitigung des Phasenoffsets wird z.B. am Modulatorarm 2 die

Biasspannung U_B angelegt und zwar zusätzlich zur Modulationsspannung $U_2(t)$.

Zur Ermittlung der Kennlinie des Mach-Zehnder-Modulators setzt man die Modulationsspannungen $U_1(t)$ und $U_2(t)$ Null. Durch Einsetzen von 5.7 und 5.8 in 5.5 ergibt sich

$$I_{out} = I_{in} \cos^2\left(\frac{\pi U_B}{2U_\pi}\right). \tag{5.9}$$

Die Kennlinie des MZM ist im Bild 5-3 dargestellt.

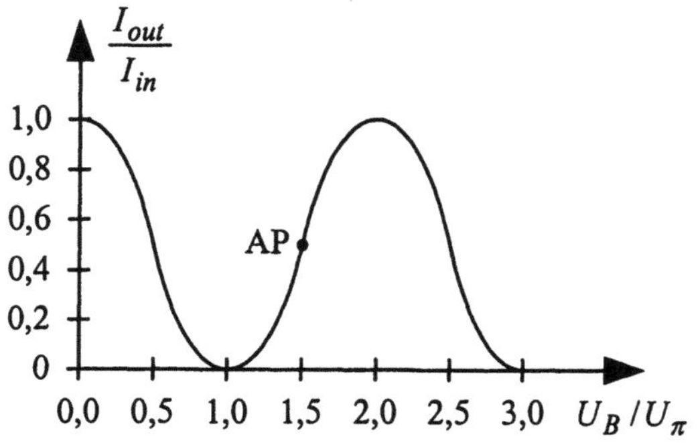

Bild 5-3 Kennlinie des Mach-Zehnder-Modulators

U_π ist die Spannung U_B, bei der die Phasendifferenz $\Phi_2 - \Phi_1$ im modulierten Betrieb 180° beträgt. In Abhängigkeit von U_B/U_π muss auf der Kennlinie der Arbeitspunkt AP eingestellt werden.

Ein wichtiger Parameter für Modulatoren ist der Chirp α. Er gibt im Wesentlichen das Verhältnis der zeitlichen Änderungen der mittleren Phase und der Intensität an. Der Chirp ist somit ein Maß für das Verhältnis von Phasen- zur Intensitätsmodulation und seine Definitionsgleichung lautet

$$\alpha = 2I_{out}(t)\frac{\frac{d\Phi(t)}{dt}}{\frac{dI_{out}(t)}{dt}}. \tag{5.10}$$

Das nachfolgende Beispiel demonstriert die Berechnung des Chirp für sinusförmige Modulationsspannungen des MZM [5.1].

Beispiel 5.1: Chirp für sinusförmige Modulationsspannungen des MZM [5.1]

Modulationsspannungen:

$$U_1(t) = \hat{U}_1 \sin(\omega t), \quad U_2(t) = \hat{U}_2 \sin(\omega t + \Phi_{mod})$$

Phasen:

$$\Phi_1(t) = \Phi_0 - \pi\frac{\hat{U}_1}{U_\pi}\sin(\omega t)$$

$$\Phi_2(t) = \Phi_0 - \frac{\pi}{U_\pi}\left[\hat{U}_2 \sin(\omega t + \phi_{mod}) + U_B\right]$$

Mittlere Phase:

$$\Phi(t) = \frac{\Phi_1(t) + \Phi_2(t)}{2}$$

Chirp des MZM bei konstanter Intensität I_{in} am Eingang:

$$\alpha(t) = \frac{\frac{d\Phi_1(t)}{dt} + \frac{d\Phi_2(t)}{dt}}{\frac{d\Phi_1(t)}{dt} - \frac{d\Phi_2(t)}{dt}} \cot\left[\frac{\Phi_2(t) - \Phi_1(t)}{2}\right]$$

$$= \frac{\hat{U}_1 \cos(\omega t) + \hat{U}_2 \cos(\omega t + \phi_{mod})}{\hat{U}_1 \cos(\omega t) - \hat{U}_2 \cos(\omega t + \phi_{mod})} \cot\left[\frac{\pi}{2U_\pi}\left[\hat{U}_1 \sin(\omega t) - \hat{U}_2 \sin(\omega t + \phi_{mod} - U_B)\right]\right]$$

□

Übertragungsformate. Es wird davon ausgegangen, dass das elektrische Modulationssignal am MZM

$$\hat{U}_1 \cdot q(t) = U_1(t) = -U_2(t) \tag{5.11}$$

i.A. ein NRZ- oder RZ-Digitalsignal ist. Dabei steht *NRZ* für *Non Return to Zero* und *RZ* für *Return to Zero*. Beim NRZ-Format nutzt der Impuls, mit dem die logische „1“ dargestellt ist, die volle Bitdauer aus. Das RZ-Format ist dadurch gekennzeichnet, dass der Impuls für die „1“ nur einen Teil der Bitdauer belegt und der Pegel trotz z.B. mehrerer aufeinanderfolgender „Einsen“ zwischendurch immer wieder auf das „Null-Niveau“ zurückgeht, siehe dazu Bild 5-5.

Im Zeitbereich lassen sich NRZ- und RZ-Impuls durch 5.12 und 5.13 praxisnah beschreiben [5.1].

$$\tilde{q}_{NRZ}(t) = \begin{cases} \frac{1}{2}\left[1 - \sin\left(\frac{\pi}{rT}\left(\frac{r}{2}T - t\right)\right)\right] & ,0 \le t < rT \\ 1 & ,rT \le t < T \\ \frac{1}{2}\left[1 - \sin\left(\frac{\pi}{rT}\left(t - \left(1 + \frac{r}{2}\right)T\right)\right)\right] & ,T \le t < (1+r)T \\ 0 & ,\text{sonst} \end{cases} \tag{5.12}$$

$$\tilde{q}_{RZ}(t) = \frac{1}{2}\left[1 - \cos\left[\omega\left(t - \frac{T}{4}\right)\right]\right] \cdot \tilde{q}_{NRZ}(t) \tag{5.13}$$

T ist die Bitdauer und *r* der *Roll-Off-Faktor*, der einen Wert zwischen 0 und 1 annehmen kann. Die Bitdauer ergibt sich aus der Bitrate *R* nach (5.14).

$$T = \frac{1\,bit}{R} \tag{5.14}$$

Der RZ-Impuls $\tilde{q}_{RZ}(t)$ wird nach 5.13 durch Multiplikation einer Kosinusschwingung mit Bias aus dem NRZ-Impuls $\tilde{q}_{NRZ}(t)$ erzeugt. Die Frequenz f der Kosinusschwingung erhält man aus

$$f = \frac{\omega}{2\pi} = \frac{R}{1bit}. \tag{5.15}$$

Der Term $T/4$ in 5.13 dient zur phasenrichtigen Multiplikation. NRZ- und RZ-Impuls sind für $R = 40\,\text{Gbit/s}$, $T = 25\,\text{ps}$, $r = 0{,}5$ und $f = 40\,\text{GHz}$ im Bild 5-4 gezeigt.

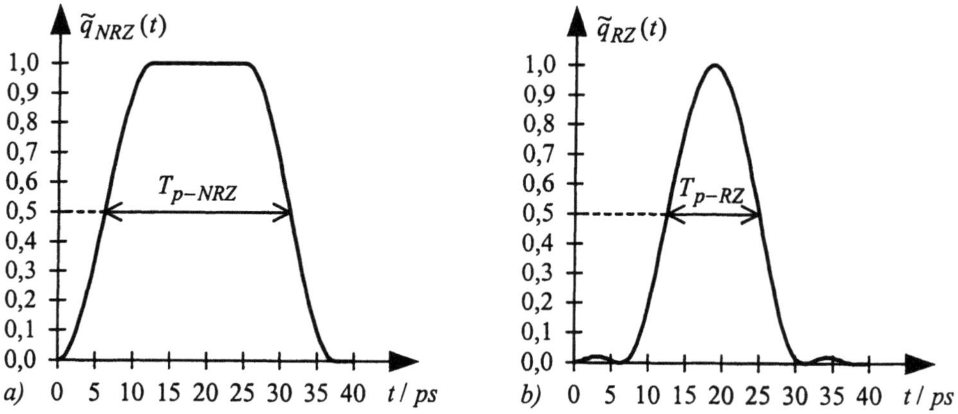

Bild 5-4 „Eins"-Impulse im NRZ- und RZ-Format
a) NRZ-Impuls
b) RZ-Impuls

Die Impulsdauer wird jeweils bei

$$\tilde{q}_{NRZ}(t) = \tilde{q}_{RZ}(t) = 0{,}5 \tag{5.16}$$

gemessen und mit T_{p-NRZ} bzw. T_{p-RZ} bezeichnet. Zur Charakterisierung eines RZ-Signals führen wir den RZ-Faktor

$$F_{RZ} = \frac{T}{T_{p-RZ}} \tag{5.17}$$

ein.

Bild 5-5 zeigt für die angegebene *Pseudo Random Bit Sequence*, abgekürzt PRBS, und die schon zur Darstellung des Bildes 5-4 verwendeten Daten die Pulsketten $q_{NRZ}(t)$ und $q_{RZ}(t)$.

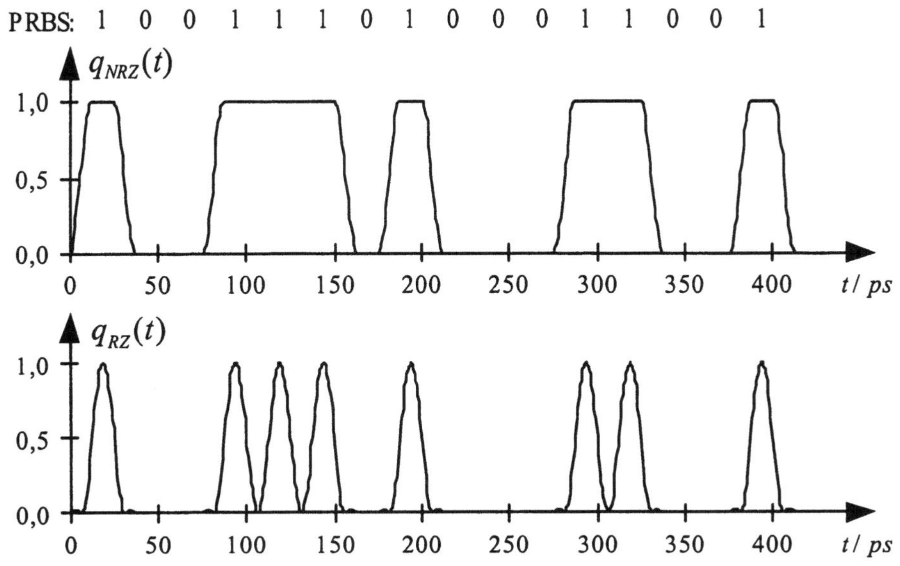

Bild 5-5 Pulsketten $q_{NRZ}(t)$ und $q_{RZ}(t)$ [5.1]

Erzeugung des optischen Datensignals. Mit Hilfe eines Mach-Zehnder-Modulators wird zunächst das NRZ-Datensignal $q_{NRZ}(t)$ in das Übertragungsband umgesetzt. Den MZM betreibt man im Push-Pull-Betrieb mit zwei Spannungen entgegengesetzter Polarität entsprechend

$$U_2(t) = -U_1(t) = -\hat{U}_1\, q_{NRZ}(t)\,. \tag{5.18}$$

Das NRZ-Datensignal $q_{NRZ}(t)$ lässt sich mit Hilfe der Modulationskoeffizienten $s_\nu \in \{0,1\}$ in folgender Form schreiben:

$$q_{NRZ}(t) = \sum_{\nu=-\infty}^{\infty} s_\nu\, \tilde{q}_{NRZ}(t-\nu T)\,. \tag{5.19}$$

Das optische CW-Trägersignal ist durch 5.2 mit der Intensität $I_{in}(t)$ nach 5.6 ohne Berücksichtigung der Feldverteilung gegeben. *CW* steht für *Continued Wave*. Der gewählte Arbeitspunkt ist im Bild 5-3 eingezeichnet. Um diesen Punkt wird mit $U_1(t) - U_2(t)$ ausgesteuert und die Amplitude $\hat{U}_1 = U_\pi / 4$ gewählt. Damit ergibt sich die Intensität am Ausgang des Modulators zu

$$I_{out}^{NRZ}(t) = I_{in}(t)\cos^2\left(\frac{\pi}{2} q_{NRZ}(t) - \frac{3}{2}\pi\right). \tag{5.20}$$

Bild 5-6a stellt die Ansteuerung des MZM mit einem NRZ-Datensignal schematisch dar.

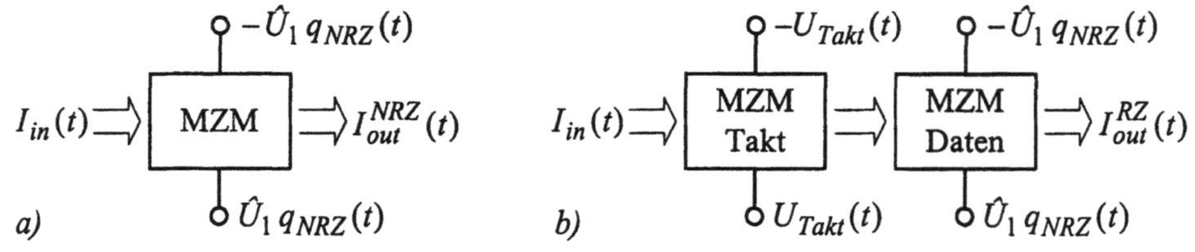

Bild 5-6 MZM-Ansteuerung
a) NRZ-Betrieb
b) RZ-Betrieb

Die Erzeugung des optischen RZ-Datensignals zeigt Bild 5-6b. Man benötigt einen Takt- und einen NRZ-Daten-MZM. Der Daten-MZM wird wie im Bild 5-6a betrieben. Die Taktspannung des Takt-MZM ist sinusförmig und phasenrichtig zum NRZ-Datensignal zu wählen. Bei der Erzeugung des RZ-50%-Datensignals mit $F_{RZ} = 2$, betreibt man den Takt-MZM im gleichen Arbeitspunkt wie den NRZ-Daten-MZM. Die Frequenz der Taktspannung ergibt sich aus 5.15 und beträgt 40 GHz bei einer Bitrate von 40 Gbit/s [5.1]. Die Amplitude der Taktspannung ist $\hat{U}_{Takt} = U_\pi / 4$.

Vor- und Nachteile der Übertragungsformate. Die Vor- und Nachteile des NRZ- und RZ-Übertragungsformates und deren Auswirkungen auf die Eigenschaften optischer Nachrichtensysteme sind in Tabelle 5-1 dargestellt.

Tabelle 5-1 Eigenschaften der Übertragungsformate

	NRZ	RZ
Vorteile	– schmaleres Spektrum – geringere Kosten	– kleinere Intersymbolinterferenzen – geringerer Rauschanteil im Empfänger – Verminderung des Einflusses der • Polarisationsmodendispersion • Selbstphasenmodulation • Vierwellenmischung
Nachteile	– größere Intersymbolinterferenzen – großer Rauschanteil im Empfänger – stärkerer Einfluss nichtlinearer Effekte	– breiteres Spektrum – Erhöhung der Dämpfung durch zusätzlichen MZM – erhöhter Aufwand und damit höhere Kosten auf der Sendeseite

5.1.3 Übertragungsstrecke

5.1.3.1 Basiseigenschaften

Parameter des Monomode-LWL. Tabelle 7-2 zeigt die Parameter von Monomode-LWL im dritten optischen Fenster bei einer Wellenlänge $\lambda = 1{,}55\mu m$.

Tabelle 5-2 Parameter des Monomode-LWL

Parameter	Formel-zeichen	Zahlen-wert	Einheit
Dämpfung	α_L	0,2	dB/km
Dispersionsparameter	D		
Standard Single Mode Faser		17	$\mathrm{ps/(nm \cdot km)}$
dispersionsverschobene Faser		2	$\mathrm{ps/(nm \cdot km)}$
nicht-null-dispersionsverschobene Faser		4	$\mathrm{ps/(nm \cdot km)}$
Dispersionssteigung	S		
Standard Single Mode Faser		0,056	$\mathrm{ps/(nm^2 \cdot km)}$
dispersionsverschobene Faser		0,070	$\mathrm{ps/(nm^2 \cdot km)}$
nicht-null-dispersionsverschobene Faser		0,085	$\mathrm{ps/(nm^2 \cdot km)}$
DGD-Koeffizient	$\frac{\Delta\tau}{\sqrt{L}}$		
ältere Faser		2	$\mathrm{ps/\sqrt{km}}$
neuere Faser		0,1	$\mathrm{ps/\sqrt{km}}$

Phasenkonstante. Vernachlässigt man die Wellenleiterdispersion, so ergeben sich aus der Phasenkonstanten

$$\beta(\omega) = \frac{\omega}{c} n(\omega) \tag{5.21}$$

durch Taylor-Reihenentwicklung

$$\beta(\omega) = \beta_0 + \beta_1 (\omega - \omega_0) + \frac{1}{2}\beta_2 (\omega - \omega_0)^2 + \frac{1}{6}\beta_3 (\omega - \omega_0)^3 + \ldots \tag{5.22}$$

mit

$$\beta_m = \left.\frac{d^m \beta(\omega)}{d\omega^m}\right|_{\omega=\omega_0} \tag{5.23}$$

die Erklärungen für die Parameter nach Tabelle 5-3. In 5.21 bezeichnet $n(\omega)$ die frequenzabhängige Brechzahl und ω_0 ist die Trägerfrequenz der anregenden Laserdiode.

Tabelle 5-3 Parameter der Phasenkonstante

β_m	Parameter für die
β_0	Laufzeit des Trägers
β_1	Gruppenlaufzeit
β_2	chromatische Dispersion
β_3	Dispersionssteigung

Differentielle Gruppenlaufzeit. Der DGD-Koeffizient, *DGD* steht für *Differential Group Delay*, weist lt. Tabelle 5-2 eine $\sqrt{L}$ - Abhängigkeit von der LWL-Länge L auf. Das kann mit der Modenkopplungstheorie von Gisin, von der Weid und Peleaux nachgewiesen werden [5.2]. $\Delta\tau$ bezeichnet in Tabelle 5-2 die differentielle Gruppenlaufzeit. Sie weist statistischen Charakter auf und besitzt die Maxwellsche Dichtefunktion

$$f(\Delta\tau) = \sqrt{\frac{2}{\pi}} \frac{\Delta\tau^2}{\alpha^3} \exp\left(-\frac{\Delta\tau^2}{2\alpha^2}\right) \tag{5.24}$$

mit

$$\langle\Delta\tau\rangle = \alpha\sqrt{8/\pi} \tag{5.25}$$

als Mittelwert [5.3]. $\Delta\tau$ variiert i.A. sowohl zeitlich als auch mit der Frequenz. Bild 5-7 zeigt die Maxwellsche Dichtefunktion für $\langle\Delta\tau\rangle = 50\,\text{ps}$.

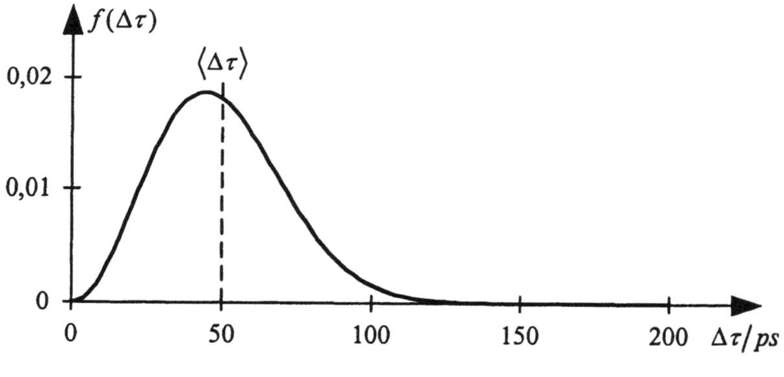

Bild 5-7 Maxwellsche Dichtefunktion der differentiellen Gruppenlaufzeit $\Delta\tau$ [5.3]

Die Wahrscheinlichkeit P dafür, dass die DGD z.B. $\Delta\tau \geq 3\langle\Delta\tau\rangle$ ist, erhalten wir aus

$$P(\Delta\tau \geq 3\langle\Delta\tau\rangle) = \int_{3\langle\Delta\tau\rangle}^{\infty} f(\Delta\tau)\, d(\Delta\tau)$$
$$= \int_{3\langle\Delta\tau\rangle}^{\infty} \sqrt{\frac{2}{\pi}}\, \frac{\Delta\tau^2}{\alpha^3} \exp\left(-\frac{\Delta\tau^2}{2\alpha^2}\right) d(\Delta\tau)\,. \tag{5.26}$$

Mit $\langle\Delta\tau\rangle = 50\,\text{ps}$ ergibt sich

$$P(\Delta\tau \geq 150\,\text{ps}) = 4 \cdot 10^{-5}\,.$$

5.1.3.2 Nichtlineare Effekte

Selbstphasenmodulation (SPM). Die bisherigen Betrachtungen bezogen sich auf eine leistungsunabhängige Brechzahl n_1 der Glasfaser. Für kleine Leistungen ist diese Annahme gerechtfertigt. Bei höheren Leistungen verändert sich die Brechzahl des Kerns entsprechend

$$n_1' = n_1 + n_2 \frac{P}{A_{eff}}\,. \tag{5.27}$$

n_1 ist die Kernbrechzahl bei kleinen Leistungen P. A_{eff} bezeichnet die effektive Modenfläche. Sie beträgt $A_{eff} = \pi\, w_0^2$ für eine Stufenprofilfaser. n_2 ist der nichtlineare Brechzahlkoeffizient. Mit der Änderung der Brechzahl n_1' bei Veränderung der Leistung P variiert auch die Phasenkonstante

$$\beta' = \beta + \bar{\gamma} P \tag{5.28}$$

β ist die Phasenkonstante bei kleinen Leistungen P im LWL-Kern und für $\bar{\gamma}$ gilt

$$\bar{\gamma} = \frac{2\pi n_2}{\lambda A_{eff}}\,. \tag{5.29}$$

λ bezeichnet die Wellenlänge. Die nichtlineare Brechzahl n_1' verursacht über β' die Variation der Phase $\Delta\varphi_{NL}$ mit der optischen Leistung P im LWL. Unter der Voraussetzung, dass die Phase des geführten Modes im Monomode-LWL linear mit der Länge L der Faser ansteigt, gilt für die Phasenabweichung

$$\Delta\varphi_{NL} = \int_0^L (\beta' - \beta)\, dz\,. \tag{5.30}$$

Für die Veränderung der Leistung mit z setzt man

$$P(z) = P_{in} \exp(-\alpha_p z), \tag{5.31}$$

wobei α_p den Dämpfungskoeffizienten bezeichnet.

Aus 5.28 bis 5.31 folgt

$$\Delta\varphi_{NL} = \int_0^L \bar{\gamma}\, P(z)\, dz = \bar{\gamma}\, P_{in} \frac{1-\exp(-\alpha_p L)}{\alpha_p}. \tag{5.32}$$

Die Größe

$$L_{eff} = \frac{1-\exp(-\alpha_p L)}{\alpha_p} \tag{5.33}$$

ist die effektive Wechselwirkungslänge. Damit ergibt sich für die Phasenabweichung auf Grund der Nichtlinearität

$$\Delta\varphi_{NL} = \bar{\gamma}\, P_{in}\, L_{eff}. \tag{5.34}$$

Typische Werte für A_{eff}, n_1, n_2 und α_p sind der Tabelle 5-4 zu entnehmen.

Tabelle 5-4 Typische Werte bei Nichtlinearitäten [5.1]

Größe	Wert + Einheit
n_1	1,45
n_2	$2{,}46 \cdot 10^{-20}\,\mathrm{m}^2/\mathrm{W}$
A_{eff}	$(50 \text{ bis } 80)\,\mu\mathrm{m}^2$ bei $\lambda = 1{,}5\,\mu\mathrm{m}$
α_L	0,2 dB/km

Als Umrechnungsgleichung zwischen den Dämpfungskoeffizienten α_L und α_p gilt 4.72.

In den bisherigen Betrachtungen wurde angenommen, dass die Eingangsleistung P_{in} konstant ist. Bei einem intensitätsmodulierten Signal schwankt diese Leistung und deshalb über 5.34 die Phasenabweichung $\Delta\varphi_{NL}(t)$. Die zeitliche Änderung der Phasenabweichung verursacht einen Frequenzchirp

$$\Delta\omega(t) = \frac{d(\Delta\varphi_{NL}(t))}{dt} = \frac{dP_{in}(t)}{dt}\bar{\gamma}\, L_{eff}. \tag{5.35}$$

Diesen Effekt, bei dem das optische Feld die Phasenabweichung verursacht, bezeichnet man als Selbstphasenmodulation, kurz *SPM*. Die SPM lässt sich vermeiden, wenn für sehr lange Fasern mit einer effektiven Länge $L_{eff} = 1/\alpha_p$ die Phasenabweichung $\Delta\varphi_{NL} \ll 1$ ist und damit die Eingangsleistung entsprechend 5.34 zu

$$P_{in} \ll \frac{\alpha_p}{\bar{\gamma}} \tag{5.36}$$

gewählt wird.

Im Zusammenspiel von normaler chromatischer Dispersion mit $D < 0$ und SPM wird der zu übertragende Impuls im LWL verbreitert. Im Gegensatz dazu tritt bei anormaler chromatischer Dispersion mit $D > 0$ und SPM eine Verringerung der Impulsbreite auf [5.1]. Die zuletzt genannte Art der Übertragung heißt dispersionsunterstützt und wird zur Teilkompensation der chromatischen Dispersion in optischen Nachrichtensystemen mit hoher Leistung, kleiner Impulsbreite und großer Bandbreite genutzt.

Kreuzphasenmodulation (XPM). Ein weiteres Phänomen, das auf der Nichtlinearität der Brechzahl beruht, ist die Kreuzphasenmodulation *XPM*. Sie tritt auf, wenn bei Wellenlängenmultiplex gewissermaßen mehrere „Kanäle" für die einzelnen Trägerwellenlängen in einem LWL gebildet werden. Die Phasenabweichung $\Delta\varphi_{NL}$ ist nicht nur von der Leistung eines einzigen Kanals abhängig, sondern auch von den Leistungen der anderen Kanäle. Für die Phasenabweichung im *i*-ten Kanal ergibt sich

$$\Delta\varphi_{i,NL} = \bar{\gamma}\, L_{eff} \left(P_i + 2 \sum_{\substack{m=1 \\ m \neq i}}^{M} P_m \right). \tag{5.37}$$

Dabei ist M die Gesamtzahl der Kanäle und P_m bzw. P_i die jeweilige Kanalleistung. Die Zwei entsteht durch Zusammenzählen der Terme für die einzelnen Lichtwellen mit nichtlinearer Polarisation [5.1]. Die Größe der Phasenabweichung ist bei modulierten Signalen nicht nur von der mittleren Leistung des betrachteten Kanals und der Nachbarkanäle abhängig, sondern auch von den übertragenen Bitsequenzen. Unter der Voraussetzung, dass die Leistung jedes Kanals gleich groß ist, die Faser sehr lang ist und das Bitmuster eines NRZ-Signals nur „Einsen" enthält, erhalten wir für die maximale Phasenabweichung

$$\Delta\varphi_{i,NL,max} = \frac{\bar{\gamma}}{\alpha_p}(2M-1)P_i \,. \tag{5.38}$$

Die Pulsverzerrung im betrachteten Kanal hängt ebenfalls von den Nachbarkanälen ab.

Vierwellenmischung. Die Leistungsabhängigkeit der Brechzahl hat ihren Ursprung in der nichtlinearen Suszeptibilität dritter Ordnung. Auch die Vierwellenmischung beruht auf dieser Größe. Dazu betrachten wir die Materialgleichung 5.39 für ein Dielektrikum.

$$\vec{D} = \varepsilon_0 \vec{E} + \vec{P} \tag{5.39}$$

Der erste Summand beschreibt den Zusammenhang zwischen Verschiebungsdichte $\vec{D}$ und elektrischer Feldstärke $\vec{E}$ im Vakuum. Im nichtlinearen Medium ist der Polarisationsvektor $\vec{P}(\vec{E})$ als Reihenentwicklung 5.40 anzusetzen. Der Polarisationsvektor $\vec{P}$ beschreibt die Dichte der Dipolmomente, die im Material vom elektrischen Feld als Folge der Materialpolarisierbarkeit induziert werden [5.4],[5.5]:

$$\vec{P} = \varepsilon_0 \left(\chi_1 \vec{E} + \chi_2 \vec{E}\vec{E} + \chi_3 \vec{E}\vec{E}\vec{E} + \ldots \right) \tag{5.40}$$

In 5.40 sind die χ_i dielektrische Suszeptibilitäten *i*-ter Ordnung. Für Glas sind $\chi_2 = 0$ und $\chi_3 \neq 0$.

Breiten sich in einer Glasfaser gleichzeitig drei optische Felder mit den Feldstärken

$$E_i = \hat{E}_{i0} \cos(\omega_i t - \beta_i z) \tag{5.41}$$

für i=1,2,3 aus, generiert die Suszeptibilität dritter Ordnung im Sinne der Mischung u.A. ein viertes Feld

$$E_4 = \hat{E}_{40} \cos(\omega_4 t - \beta_4 z) \tag{5.42}$$

mit

$$\omega_4 = \omega_1 + \omega_2 - \omega_3 \tag{5.43}$$

und

$$\beta_4 = \beta_1 + \beta_2 - \beta_3 \,. \tag{5.44}$$

Das Auftreten des Feldes nach 5.42 bis 5.44 ist in WDM-Systemen besonders ausgeprägt, wenn die Trägerwellenlängen in der Nähe der chromatischen Nulldispersionswellenlänge liegen. Um diese Wellenlängenmischung zu vermeiden, wird bei solchen Übertragungssystemen mit Restdispersion gearbeitet [5.1].

Stimulierte Raman-Streuung (SRS). Die Raman-Streuung ist ein Prozess, bei dem es zu einer Änderung der Energie des gestreuten Photons kommt [5.1]. Eine Monomodefaser besteht aus Molekülen, die durch Laserlicht zum Rotieren und Vibrieren gebracht werden können. Die Vibrationen lassen sich durch die Quantenzahl ν darstellen. Trifft das Laserlicht mit der Kreisfrequenz ω_0 auf ein nicht vibrierendes Molekül mit $\nu = 0$ nach Bild 5-8, wird dieses auf ein virtuelles Energieniveau angehoben und fällt sofort auf ein bezüglich des nicht vibrierenden Moleküls höheres Niveau mit $\nu = 1$ zurück. Durch diese Abwärtsbewegung vom virtuellen Niveau auf das Niveau mit $\nu = 1$ emittiert das Molekül stimuliert ein Photon mit der Kreisfrequenz $\omega_s < \omega_0$. Die Kreisfrequenz ω_s wird als Stokes-Frequenz bezeichnet. Dabei dominiert in der Monomodefaser die Ausbreitung in Vorwärtsrichtung und der Effekt der Raman-Streuung ist leistungsabhängig. Das bedeutet, dass nur ein Teil des in die Faser eingekoppelten Lichtes gestreut wird. Dabei erfolgt eine Energieüberkopplung auf die Stokes-Frequenz.

Eine Kenngröße ist die Schwellenleistung

$$P_{th,R} = \frac{16 \cdot A_{eff}}{g_R \cdot L_{eff}}, \tag{5.45}$$

bei der die Hälfte der eingekoppelten Leistung gestreut wird, und g_R bezeichnet den Raman-Verstärkungskoeffizienten.

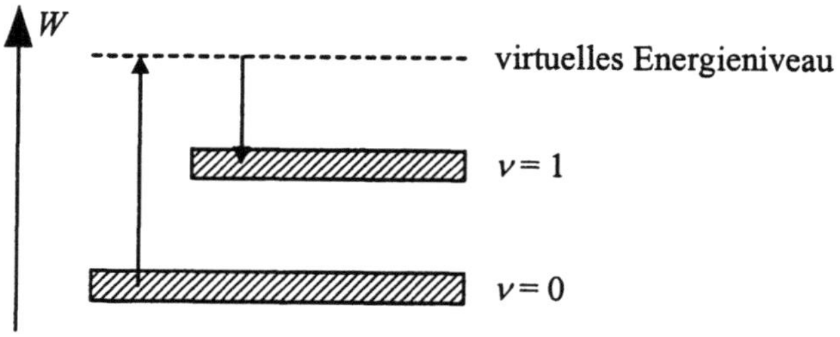

Bild 5-8 Energieschema der stimulierten Raman-Streuung

Da die Glasfaser ein amorphes Medium ist, gibt es keine wie im Bild 5-8 vereinfacht dargestellten diskreten Energieniveaus. Dadurch ist der Raman-Verstärkungskoeffizient nicht monochromatisch, sondern besitzt eine Bandbreite von einigen GHz in Einkanalübertragungssystemen [5.1]. Der typische Wert des Raman-Verstärkungskoeffizienten liegt bei $g_R \approx 1 \cdot 10^{-13}$ m/W [5.1].

Die stimulierte Raman-Streuung hat bei Einkanal-Anwendungen die Wirkung, dass ab einer bestimmten Leistung des eingekoppelten Signals, diesem Energie entzogen wird. Bei Langstreckenanwendungen, wo man mit hoher Leistung arbeitet, wirkt sich dieser Effekt negativ aus, da das abgeschwächte Signal wieder verstärkt werden muss. Dadurch verringert sich das Signal-Rauschverhältnis.

In WDM-Systemen wirkt der Raman-Effekt als parasitärer Prozess, so dass Signale mit kurzen Wellenlängen die mit längeren verstärken. Dadurch werden die Signale der kürzeren Wellenlängen abgeschwächt, wenn die Wellenlängendifferenz innerhalb der Bandbreite des Raman-Verstärkungskoeffizienten liegt. Durch das Pumpen der langwelligen Kanäle durch die kurzwelligen kommt es zum so genannten Raman-Übersprechen. Das Übersprechen verursacht in WDM-Systemen zusätzlich einen *Penalty*, weil der Energietransfer vom Bitmuster der einzelnen Kanäle abhängt [5.1]. Dadurch werden Leistungsschwankungen in den betroffenen Kanälen erhöht. Das führt zu einem zusätzlichen Empfängerrauschen. Für die Verschlechterung der *Performance* des Systems um 1 dB wurde [5.1] die Bedingung

$$P_{max}/\mathrm{dBm}\left(N^2 - N\right)\Delta f_{Ch}/\mathrm{GHz} < 500 \tag{5.46}$$

entnommen, wobei N die Anzahl der Kanäle, Δf_{Ch} der Kanalabstand und P_{max} die maximale Sendeleistung in dBm der Einzelkanäle ist.

Stimulierte Brillouin-Streuung (SBS). Bei der stimulierten Brillouin-Streuung tritt eine Wechselwirkung von Licht mit Schallwellen auf. Schallwellen verursachen in Glas eine Veränderung der Brechzahl, korrespondierend zu den Dichteveränderungen der Welle [5.1]. Diese Änderung der Brechzahl kann in Monomode-LWL zu Reflexionen führen. Die reflektierte Lichtwelle erfährt, je nach Bewegung der Schallwelle in der Glasfaser, eine Frequenz-Verschiebung nach unten oder oben durch den Doppler-Effekt. Bewegt sich die Schallwelle in gleicher Richtung zur eingekoppelten Lichtwelle, bezeichnet man diesen Prozess als Stokes-Streuung und die Frequenz der reflektierten Lichtwelle ist kleiner. Die Antistokes-Streuung entsteht durch eine entgegengesetzte Bewegung der Schallwelle. Die SBS ist von der Intensität des in die Faser eingekoppelten Lichtes abhängig. Die rückgekoppelte Lichtwelle steigt mit wachsender Eingangsleistung exponentiell an [5.1]. Der ursprünglich eingekoppelten Lichtwelle wird Energie entzogen.

Die Schwellenleistung $P_{th,B}$ für SBS ist definiert durch die Eingangsleistung, bei der die Hälfte des eingekoppelten Lichtes zurück gestreut wird. Es gilt

$$P_{th,B} = \frac{21 A_{eff}}{g_B\, L_{eff}}\left(1 + \frac{\Delta\omega_s}{\Delta\omega_B}\right)k_p . \tag{5.47}$$

g_B ist der Brillouin-Verstärkungskoeffizient. Er beträgt für Glasfasern $g_B \approx 5 \cdot 10^{-11}$ m/W [5.1]. $\Delta\omega_s$ ist die spektrale Linienbreite der Quelle und $\Delta\omega_B$ die Brillouin-Linienbreite. k_p ist ein Faktor, der abhängig vom Aufrechterhalten des Polarisationszustandes der Stokes-Lichtwelle und der sich ausbreitenden Lichtwelle, zwischen 1 und 2 liegen kann.

5.1.4 Multiplexer und Demultiplexer

Grundlagen. Wegen der hohen Frequenz des optischen Trägers ist es theoretisch möglich, die Signalbandbreite von $B_S = 1\,\mathrm{THz}$ zu überschreiten. Die Effekte chromatische Dispersion, PMD und Fasernichtlinearitäten sowie die Geschwindigkeitsbegrenzung durch elektronische Komponenten schränken die Bitrate eines einzelnen Kanals auf heute $R = 40\,\mathrm{Gbit/s}$ ein.

Durch den Einsatz der Wellenlängenmultiplextechnik wird die Bandbreite der Faser effizienter genutzt. Günstige Bereiche für die Übertragung sind dabei das zweite und dritte optische Fenster, deren Wellenlängen bei ca. 1300 nm bzw. 1550 nm liegen. Die mögliche Bandbreite ist für das zweite Fenster ca. $B = 12\,\mathrm{THz}$ und für das dritte ca. $B = 15\,\mathrm{THz}$ [5.1]. Für das Bandbreiten-Längenprodukt gilt

$$B \cdot L = \left(B_1 + B_2 + \ldots + B_N\right) \cdot L \tag{5.48}$$

wobei N die Anzahl der Kanäle und B_i die einzelnen Kanalbandbreiten sind. L ist die LWL-Länge.

Der Multiplexer hat die Aufgabe, die in der Wellenlänge versetzten Kanäle auf eine Glasfaser möglichst dämpfungsarm einzukoppeln. Die Kanaltrennung auf der Empfangsseite wird mit Demultiplexern durchgeführt. Sie enthalten einstellbare optische Filter zur Kanalselektion. Dabei muss die Filterbandbreite groß genug sein, um den gesamten Kanal zu erfassen, aber klein genug, um ein Nebensprechen der Nachbarkanäle zu verhindern. Der wellenlängenselektive Mechanismus der Filter kann auf die Effekte Interferenz oder Beugung zurückgeführt werden. Die Anforderungen an solche Filter sind

- ein großer Einstellbereich,
- ein vernachlässigbares Nebensprechen,
- schnelle Einstellgeschwindigkeit,
- Unabhängigkeit von äußeren Einflüssen,
- geringe Kosten.

Als optische Filter können die im Kapitel 7 dargestellten Fabry-Perot- und Mach-Zehnder-Interferometer genutzt werden.

Fabry-Perot-Filter. Den Aufbau des Fabry-Perot-Interferometers entnimmt man Bild 7-1. Die Einstellbarkeit des Filters wird über die Länge des Wellenleiters L und damit der Laufzeit τ realisiert. Der „freie spektrale Bereich" ist durch

$$\Delta f_L = \frac{1}{2\tau} = \frac{c}{2 n_g L} \tag{5.49}$$

und die resultierende Bandbreite bei N Kanälen mit

$$\Delta f_{Sig} = N S_{Ch} R \tag{5.50}$$

gegeben. R ist die Bitrate in jedem Kanal und

$$S_{Ch} = \frac{\Delta f_{Ch}}{R} \tag{5.51}$$

der normierte Kanalabstand. Δf_{Ch} bezeichnet den Abstand der Träger. Die resultierende Signalbandbreite Δf_{Sig} muss kleiner als der freie spektrale Bereich Δf_L sein. Mit der Näherung, dass die Bitrate R etwa der Filterbandbreite Δf_{FP} des Fabry-Perot-Filters gewählt wird, ergibt sich die Bedingung für die Anzahl der Kanäle

$$N < \frac{\Delta f_L}{S_{Ch} \Delta f_{FP}}. \tag{5.52}$$

Aus 7.26 und 7.34 erhalten wir

$$\frac{P_{out}}{P_{in}} = \left[1 + \frac{4|r|^2}{\left(1-|r|^2\right)^2}\sin^2(\omega\tau - \theta)\right]^{-1} \tag{5.53}$$

und daraus mit $P_{out}/P_{in} = \frac{1}{2}$ die Bandbreite des Fabry-Perot-Filters

$$\Delta f_{FP} = \frac{1}{2\pi\tau}\frac{1-|r|^2}{|r|}. \tag{5.54}$$

Aus 5.49 und 5.54 folgt mit 5.52 die Bedingung für die Anzahl der Kanäle

$$N < \frac{\pi|r|}{3\left(1-|r|^2\right)}, \tag{5.55}$$

wenn noch für $S_{Ch} = 3$ gesetzt wird. Dieser Wert für S_{Ch} garantiert ein Übersprechen kleiner 10% [5.1].

Mach-Zehnder-Filter. Den Aufbau des Mach-Zehnder-Filters zeigt Bild 7-4. Spezialisiert man die Übertragungsfunktion 7.35 des Mach-Zehnder-Interferometers mit

$$\psi_1 = \psi_2 = 0,\ \theta_1 = \theta_2 = \frac{\pi}{4},\ \phi_1 = \phi_2 = \frac{\pi}{2} \tag{5.56}$$

und setzt

$$\tau_m = \tau_1 - \tau_2, \tag{5.57}$$

folgt für die Leistungsübertragungsfunktion

$$|J_m|^2 = J J^* = \cos^2\left(\frac{\omega\tau}{2}\right) = \cos^2(\pi f \tau_m) = \frac{P_{out}}{P_{in}}. \tag{5.58}$$

Eine kaskadierte Kette von solchen Mach-Zehnder-Interferometern wirkt als optisches Filter, das durch die Veränderung der Armlängen eingestellt werden kann. Für die Gesamtleistungsübertragungsfunktion erhalten wir

$$|J|^2 = \prod_{m=1}^{M}\cos^2(\pi f \tau_m), \tag{5.59}$$

wobei τ_m die relative Verzögerungszeit des m-ten Gliedes in der Kette ist. τ_m wird nach 5.60 gewählt.

$$\tau_m = \left(2^m \Delta f_{Ch}\right)^{-1} \tag{5.60}$$

5.1.5 Fasergitter zur Dispersionskompensation

5.1.5.1 Ausbreitungsgleichung für den Monomode-LWL

Ansatz. Fasergitter setzt man in optischen Nachrichtensystemen zur Kompensation der chromatischen Dispersion von Monomode-LWL ein. Sie befinden sich am Ende der Übertragungsstrecke und bestehen aus einem speziell präparierten kurzen LWL mit z-abhängiger periodischer Brechzahlverteilung. Doch bevor wir uns dem Fasergitter zuwenden, leiten wir die Impuls-Ausbreitungsgleichung nach Agrawal [5.6] ab, mit deren Lösung u.A. das Dispersionsverhalten bezüglich der chromatischen Dispersion von Monomode-LWL beschrieben werden kann. Der Ansatz ist durch das Spektrum des Vektors der elektrischen Verschiebungsflussdichte $\vec{D}(\vec{r}, j\omega)$ am Ort z in der Form

$$\vec{D}(\vec{r}, j\omega) = \psi(x,y)\, D(0, j\omega) \exp[-j\beta(\omega)z]\vec{e} \tag{5.61}$$

gegeben.

Darin bezeichnet $\psi(x,y)$ die transversale Feldverteilung des Grundmode, $D(0, j\omega)$ die Fourier-Transformierte der komplexen Eingangsamplitude, $\vec{e}$ den Polarisationseinheitsvektor, $\beta(\omega)$ die frequenzabhängige Phasenkonstante und $\vec{r}$ den Ortsvektor für die Koordinaten x, y, z.

Impuls-Ausbreitungsgleichung nach Agrawal. Die komplexe Amplitude der elektrischen Verschiebungsflussdichte am Ort z in der Faser ist

$$D(z, j\omega) = D(0, j\omega) \exp[-j\beta(\omega)z]. \tag{5.62}$$

Durch Fourier-Rücktransformation von 5.62 erhält man die orts- und zeitabhängige Amplitude

$$D(z,t) = \frac{1}{2\pi} \int_{-\infty}^{\infty} D(z, j\omega) \exp(j\omega t) d\omega . \tag{5.63}$$

Für die Phasenkonstante des LWL verwenden wir die Taylor-Reihenentwicklung

$$\beta(\omega) = \frac{\omega}{c} n(\omega) \approx \beta_0 + \beta_1 \Delta\omega + \frac{1}{2}\beta_2 (\Delta\omega)^2 + \frac{1}{6}\beta_3 (\Delta\omega)^3 \tag{5.64}$$

mit

$$\Delta\omega = \omega - \omega_0 \tag{5.65}$$

und

$$\beta_m = \left.\frac{d^m \beta}{d\omega^m}\right|_{\omega=\omega_0} , \tag{5.66}$$

wobei ω_0 die Mittenkreisfrequenz der anregenden Laserdiode darstellt. $n(\omega)$ bezeichnet die frequenzabhängige Brechzahl des LWL.

Die Entwicklungskoeffizienten haben die Bedeutung

$$\beta_1 = \frac{1}{v_g}, \quad v_g \text{ Gruppengeschwindigkeit}$$

$$\beta_2 = -\frac{\lambda_0^2}{2\pi c} D, \quad D \text{ Dispersionsparameter} \tag{5.67}$$

$$S = \left(\frac{2\pi c}{\lambda_0^2}\right)^2 \beta_3 + \left(\frac{4\pi c}{\lambda_0^3}\right)\beta_2 , \quad S \text{ Dispersionssteigung}$$

Wir führen die langsam veränderliche Amplitude $\widetilde{D}(z,t)$ mit

$$D(z,t) = \widetilde{D}(z,t)\exp[j(\omega_0 t - \beta_0 z)] \tag{5.68}$$

ein. Dann folgt aus 5.62 bis 5.66:

$$\begin{aligned}\widetilde{D}(z,t) = \frac{1}{2\pi}\int_{-\infty}^{\infty}\widetilde{D}(0,j\Delta\omega)\cdot \\ \exp\left[j\left(\Delta\omega t - \beta_1 z\Delta\omega - \frac{\beta_2}{2}z(\Delta\omega)^2 - \frac{\beta_3}{6}z(\Delta\omega)^3\right)\right]d(\Delta\omega)\end{aligned} \tag{5.69}$$

Darin bezeichnet $\widetilde{D}(0,j\Delta\omega)$ die Fourier-Transformierte:

$$\widetilde{D}(0,j\Delta\omega) = \int_{-\infty}^{\infty}\widetilde{D}(0,t)\exp(-j\Delta\omega t)dt\,. \tag{5.70}$$

Wir bilden unter Verwendung von 5.69 die partielle Ableitung von $\widetilde{D}(z,t)$ nach z.

$$\begin{aligned}\frac{\partial\widetilde{D}(z,t)}{\partial z} = \frac{1}{2\pi}\int_{-\infty}^{\infty}\widetilde{D}(0,\Delta\omega)\left[-\beta_1 j\Delta\omega - \frac{\beta_2}{2}j(\Delta\omega)^2 - \frac{\beta_3}{6}j(\Delta\omega)^3\right]\cdot \\ \exp\left[j\left(\Delta\omega t - \beta_1 z\Delta\omega - \frac{\beta_2}{2}z(\Delta\omega)^2 - \frac{\beta_3}{6}z(\Delta\omega)^3\right)\right]d(\Delta\omega)\end{aligned} \tag{5.71}$$

Unter Einbeziehung des Differentiationssatzes der Fourier-Transformation entsprechend

$$\begin{aligned}\Delta\omega &\to -j\frac{\partial}{\partial t} \\ (\Delta\omega)^2 &\to -\frac{\partial^2}{\partial t^2} \\ (\Delta\omega)^3 &\to j\frac{\partial^3}{\partial t^3}\end{aligned} \tag{5.72}$$

erhalten wir aus 5.71:

$$\frac{\partial\widetilde{D}(z,t)}{\partial z} + \beta_1\frac{\partial\widetilde{D}(z,t)}{\partial t} - j\frac{\beta_2}{2}\frac{\partial^2\widetilde{D}(z,t)}{\partial t^2} - \frac{\beta_3}{6}\frac{\partial^3\widetilde{D}(z,t)}{\partial t^3} = 0\,. \tag{5.73}$$

Substituiert man noch mit

$$t' = t - \beta_1 z\,, \quad z' = z\,,$$

ergibt sich die Impuls-Ausbreitungsgleichung nach Agrawal:

$$\frac{\partial\widetilde{D}(z',t')}{\partial z'} - j\frac{\beta_2}{2}\frac{\partial^2\widetilde{D}(z',t')}{\partial t'^2} - \frac{\beta_3}{6}\frac{\partial^3\widetilde{D}(z',t')}{\partial t'^3} = 0\,. \tag{5.74}$$

Mit 5.74 kann der Ausgangsimpuls $\widetilde{D}(z',t')$ am Ort z' bei vorgegebenem beliebigem Eingangsimpuls $\widetilde{D}(0,t')$ berechnet werden.

Beispiel 5.2: Ausgangsimpuls eines Monomode-LWL bei gechirptem Gauß-Impuls am Eingang

Gechirpter Gauß-Impuls:

$$\tilde{D}(0,t) = \hat{D}_0 \exp\left[-\frac{1+jC}{2}\left(\frac{t}{T_0}\right)^2\right]. \tag{5.75}$$

Ein Impuls heißt gechirpt, wenn seine Trägerfrequenz mit der Zeit variiert. Für die Phase in 5.75 gilt

$$\phi(t) = -\frac{C}{2}\left(\frac{t}{T_0}\right)^2 . \tag{5.76}$$

Die Frequenzabweichung ist

$$\Delta\omega(t) = \frac{d\phi(t)}{dt} = -\frac{C}{T_0^2}t . \tag{5.77}$$

Das Spektrum des Eingangsimpulses lautet

$$\tilde{D}(0,j\omega) = \hat{D}_0\left(\frac{2\pi T_0^2}{1+jC}\right)^{\frac{1}{2}} \exp\left[-\frac{\omega^2 T_0^2}{2(1+jC)}\right]. \tag{5.78}$$

Die spektrale Breite $\Delta\omega_0$ für den $1/e$ -Abfall der Intensität ist:

$$\Delta\omega_0 = \left(1+C^2\right)^{\frac{1}{2}} T_0^{-1} . \tag{5.79}$$

Die Lösung der Impulsausbreitungsgleichung ist gegeben durch:

$$\tilde{D}(z',t') = \frac{1}{2\pi}\int_{-\infty}^{\infty}\tilde{D}(0,j\omega)\exp\left[j\left(\omega t' - \frac{\beta_2}{2}z\omega^2 - \frac{\beta_3}{6}z\omega^3\right)\right]d\omega . \tag{5.80}$$

Mit der Näherung $\beta_3 \approx 0$ und 5.78 erhält man aus 5.80 für den Ausgangsimpuls am Ort z:

$$\tilde{D}(z,t') = \frac{\hat{D}_0 T_0}{\left[T_0^2 + j\beta_2 z(1+jC)\right]^{\frac{1}{2}}}\exp\left[-\frac{(1+jC)t^2}{2\left[T_0^2 + j\beta_2 z(1+jC)\right]}\right] \tag{5.81}$$

Die Impulsbreite T_1 variiert mit z in der Form

$$\frac{T_1}{T_0} = \left[\left(1-\frac{C\beta_2 z}{T_0^2}\right)^2 + \left(\frac{\beta_2 z}{T_0^2}\right)^2\right]^{\frac{1}{2}} . \tag{5.82}$$

Wir führen die Dispersionslänge L_D mit

$$L_D = \frac{T_0^2}{|\beta_2|} \tag{5.83}$$

ein.

Der ungechirpte Impuls mit $C = 0$ verbreitert sich nach 5.82 mit $\left[1+\left(\frac{z}{L_D}\right)^2\right]^{\frac{1}{2}}$.

Im Bild 5-9 ist die Impulsverbreiterung am Ort z für verschiedene Chirp-Parameter C dargestellt.

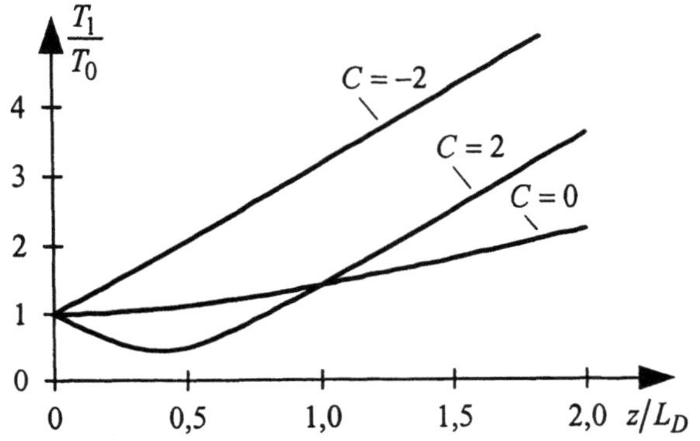

Bild 5-9 Normierte Impulsbreite T_1/T_0 als Funktion der normierten Länge z/L_D

Man erkennt, dass durch geeignete Wahl von C und T_0 die Impulsverbreiterung minimierbar ist. □

Da sich der Ausgangsimpuls in der Form

$$\tilde{D}(z,t') \approx \frac{1}{2\pi} \int_{-\infty}^{\infty} \tilde{D}(0, j\omega) \exp\left[j\left(\omega t' - \frac{\beta_2}{2} z\omega^2\right)\right] d\omega \qquad (5.84)$$

darstellen lässt, bedeutet Dispersionskompensation hier die Unterdrückung des Phasenfaktors $\exp\left(-j\frac{\beta_2}{2} z\omega^2\right)$ für $z = L$ als Länge des Monomode-LWL.

5.1.5.2 Faser-Bragg-Gitter

Aufbau. So genannte Faser-Bragg-Gitter bestehen aus einem LWL mit z-abhängiger periodischer Brechzahlverteilung. Im Bild 5-10 ist das Faser-Bragg-Gitter in Kombination mit einem Zirkulator zur Ein- und Auskopplung der Welle aus dem Monomode-LWL bzw. der Welle aus dem Gitter dargestellt.

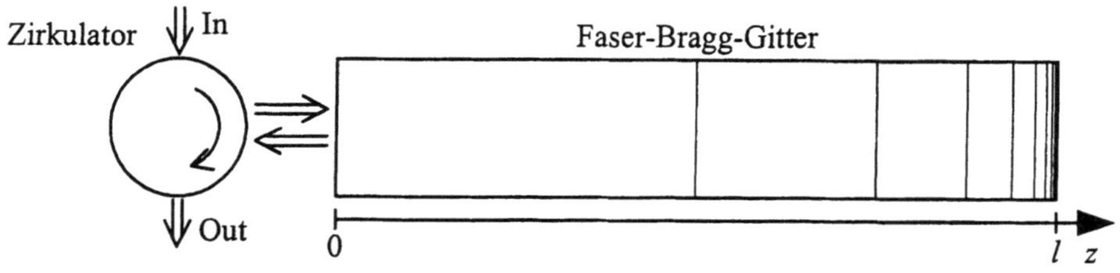

Bild 5-10 Aufbau des Faser-Bragg-Gitters

Funktion. Fasergitter eignen sich zur Kompensation der chromatischen Dispersion. Hat der Monomode-LWL z.B. eine positive Dispersion muss das Faser-Bragg-Gitter, abgekürzt FBG, über den interessierenden Wellenlängenbereich eine negative Dispersion besitzen. Das bedeutet, dass kleine Wellenlängen eine längere Laufzeit und größere Wellenlängen eine kürzere Laufzeit haben müssen, um den Kompensationseffekt zu erreichen. Da ein Wellenlängenbereich abzudecken ist, gibt es i.A. mehrere Bragg-Wellenlängen, die ortsabhängig im Gitter reflektiert werden und so zu einem Laufzeitausgleich führen.

Brechzahlverteilung. Die Brechzahlverteilung $n(z)$ im Gitter zeigt Bild 5-11.

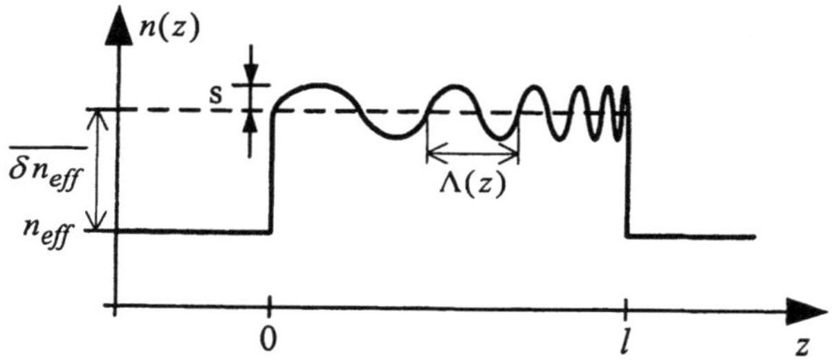

Bild 5-11 Brechzahlverteilung im Faser-Bragg-Gitter

Darin bezeichnet n_{eff} die effektive Brechzahl mit dem typischen Wert von $n_{eff} \approx 1{,}45$, $\overline{\delta n_{eff}}$ den Mittelwert der Brechzahlschwankung in der Größenordnung $\overline{\delta n_{eff}} \approx 3 \cdot 10^{-4}$, s die Amplitude der Brechzahlschwankung mit dem Maximalwert $s = 1$ und l die Länge des FBG in der Größenordnung $l \approx 5mm$ [5.7].

Die Brechzahlschwankung ist gegeben durch

$$\delta n_{eff}(z) = \overline{\delta n_{eff}}\left[1 + s\cos\left(\int \frac{2\pi\, dz}{\Lambda(z)}\right)\right] = \overline{\delta n_{eff}}\left[1 + s\cos\left(\frac{2\pi}{\Lambda_0} z + \varphi(z)\right)\right] \tag{5.85}$$

mit der z-abhängigen Gitterperiode

$$\Lambda(z) = \Lambda_0 + \Delta\Lambda z \tag{5.86}$$

eines so genannten gechirpten Gitters. Die Parameter Λ_0 und $\Delta\Lambda$ sind dabei noch offen und werden im Zusammenhang mit der Dispersionskompensation bestimmt.

Aus 5.85 folgt für die z-abhängige Phasenfunktion $\varphi(z)$:

$$\varphi(z) = \int \frac{2\pi\, dz}{\Lambda(z)} - \frac{2\pi z}{\Lambda_0}. \tag{5.87}$$

Für die folgende Ableitung der Übertragungsfunktion des FBG als Verhältnis von reflektierter komplexer Amplitude der elektrischen Feldstärke zur komplexen Amplitude der Feldstärke der in positiver z-Richtung laufenden Welle, jeweils am Ort $z = 0$, benötigen wir den Ausdruck

$$-\frac{1}{2}\frac{d\varphi(z)}{dz} = \frac{\pi}{\Lambda_0} - \frac{\pi}{\Lambda_0 + \Delta\Lambda z}. \tag{5.88}$$

Außerdem führen wir die Verstimmung δ_d des Gitters mit

$$\delta_d = \beta - \frac{\pi}{\Lambda(z)} = \beta - \frac{\pi}{\Lambda_0 + \Delta\Lambda z} \tag{5.89}$$

und die Phasenkonstante

$$\beta = \frac{2\pi\, n_{eff}}{\lambda} \tag{5.90}$$

sowie den Koeffizienten

$$\zeta = \frac{2\pi}{\lambda}\overline{\delta n_{eff}} \tag{5.91}$$

ein.

Gekoppelte Modengleichungen. Zur Berechnung der Übertragungsfunktion des FBG benutzen wir die gekoppelten Modengleichungen für die komplexe ortsabhängige Amplitude der hinlaufenden Welle $A(z)$ und die komplexe ortsabhängige Amplitude der rücklaufenden Welle $B(z)$. D.h. die Welle mit $A(z)$ breitet sich in positive z-Richtung und die mit $B(z)$ in negative z-Richtung aus.

Die gekoppelten Modengleichungen lauten [5.7]:

$$\begin{aligned} \frac{dA(z)}{dz} &= -j\left[\zeta^+(z)\, A(z) + \kappa B(z)\right] \\ \frac{dB(z)}{dz} &= j\left[\kappa^* A(z) + \zeta^+(z)\, B(z)\right] \end{aligned} \tag{5.92}$$

In 5.92 ist $\zeta^+(z)$ der Selbstkopplungskoeffizient.

$$\zeta^+(z) = \delta_d + \zeta - \frac{1}{2}\frac{d\varphi(z)}{dz} = \beta + \zeta + \frac{\pi}{\Lambda_0} - \frac{2\pi}{\Lambda_0 + \Delta\lambda z} \tag{5.93}$$

Der Koppelfaktor κ lässt sich aus

$$\kappa = \kappa^* = \frac{\pi}{\lambda} s\overline{\delta n_{eff}} \tag{5.94}$$

bestimmen.

Differentialgleichungen zweiter Ordnung. Zur Lösung der gekoppelten Modengleichungen überführen wir diese in zwei Differentialgleichungen zweiter Ordnung. Diese Gleichungen lauten

$$\frac{d^2 A(z)}{dz^2} + \left(\zeta^{+2}(z) - \kappa^2 + j\frac{d\zeta^+(z)}{dz} \right) A(z) = 0\,, \tag{5.95}$$

$$\frac{d^2 B(z)}{dz^2} + \left(\zeta^{+2}(z) - \kappa^2 - j\frac{d\zeta^+(z)}{dz} \right) B(z) = 0\,. \tag{5.96}$$

Gleichung 5.95 enthält nur noch die komplexe ortsabhängige Amplitude der hinlaufenden Welle und 5.96 die der rücklaufenden Welle. Die Kopplung beider Gleichungen ist durch den Koppelfaktor κ gegeben.

Die Randwerte seien bekannt:

$$B(l,\lambda_0) = 0\,, \quad \frac{dB(l,\lambda_0)}{dz} = j\kappa(\lambda_0)A(l,\lambda_0)\,, \quad \frac{dA(l,\lambda_0)}{dz} = -j\zeta^+(l,\lambda_0)\,A(l,\lambda_0) \tag{5.97}$$

Zur Lösung von 5.96 berechnen wir

$$f(z) = \zeta^{+2}(z) - \kappa^2 - j\frac{d\zeta^+(z)}{dz}\,. \tag{5.98}$$

Aus 5.93 ergibt sich

$$f(z) = a + \frac{b}{1+cz} + \frac{d}{(1+cz)^2} - j\frac{h}{(1+cz)^2} \tag{5.99}$$

mit

$$a = \left(\beta + \zeta + \frac{\pi}{\Lambda_0} \right)^2 - \kappa^2\,, \quad b = -\frac{4\pi\left(\beta + \zeta + \frac{\pi}{\Lambda_0} \right)}{\Lambda_0}\,,$$
$$c = \frac{\Delta\Lambda}{\Lambda_0}\,, \quad d = \frac{4\pi^2}{\Lambda_0^2}\,, \quad h = \frac{2\pi\Delta\Lambda}{\Lambda_0^2}\,. \tag{5.100}$$

Damit geht 5.96 über in

$$\frac{d^2 B(z)}{dz^2} + f(z)B(z) = 0\,. \tag{5.101}$$

Riccati-Differentialgleichung. Gleichung 5.101 lässt sich wie folgt in die so genannte Riccati-Differentialgleichung überführen. Mit der Umformung von 5.101 in

$$\frac{B''(z)}{B(z)} = -f(z) \tag{5.102}$$

und dem Ansatz

$$\frac{B'(z)}{B(z)} = y(z) \tag{5.103}$$

sowie

$$y'(z) = \frac{B''(z)B(z) - \left(B'(z)\right)^2}{B^2(z)} = \frac{B''(z)}{B(z)} - \left(\frac{B'(z)}{B(z)}\right)^2 = \frac{B''(z)}{B(z)} - y^2(z) \tag{5.104}$$

erhalten wir die Riccati-Differentialgleichung

$$y'(z) + y^2(z) = -f(z)\,. \tag{5.105}$$

Zur Lösung von 5.105 muss eine Lösung geraten werden [5.8]. Die andere Lösung ermittelt man dann systematisch.

Da sich 5.105 in der Form

$$y'(z) + y^2(z) = \frac{-a(1+cz)^2 - b(1+cz) - d}{(1+cz)^2} + j\frac{h}{(1+cz)^2} \tag{5.106}$$

darstellen lässt, vermuten wir als Lösung

$$y = \frac{m(z)}{1+cz}\,. \tag{5.107}$$

Darin sei $m(z)$ ein Polynom.

Zur Ermittlung des Polynoms $m(z)$ bilden wir aus 5.107

$$y'(z) = \frac{m'(z)(1+cz) - c\,m(z)}{(1+cz)^2}\,, \tag{5.108}$$

$$y^2(z) = \frac{m^2(z)}{(1+cz)^2} \tag{5.109}$$

und setzen in 5.106 ein. Dann erhalten wir die Bedingung

$$m'(z)(1+cz) - c\,m(z) + m^2(z) = -a(1+cz)^2 - b(1+cz) - d + jh\,. \tag{5.110}$$

Aus 5.110 folgt: Falls ein Polynom $m(z)$ existiert, dass 5.110 löst, ist es linear.

Daher formulieren wir den Ansatz

$$m(z) = j(v + wz) \tag{5.111}$$

mit

$$m'(z) = jw \tag{5.112}$$

und

$$m^2(z) = -\left(v^2 + 2vwz + w^2z^2\right) \tag{5.113}$$

Die Koeffizienten v und w lassen sich durch Einsetzen von 5.111 bis 5.113 in 5.110 unter Nebenbedingungen ermitteln.

Man erhält aus

$$\begin{aligned} jw(1+cz) - jc(v+wz) - v^2 - 2vwz - w^2z^2 &= -a - 2acz - ac^2z^2 - b - bcz - d + jh \\ &= jw - jcv - v^2 - 2vwz - w^2z^2 \end{aligned} \tag{5.114}$$

durch Koeffizientenvergleich, getrennt für Imaginär- und Realteil, die Bedingungen:

Imaginärteil:

$$z^0: \quad w - cv = h \tag{5.115}$$

Realteil:

$$z^0: \quad -v^2 = -a - b - d \tag{5.116}$$

$$z^1: \quad -2vw = -2ac - bc \tag{5.117}$$

$$z^2: \quad -w^2 = -ac^2 . \tag{5.118}$$

Aus 5.116 und 5.118 bestimmt man

$$v = \pm\sqrt{a + b + d} , \tag{5.119}$$

$$w = \pm c\sqrt{a} . \tag{5.120}$$

Mit 5.100 lassen sich v und w in der Form

$$v = \pm\sqrt{\left(\beta + \zeta - \frac{\pi}{\Lambda_0}\right)^2 - \kappa^2} \tag{5.121}$$

$$w = \pm\frac{\Delta\Lambda}{\Lambda_0}\sqrt{\left(\beta + \zeta + \frac{\pi}{\Lambda_0}\right)^2 - \kappa^2} \tag{5.122}$$

darstellen. Die Bedingung 5.117 führt unter Beachtung von 5.100 sowie 5.121 und 5.122 auf einen verschwindenden Koppelfaktor, d.h.

$$\kappa = 0 . \tag{5.123}$$

In der Praxis kann die strenge Bedingung 5.123 durch die Dimensionierungsvorschrift

$$\overline{s\delta n_{eff}} << n_{eff} \tag{5.124}$$

unter Bezug auf 5.90, 5.91, 5.94 und 5.96 ersetzt werden.

Die Beachtung von 5.123 führt die Erfüllung von 5.115 auf das positive Vorzeichen von v und w, so dass gilt

$$v = \beta + \zeta - \frac{\pi}{\Lambda_0}, \tag{5.125}$$

$$w = \frac{\Delta\Lambda}{\Lambda_0}\left(\beta + \zeta + \frac{\pi}{\Lambda_0}\right). \tag{5.126}$$

Damit lautet eine Lösung der Riccati-Differentialgleichung

$$y(z) = \frac{j(v + wz)}{1 + cz} . \tag{5.127}$$

Bernoulli-Differentialgleichung. Zur Bestimmung der allgemeinen Lösung der Riccati-Differentialgleichung schreiben wir diese jetzt um in

$$u'(z) + u^2(z) = -f(z) \tag{5.128}$$

und setzen mit der gefundenen Lösung $y(z)$ zur Ermittlung der anderen Lösung $p(z)$ wie folgt an:

$$u(z) = y(z) + p(z)\,, \tag{5.129}$$

$$u'(z) = y'(z) + p'(z)\,, \tag{5.130}$$

$$u^2(z) = y^2(z) + 2y(z)\,p(z) + p^2(z)\,. \tag{5.131}$$

Durch Einsetzen von 5.130 und 5.131 in 5.128 erhalten wir

$$y'(z) + p'(z) + y^2(z) + 2y(z)\,p(z) + p^2(z) = -f(z) \tag{5.132}$$

Da

$$y'(z) + y^2(z) = -f(z) \tag{5.133}$$

gilt, geht 5.132 in die Bernoulli-Differentialgleichung

$$p'(z) + 2y(z)\,p(z) + p^2(z) = 0 \tag{5.134}$$

über.

Zur Lösung von 5.134 machen wir den Ansatz

$$q(z) = \frac{1}{p(z)}\,, \tag{5.135}$$

$$q'(z) = -\frac{p'(z)}{p^2(z)}\,. \tag{5.136}$$

Gleichung 5.134 lässt sich in der Form

$$-\frac{p'(z)}{p^2(z)} - 2y(z)\frac{1}{p(z)} = 1 \tag{5.137}$$

schreiben. Mit 5.135 und 5.136 erhalten wir aus 5.137 die lineare Differentialgleichung

$$q'(z) + 2y(z)\,q(z) = 1\,. \tag{5.138}$$

Lösung der linearen Differentialgleichung. Die allgemeine Lösung der linearen Differentialgleichung 5.138 setzt sich aus der homogenen Lösung und dem partikulären Integral zusammen.

Die Lösung der homogenen Gleichung

$$q_H'(z) - 2y(z)\,q_H(z) = 0 \tag{5.139}$$

erhält man aus

$$\frac{q_H'(z)}{q_H(z)} = 2y(z)$$

$$\int \frac{dq_H(z)}{q_H(z)} = 2\int y(z)\,dz + \ln|C|$$

zu

$$q_H(z) = C\exp\left[2\int y(z)\,dz\right]. \tag{5.140}$$

In 5.140 ist C eine Konstante. Das partikuläre Integral wir durch Variation der Konstanten $C \to C(z)$ gemäß

$$q(z) = C(z)\exp\left[2\int y(z)\,dz\right] \tag{5.141}$$

$$q'(z) = C'(z)\exp\left[2\int y(z)\,dz\right] + C(z)\,2y(z)\exp\left[2\int y(z)\,dz\right] \tag{5.142}$$

und Einsetzen in 5.138 ermittelt. Es ergibt sich

$$C'(z)\exp\left[2\int y(z)\,dz\right] = 1\,, \tag{5.143}$$

$$C(z) = \int \exp\left[-2\int y(z)\,dz\right]dz + D\,. \tag{5.144}$$

In 5.144 ist D eine weitere Konstante. Aus 5.141 und 5.144 folgt die allgemeine Lösung der linearen Differentialgleichung 5.138:

$$q(z) = \left[D + \int \exp\left[-2\int y(z)dz\right]dz\right]\exp\left[2\int y(z)\,dz\right]. \tag{5.145}$$

Lösung der Bernoulli-Differentialgleichung. Die Lösung der Bernoulli-Gleichung 5.134 erhält man mit 5.135 und 5.145.

$$p(z) = \frac{1}{q(z)} = \frac{\exp\left[-2\int y(z)\,dz\right]}{D + \int \exp\left[-2\int y(z)\,dz\right]\,dz} \tag{5.146}$$

Lösung der Riccati-Differentialgleichung. Die allgemeine Lösung der Riccati-Differentialgleichung 5.128 ist mit 5.146 gegeben durch

$$u(z) = y(z) + p(z) = y(z) + \frac{\exp\left[-2\int y(z)\,dz\right]}{D + \int\left[-2\int y(z)\,dz\right]\,dz}\,. \tag{5.147}$$

Lösung der Differentialgleichungen zweiter Ordnung für hin- und rücklaufende Welle. Die allgemeine Lösung für die Differentialgleichung 5.96 ist mit 5.147 ermittelbar.

Aus

$$\frac{B'(z)}{B(z)} = u(z) = y(z) + \frac{\exp\left[-2\int y(z)\,dz\right]}{D + \int\left[-2\int y(z)\,dz\right]\,dz} \tag{5.148}$$

folgt

$$\int \frac{dB(z)}{B(z)} = \int u(z)\,dz + \ln[F] \tag{5.149}$$

$$\ln\left|\frac{B(z)}{F}\right| = \int u(z)\,dz \tag{5.150}$$

$$B(z) = F\exp\left[\int u(z)\,dz\right] \tag{5.151}$$

und schließlich

$$B(z) = F \exp\left[\int y(z)\,dz + \int \frac{\exp\left[-2\int y(z)\,dz\right]}{D + \int\left[-2\int y(z)\,dz\right]dz}\,dz\right]. \tag{5.152}$$

In 5.152 sind D und F Konstanten, die aus den Randwerten 5.97 ermittelt werden müssen.

Integrallösungen. Für die Integrale in 5.152 erhält man folgende exakte bzw. Näherungslösungen.

$$\begin{aligned}\int y(z)\,dz &= j\int \frac{v + wz}{1 + cz}\,dz = j\left(\frac{wz}{c} + \frac{cv - w}{c^2}\ln\left|cz + 1\right|\right)\\ &= j\left[\left(\beta + \zeta + \frac{\pi}{\Lambda_0}\right)z - \frac{2\pi}{\Delta\Lambda}\ln\left|\frac{\Delta\Lambda}{\Lambda_0}z + 1\right|\right]\end{aligned} \tag{5.153}$$

$$\int \frac{\exp\left[-2\int y(z)\,dz\right]}{D + \int\left[-2\int y(z)\,dz\right]dz}\,dz = \int \frac{g'(z)}{g(z)}\,dz \tag{5.154}$$

$$g'(z) = \exp\left[-2\int y(z)\,dz\right] \tag{5.155}$$

$$g(z) = D + \int \exp\left[-2\int y(z)\,dz\right]dz\,. \tag{5.156}$$

Mit Hilfe der Substitution

$$u = g(z)\,,\quad \frac{du(z)}{dz} = g'(z) \tag{5.157}$$

geht 5.154 über in

$$\int \frac{g'(z)}{g(z)}\,dz = \int \frac{du}{u} = \ln|u| = \ln|g(z)| = \ln\left|D + \int \exp\left[-2\int y(z)\,dz\right]dz\right|. \tag{5.158}$$

Die Exponentialfunktion in 5.158 schreibt man mit 5.153 in der Form

$$\begin{aligned}\exp\left[-2\int y(z)\,dz\right] &= \exp\left[-2j\left[\left(\beta + \zeta + \frac{\pi}{\Lambda_0}\right)z - \frac{2\pi}{\Delta\Lambda}\ln\left|\frac{\Delta\Lambda}{\Lambda_0}z + 1\right|\right]\right]\\ &\approx \exp\left[-2j\left[\left(\beta + \zeta - \frac{\pi}{\Lambda_0}\right)z + \frac{\pi\Delta\Lambda}{\Lambda_0^2}z^2\right]\right],\end{aligned} \tag{5.159}$$

wenn für

$$\ln\left|\frac{\Delta\Lambda}{\Lambda_0}z + 1\right| \approx \frac{\Delta\Lambda}{\Lambda_0}z - \frac{\Delta\Lambda^2}{2\Lambda_0^2}z^2 \tag{5.160}$$

als Näherung verwendet wird. Führt man nun eine quadratische Ergänzung des Exponenten in 5.160 mit

$$A^2 = \frac{2\pi\Delta\Lambda}{\Lambda_0^2} z^2 \rightarrow A = \frac{\sqrt{2\pi\Delta\Lambda}}{\Lambda_0} z$$

$$2AB = 2\left(\beta + \zeta - \frac{\pi}{\Lambda_0}\right) z \rightarrow B = \frac{\left(\beta + \zeta - \frac{\pi}{\Lambda_0}\right)\Lambda_0}{\sqrt{2\pi\Delta\Lambda}} \tag{5.161}$$

$$\rightarrow B^2 = \frac{\left(\beta + \zeta - \frac{\pi}{\Lambda_0}\right)^2 \Lambda_0^2}{2\pi\Delta\Lambda}$$

durch, erhält man für

$$\exp\left[-2\int y(z)\,dz\right] \approx \exp\left(jB^2\right)\int \exp\left[-j(A+B)^2\right] dz$$

$$\approx \exp\left[\frac{\left(\beta + \zeta - \frac{\pi}{\Lambda_0}\right)^2 \Lambda_0^2}{2\pi\Delta\Lambda}\right] \int \exp\left[-j\left(\frac{\sqrt{2\pi\Delta\Lambda}}{\Lambda_0} z + \frac{\left(\beta + \zeta - \frac{\pi}{\Lambda_0}\right)\Lambda_0}{\sqrt{2\pi\Delta\Lambda}}\right)^2\right] dz. \tag{5.162}$$

Das Integral in 5.162 wird näherungsweise unter Verwendung der Substitution

$$x^2 = \left(\frac{\sqrt{2\pi\Delta\Lambda}}{\Lambda_0} z + \frac{\left(\beta + \zeta - \frac{\pi}{\Lambda_0}\right)\Lambda_0}{\sqrt{2\pi\Delta\Lambda}}\right)^2 \tag{5.163}$$

$$dz = \frac{\Lambda_0}{\sqrt{2\pi\Delta\Lambda}} dx$$

gelöst. Wir erhalten

$$\int \exp\left[-jx^2\right] dx \approx \int\left(1 - jx^2\right) dx = x - j\frac{x^3}{3} = \sqrt{x^2 + \frac{x^6}{9}}\,\exp\left[-j\arctan\left(\frac{x^2}{3}\right)\right]. \tag{5.164}$$

Die Arkustangensfunktion in 5.164 ersetzen wir näherungsweise durch ihr Argument

$$\arctan\left(\frac{x^2}{3}\right) \approx \frac{x^2}{3} \tag{5.165}$$

und erhalten so für

$$\int \frac{\exp\left[-2\int y(z)\,dz\right]}{D+\int\left[-2\int y(z)\,dz\right]dz}\,dz \approx \ln\left| D+\frac{\Lambda_0}{\sqrt{2\pi\Delta\Lambda}}\exp\left[j\frac{\left(\beta+\zeta-\frac{\pi}{\Lambda_0}\right)^2\Lambda_0^2}{3\pi\Delta\Lambda}\right]\cdot\right.$$

$$\exp\left[-j\frac{1}{3}\left(\frac{2\pi\Delta\Lambda}{\Lambda_0^2}z^2+2\left(\beta+\zeta-\frac{\pi}{\Lambda_0}\right)z\right)\right]\cdot \tag{5.166}$$

$$\left.\sqrt{\left(\frac{\sqrt{2\pi\Delta\Lambda}}{\Lambda_0}z+\frac{\left(\beta+\zeta-\frac{\pi}{\Lambda_0}\right)\Lambda_0}{\sqrt{2\pi\Delta\Lambda}}\right)^2+\frac{1}{q}\left(\frac{\sqrt{2\pi\Delta\Lambda}}{\Lambda_0}z+\frac{\left(\beta+\zeta-\frac{\pi}{\Lambda_0}\right)\Lambda_0}{\sqrt{2\pi\Delta\Lambda}}\right)^6}\right|$$

Aus 5.152 ergibt sich schließlich mit 5.153 und 5.166 sowie den angegebenen Näherungen die ortsabhängige Amplitude der im FBG rücklaufenden Welle

$$B(z)\approx F\exp\left[j\left(\frac{\pi\Delta\Lambda}{\Lambda_0^2}z^2+\left(\beta+\zeta-\frac{\pi}{\Lambda_0}\right)z\right)\right]\cdot$$

$$\left[D+\frac{\Lambda_0}{\sqrt{2\pi\Delta\Lambda}}\exp\left[j\frac{\left(\beta+\zeta-\frac{\pi}{\Lambda_0}\right)^2\Lambda_0^2}{3\pi\Delta\Lambda}\right]\cdot\right. \tag{5.167}$$

$$\left.\exp\left[-j\frac{1}{3}\left(\frac{2\pi\Delta\Lambda}{\Lambda_0^2}z^2+2\left(\beta+\zeta-\frac{\pi}{\Lambda_0}\right)z\right)\right]\left(\frac{\sqrt{2\pi\Delta\Lambda}}{\Lambda_0}z+\frac{\left(\beta+\zeta-\frac{\pi}{\Lambda_0}\right)\Lambda_0}{\sqrt{2\pi\Delta\Lambda}}\right)\right].$$

In der Wurzel von 1.166 wurde zur Lösungsdarstellung von 1.167 nur der quadratische Summand berücksichtigt.

Die Lösung der Differentialgleichung zweiter Ordnung für $A(z)$ nach 5.95 erhält man durch die Substitution $B(z)\rightarrow A(z)$ und $j\rightarrow -j$ aus 5.167 mit den neuen Konstanten G und H zu

$$A(z) \approx G \exp\left[-j\left(\frac{\pi\Delta\Lambda}{\Lambda_0^2}z^2 + \left(\beta+\zeta-\frac{\pi}{\Lambda_0}\right)z\right)\right]\cdot$$
$$\left[H + \frac{\Lambda_0}{\sqrt{2\pi\Delta\Lambda}}\exp\left[-j\frac{\left(\beta+\zeta-\frac{\pi}{\Lambda_0}\right)^2\Lambda_0^2}{3\pi\Delta\Lambda}\right]\cdot\right. \tag{5.168}$$
$$\left.\exp\left[j\frac{1}{3}\left(\frac{2\pi\Delta\Lambda}{\Lambda_0^2}z^2 + 2\left(\beta+\zeta-\frac{\pi}{\Lambda_0}\right)z\right)\right]\left(\frac{\sqrt{2\pi\Delta\Lambda}}{\Lambda_0}z + \frac{\left(\beta+\zeta-\frac{\pi}{\Lambda_0}\right)\Lambda_0}{\sqrt{2\pi\Delta\Lambda}}\right)\right].$$

Übertragungsfunktion. Aus 5.168 und 5.169 soll die Übertragungsfunktion $T(j\omega)$ des Faser-Bragg-Gitters im Durchlassbereich unter der Voraussetzung abgeleitet werden, dass für den Parameter $\Delta\Lambda$ die Bedingung $\Delta\Lambda \to 0$ gilt.

Die Näherungen von $B(z)$ und $A(z)$ für $\Delta\Lambda \to 0$ lauten:

$$B(z) \approx F \exp\left[j\left(\beta+\zeta-\frac{\pi}{\Lambda_0}\right)z\right]\cdot\left\{D + \left[z + \frac{\left(\beta+\zeta-\frac{\pi}{\Lambda_0}\right)\Lambda_0^2}{2\pi\Delta\Lambda}\right]\cdot\right.$$
$$\left.\exp\left[j\frac{\left(\beta+\zeta-\frac{\pi}{\Lambda_0}\right)^2\Lambda_0^2}{3\pi\Delta\Lambda}\right]\exp\left[-j\frac{2}{3}\left(\beta+\zeta-\frac{\pi}{\Lambda_0}\right)z\right]\right\}, \tag{5.169}$$

$$A(z) \approx G \exp\left[-j\left(\beta+\zeta-\frac{\pi}{\Lambda_0}\right)z\right]\cdot\left\{H + \left[z + \frac{\left(\beta+\zeta-\frac{\pi}{\Lambda_0}\right)\Lambda_0^2}{2\pi\Delta\Lambda}\right]\cdot\right.$$
$$\left.\exp\left[-j\frac{\left(\beta+\zeta-\frac{\pi}{\Lambda_0}\right)^2\Lambda_0^2}{3\pi\Delta\Lambda}\right]\exp\left[j\frac{2}{3}\left(\beta+\zeta-\frac{\pi}{\Lambda_0}\right)z\right]\right\}. \tag{5.170}$$

Bragg-Wellenlänge. Die so genannte Bragg-Wellenlänge λ_0 erhält man aus später ersichtlichen Gründen aus

$$\beta + \zeta - \frac{\pi}{\Lambda_0} = 0 \tag{5.171}$$

mit 5.90 und 5.91 sowie der Näherung

$$\overline{\delta n_{eff}} << n_{eff} \tag{5.172}$$

zu

$$\lambda_0 \approx 2 n_{eff} \Lambda_0 \,. \tag{5.173}$$

Bestimmung der Konstanten. Die Ermittlung der Konstanten in 5.169 und 5.170 erfolgt mit den Randbedingungen 5.97.

Aus $B(l, \lambda_0) = 0$ folgt mit 5.169:

$$F(D + l) = 0 \tag{5.174}$$

Aus

$$\frac{dB(l, \lambda_0)}{dz} = j\kappa(\lambda_0)\, A(l, \lambda_0)$$

erhält man mit 5.169 und 5.170:

$$F = j\kappa(\lambda_0) G(H + l) \,. \tag{5.175}$$

Und schließlich ergibt sich aus

$$\frac{dA(l, \lambda_0)}{dz} = j\zeta^+(l, \lambda_0)\, A(l, \lambda_0)$$

mit 5.170 die Bedingung

$$G = -j\zeta^+(l, \lambda_0) G(H + l) \,. \tag{5.176}$$

Die Lösung des Gleichungssystems 5.174 bis 5.176 lautet

$$D = -l \,, \qquad H = -l + j\frac{1}{\zeta^+(l, \lambda_0)} \,, \qquad T_0 = \frac{F}{G} = -\frac{\kappa(\lambda_0)}{\zeta^+(l, \lambda_0)} \,. \tag{5.177}$$

Übertragungsfunktion. Die Übertragungsfunktion des Faser-Bragg-Gitters ist in der Form

$$T(j\omega) = \frac{B(0)}{A(0)} \tag{5.178}$$

definiert. Daraus erhalten wir unter Benutzung von 5.169, 5.170 sowie 5.177:

$$T(j\omega) \approx T_0 \frac{l - \dfrac{\left(\beta+\zeta-\dfrac{\pi}{\Lambda_0}\right)^2 \Lambda_0^2}{2\pi\Delta\Lambda} \exp\left[j\dfrac{\left(\beta+\zeta-\dfrac{\pi}{\Lambda_0}\right)^2 \Lambda_0^2}{3\pi\Delta\Lambda}\right]}{l - j\dfrac{1}{\zeta^+(l,\lambda_0)} - \dfrac{\left(\beta+\zeta-\dfrac{\pi}{\Lambda_0}\right)^2 \Lambda_0^2}{2\pi\Delta\Lambda} \exp\left[-j\dfrac{\left(\beta+\zeta-\dfrac{\pi}{\Lambda_0}\right)^2 \Lambda_0^2}{3\pi\Delta\Lambda}\right]}. \qquad (5.179)$$

Zur expliziten Darstellung der Frequenzabhängigkeit der Übertragungsfunktion $T(j\omega)$ rechnen wir wie folgt um:

$$\begin{aligned}
\beta &= \frac{2\pi n_{eff}}{\lambda} = \frac{\omega}{c} n_{eff}, \\
\zeta &= \frac{2\pi \overline{\delta n_{eff}}}{\lambda} = \frac{\omega}{c}\overline{\delta n_{eff}} << \beta, \\
\frac{\pi}{\Lambda_0} &= \frac{2\pi}{\lambda_0} n_{eff} = \frac{\omega_0}{c} n_{eff}, \\
\kappa(\lambda_0) &= \frac{\pi}{\lambda_0} s\overline{\delta n_{eff}} = \frac{\omega_0}{2c} s\overline{\delta n_{eff}}, \\
\zeta^+(l,\lambda_0) &\approx \frac{2\pi\Delta\Lambda l}{\Lambda_0^2} = \frac{2\omega_0^2 n_{eff}^2}{\pi c^2}\Delta\Lambda l.
\end{aligned} \qquad (5.180)$$

Mit den Konstanten

$$\begin{aligned}
T_0 &= -\frac{\pi c s \overline{\delta n_{eff}}}{4\omega_0 n_{eff}^2 \Delta\Lambda l}, \quad a = \frac{\pi}{3\omega_0^2\Delta\Lambda}, \\
b &= \frac{\pi c}{2 n_{eff}\omega_0^2 \Delta\Lambda}, \quad d = \frac{\pi c^2}{2 n_{eff}^2 \omega_0^2 \Delta\Lambda l}.
\end{aligned} \qquad (5.181)$$

lautet die frequenzabhängige reale Übertragungsfunktion des Gitters

$$T_{real}(j\omega) \approx T_0 \frac{l - b(\omega-\omega_0)\exp\left[ja(\omega-\omega_0)^2\right]}{l - b(\omega-\omega_0)\exp\left[-ja(\omega-\omega_0)^2\right] - jd}. \qquad (5.182)$$

5.1.5.3 Dispersionskompensation

Dimensionierungsbedingungen. Zur Ableitung der Dimensionierungsbedingungen gehen wir zunächst von der realen Übertragungsfunktion des FBG aus und bilden die ideale Übertragungsfunktion in der Form

$$T_{ideal}(j\omega) = T_0 \exp\left[j2a(\omega-\omega_0)^2\right]. \qquad (5.183)$$

Da aber die Bedingungen $l \to 0$ und $d \to 0$ zur Bildung der idealen Übertragungsfunktion nicht gleichzeitig zu erfüllen sind, wegen d nach 5.181, kann nur

$$\sqrt{l^2 + d^2} \to \min \tag{5.184}$$

gelten. Mit d nach 5.181 ergibt sich für das Minimum nach 5.184 eine optimale Länge l_{opt} entsprechend

$$l_{opt} = \frac{c}{\omega_0 n_{eff}} \sqrt{\frac{\pi}{2|\Delta\Lambda|}} \tag{5.185}$$

als Dimensionierungsbedingung.

Die Dispersionskompensation wird wie folgt durchgeführt. In 5.84 steht der Phasenterm $-\beta_2 L\omega^2/2$ für $z = L$ als Länge des Monomode-LWL, dessen chromatische Dispersion kompensiert werden soll. Monomode-LWL und FBG mit Zirkulator bilden eine Reihenschaltung, wenn das Gitter nach dem LWL angeordnet ist. Betrachtet man sowohl den Phasenterm in 5.84 als auch den entsprechenden in 5.183, so überlagern sich beide Terme vorzeichenrichtig. Die Kompensationsbedingung lautet unter Berücksichtigung von 5.67 und 5.181, wenn beide Phasenterme im Basisband betrachtet werden:

$$\begin{aligned} &\frac{\beta_2 L}{2} = 2a\,, \\ &\frac{-\lambda_0^2 DL}{4\pi c} = \frac{2\pi}{3\omega_0^2 \Delta\Lambda}\,,\quad \lambda_0^2 = \frac{4\pi^2 c^2}{\omega_0^2}\,. \end{aligned} \tag{5.186}$$

Damit folgt die Dimensionierungsbedingung

$$\Delta\Lambda = -\frac{2}{3cDL}\,. \tag{5.187}$$

Es wurde vorausgesetzt, dass die Mittenkreisfrequenz der anregenden Laserdiode und die zur Bragg-Wellenlänge gehörende „Bragg-Kreisfrequenz“ des FBG übereinstimmen.

Die noch fehlende Dimensionierungsbedingung für die Gitterperiode Λ_0 ist durch die Bragg-Wellenlänge λ_0 gegeben:

$$\Lambda_0 \approx \frac{\lambda_0}{2n_{eff}}\,. \tag{5.188}$$

Das nachfolgende Zahlenbeispiel weist die Gültigkeit der angegebenen Näherungen für praxisrelevante Daten nach.

Beispiel 5.3: Kompensation der chromatischen Dispersion des Monomode-LWL mit einem gechirpten Faser-Bragg-Gitter

- $n_{eff} \approx 1{,}45$, $\overline{\delta n_{eff}} \approx 3 \cdot 10^{-4}$:

  $\to\ \overline{\delta n_{eff}} << n_{eff}$

  $3 \cdot 10^{-4} << 1{,}45$

- $\left.\begin{array}{l}\lambda_0 \approx 1{,}5\,\mu\mathrm{m} \\ n_{eff} \approx 1{,}45\end{array}\right\} \rightarrow \Lambda_0 \approx 0{,}5\,\mu\mathrm{m}$

$$\rightarrow \quad \beta_0 + \zeta_0 + \frac{\pi}{\Lambda_0} = \frac{2\pi\left(n_{eff} + \overline{\delta n_{eff}}\right)}{\lambda_0} + \frac{\pi}{\Lambda_0}$$

$$\approx \frac{2\pi n_{eff}}{\lambda_0} + \frac{\pi}{\Lambda_0} \approx 12{,}1\,\mu\mathrm{m}^{-1}$$

- $s = 1$, $\overline{\delta n_{eff}} \approx 3 \cdot 10^{-4}$, $\lambda_0 \approx 1{,}5\,\mu\mathrm{m}$:

$$\rightarrow \quad \kappa = \frac{\pi}{\Lambda_0} s\,\overline{\delta n_{eff}} \approx 6{,}3 \cdot 10^{-4}\,\mu\mathrm{m}^{-1}$$

$$\rightarrow \quad \left(\beta + \zeta + \frac{\pi}{\Lambda_0}\right)^2 >> \kappa^2$$

$$147{,}6\,\mu\mathrm{m}^{-2} >> 4 \cdot 10^{-7}\,\mu\mathrm{m}^{-2}$$

- $c = 3 \cdot 10^5 \frac{\mathrm{km}}{\mathrm{s}}$, $D = 25 \frac{\mathrm{ps}}{\mathrm{nm\,km}}$, $L = 10\,\mathrm{km}$:

$$\rightarrow \quad \Delta\Lambda \approx -\frac{2}{3cDL} \approx -8{,}89 \cdot 10^{-9}$$

- $c = 3 \cdot 10^5 \frac{\mathrm{km}}{\mathrm{s}}$, $s = 1$, $n_{eff} \approx 1{,}45$, $\omega_0 \approx 4\pi \cdot 10^{14}\,\mathrm{s}^{-1}$, $\Delta\Lambda \approx -8{,}89 \cdot 10^{-9}$:

$$\rightarrow \quad \ell_{opt} = \frac{c}{\omega_o n_{eff}} \sqrt{\frac{\pi}{2|\Delta\Lambda|}}, \approx 2{,}2\,mm$$

- $\Lambda \approx 0{,}5\,\mu\mathrm{m}$, $|\Delta\Lambda| \approx -8{,}89 \cdot 10^{-9}$, $l_{opt} \approx 2{,}2\,\mathrm{mm}$:

$$\rightarrow \quad \Lambda_0 >> |\Delta\Lambda| l_{opt}$$

$$0{,}5\,\mu\mathrm{m} >> 2 \cdot 10^{-5}\,\mu\mathrm{m}$$

- $c = 3 \cdot 10^5 \frac{\mathrm{km}}{\mathrm{s}}$, $n_{eff} \approx 1{,}45$, $\omega_0 \approx 4\pi \cdot 10^{14}\,\mathrm{s}^{-1}$, $\Delta\Lambda \approx -8{,}89 \cdot 10^{-9}$, $l_{opt} \approx 2{,}2\,\mathrm{mm}$, $\Delta\lambda = 3\,\mathrm{nm}$, $\lambda_0 \approx 1{,}5\,\mu\mathrm{m}$:

$$\rightarrow \quad d_{opt} = \frac{\mathrm{sgn}(\Delta\Lambda)\,l_{opt}^2}{l_{opt}} \approx -2{,}2\,\mathrm{mm}$$

$$\rightarrow \quad b = \frac{\pi c}{2 n_{eff} \omega_0^2 \Delta\Lambda} \approx -23{,}2 \cdot 10^{-12}\,\mathrm{mm \cdot s}$$

Belegte Bandbreite des Gitters

$$\rightarrow \quad \Delta\omega = \left| -\frac{2\pi c}{\lambda_0^2} \right| \Delta\lambda \approx 2{,}5 \cdot 10^{12}\,\mathrm{s}^{-1}$$

$$\rightarrow \quad -b\Delta\omega >> -d$$

$$58{,}2\,\mathrm{mm} >> 2{,}2\,\mathrm{mm}$$

$\Delta\lambda$ ist die spektrale Bandbreite der anregenden Laserdiode. □

Kompensationsfehler. Da die Bedingungen $l \to 0$ und $d \to 0$ bei der Dispersionskompensation mittels FBG nicht zu erfüllen sind, tritt ein Kompensationsfehler auf. Diesen Fehler F definieren wir in Form des Verhältnisses von realer zu idealer Übertragungsfunktion des FBG.

$$F = \frac{T_{real}(j\omega)}{T_{ideal}(j\omega)} = A_F(\omega)\exp[j\varphi_F(\omega)] \tag{5.189}$$

$A_F(\omega)$ heißt Amplitudenfehlerfunktion und $\varphi_F(\omega)$ Phasenfehlerfunktion. Fehlerfreiheit würde auftreten für

$$T_{real}(j\omega) = T_{ideal}(j\omega)\,, \tag{5.190}$$

d.h.

$$A_F = 1 \text{ und } \varphi_F = 0\,. \tag{5.191}$$

Mit

$$T_{real}(j\omega) \approx T_0 \frac{l - b(\omega-\omega_0)\exp\left[ja(\omega-\omega_0)^2\right]}{l - b(\omega-\omega_0)\exp\left[-ja(\omega-\omega_0)^2\right] - jd}$$

und

$$T_{ideal}(j\omega) = T_0 \exp\left[j2a(\omega-\omega_0)^2\right]$$

ergibt sich unter Benutzung von 5.189 für Amplituden- und Phasenfehler bei optimaler Länge l_{opt}:

$$A_F(\omega) \approx \sqrt{\frac{\left[l_{opt} - b(\omega-\omega_0)\right]^2 + a^2 l_{opt}^2(\omega-\omega_0)^4}{\left[l_{opt} - b(\omega-\omega_0) + a\,d_{opt}(\omega-\omega_0)^2\right]^2 + \left[a\,l_{opt}(\omega-\omega_0)^2 - d_{opt}\right]^2}} \tag{5.192}$$

$$\varphi_F(\omega) \approx -\arctan\left\{\frac{a\,l_{opt}(\omega-\omega_0)^2}{l_{opt} - b(\omega-\omega_0)}\right\} - \arctan\left\{\frac{a\,l_{opt}(\omega-\omega_0)^2 - d_{opt}}{l_{opt} - b(\omega-\omega_0) + a\,d_{opt}(\omega-\omega_0)^2}\right\} \tag{5.193}$$

Für die Ermittlung von 5.192 und 5.193 wurde die Näherung

$$\exp[\pm ja(\omega-\omega_0)^2] \approx 1 \pm ja(\omega-\omega_0)^2 \tag{5.194}$$

benutzt.

In Bandmitte bei $\omega = \omega_0$ betragen Amplituden- und Phasenfehlerfunktion bei optimaler Länge l_{opt}:

$$A_F(\omega_0) \approx \frac{l_{opt}}{\sqrt{l_{opt}^2 + d_{opt}^2}} = \frac{1}{\sqrt{2}} \tag{5.195}$$

$$\varphi_F(\omega_0) \approx \arctan\left(\frac{d_{opt}}{l_{opt}}\right) = -45° \tag{5.196}$$

Die Amplituden- und Phasenfehler sind für die praxisrelevanten Daten aus Beispiel 5.3 dem

Bild 5-12 zu entnehmen.

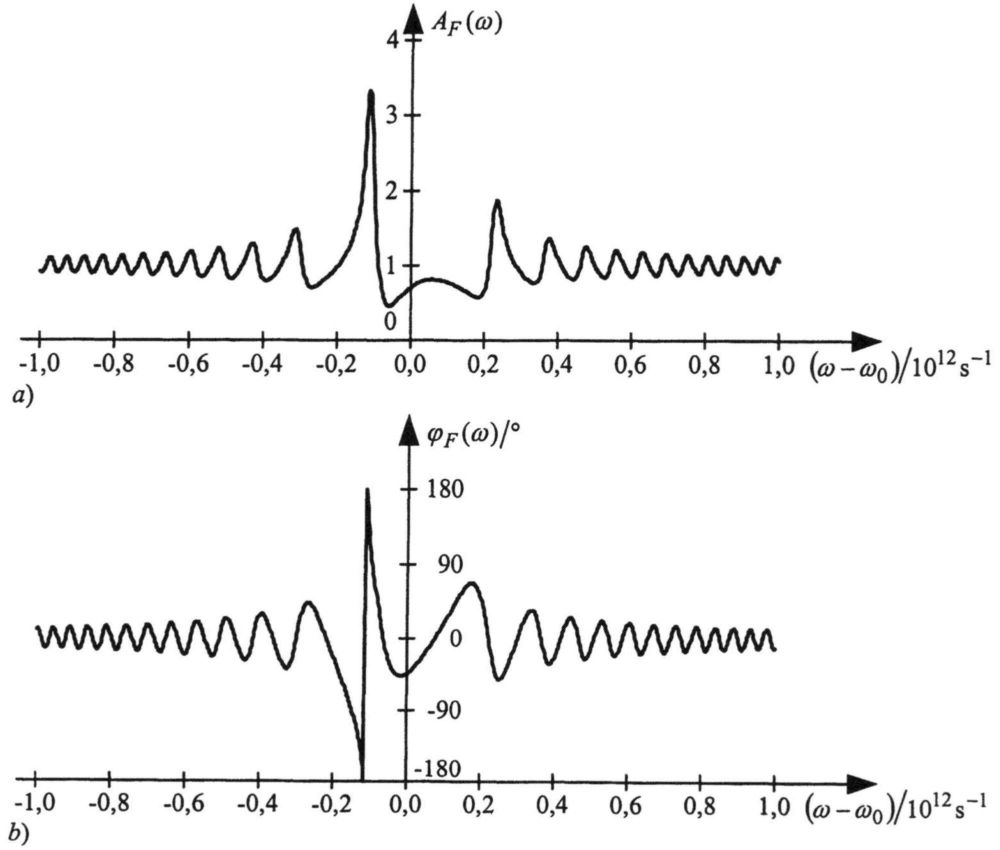

Bild 5-12 Fehlerfunktionen für das Faser-Bragg-Gitter
a) Amplitudenfehler
b) Phasenfehler

5.2 Detektion des intensitätsmodulierten Signals

Wiedergewinnung des Datensignals. Am Beispiel des NRZ-Datensignals $q_{NRZ}(t)$ soll dessen Wiedergewinnung aus der empfangenen Intensität mittels Photodiode demonstriert werden. Die Intensität am Ausgang des Mach-Zehnder-Modulators auf der Sendeseite war

$$I_{out}^{NRZ}(t) = I_{in} \cos^2\left[\frac{\pi}{2} q_{NRZ}(t) - \frac{3}{2}\pi\right]. \tag{5.197}$$

Die Intensität an der Photodiode ist proportional der Intensität am Ausgang des Mach-Zehnder-Modulators, wenn man davon ausgeht, dass das modulierte Signal durch den Monomode-LWL nur gedämpft wird und sowohl chromatische als auch Polarisationsmodendispersion kompensiert sind. Für den Photostrom $i_{ph}(t)$ ergibt sich also:

$$i_{ph}(t) \sim \cos^2\left(\frac{\pi}{2} q_{NRZ}(t) - \frac{3}{2}\pi\right)$$

$$i_{ph}(t) \sim \begin{cases} 1 \text{ für } q_{NRZ}(t) = 1 \\ 0 \text{ für } q_{NRZ}(t) = 0 \end{cases} \quad . \tag{5.198}$$

Damit entspricht der Photostrom dem NRZ-Datensignal.

5.3 Faseroptische Verstärker in Direktempfangssystemen

Anwendungsbereiche faseroptischer Verstärker. Für faseroptische Verstärker in Direktempfangssystemen gibt es drei Anwendungsbereiche [5.9]:

1) Einsatz als Endverstärker:
   Hier wird der EDFA am Senderausgang positioniert, und der Betrieb erfolgt im Sättigungsbereich
2) Einsatz als Leitungsverstärker:
   Dabei arbeitet der EDFA als Zwischenverstärker auf der Strecke zwischen Sender und Empfänger. Der EDFA wird dabei in der beginnenden Sättigung betrieben.
3) Einsatz als Vorverstärker:
   Zur Erhöhung der Empfängerempfindlichkeit arbeitet der faseroptische Verstärker unmittelbar vor dem Empfänger. In diesem Anwendungsfall muss der EDFA eine geringe optische Eingangsleistung verarbeiten können und eine geringe Rauschzahl aufweisen.

Jedoch hat ein faseroptischer Verstärker auch negative Eigenschaften. Während ein elektrischer Repeater Signaltakt und Signalform wieder herstellt, bleibt das Signal beim Verlassen des EDFA in seiner Gestalt unverändert. Man spricht von so genannter Signaltransparenz. Es erfolgt ein Aufsummieren von Störungen, und über die Gesamtlänge sinkt das Signal-Rauschverhältnis. Ebenso findet am Ort der optischen Verstärkung keine Kompensation der auftretenden Dispersionseffekte statt. Die Dispersionskompensation muss vor dem Empfänger, z.B. bezüglich der chromatischen Dispersion mit einem Faser-Bragg-Gitter, erfolgen.

DWDM-Systeme mit faseroptischen Verstärkern unterteilt man in zwei Kategorien:

1) „Long-Haul-Strecken":
   bis zu 7 EDFA, 8 Teilstrecken je 80 km, maximale Streckenlänge von 640 km.
2) „Very-Long-Haul-Strecken":
   bis zu 4 EDFA, 5 Teilstrecken je 120 km, maximale Überbrückung von 600 km.

Nähere Angaben zu diesem Thema findet man in [5.10].

Das nachfolgende Beispiel behandelt die Signal- und Rauschanalyse der optischen Übertragungsstrecke unter Einbeziehung faseroptischer Verstärker.

Beispiel 5.4: Übertragungsberechnung für eine Strecke mit faseroptischen Verstärkern

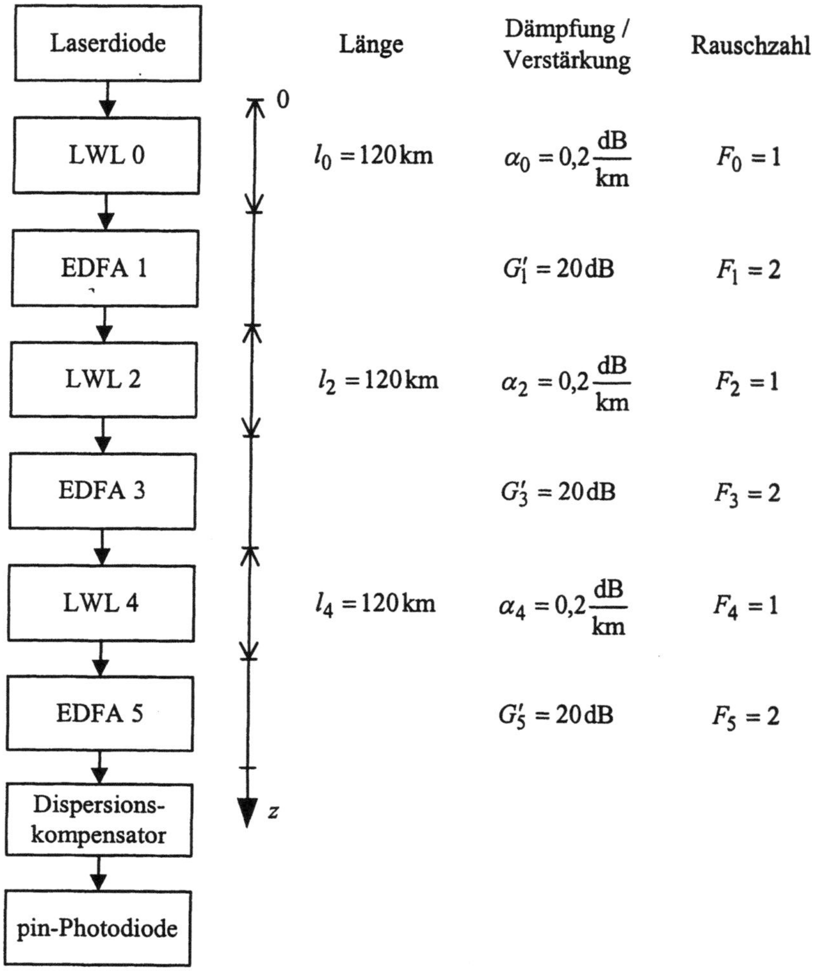

Bild 5-13 Übertragungssystem mit EDFA's

Für die Übertragungsstrecke nach Bild 5-13 soll die Berechnung der Übertragungsfunktion T und der resultierenden Rauschzahl F unter folgenden Bedingungen durchgeführt werden:

1. Die faseroptischen Verstärker werden im linearen Bereich betrieben und ihre Frequenzabhängigkeit spiele wegen der schmalbandigen Anregung durch eine Laserdiode am Eingang keine Rolle.

   $$\rightarrow \quad G_\nu = \text{konst. für } \nu = 1,3,5 \tag{5.199}$$

2. Die Monomode-LWL zwischen den Verstärkern werden nur durch ihre Übertragungsfunktion infolge Dämpfung entsprechend

   $$T_\mu = 10^{-\frac{\alpha_\mu l_\mu}{10\,\text{dB}}}, \quad \mu = 0,2,4 \tag{5.200}$$

beschrieben. Dispersionseffekte sollen keine Rolle spielen bzw. werden von dem Empfänger kompensiert.

Da eine Reihenschaltung von Übertragungsgliedern vorliegt, gilt für die Übertragungsfunktion

$$T = G_5\, T_4\, G_3\, T_2\, G_1\, T_0 \tag{5.201}$$

bzw. im logarithmischen Maß

$$\begin{aligned} T' &= 10 \lg T \,\mathrm{dB} \\ &= (10\lg G_5 + 10\lg T_4 + 10\lg G_3 + 10\lg T_2 + 10\lg G_1 + 10\lg T_0)\mathrm{dB} \\ &= (G_5' + T_4' + G_3' + T_2' + G_1' + T_0')\mathrm{dB} \\ &= (G_5' - \alpha_4 l_4 + G_3' - \alpha_2 l_2 + G_1' + -\alpha_0 l_0)\mathrm{dB} \end{aligned} \tag{5.202}$$

Zahlenbeispiel:

$$G_5' = G_3' = G_1' = 20\,\mathrm{dB}\,,\ \alpha_4 = \alpha_2 = \alpha_0 = 0{,}2\,\mathrm{dB/km}\,,\ l_4 = l_2 = l_0 = 120\,\mathrm{km}$$

$$T' = (20 - 24 + 20 - 24 + 20 - 24)\,\mathrm{dB} = -12\,\mathrm{dB} \tag{5.203}$$

Bei Reihenschaltung stimmen die Signal-Rauschverhältnisse am Ausgang der vorgeschalteten Übertragungsglieder mit den Signal-Rauschverhältnissen am Eingang der nachgeschalteten Systemelemente überein. Daher gilt für die Rauschzahl des Gesamtsystems

$$F = F_5\, F_4\, F_3\, F_2\, F_1\, F_0 \tag{5.204}$$

bzw. im logarithmischen Maß

$$\begin{aligned} F' &= 10\lg F \,\mathrm{dB} \\ &= (10\lg F_5 + 10\lg F_4 + 10\lg F_3 + 10\lg F_2 + 10\lg F_1 + 10\lg F_0)\mathrm{dB} \\ &= (F_5' + F_4' + F_3' + F_2' + F_1' + F_0')\mathrm{dB} \end{aligned} \tag{5.205}$$

Zahlenbeispiel:

$$F_4' = F_2' = F_0' = 0\,\mathrm{dB}\,,\ F_5' = F_3' = F_1' = 3\,\mathrm{dB}$$

$$\rightarrow \quad F' = 9\,\mathrm{dB} \tag{5.206}$$

□

5.4 Bitfehlerwahrscheinlichkeit und Signal-Rauschverhältnis

Bitfehlerrate und Bitfehlerwahrscheinlichkeit. Die Bitfehlerwahrscheinlichkeit wird in der Literatur häufig falsch durch die Bitfehlerhäufigkeit *BER*, *BER* für *Bit Error Rate*, angegeben. Die Bitfehlerrate ist definiert durch

$$BER = \frac{E(t)}{N(t)}, \tag{5.207}$$

wobei $E(t)$ die empfangenen Bitfehler und $N(t)$ die Gesamtzahl der übertragenen Bits im betrachteten Zeitraum sind.

Ein Bitfehler tritt auf, wenn statt einer gesendeten binären Null eine binäre Eins im Empfänger detektiert wird. Dazu gehöre die bedingte Wahrscheinlichkeit p_{01}. Die andere Möglichkeit für das Auftreten eines Bitfehlers ist, wenn statt einer gesendeten Eins eine Null mit der bedingten Wahrscheinlichkeit p_{10} empfangen wird.

Im Empfänger gibt es dabei eine Entscheiderschwelle I_{th}, die die Grenze zwischen einer Null mit dem Strom I_0 und einer Eins mit dem Strom I_1 festlegt. Die Ströme I_0 und I_1 sind dabei die Mittelwerte für eine Null bzw. eine Eins.

Es ergeben sich Fluktuationen um I_0 und I_1, deren Ursache das Rauschen und Intersymbolinterferenzen sind, mit Bitfehlern als Folge.

Im übertragenen Bitstrom sind wegen der Bedingung der Gleichstromfreiheit die Wahrscheinlichkeiten für das Auftreten einer Null und einer Eins gleich. Es gilt

$$p(0) = p(1) = \frac{1}{2}. \tag{5.208}$$

Die Bitfehlerwahrscheinlichkeit p_B ergibt wegen des beschriebenen Zusammenhangs aus

$$p_B = p(1)p_{10} + p(0)p_{01}. \tag{5.209}$$

Mit 5.208 wird

$$p_B = \frac{1}{2}[p_{10} + p_{10}]. \tag{5.210}$$

Zur Veranschaulichung der beschriebenen Sachverhalte dient Bild 5-14.

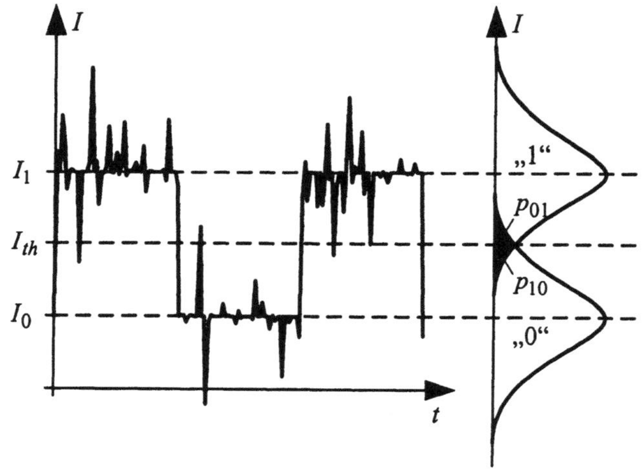

Bild 5-14 Zur Bitfehlerwahrscheinlichkeit

Die Verteilung der Signalwerte um die Mittelwerte wird näherungsweise durch die Gauß-Statistik beschrieben. Es ergibt sich

$$\begin{aligned} p_{10} &= \frac{1}{\sigma_1\sqrt{2\pi}} \int_{-\infty}^{I_{th}} \exp\left[-\frac{(I - I_1)^2}{2\sigma_1^2}\right] dI \\ &= \frac{1}{2}\operatorname{erfc}\left[\frac{I - I_{th}}{\sigma_1\sqrt{2}}\right], \end{aligned} \tag{2.211}$$

$$p_{01} = \frac{1}{\sigma_0\sqrt{2\pi}} \int_{I_{th}}^{\infty} \exp\left[-\frac{(I-I_0)^2}{2\sigma_0^2}\right] dI$$
$$= \frac{1}{2}\operatorname{erfc}\left[\frac{I_{th}-I}{\sigma_0\sqrt{2}}\right]. \tag{2.212}$$

In 5.211 bzw. 5.212 sind σ_0^2 und σ_1^2 die entsprechenden Varianzen und erfc bezeichnet die komplementäre Fehlerfunktion nach 5.213.

$$\operatorname{erfc}(x) = \frac{2}{\sqrt{\pi}} \int_x^{\infty} \exp\left(-y^2\right) dy \tag{5.213}$$

Durch Substitution von 5.211 und 5.212 in 5.210 erhalten wir

$$p_B = \frac{1}{4}\left\{\operatorname{erfc}\left[\frac{I_1-I_{th}}{\sigma_1\sqrt{2}}\right] + \operatorname{erfc}\left[\frac{I_{th}-I_0}{\sigma_0\sqrt{2}}\right]\right\}. \tag{5.214}$$

Für eine pin-Photodiode, bei der das Schrotrauschen vernachlässigt werden kann, gilt

$$\sigma_1 = \sigma_0 \tag{5.215}$$

und der optimale Schwellstrom $I_{th,opt}$ ist

$$I_{th,opt} = \frac{I_1 + I_0}{2}. \tag{5.216}$$

Bitfehlerwahrscheinlichkeit und Signal-Rauschverhältnis. Zur Veranschaulichung soll der Spezialfall betrachtet werden, bei dem $I_o = 0$, $\sigma_1 = \sigma_0$ ist und die Varianz dem Quadrat des Rauschstromes I_R entspricht. Es entsteht für die Bitfehlerwahrscheinlichkeit im Empfänger

$$p_B = \frac{1}{2}\operatorname{erfc}\left[\frac{I_1}{\sqrt{8}I_R}\right]. \tag{5.217}$$

Das Signal-Rauschverhältnis in der elektrischen Ebene kann durch

$$\frac{I_1}{I_R} = 10^{\frac{SRV'}{20\text{dB}}} \tag{5.218}$$

ausgedrückt werden. Damit geht die Bitfehlerwahrscheinlichkeit 5.217 über in

$$p_B = \frac{1}{2}\operatorname{erfc}\left[\frac{10^{\frac{SRV'}{20\text{dB}}}}{\sqrt{8}}\right]. \tag{5.219}$$

Üblich ist die Darstellung von p_B in Abhängigkeit vom Faktor

$$Q = \frac{1}{2}10^{\frac{SRV'}{20\text{dB}}}. \tag{5.220}$$

Man erhält schließlich

$$p_B = \frac{1}{2}\operatorname{erfc}\left(\frac{Q}{\sqrt{2}}\right). \tag{5.221}$$

Im Bild 5-15 ist 5.221 dargestellt.

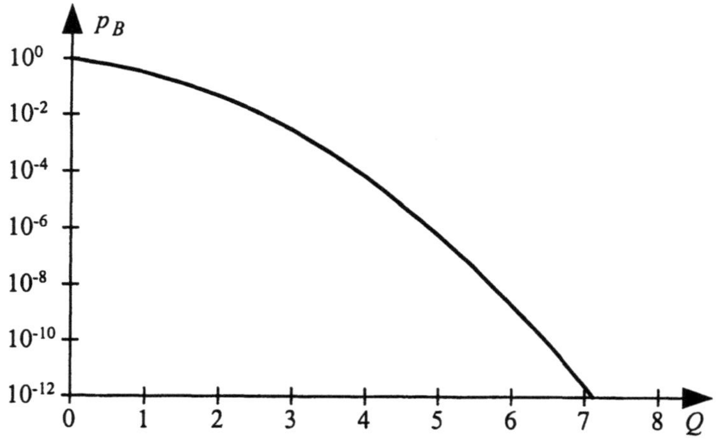

Bild 5-15 Bitfehlerwahrscheinlichkeit p in Abhängigkeit vom Faktor Q

Man erkennt aus Bild 5-15 und 5.221, dass die Bitfehlerwahrscheinlichkeit p_B mit wachsendem Signal-Rauschabstand SRV' in dB sinkt.

5.5 Literatur

[5.1] Rücker, G.: *Messtechnische Untersuchungen zur Optimaldimensionierung von WDM-Übertragungsstrecken bei höchsten Datenraten.* Diplomarbeit, Hochschule Zittau/Görlitz (FH), Fachbereich Elektro- und Informationstechnik, Studienrichtung Nachrichten- und Kommunikationstechnik, 2001

[5.2] Gisin, N.; Von der Weid, J.-P.; Pellaux, J.-P.: *Polarization Mode Dispersion of Short and Long Single-Mode Fibers.* Journal of Lightwave Technology, Vol. 9, No. 7, July 1991

[5.3] Heismann, F.: *Polarization Mode Dispersion: Fundamentals and Impact on Optical Communication Systems.* ECOC'98, Madrid, 20.-24. September 1998

[5.4] Börner, M.; Müller, R.; Schiek, R.; Trommer, G.: *Elemente der integrierten Optik.* BG Teubner Verlag, Stuttgart, 1990

[5.5] Glaser, W.: *Photonik für Ingenieure.* Verlag Technik Berlin, 1997

[5.6] Agrawal, G. P.: *Fiber-optic Communication Systems.* John Wiley & Sons, New York, 1997

[5.7] Othonos, A.; Kalli, K.: *Fiber Bragg Gratings. Fundamentals and Applications in Telecommunications and Sensing.* Artech House, Boston, London, 1999

[5.8] Collatz, L.: *Differentialgleichungen.* BG Teubner Verlag, Stuttgart, 1990

[5.9] Richter, O: *Signal- und Rauschverhalten faseroptischer Verstärker*. Diplomarbeit, Hochschule Zittau/Görlitz (FH), Fachbereich Elektro- und Informationstechnik, Studienrichtung Nachrichten- und Kommunikationstechnik, 2002

[5.10] Hultzsch, H.: *Optische Telekommunikationssysteme - Physik, Komponenten und Serientechnik im Netz der Deutschen Telekom AG*. Damm Verlag KG, Gelsenkirchen, 1996

6 Optische Nachrichtensysteme mit Überlagerungsempfang

Im Kapitel 5 wurden optische Nachrichtensysteme mit Direktempfang behandelt. Eine Alternative zum Nachrichtensystem mit Direktempfang sind optische Systeme mit Überlagerungsempfänger.

Im Abschnitt 6.1 werden Aufbau und Grundprinzip des optischen Überlagerungssystems besprochen. Danach erfolgt im Abschnitt 6.2 die Signalanalyse für das Nutzsignal. Der Abschnitt 6.3 ist den Störungen *Laserphasenrauschen* und *Polarisationsschwankungen* gewidmet, und im abschließenden Abschnitt 6.4 wird die Bitfehlerwahrscheinlichkeit für Heterodyn- und Homodynsysteme berechnet.

6.1 Aufbau und Grundprinzip

Aufbau. Den Aufbau eines optischen Überlagerungssystems zeigt Bild 6-1. Dieses Nachrichtensystem besteht aus dem optischen Sender, der optischen Übertragungsstrecke und dem optischen Überlagerungsempfänger.

Grundprinzip. Der optische Sender setzt sich aus dem elektrischen Sender, dem Modulator und dem Sendelaser zusammen. Im elektrischen Sender erfolgt die Bereitstellung des elektrischen Sendesignals, das mit Hilfe der Trägerverschiebungsflussdichte des Sendelasers in einem Modulator in den optischen Frequenzbereich verschoben wird und so die Senderverschiebungsflussdichte erzeugt.

Als optische Übertragungsstrecke findet eine Monomodefaser geringer Dämpfung und Dispersion Verwendung.

Beim optischen Überlagerungsempfänger erfolgt die Umsetzung der empfangenen Nachrichtenkanäle mit Hilfe eines lokalen Lasers (Lokaloszillator) aus dem optischen Frequenzbereich in einen elektrischen Zwischenfrequenzbereich (Heterodynempfang) oder direkt ins Basisband (Homodynempfang). Als Beschreibungsform der optischen Signale benutzen wir dabei modulierte cosinusförmige Schwingungen der elektrischen Verschiebungsflussdichte an festen Punkten des Übertragungssystems. Das Quadrat der Summenverschiebungsflussdichte aus empfangenem Signal und Signal des Lokallasers wird im Überlagerungsempfänger ebenfalls mittels Photodiode in einen dazu proportionalen Photostrom umgesetzt und es verbleibt das Produkt aus Empfangsverschiebungsflussdichte und lokaler Verschiebungsflussdichte mit der entsprechenden Differenzfrequenz zur weiteren Verarbeitung. Der Signalanteil mit der Zwischenfrequenz verbleibt deshalb, weil die Photodiode den Frequenzen der optischen Signale im THz-Bereich nicht folgen kann. Die Zwischenfrequenz liegt dabei üblicherweise im GHz-Bereich beim Heterodynempfang und beträgt $\omega_{ZF} = 0$ beim Homodynempfang.

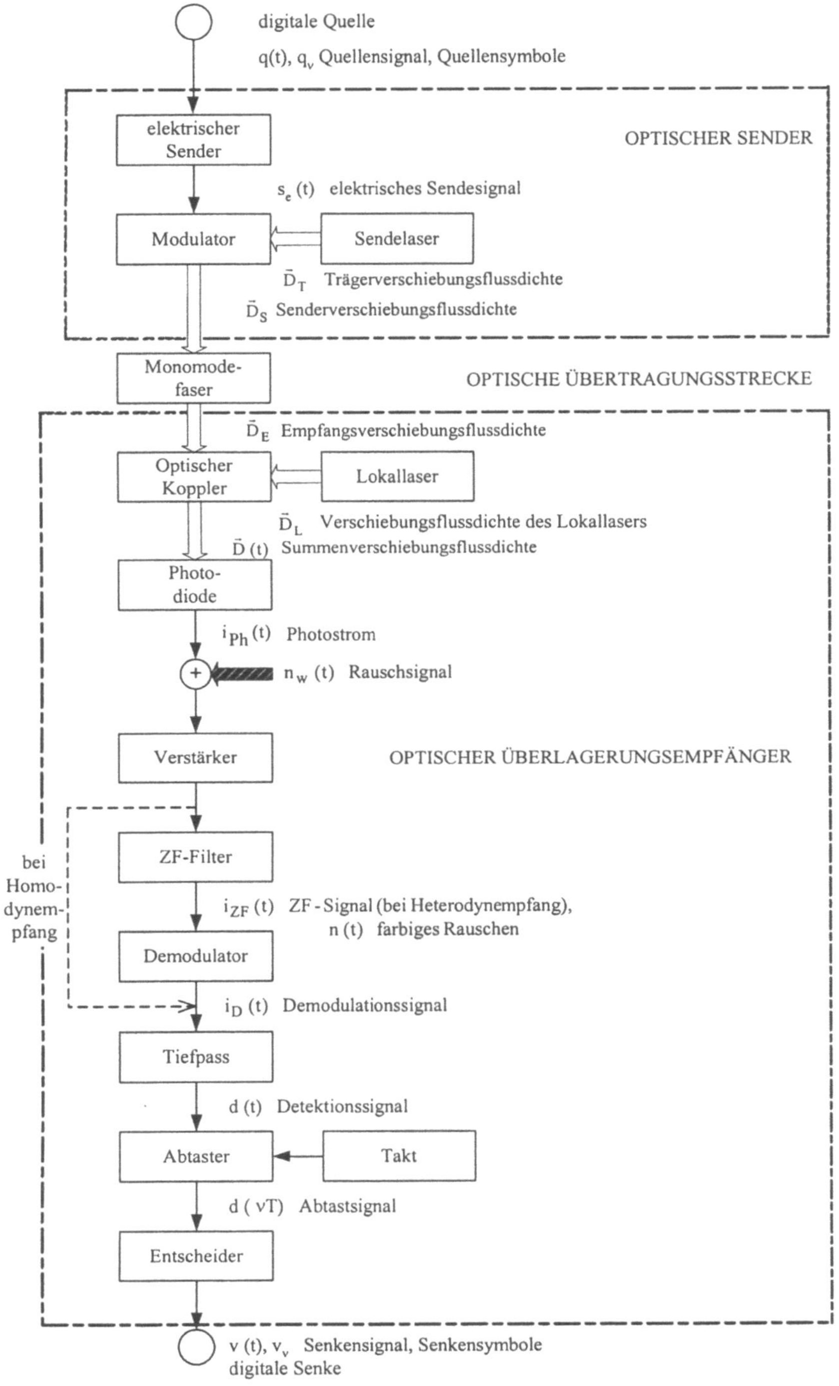

Bild 6-1 Blockschaltbild eines optischen Überlagerungssystems

6.2 Signalübertragung

6.2.1 Optischer Sender

Quelle. Der optische Sender im Bild 6-1 wird durch die digitale Quelle mit dem Quellensignal q (t) bzw. mit den Quellensymbolen $q_\nu \in \{0,1\}$ gespeist. Es soll sich um eine Binärquelle mit den Auftrittswahrscheinlichkeiten

$$p(q_\nu = 0) = p(q_\nu = 1) = 0{,}5 \tag{6.1}$$

handeln. Die Symboldauer sei T und die Bitrate ist dann $\frac{1\,bit}{T}$.

Elektrischer Sender. Ausgehend vom Quellensignal q(t) liefert der elektrische Sender ein moduliertes elektrisches Sendesignal s_e (t) bei Verwendung einer der nachfolgend genannten Modulationsarten.

ASK Amplitude Shift Keying

FSK Frequency Shift Keying

PSK Phase Shift Keying

Das elektrische Sendesignal bei ASK $\underline{s}_e$ (t) ist dabei durch 6.2 gegeben.

$$\text{ASK:} \quad s_e(t) = \hat{s}_e \sum_{\nu=-\infty}^{\infty} s_\nu \,\mathrm{rect}\left(\frac{t-\nu T}{T}\right) = \hat{s}_e\, s(t) = \hat{s}_e\, s(t) \tag{6.2}$$

$$rect\,(x) = \begin{cases} 1 & |x| < 0{,}5 \\ 0{,}5 & |x| = 0{,}5 \\ 0 & |x| > 0{,}5 \end{cases} \tag{6.3}$$

Dabei stellen $\hat{s}_e$ und s_ν die Signalamplitude und die Modulationskoeffizienten dar. Für s_ν gilt:

$$\left.\begin{matrix} ASK \\ FSK \\ PSK \end{matrix}\right\} : \begin{cases} s_\nu = 1 & falls \quad q_\nu = 1 \\ s_\nu = 0 & falls \quad q_\nu = 0. \end{cases} \tag{6.4}$$

Bei FSK hat das elektrische Sendesignal $s_e(t)$ die folgende Gestalt:

$$\text{FSK:} \quad s_e(t) = \hat{s}_e \cdot \exp\left[j \sum_{\nu=-\infty}^{\infty} \int_{-\infty}^{t} \omega_{Hub} \left(2 s_\nu - 1\right) \mathrm{rect}\left(\frac{\tau - \nu T}{T}\right) d\tau \right] = \hat{s}_e\, s(t) \tag{6.5}$$

In (6.5) bezeichnet ω_{Hub} den Frequenzhub und $j = \sqrt{-1}$ ist die imaginäre Einheit.

Das elektrische Sendesignal $s_e(t)$ kann für PSK wie folgt dargestellt werden 6.6.

$$\text{PSK:} \quad s_e(t) = \hat{s}_e \exp\left[j\pi \sum_{\nu=-\infty}^{\infty} (1 - s_\nu) \operatorname{rect}\left(\frac{t - \nu T}{T} \right) \right] = \hat{s}_e\, s(t) \tag{6.6}$$

Sendelaser. Der monomodige Sendelaser liefert das optische Trägersignal der elektrischen Verschiebungsflussdichte als Repräsentant des Feldes

$$\vec{D}_T(t) = \begin{pmatrix} D_{Tx}(t) \\ D_{Ty}(t) \end{pmatrix} = \hat{D}_T(t) \exp(j\omega_T t)\, \vec{e}_T\,. \tag{6.7}$$

Die zeitabhängige komplexe Amplitude $\hat{D}_T(t)$ beschreibt das Amplituden- und Phasenrauschen des Sendelasers.

$$\hat{D}_T(t) = \left|\hat{D}_T(t)\right| \exp(j\phi_T(t)) \approx \hat{D}_T \exp(j\phi_T(t)) \tag{6.8}$$

Dabei ist das Amplitudenrauschen vernachlässigbar, so dass $\left|\hat{D}_T(t)\right| = \hat{D}_T = const.$ gilt und das Phasenrauschen wird durch die Zeitabhängigkeit der Trägerphase $\phi_T(t)$ berücksichtigt. Der normierte komplexe Einheitsvektor

$$\underline{\vec{e}}_T = \begin{pmatrix} |e_{Tx}|\, e^{j\phi_{Tx}} \\ |e_{Ty}|\, e^{j\phi_{Ty}} \end{pmatrix} = |e_{Tx}| \exp(j\phi_{Tx})\, \vec{e}_x + |e_{Ty}| \exp(j\phi_{Tx})\, \vec{e}_y \tag{6.9}$$

beschreibt die als konstant vorausgesetzte Polarisation des Trägers mit

$$\underline{\vec{e}}_T^{\,\prime}\, \underline{\vec{e}}_T^{\,*} = |e_{Tx}|^2 + |e_{Ty}|^2 = 1\,. \tag{6.10}$$

Modulator. Der Modulator nimmt eine Transformation des Basisbandsendesignals $s_e(t)$ in den optischen Frequenzbereich im Sinne einer Multiplikation vor 6.11.

$$\vec{D}_s(t) = K\, \hat{s}_e\, s(t)\, \vec{D}_T(t) \tag{6.11}$$

Das Produkt aus Modulatorkonstante K und Amplitude $\hat{s}_e$ wird ohne Einschränkung der Allgemeingültigkeit gleich 1 gesetzt.

Typische Signalverläufe im optischen Sender findet man im Bild 6-2. Aus Anschaulichkeitsgründen ist dabei die Trägerfrequenz im Verhältnis zur reziproken Bitdauer des Datensignals, entgegengesetzt zur Realität, sehr niedrig gewählt.

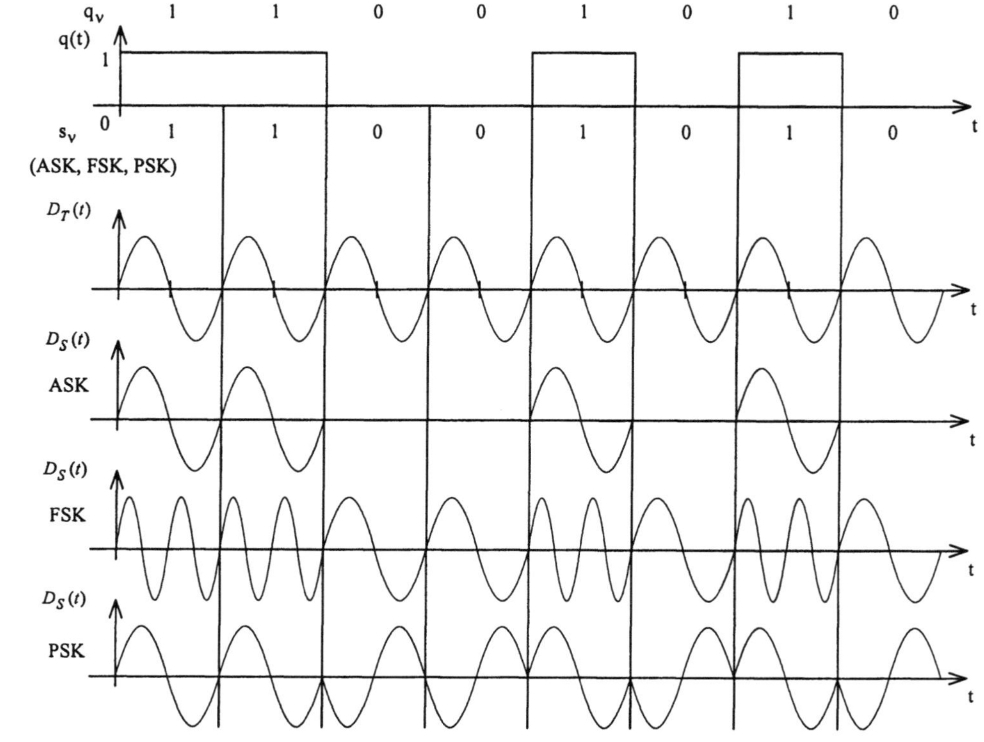

Bild 6-2 Signale im optischen Sender

6.2.2 Monomode-Lichtwellenleiter

Die Sendeverschiebungsflussdichte $\vec{D}_S(t)$ regt den Monomde-LWL an und wird mit der Dämpfung α (α ist die Dämpfung der Verschiebungsflussdichte) an den Empfänger übertragen. Die chromatische Dispersion (Material- und Wellenleiterdispersion) ist wegen der verwendeten Monomode-Laser vernachlässigbar klein. Auf die Berücksichtigung der Polarisationsmodendispersion wird verzichtet.

Aber mit der Störung der Polarisation der Sendelichtwelle durch mechanische und thermische Beanspruchungen der Faser muss man rechnen.

Das Empfangssignal als Verschiebungsflussdichte hat die Form

$$\vec{D}_E(t) = s(t)\,\hat{\mathrm{D}}_E(t)\ \exp\left(j\omega_{\mathrm{E}}t\right)\vec{e}_E(\mathrm{t})\,, \tag{6.12}$$

wobei die Empfängerfrequenz ω_E mit der Frequenz des Trägers ω_T näherungsweise übereinstimmt.

$$\omega_E \approx \omega_T \tag{6.13}$$

Der zeitabhängige Einheitsvektor

$$\vec{e}_E(t) = \begin{pmatrix} |e_{Ex}(t)| \; \exp(j\phi_{Ex}(t)) \\ |e_{Ey}(t)| \; \exp(j\phi_{Ey}(t)) \end{pmatrix} \tag{6.14}$$

mit $\vec{e}_E^{\,'} \; \vec{e}_E^{\,*} = 1$ beschreibt die instabile Polarisation am Empfängereingang.

Die gedämpfte Verschiebungsflussdichteamplitude der Empfangslichtwelle lässt sich mit 6.15 darstellen.

$$\hat{D}_E(t) = \hat{D}_E \exp(j\phi_E(t)) = \hat{D}_T \exp(-\alpha\ell)\exp(j\phi_T(t)) \tag{6.15}$$

Das Phasenrauschen des Sendelasers wird dabei auf die Empfangsseite übertragen. Für die daraus folgende zeitabhängige Phase $\phi_E(t)$ gilt

$$\phi_E(t) \approx \phi_T(t)\,. \tag{6.16}$$

6.2.3 Überlagerungsempfänger

Koppler. Die erste Baugruppe, auf die das Empfangssignal $\vec{D}_E(t)$ trifft, ist der optische Koppler. Er übernimmt die Überlagerung mit der Empfangsverschiebungsflussdichte $\vec{D}_L(t)$. Für $\vec{D}_L(t)$ gilt Gleichung 6.17.

$$\vec{D}_L(t) = \begin{pmatrix} D_{Lx}(t) \\ D_{Ly}(t) \end{pmatrix} = \hat{D}_L(t) \; \exp(j\omega_L t) \; \vec{e}_L \tag{6.17}$$

ω_L ist die Kreisfrequenz des Lokallasers und der Einheitsvektor

$$\vec{e}_L(t) = \begin{pmatrix} |e_{Lx}| \; \exp(j\phi_{Lx}) \\ |e_{Ly}| \; \exp(j\phi_{Ly}) \end{pmatrix}, \; \vec{\underline{e}}_L^{\,'} \; \vec{e}_L^{\,*} = 1 \tag{6.18}$$

beschreibt die als konstant angenommene Polarisation.

Lokallaser. Die komplexe Verschiebungsflussdichteamplitude der lokalen Laserlichtwelle lässt sich in der Form 6.19 schreiben.

$$\hat{D}_L(t) = |\hat{D}_L(t)| \; \exp(j\phi_L(t)) \approx \hat{D}_L \; \exp(j\phi_L(t)) \tag{6.19}$$

Es kann davon ausgegangen werden, dass die Amplitude des Lokallasers i.A. viel größer die der Empfangslichtwelle ist.

$$\hat{D}_L >> \hat{D}_E = \hat{D}_T \; \exp(-\alpha\ell) \tag{6.20}$$

Da die zugehörigen mittleren Leistungen proportional dem Quadrat der jeweiligen Verschiebungsflussdichteamplituden sind, gilt auch

$$\overline{P}_L >> \overline{P}_E\,. \tag{6.21}$$

Die Summenverschiebungsflussdichte $\vec{D}(t)$ als Ausgangssignal des optischen Kopplers ergibt sich nach 6.22.

$$\vec{D}(t) = \sqrt{1-k}\;\vec{D}_E(t) + j\sqrt{k}\;\vec{D}_L(t) \tag{6.22}$$

Darin stellt k den Kopplungsfaktor dar.

Die Leistung $P(t)$ auf der Empfangsfläche der Photodiode ist proportional dem Betragsquadrat der Summenverschiebungsflussdichte $\vec{D}(t)$.

$$P(t) \sim \left|\vec{D}(t)\right|^2 \tag{6.23}$$

mit

$$\left|\vec{D}(t)\right|^2 = (1-k)\left|\vec{D}_E(t)\right|^2 + k\left|\vec{D}_L(t)\right|^2 + 2\sqrt{k(1-k)}\,\mathrm{Im}\left\{\vec{D}_E(t)\,\vec{D}_L^*(t)\right\} \tag{6.24}$$

Unter Berücksichtigung von 6.12 und 6.17 erzielen wir durch Einführung der komplexen Leistung $\underline{P}(t)$ mit $P(t) = \mathrm{Re}\{\underline{P}(t)\}$ aus 6.23 mit 6.24 die Darstellung

$$\begin{aligned}\underline{P}(t) &= k\,\overline{\mathrm{P}}_L + (1-k)\left|\underline{\mathrm{s}}(\mathrm{t})\right|^2 \overline{\mathrm{P}}_E + 2\sqrt{\mathrm{k}(1-\mathrm{k})}\,\sqrt{\overline{\mathrm{P}}_E\,\overline{\mathrm{P}}_L}\,\cdot \\ &\cdot\underline{s}(\mathrm{t})\,\mathrm{a_p}(t)\exp(\mathrm{j}\phi(\mathrm{t}))\exp(j\phi_p(t))\exp(\omega_{\mathrm{ZF}}\,t)\end{aligned} \tag{6.25}$$

$\overline{P}_L$ und $\overline{P}_E$ sind in 6.25 die mittleren Lichtleistungen des Signals des Lokallasers und des Empfangssignals. Für die Zwischenfrequenz ω_{ZF} gilt

$$\omega_{ZF} = \omega_E - \omega_L \quad \text{mit} \quad \omega_E = \omega_T\,. \tag{6.26}$$

Die Phase $\phi(t)$ beschreibt das Phasenrauschen des Lokallasers $(\phi_L(t))$ und des Signals am Empfängereingang $(\phi_E(t))$.

$$\phi(t) = \phi_E(t) - \phi_L(t) \quad \text{mit} \quad \phi_{\mathrm{E}}(t) = \phi_T(t) \tag{6.27}$$

Die Größen $a_p(t)$, Polarisationsamplitudenrauschen, und $\phi_p(t)$, Polarisationsphasenrauschen, sind eine Folge der Polarisationsschwankungen in der Monomodefaser. Sie lassen sich wie folgt erfassen:

$$\vec{e}\,'_E(t)\,\vec{\mathrm{e}}_L^* = a_p(t)\exp(\mathrm{j}\phi_{\mathrm{p}}(t)) \tag{6.28}$$

mit

$$a_p(t) = \left|\vec{e}_E(t)\,\vec{e}_L^*\right| = \sqrt{\left[\mathrm{Re}\left\{\vec{e}\,'_E(t)\,\vec{e}_L^*\right\}\right]^2 + \left[\mathrm{Im}\left\{\vec{e}\,'_E(t)\,\vec{e}_L^*\right\}\right]^2} \tag{6.29}$$

und

$$\phi_p(t) = arc\tan\left[\frac{\mathrm{Im}\left\{\vec{e}\,'_E(t)\,\vec{\mathrm{e}}_L^*\right\}}{\mathrm{Re}\left\{\vec{e}\,'_E(t)\,\vec{\mathrm{e}}_L^*\right\}}\right]. \tag{6.30}$$

Photodiode. In der Photodiode erfolgt die Umsetzung der empfangenen optischen Leistung $\underline{P}(t)$ nach 6.25 in den Photostrom $i_{ph}(t)$ 6.31. Dazu ist $\underline{P}(t)$ mit der Photoempfindlichkeit S_E zu multiplizieren.

$$i_{ph}(t) = S_E \cdot \underline{P}(\mathrm{t}) \tag{6.31}$$

Rauschsignal. Neben dem Photostrom nach 6.31 muss das additive Empfängerrauschen, gekennzeichnet durch das Rauschsignal $n_w(t)$, Berücksichtigung finden. Die Ursachen für dieses weiße Rauschen sind das Schrotrauschen der Photodiode und das thermische Rauschen von

Schaltungswiderständen und Verstärker, vor den Verstärker transformiert. Der Verstärker selbst wird dann als rauschfrei betrachtet und die Verstärkung ohne Einschränkung der Allgemeingültigkeit v = 1 gesetzt. Das ist bei der Betrachtung des Signal-Rauschverhältnisses zulässig, da Signal und Rauschen gleichermaßen verstärkt werden. Die zugrunde liegende Rauschleistungsdichte $S_{\ddot{U}}$ ist dann

$$S_{\ddot{U}} = e\left(k\, S_E\, P_L + i_D\right) + L_T . \tag{6.32}$$

ZF-Filter. Durch die Wirkung des ZF-Filters wird das weiße Rauschen am Eingang näherungsweise zum bandbegrenzten weißen Rauschen n(t).

Beim Heterodynsystem wird die Varianz nach dem ZF-Filter σ^2_{Het}:

$$\sigma^2_{Het} = \frac{S_{\ddot{U}}}{2\pi} \int_{-\infty}^{\infty} \left|T_{ZF}(j\omega)\right|^2 \, d\omega \tag{6.33}$$

Die Varianz entspricht dabei der Rauschleistung, die nach dem Filter noch vorhanden ist.

Wenn man die Übertragungsfunktion $T_B(j\omega)$ des äquivalenten Basisbandfilters nach 6.34 einführt, so gilt auch 6.35 für σ^2_{Het}.

$$T_{ZF}(j\omega) = T_B\left[j(\omega - \omega_{ZF})\right] + T_B\left[j(\omega + \omega_{ZF})\right] \tag{6.34}$$

$$\sigma^2_{Het} = \frac{2\, S_{\ddot{U}}}{2\pi} \int_{-\infty}^{\infty} \left|T_B(j\omega)\right|^2 \, d\omega \tag{6.35}$$

Tiefpass. Bei Homodynsystemen erfolgt nach dem Verstärker eine Tiefpassfilterung mit $T_{TP}(j\omega)$ als Übertragungsfunktion dieses Filters. Für die zugehörige Varianz σ^2_{Hom} gilt:

$$\sigma^2_{Hom} = \frac{S_{\ddot{U}}}{2\pi} \int_{-\infty}^{\infty} \left|T_{TP}(j\omega)\right|^2 \, d\omega . \tag{6.36}$$

Nehmen wir nun an, dass

$$T_{TP}(j\omega) = T_B(j\omega) \tag{6.37}$$

gewählt wird, so folgt aus 6.35 und 6.36:

$$\sigma^2_{Het} = 2\,\sigma^2_{Hom} \tag{6.38}$$

Ohne Berücksichtigung des Laserphasenrauschens weisen also Homodynsysteme gegenüber Heterodynsystemen eine um 3 dB höhere Empfindlichkeit auf.

Häufig verwendet man ein Gauß-Filter wegen der konstanten Gruppenlaufzeit. Setzen wir nun die Betragsfunktion

$$T_B(\omega) = \exp\left[-\pi\left(\frac{\omega}{2\omega g}\right)^2\right] \tag{6.39}$$

des Gauß-Filters in 6.36 ein, erhalten wir

$$\sigma_{Het}^2 = 2\,\sigma_{Hom}^2 = \frac{\sqrt{2}\,S_{ü}\omega g}{\pi} \,. \tag{6.40}$$

Die zugehörige Rauschleistung sinkt bei konstanter Rauschleistungsdichte $S_{Ü}$ mit kleiner werdender Grenzfrequenz ω_g des GAUSS-Filters. Wegen der auftretenden Intersymbolinterferenz bei zu niedriger Grenzfrequenz, muss ω_g jedoch einen Mindestwert besitzen.

Demodulation, Abtastung und Entscheidung. Das verrauschte ZF-Signal $i_{ZF}(t)$ erhält man aus der Faltung des Photostromes $i_{ph}(t)$ nach 6.31 mit der Impulsantwort des ZF-Filters $g_{ZF}(t)$ und Berücksichtigung des farbigen Rauschens $n(t)$ wie folgt:

$$i_{ZF}(t) = \int_{-\infty}^{\infty} \mathrm{i}_{ph}(\tau)\, \mathrm{g}_{ZF}(\mathrm{t}-\tau)\, \mathrm{d}\tau + n(t) \,. \tag{6.41}$$

Danach erfolgt die elektrische Demodulation, die im Abschnitt 6.4 ausführlich besprochen wird. Zur Beseitigung unerwünschter Demodulationsprodukte schließt sich eine Tiefpassfilterung des Demodulationssignals $i_D(t)$ an. Es entsteht das Detektionssignal $d(t)$. Das Detektionssignal $d(t)$ wird dann im Abtaster in gleichen Zeitabständen T abgetastet. Die Ausgangsgröße des Abtasters ist das zeitdiskrete Abtastsignal $d\left(\nu\mathrm{T}+\mathrm{t}_0\right)$, das anschließend einem Schwellentscheider zugeführt wird. Der Optimierungsparameter t_0 legt den genauen Abtastzeitpunkt fest. Als Ausgangssignal des Entscheiders erhalten wir schließlich das Senkensignal $v(t)$ mit den Senkensymbolen v_ν.

6.3 Störungen in optischen Überlagerungssystemen

6.3.1 Laserphasenrauschen

Reduktion des Laserphasenrauschens. Optische Überlagerungssysteme reagieren sehr empfindlich auf das Phasenrauschen von Sende- und Lokallaser. Das Laserphasenrauschen kann durch Reduktion der Linienbreite verringert werden.

Dazu nutzt man folgende Laseranordnungen:

	minimale Linienbreite:
1. DFB- und DBR-Laser:	6 MHz
2. Laser mit externen Resonator:	10 kHz
3. Laser mit optischer Rückkopplung:	100 kHz
4. Laser mit gekoppelten Resonatoren:	2 MHz

Bei 1. stehen die Abkürzungen DFB und DBR für *distibuted feedback* und *distibuted bragg reflector*. In beiden Laserarten verwendet man anstelle spiegelnder Resonatorendflächen periodisch gestörte Wellenleiter als Reflektoren. Bei 2. wird zusätzlich ein externer passiver Resonator von ca. 20 cm Länge [6.1] verwendet. Laser mit optischer Rückkopplung nach 3. basieren auf einer optimalen Phasenanpassung von emittierter und im Resonator reflektierter Lichtwelle. Bei Lasern mit gekoppelten Resonatoren kommt es zu konstruktiven Interferenzen zwischen den Feldern der gekoppelten Resonatoren.

6.3.2 Polarisationsschwankungen

Reduktionsmöglichkeiten. Die zweite wesentliche Störung in optischen Überlagerungssystemen sind Polarisationsschwankungen, vor allem am Ende des Monomode-LWL. Zur Reduktion von Polarisationsschwankungen werden eingesetzt:

1. Polarisationserhaltende Monomodefasern,
2. Polarisationsregelungen,
3. Polarisationsdiversityempfänger.

Bei den polarisationserhaltenden Monomodefasern verwendet man alternativ folgende Fasertypen:

a) Monomodefasern mit linear polarisierten Eigenmoden infolge eines axial unsymmetrischen Faserkerns oder eines axial unsymmetrischen Druckes auf die Faser.

b) Monomodefasern mit zirkular polarisierten Eigenmodem infolge einer Torsion der Faser.

c) Absolut polarisationserhaltende Fasern, bei denen der zweite Eigenmode jenseits der cut-off-Frequenz liegt.

Einen Polarisationsregler zeigt Bild 6-3.

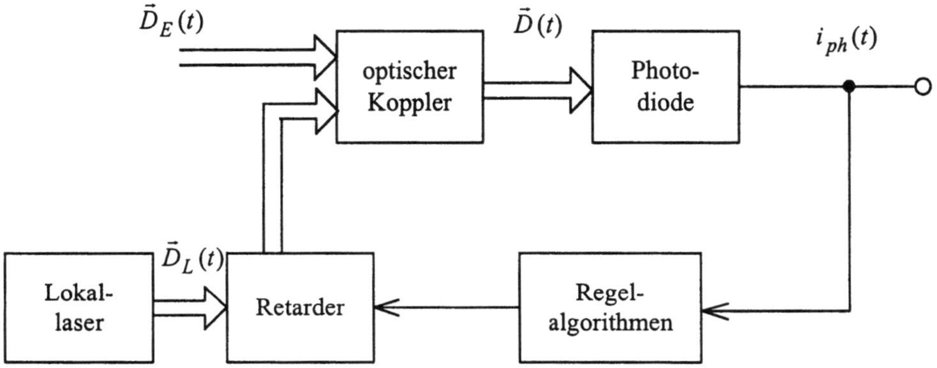

Bild 6-3 Blockschaltbild des Polarisationsreglers

Das Ziel der Polarisationsregelung nach Bild 6-3 ist die Maximierung des Photostromes $i_{ph}(t)$. Das geschieht durch Nachregelung der Polarisation des Lokallasers mit Hilfe eines Retarders. Mit Hilfe des Polarisationsdiversityempfängers nach Bild 6-4 erfolgt im Idealfall eine vollständige Elimination des Einflusses der Polarisationsschwankungen. Dazu werden horizontaler Anteil der Verschiebungsflussdichte $\vec{D}_x(t)$ und vertikaler Anteil $\vec{D}_y(t)$ getrennt verarbeitet und zum Schluss elektrisch zusammengeführt.

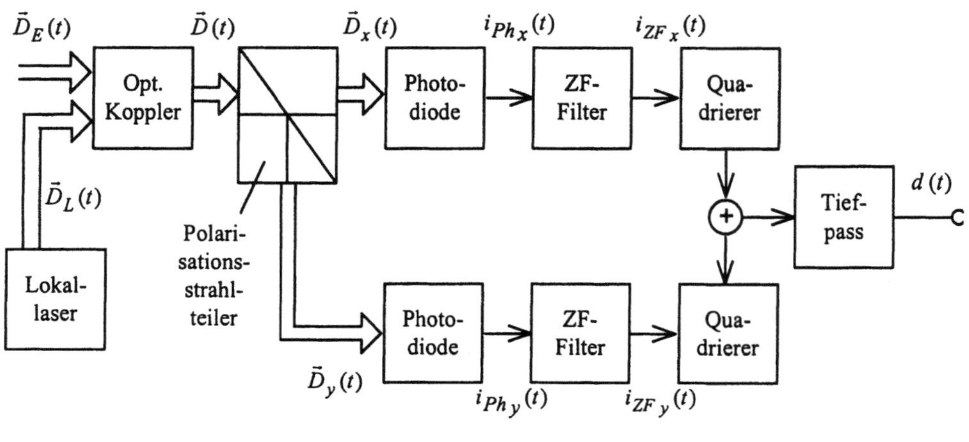

Bild 6-4 Blockschaltbild des Polarisationsdiversityempfängers

6.4 Bitfehlerwahrscheinlichkeit

6.4.1 Heterodynsysteme

Als Qualitätskenngröße von Heterodynsystemen soll die Bitfehlerwahrscheinlichkeit p_B für verschiedene Anwendungen ohne Berücksichtigung des Laserphasenrauschens und der Polarisationsschwankungen berechnet werden.

6.4.1.1 OOK-Heterodynempfang mit Synchrondemodulator und Single-Filter

ZF-Signal. Bei On-Off-Keying-Heterodynempfang OOK mit Synchrondemodulator und Single-Filter wird das ZF-Signal

$$i_{ZF}(t) = 2\sqrt{k(1-k)}\, S_E \sqrt{\overline{P}_E\ \overline{P}_L}\ s(t)\cdot\cos\left(\omega_{ZF}\, t + \phi(t)\right) + n(t) \tag{6.42}$$

mit einem zugesetzten Träger $\cos(\omega_{ZF}\, t)$ multipliziert und dem in Bild 6-1 schon enthaltenen Tiefpass zur Beseitigung unerwünschter Demodulationsprodukte zugeführt, siehe Bild 6-5. Für den ZF-Strom wurde $a_p(t) = 1$ und $\phi_P(t) = 0$ gewählt, d.h. eine hinreichend gute Polarisationsregelung oder ein Polarisationsdiversity-Empfänger vorausgesetzt. Die Modulationsart entspricht der ASK nach Gleichung 6.2. Zur Erklärung der prinzipiellen Funktion des Synchrondemodulators wird auch das Laserphasenrauschen vernachlässigt; $\phi(t) \approx 0$ in 6.42.

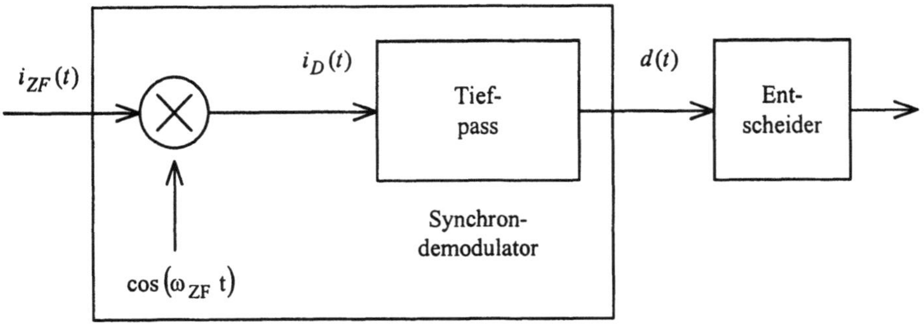

Bild 6-5 Prinzip der Synchrondemodulation

Demodulationssignal. Mit der zeitabhängigen Amplitude

$$\hat{i}_{ZF}\,(\mathrm{t}) = 2\sqrt{\mathrm{k}\,(1-\mathrm{k})}\;\mathrm{S_E}\,\sqrt{\overline{\mathrm{P}}_E\,\overline{\mathrm{P}}_L}\;\mathrm{s}\,(\mathrm{t}) = \hat{\mathrm{i}}_{\mathrm{ZF}}\cdot s\,(\mathrm{t}) \tag{6.43}$$

und der Schmalbanddarstellung mit $B_{ZF} << \omega_{ZF}$ des gefilterten farbigen Rauschens

$$n\,(t) = x\,(t)\cos\left(\omega_{\mathrm{ZF}}\;\mathrm{t}\right) + y\,(\mathrm{t})\sin\left(\omega_{\mathrm{ZF}}\;\mathrm{t}\right) \tag{6.44}$$

wobei $x(t)$ die so genannte Inphasekomponente und $y(t)$ die Quadraturkomponente sind, erhalten wir für das Demodulationssignal

$$i_D(t) = \left\{\left[\hat{i}_{ZF}(t) + x\,(\mathrm{t})\right]\cos\left(\omega_{\mathrm{ZF}}\;\mathrm{t}\right) + y\,(\mathrm{t})\sin\left(\omega_{\mathrm{ZF}}\;\mathrm{t}\right)\right\}\cdot\cos\left(\omega_{\mathrm{ZF}}\;\mathrm{t}\right) \tag{6.45}$$

Dabei wurde das Produkt aus Multiplizierkonstante und Amplitude der ZF-Schwingung ohne Einschränkung der Allgemeingültigkeit gleich 1 gesetzt.

Unter Verwendung von bekannten Additionstheoremen für die Winkelfunktionen ergibt sich die Darstellung

$$i_D\,(\mathrm{t}) = \left(\hat{\mathrm{i}}_{\mathrm{ZF}}(t) + x\,(\mathrm{t})\right)\frac{1}{2}\left[1 + \cos\left(2\,\omega_{\mathrm{ZF}}\;\mathrm{t}\right)\right] + y\,(\mathrm{t})\frac{1}{2}\sin\left(2\,\omega_{\mathrm{ZF}}\;\mathrm{t}\right). \tag{6.46}$$

Detektionssignal. Der Tiefpass beseitigt die Anteile mit $2\,\omega_{\mathrm{ZF}}$. Damit lautet das Detektionssignal

$$d\,(\mathrm{t}) = \frac{1}{2}\left(\hat{\mathrm{i}}_{\mathrm{ZF}}(t) + x\,(\mathrm{t})\right) \tag{6.47}$$

Bitfehlerwahrscheinlichkeit. Nun soll eine Gleichung für die Bitfehlerwahrscheinlichkeit p_B bei OOK-Heterodynempfang mit Synchrondemodulator und Single-Filter abgeleitet werden. Dazu gehen wir von den als gaußförmig vorausgesetzten Wahrscheinlichkeitsdichtefunktionen $p(d)$ des Detektionssignals d für eine empfangene „0“ bzw. „1“ aus. Sie sind im Bild 6-6 dargestellt.

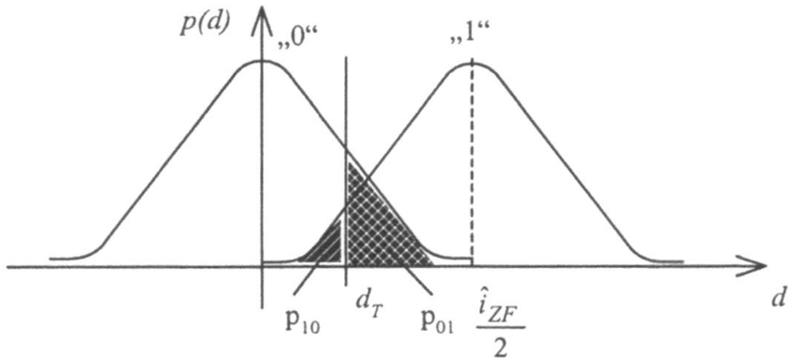

Bild 6-6 Wahrscheinlichkeitsdichtefunktionen für den OOK-Synchronempfang

Im Bild 6-6 markiert d_T die Lage der Entscheiderschwelle, p_{10} ist die Wahrscheinlichkeit dafür, dass das Zeichen „1" als „0" interpretiert wird und p_{01} ist die Wahrscheinlichkeit dafür, dass das Zeichen „0" als „1" interpretiert wird. Mit Hilfe der komplementären Fehlerfunktion *erfc* lassen sich diese Wahrscheinlichkeiten angeben:

$$p_{01} = \frac{1}{2} \operatorname{erfc}\left(\frac{d_T}{\sigma_B \sqrt{2}} \right), \tag{6.48}$$

$$p_{10} = \frac{1}{2} \operatorname{erfc}\left(\frac{\frac{\hat{i}_{ZF}}{2} - d_T}{\sigma_B \sqrt{2}} \right). \tag{6.49}$$

Bei Berücksichtigung der optimalen Schwelle d_{Topt}

$$d_{Topt} = \frac{\hat{i}_{ZF}}{4} \tag{6.50}$$

sowie 6.48 und 6.49 erhalten wir aus

$$p_B = \frac{1}{2} (p_{01} + p_{10}) \tag{6.51}$$

die Bitfehlerwahrscheinlichkeit in der Form

$$p_B = \frac{1}{2} \operatorname{erfc}\left(\frac{\hat{i}_{ZF}}{4\sqrt{2}\ \sigma_B} \right). \tag{6.52}$$

Die Streuung σ_B^2 lässt sich durch die Rauschleistung im Basisband N_B und den Lastwiderstand R_L ausdrücken:

$$\sigma_B^2 = \frac{N_B}{R_L} \ . \tag{6.53}$$

Für die Signalleistung im Basisband S_B gilt

$$S_B = \frac{\hat{i}_{ZF}^2}{4} R_L \ . \tag{6.54}$$

Mit 6.53 und 6.54 ergibt sich aus 6.52 für die Bitfehlerwahrscheinlichkeit

$$p_B = \frac{1}{2} \operatorname{erfc}\left(\sqrt{\frac{S_B}{8\,N_B}}\right), \tag{6.55}$$

wobei für die komplementäre Fehlerfunktion gilt

$$\mathit{erfc}\,(x) = \frac{2}{\sqrt{\pi}} \int_x^{\infty} \exp\left(-z^2\right) dz \ . \tag{6.56}$$

6.4.1.2 OOK-Heterodynempfang mit Hüllkurvendemodulator und Single-Filter

Hüllkurvendemodulation. Das Prinzip der Hüllkurvendemodulation ist im Bild 6-7 dargestellt.

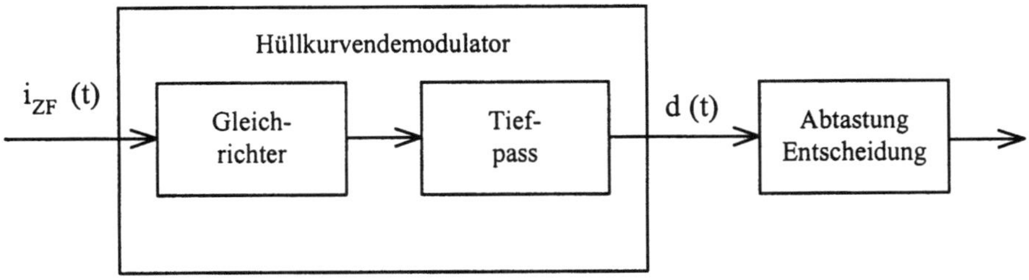

Bild 6-7 Prinzip der Hüllkurvendemodulation

ZF-Signal und Hüllkurve. Das ZF-Signal ist als Eingangssignal für den Demodulator nach Bild 6-7 gegeben durch

$$i_{ZF}(t) = \left[\hat{i}_{ZF}(t) + x(t)\right] \cos\left(\omega_{ZF}\, t\right) + y(t) \sin\left(\omega_{ZF}\, t\right) \tag{6.57}$$

Daraus erhalten wir die Hüllkurve

$$d(t) = \sqrt{\left[\hat{i}_{ZF}(t) + x(t)\right]^2 + \left[y(t)\right]^2} \ . \tag{6.58}$$

Bitfehlerwahrscheinlichkeit. Die Wahrscheinlichkeitsdichtefunktion ist durch die Rice-Verteilung nach 6.59 gegeben.

$$p\,(d) = \frac{d}{\sigma_B^2} J_o \left(\frac{\hat{i}_{ZF}\, d}{\sigma_B^2}\right) \exp\left[-\left(\frac{d^2 + \hat{i}_{ZF}^2}{2\sigma_B^2}\right)\right] \tag{6.59}$$

Darin stellt J_o die Bessel-Funktion nullter Ordnung dar.

Für die Wahrscheinlichkeit p_{01} ergibt sich aus der Rice-Verteilung $\left(\hat{i}_{ZF} = 0\right)$:

$$p_{01} = \int_{d_T}^{\infty} \frac{\mathrm{d}}{\sigma_B^2} \exp\left[-\frac{\mathrm{d}^2}{2\sigma_B^2}\right] \mathrm{dd} \ . \tag{6.60}$$

Dieses Integral lässt sich durch partielle Integration lösen. Es folgt

$$p_{01} = \exp\left[-\frac{d_T^2}{2\sigma_B^2}\right]. \tag{6.61}$$

Zur Ermittlung der Wahrscheinlichkeit p_{10} muss die Verteilungsdichtefunktion nach 6.59 mit $\hat{i}_{ZF} \neq 0$ Verwendung finden.

$$p_{10} = 1 - \int_{d_T}^{\infty} \frac{\mathrm{d}}{\sigma_B^2} J_o\left(\frac{\hat{i}_{ZF}\,\mathrm{d}}{\sigma_B^2}\right) \exp\left[-\left(\frac{\mathrm{d}^2 + \hat{i}_{ZF}^2}{2\sigma_B^2}\right)\right] \mathrm{dd} \tag{6.62}$$

Wir führen die Marcum-Q-Funktion [6.2] nach 6.63 ein. Damit lässt sich p_{10} in der Form 6.64 darstellen.

$$Q(\alpha, \beta) = \int_{\beta}^{\infty} t\; J_o(\alpha \cdot t) \exp\left[-\left(\frac{t^2 + \alpha^2}{2}\right)\right] \mathrm{dt} \tag{6.63}$$

$$p_{10} = 1 - Q\left(\frac{\hat{i}_{ZF}}{\sigma_B}, \frac{d_T}{\sigma_B}\right) \tag{6.64}$$

Die Bitfehlerwahrscheinlichkeit p_B kann dann unter Verwendung von 6.61 und 6.64 berechnet werden zu

$$p_B = \frac{1}{2}\left[1 - Q\left(\frac{\hat{i}_{ZF}}{\sigma_B}, \frac{d_T}{\sigma_B}\right) + \exp\left[-\frac{d_T^2}{2\sigma_B^2}\right]\right]. \tag{6.65}$$

Für ein großes Signal-Rauschverhältnis $\left(\frac{\hat{i}_{ZF}^2}{2\sigma_B^2}\right)$ können wir die optimale Entscheiderschwelle in die Mitte legen, d.h.

$$d_{Topt} = \frac{\hat{i}_{ZF}}{2} \tag{6.66}$$

wählen und die Approximation für die Q-Funktion nach 6.67 verwenden.

$$Q(\alpha, \beta) \approx 1 - \frac{1}{2} \operatorname{erfc}\left(\frac{\alpha - \beta}{\sqrt{2}}\right) \tag{6.67}$$

Dann ergibt sich zunächst für die Bitfehlerwahrscheinlichkeit

$$p_B \approx \frac{1}{4} \operatorname{erfc}\left(\frac{\hat{i}_{ZF}}{2\sqrt{2}\;\sigma_B}\right) + \frac{1}{2} \exp\left[-\frac{\hat{i}_{ZF}^2}{8\sigma_B^2}\right]. \tag{6.68}$$

Wie wir aus 6.56 erkennen, dominiert in 6.68 für $\hat{i}_{ZF} >> \sigma_B$ der zweite Summand, und wir erhalten schließlich

$$p_B \approx \frac{1}{2} \exp\left[-\frac{1}{4} \frac{S_B}{N_B} \right] . \tag{6.69}$$

6.4.1.3 FSK-Heterodynempfang mit Frequenzdiskriminator

Signal-Rauschverhältnis. Als Kenngröße für den FSK-Heterodynempfang mit Frequenzdiskriminator bietet sich das Signal-Rauschverhältnis im Basisband S_B/N_B an. Zur Ermittlung dieses Parameters gehen wir von der Frequenz-Spannungskennlinie eines Frequenzdiskriminators nach Abbildung 6-8 aus.

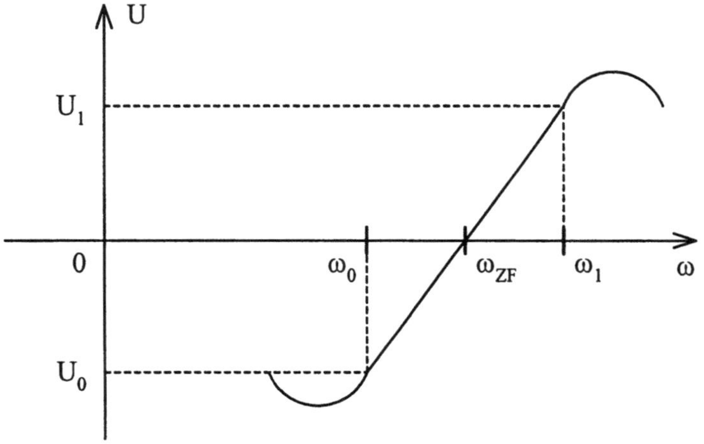

Bild 6-8 Frequenz-Spannungskennlinie eines Frequenzdiskriminators

Die Steigung der Kennlinie bei $\omega = \omega_{ZF}$ soll durch die Diskriminatorkonstante K_D gegeben sein. ω_0 ist die des Zeichens „0“ zugeordnete Frequenz und führt am Ausgang des Diskriminators auf die Spannung U_0. Die Frequenz ω_1 ist die dem Zeichen „1“ entsprechende Frequenz und U_1 die zugehörige Spannung am Ausgang.

Für ω_0 und ω_1 gilt

$$\omega_0 = \omega_{ZF} - \Delta\omega, \quad \omega_1 = \omega_{ZF} + \Delta\omega . \tag{6.70}$$

Für U_0 und U_1 ergibt sich

$$U_0 = -K_D \, \Delta\omega, \quad U_1 = K_D \, \Delta\omega . \tag{6.71}$$

Aus 6.71 erhalten wir für die mittlere Signalleistung mit dem wirksamen Lastwiderstand R_L

$$S_B = \frac{K_D^2 \, \Delta\omega^2}{R_L} . \tag{6.72}$$

Unter der Annahme einer konstanten Rauschleistungsdichte [6.2]

$$S_{ZF} = K_D^2 \, \Delta\omega_{ZF} \tag{6.73}$$

im ZF-Band folgt bei Vernachlässigung des additiven Schmalbandrauschens mit dem Rauschsignal

$$n(t) = x(t)\cos\left(\omega_{ZF}\, t\right) + y(t)\sin\left(\omega_{ZF}\, t\right) \tag{6.74}$$

für die Rauschleistung N_B im Basisband

$$N_B = \frac{K_D^2\, \Delta\omega_{ZF}\, B}{R_L}. \tag{6.75}$$

B kennzeichnet dabei die Bandbreite des Basisbandfilters und $\Delta\omega_{ZF}$ ist die durch das Laserphasenrauschen von Sende- und Lokallaser bedingte spektrale Linienbreite des ZF-Trägers.

Aus 6.72 und 6.75 lässt sich das Signal-Rauschverhältnis bilden:

$$\frac{S_B}{N_B} = \frac{\Delta\omega^2}{\Delta\omega_{ZF} B}. \tag{6.76}$$

Bitfehlerwahrscheinlichkeit. Wir wollen für den FSK-Heterodynempfang mit Frequenzdiskriminator die Bitfehlerwahrscheinlichkeit p_B ermitteln, wenn eine gaußförmige Dichtefunktion $p(U)$ für die Spannung U am Ausgang des Frequenzdiskriminators angenommen wird.

$$p(U) = \frac{1}{\sqrt{2\pi}\,\sigma_B} \exp\left[-\frac{\left(U - U_1\right)^2}{2\sigma_B^2}\right] \tag{6.77}$$

Der statistische Charakter der Spannung U kommt durch die Überlagerung des Quantenrauschens der Laser mit der gewünschten Umsetzung der Frequenz ω_0 bzw. ω_1 in die Spannungen U_0 bzw. U_1 als Mittelwerte zustande. Für die Signal- bzw. Rauschleistung S_B bzw. N_B kann man schreiben

$$S_B = \frac{U_1^2}{R_L}, \quad N_B = \frac{\sigma_D^2}{R_L} \tag{6.78}$$

Bild 6-9 zeigt die Wahrscheinlichkeitsdichtefunktionen für den FSK-Heterodynempfang mit Frequenzkriminator.

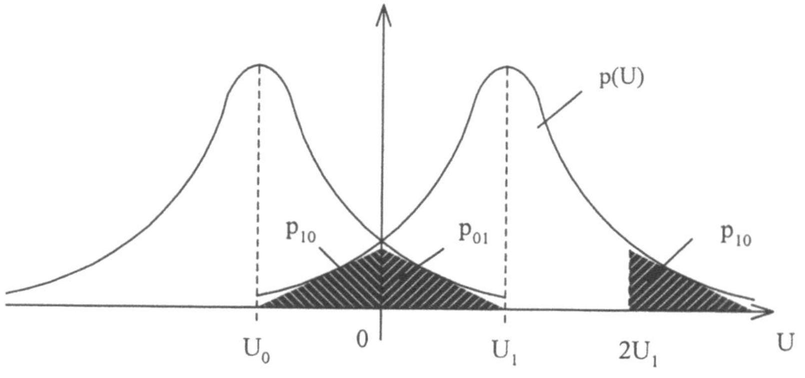

Bild 6-9 Wahrscheinlichkeitsdichtefunktionen für den FSK-Heterodynempfang mit Frequenzdiskriminator

Die Bitfehlerwahrscheinlichkeit ergibt sich aus

$$p_B = \int_{2U_1}^{\infty} p(U)\, dU = \frac{1}{\sqrt{2\pi}\,\sigma_B} \int_{2U_1}^{\infty} \exp\left[-\frac{(U-U_1)}{2\sigma_B^2}\right] dU = \frac{1}{2}\, erfc\left(\frac{U_1}{\sqrt{2}\,\sigma_B}\right)$$
$$= \frac{1}{2}\, erfc\left(\sqrt{\frac{S_B}{2N_B}}\right). \tag{6.79}$$

6.4.1.4 FSK-Heterodynempfang mit Synchrondemodulator und Dual-Filter

Dual-Filter-Synchrondemodulator. Der Dual-Filter-Synchrondemodulator für FSK-Heterodynempfang ist im Bild 6-10 dargestellt.

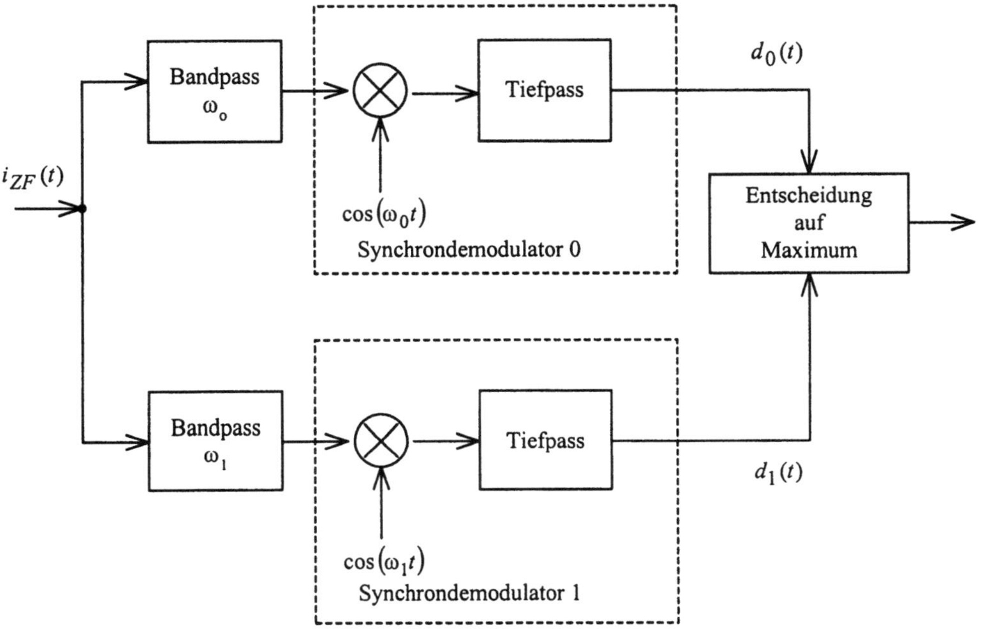

Bild 6-10 Dual-Filter-Synchrondemodulator

Die Ableitung der Bitfehlerwahrscheinlichkeit p_B soll für den Dual-Filter-Synchrondemodulator nach Bild 6-10 unter den nachstehenden Voraussetzungen erfolgen:

1. Dem Zeichen „0“ ist die Frequenz $\omega_0 = \omega_{ZF} - \Delta\omega$, und dem Zeichen „1“ ist die Frequenz $\omega_1 = \omega_{ZF} + \Delta\omega$ zugeordnet.
2. Die Synchrondemodulatoren 0,1 arbeiten mit der Frequenz ω_0, ω_1.
3. Zwischen beiden Bandpass-Filtern mit den Mittenfrequenzen ω_0 und ω_1 gibt es für den idealisierten Fall keine spektrale Überlappung.

4. Das Rauschen in den beiden Zweigen sei statistisch unabhängig und habe die gleiche Varianz σ_B^2.

Detektionssignale. Entsprechend der Gleichung 6.47 erhalten wir für die Signale

$$\left.\begin{aligned} d_0(t) &= \frac{1}{2}\left(\hat{\mathrm{i}}_{\mathrm{ZF}}(t) + x_0(t)\right) \\ d_1(t) &= \frac{1}{2}\,\mathrm{x}_1(\mathrm{t}) \end{aligned}\right. \quad \text{für eine gesendete „0“} \tag{6.80}$$

und

$$\left.\begin{aligned} d_0(t) &= \frac{1}{2}\,\mathrm{x}_0(t) \\ d_1(t) &= \frac{1}{2}\left(\hat{\mathrm{i}}_{\mathrm{ZF}}(t) + x_1(t)\right) \end{aligned}\right. \quad \text{für eine gesendete „1“.} \tag{6.81}$$

Wahrscheinlichkeitsdichtefunktionen. Die Wahrscheinlichkeitsdichtefunktionen $p(d_0)$ und $p(d_1)$ lauten für gaußverteiltes Rauschen

$$\left.\begin{aligned} p\left(d_0\right) &= \frac{1}{\sqrt{2\pi}\,\sigma_{\mathrm{B}}}\,\exp-\left[\frac{\left(\frac{\hat{\mathrm{i}}_{\mathrm{ZF}}}{2} - d_0\right)^2}{2\,\sigma_{\mathrm{B}}^2}\right] \\ p\left(d_1\right) &= \frac{1}{\sqrt{2\pi}\,\sigma_{\mathrm{B}}}\,\exp\left[-\frac{\mathrm{d}_1^2}{2\,\sigma_{\mathrm{B}}^2}\right] \end{aligned}\right\} \text{für Zeichen "0"} \tag{6.82}$$

$$\left.\begin{aligned} p\left(\mathrm{d}_0\right) &= \frac{1}{\sqrt{2\pi}\,\sigma_{\mathrm{B}}}\,\exp-\left[\frac{\mathrm{d}_0^2}{2\,\sigma_{\mathrm{B}}^2}\right] \\ p\left(d_1\right) &= \frac{1}{\sqrt{2\pi}\,\sigma_{\mathrm{B}}}\,\exp\left[-\frac{\left(\frac{\hat{i}_{ZF}}{2} - d_1\right)^2}{2\,\sigma_{\mathrm{B}}^2}\right] \end{aligned}\right\} \text{für Zeichen "1"} \tag{6.83}$$

Bitfehlerwahrscheinlichkeit. Die Bitfehlerwahrscheinlichkeit p_B beträgt

$$p_B = \frac{1}{2}\mathrm{p}\left(\mathrm{d}_1(t) > d_0(t)\right) + \frac{1}{2}\mathrm{p}\left(\mathrm{d}_0(t) > d_1(t)\right) \tag{6.84}$$

$$p_B = p\left(\mathrm{d}_0(t) > d_1(t)\right) = p\left(\mathrm{d}_1(t) - d_0(t) < 0\right) \tag{6.85}$$

Mit 6.81 wird

$$p_B = p\left(\hat{\mathrm{i}}_{\mathrm{ZF}}(t) + x_1(t) - x_0(t) < 0\right). \tag{6.86}$$

Die Wahrscheinlichkeitsdichtefunktion der Summe

$$w(t) = \hat{i}_{ZF} + x_1(t) - x_0(t) \tag{6.87}$$

ist ebenfalls eine Gauß-Funktion mit dem Mittelwert

$$\overline{w} = \hat{i}_{ZF} \tag{6.88}$$

und der Streuung

$$\sigma_w^2 = 2\,\sigma_B^2 \;. \tag{6.89}$$

Daraus folgt für die Bitfehlerwahrscheinlichkeit

$$p_B = \int_{-\infty}^{0} \frac{1}{\sqrt{2\pi}\,\sigma_w} \exp\left[-\frac{\left(w-\overline{w}\right)^2}{2\sigma_w^2}\right] dw \tag{6.90}$$

und nach Rücksubstitution von $\overline{w}$ und σ_w gilt

$$p_B = \frac{1}{2}\operatorname{erfc}\left(\frac{\hat{i}_{ZF}}{2\,\sigma_B}\right). \tag{6.91}$$

Mit

$$N_B = \sigma_B^2 \cdot R_L \tag{6.92}$$

und

$$S_B = \frac{\hat{i}_{ZF}^2}{4} R_L \tag{6.93}$$

erhalten wir schließlich

$$p_B = \frac{1}{2} erfc\left(\sqrt{\frac{S_B}{N_B}}\right). \tag{6.94}$$

6.4.1.5 FSK-Heterodynempfang mit Hüllkurvendemodulator und Dual-Filter

Blockschaltbild. Das Blockschaltbild für den FSK-Heterodynempfang mit Hüllkurvendemodulator und Dual-Filter ist im Bild 6-11 dargestellt. Es besteht aus zwei Zweigen mit jeweils einem Bandpass für die Kreisfrequenz ω_0 und ω_1 als Mittenfrequenz, einem Gleichrichter und einem Tiefpass. Die Signale $d_0(t)$ und $d_1(t)$ nach den Tiefpässen werden einem Maximumentscheider zugeführt.

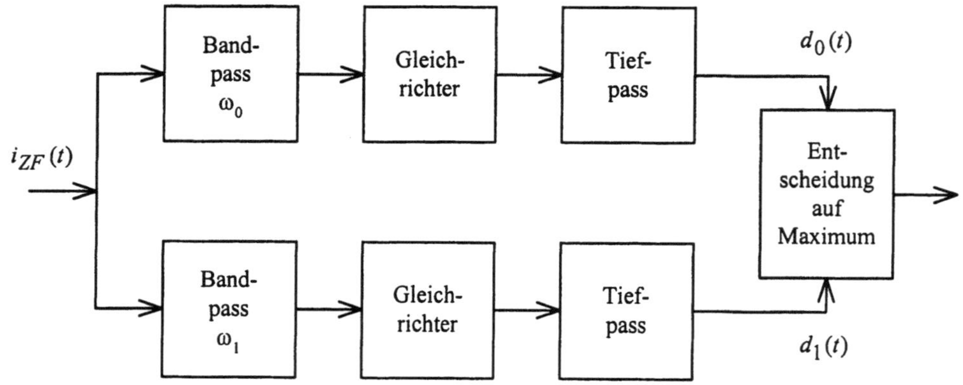

Bild 6-11 Dual-Filter-Hüllkurvendemodulator

Bitfehlerwahrscheinlichkeit. Analog Unterabschnitt 6.4.1.2 erhalten wir für $d_0(t)$ und $d_1(t)$ als Folge der Hüllkurvendemodulation eine Rice-Verteilung. Wird eine „0" gesendet, liegt ein Fehler bei $d_1(t) > d_0(t)$ vor. Bei gesendeter „1" ergibt sich ein Fehler im Fall $d_0(t) > d_1(t)$. Aus Symmetriegründen sind die beiden zugehörigen Fehlerwahrscheinlichkeiten gleich groß (siehe Unterabschnitt 6.4.1.4). Für die Bitfehlerwahrscheinlichkeit p_B gilt demzufolge der Ansatz

$$p_B = p\left(\mathrm{d}_0(t) > d_1(t)\right)$$

$$p_B = \int\limits_{d_1=0}^{\infty} \mathrm{p}\left(\mathrm{d}_1\right) \int\limits_{\mathrm{d}_1}^{\infty} \mathrm{p}\left(\mathrm{d}_0\right) \mathrm{dd}_0 \, \mathrm{dd}_1 \tag{6.95}$$

Wir berücksichtigen 6.96 zur Ermittlung von p_B nach 6.95.

$$p\left(\mathrm{d}_0\right) = \frac{d_0}{\sigma_B^2} \exp\left[-\frac{\mathrm{d}_0^2}{2\,\sigma_\mathrm{B}^2}\right] \tag{6.96}$$

Gleichung 6.96 resultiert aus der Rice-Verteilung nach 6.59 mit $\hat{i}_{ZF} = 0$ und $d = d_0$. Das innere Integral nach 6.95 liefert die Lösung

$$p_{01} = \exp\left[-\frac{d_1^2}{2\,\sigma_\mathrm{B}^2}\right]. \tag{6.97}$$

Für $p(d_1)$ setzen wir die Rice-Verteilung für $d = d_1$ und 6.97 in 6.95 ein. Wir erhalten dann eine $\widetilde{Q}$ - Funktion ähnlich 6.63.

$$\tilde{Q}\left(\frac{\hat{i}_{ZF}}{\sqrt{2}\,\sigma_B},0\right)=\frac{\exp\left[-\frac{\hat{i}_{ZF}^2}{4\,\sigma_B^2}\right]}{2}\cdot$$
$$\cdot\int_0^{\infty}\left(\frac{\sqrt{2}\,d_l}{\sigma_B}\right)J_0\left(\frac{\hat{i}_{ZF}}{\sqrt{2}\,\sigma_B}\cdot\frac{\sqrt{2}\,d_l}{\sigma_B}\right)\exp\left[-\left(\frac{2\,d_l^2}{2\,\sigma_B^2}+\frac{\hat{i}_{ZF}^2}{4\,\sigma_B^2}\right)\right]d\left(\frac{\sqrt{2}\,d_l}{\sigma_B}\right) \tag{6.98}$$

Damit lässt sich 6.98 in der Form

$$\tilde{Q}\left(\frac{\hat{i}_{ZF}}{\sqrt{2}\,\sigma_B},0\right)=\frac{1}{2}\exp\left[-\frac{\hat{i}_{ZF}^2}{4\,\sigma_B^2}\right]\cdot Q\left(\frac{\hat{i}_{ZF}}{\sqrt{2}\,\sigma_B},0\right) \tag{6.99}$$

darstellen mit

$$Q\left(\frac{\hat{i}_{ZF}}{\sqrt{2}\,\sigma_B},0\right)=1\,. \tag{6.100}$$

Da $\tilde{Q}=p_B$ gilt, erhalten wir für die Bitfehlerwahrscheinlichkeit

$$p_B=\frac{1}{2}\exp\left[-\frac{\hat{i}_{ZF}^2}{4\,\sigma_B^2}\right]. \tag{6.101}$$

Die Umrechnung auf die Leistungen liefert endgültig

$$p_B=\frac{1}{2}\exp\left[-\frac{1}{2}\frac{S_B}{N_B}\right]. \tag{6.102}$$

6.4.1.6 PSK-Heterodynempfang mit Synchrondemodulator

Bitfehlerwahrscheinlichkeit. Es wird angenommen, dass dem Zeichen „0“ die Phase π und dem Zeichen „1“ die Phase 0 entspricht. Die ZF-Amplitude $\hat{i}_{ZF}$ hat ein positives Vorzeichen für die gesendete „1“ und ein negatives Vorzeichen für die gesendete „0“.

Mit diesen Annahmen kann die Berechnung der Bitfehlerwahrscheinlichkeit analog dem OOK-Heterodynempfang mit Synchrondemodulator erfolgen. Es ergibt sich

$$p_B=\frac{1}{2}\left[\frac{1}{2}\operatorname{erfc}\left(\frac{\frac{1}{2}\hat{i}_{ZF}+d_T}{\sigma_B\sqrt{2}}\right)+\frac{1}{2}\operatorname{erfc}\left(\frac{\frac{1}{2}\hat{i}_{ZF}-d_T}{\sigma_B\sqrt{2}}\right)\right]. \tag{6.103}$$

Mit der optimalen Schwelle $d_{Topt}=0$ gilt

$$p_B=\frac{1}{2}\operatorname{erfc}\left(\frac{\hat{i}_{ZF}}{2\sqrt{2}\,\sigma_B}\right). \tag{6.104}$$

Die Umrechnung auf das Signal-Rauschverhältnis liefert mit 6.53 und 6.54:

$$p_B = \frac{1}{2}\,\text{erfc}\left(\frac{1}{\sqrt{2}}\sqrt{\frac{\text{S}_\text{B}}{\text{N}_\text{B}}}\right). \tag{6.105}$$

6.4.2 Homodynsysteme

Blockschaltbild. Das Blockschaltbild eines optischen Homodynsystems ist im Bild 6-12 zu sehen. Es besteht aus Sender, Monomodefaser und Überlagerungsempfänger. Der Empfänger beinhaltet einen Zweig zur Signaldetektion und Baugruppen zur Phasenregelung. Der Phasenregelkreis dient zur Nachbildung der Frequenz und verrauschten Phase der Empfangslichtwelle und ermöglicht das kohärente Heruntermischen des Empfangssignals ins Basisband. Der optische Phasenregelkreis, abgekürzt PLL für *Phase-Locked-Loop* wird bei Homodynsystemen für die Synchronträgererzeugung immer benötigt. In den nachfolgenden Unterabschnitten werden das ASK- und PSK-Homodynsystem berechnet. Die Dimensionierung des PLL ist angegeben.

6.4.2.1 ASK-Homodynsystem

Detektionssignal. Der Photostrom $i_{Ph}(t)$ ist beim ASK-Homodynsystem durch

$$i_{Ph}(t) = \hat{i}_{Ph} \sum_{\nu=-\infty}^{\infty} s_\nu \, rect\left(\frac{t-\nu T}{T}\right) \exp\left[-j\phi(t)\right] = \hat{i}_{Ph}\, s(t) \exp\left[-j\phi(t)\right] \tag{6.106}$$

mit $s_\nu \in \{0,1\}$ und

$$\phi(t) = \phi_T(t) - \phi_L(t) - \phi_{LR}(t) \tag{6.107}$$

gegeben. $\phi_T(t)$ und $\phi_L(t)$ sind die verrauschten Phasen von Sende- und Lokallaser. $\phi_{LR}(t)$ ist die unverrauschte geregelte Lokallaserphase. $\phi(t)$ ist das mittelwertfreie, gaußverteilte und stationäre Restphasenrauschen [6.1].

Das Detektionssignal lässt sich in reeller Darstellung entsprechend

$$d(t) = \hat{i}_{Ph} \int_{-\infty}^{\infty} s(\tau) \cos\left[\phi(\tau)\right] g_B(t-\tau)\, d\tau + n(t) \tag{6.108}$$

schreiben. Hierbei ist $g_B(t)$ die Impulsantwort des Basisbandfilters und $s(t)$ das reelle normierte ASK-Sendesignal. $n(t)$ ist das farbige gaußverteilte Rauschen am Filterausgang, bedingt durch das Schrotrauschen der Photodiode und das thermische Rauschen der Schaltungswiderstände.

Nach [6.1] gilt zwischen äquivalenter Impulsbreite Δt_B der Tiefpassimpulsantwort $g_B(t)$ und der Korrelationsdauer Δt_w der AKF $R_w(\tau)$ des Zufallprozesses $w(t) = \cos\left[\phi(t)\right]$ die Relation

$$\Delta t_B = \frac{1}{g_B(0)} \int_{-\infty}^{\infty} g_B(t)\, dt << \Delta t_w = \frac{1}{R_w(0)} \int_{-\infty}^{\infty} R_w(\tau)\, d\tau\,. \tag{6.109}$$

Danach ist der Zufallsprozess $w(t) = w\left[\phi(t)\right]$ innerhalb der äquivalenten Impulsdauer Δt_B fast vollständig korreliert, so dass er während dieser Zeit als zeitunabhängige Zufallsgröße betrachtet werden kann. Der Detektionsabtastwert ist dann zum Abtastzeitpunkt t_0 durch

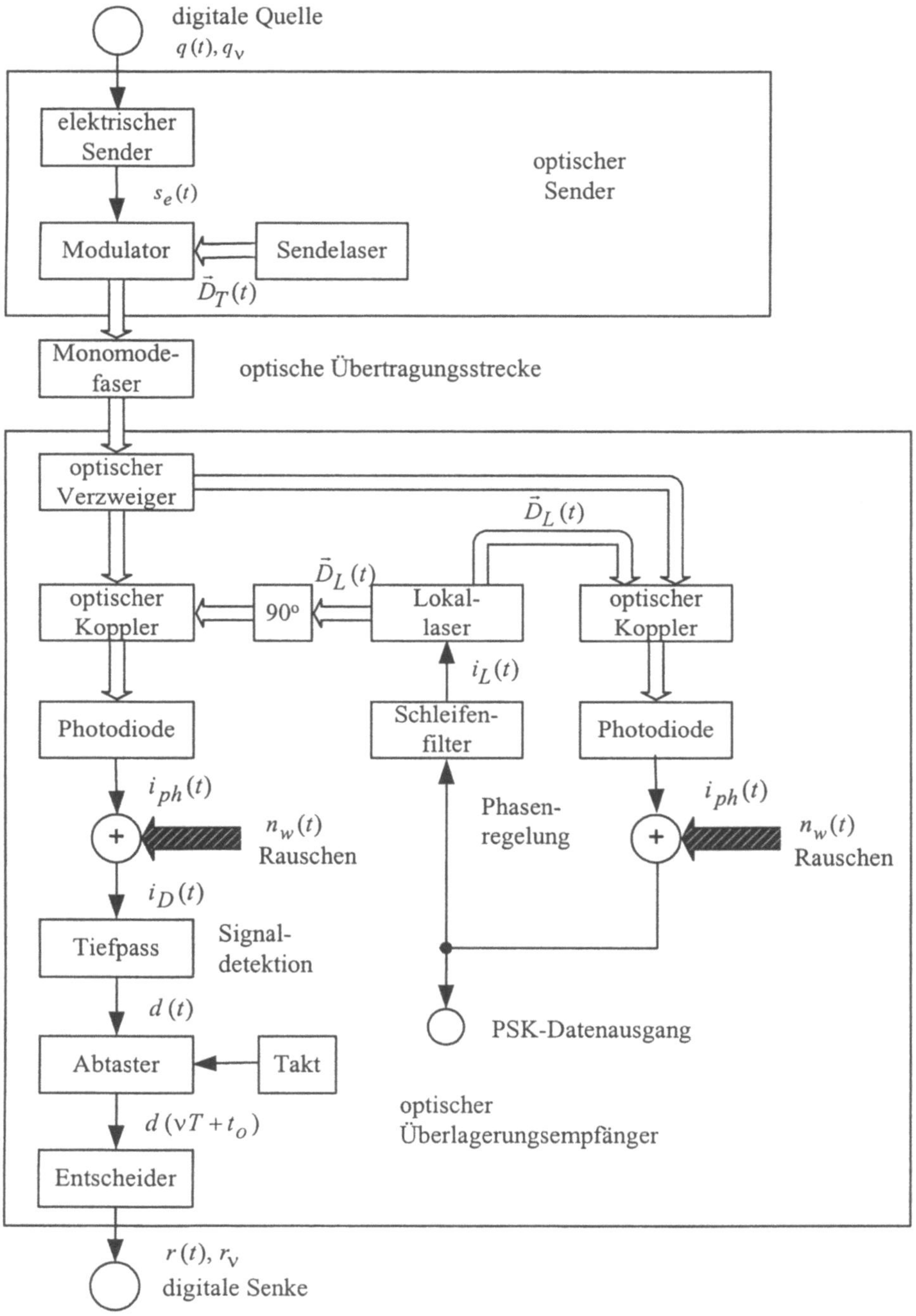

Bild 6-12 Blockschaltbild des optischen Homodynsystems

$$d(t_0) = \hat{\imath}_{PD}\, a(t_0) \cos[\phi(t_0)] + n(t_0) \tag{6.110}$$

mit

$$a(t_0) = \int_{-\infty}^{\infty} s(\tau)\, g_B(t_0 - \tau)\, d\tau\,, \tag{6.111}$$

wobei $0 \le a(t_0) \le 1$,

gegeben. In 6.110 kennzeichnet $a(t_0)$ den unverrauschten durch Impulsinterferenzen gestörten Abtastwert, $\cos[\phi(t_0)]$ den multiplikativen Phasenrauschterm und $n(t_0)$ das additive gaußverteilte Rauschen.

Ungünstigste Fehlerwahrscheinlichkeit. In [6.1] wird eine mittlere ungünstigste Fehlerwahrscheinlichkeit p_u für ungünstigste Symbolfolgen abgeleitet. Das Ergebnis zeigt 6.112.

$$\begin{aligned} p_u = \frac{1}{\sqrt{2\pi}\,\sigma_\phi} \int_0^\infty \Bigg[& Q\left(\frac{2E - (1 - A_{ASK})\cos\phi}{2\sigma}\right) \\ & + Q\left(\frac{(1 + A_{ASK})\cos\phi - 2E}{2\sigma}\right) \Bigg] \cdot \exp\left(-\frac{\phi^2}{2\sigma_\phi^2}\right) d\phi \end{aligned} \tag{6.112}$$

Darin sind

$$Q(x) = \frac{1}{\sqrt{2\pi}} \int_x^\infty \exp\left(-\frac{u^2}{2}\right) du \tag{6.113}$$

und A_{ASK} die Augenöffnung bei ASK-Sendesignal mit

$$A_{ASK} = 1 - 4Q\left(\sqrt{2\pi}\, fg\, T\right). \tag{6.114}$$

Die mittlere ungünstigste Fehlerwahrscheinlichkeit p_u ist eine Funktion der optimierbaren Systemparameter Entscheiderschwelle E und Tiefpassgrenzfrequenz fg wegen $A_{ASK}(fg)$ und der Streuung des additiven Gaußrauschens $\sigma^2(fg)$. Sie ist weiterhin eine Funktion der nicht optimierbaren Größen Symboldauer T wegen $ASK(T)$ und Laserlinienbreite $\Delta\omega$ wegen der Streuung des Laserphasenrauschens $\sigma_\phi^2(\Delta\omega)$ sowie Rauschleistungsdichte des additiven Gaußrauschens $S_{\ddot{u}}$ wegen $\sigma^2(S_{\ddot{u}})$.

Optimierung. Die Systemoptimierung erfolgt in [6.1] hinsichtlich minimaler ungünstigster Fehlerwahrscheinlichkeit $p_{u\,\min}$ und ergibt

- den optimalen Abtastzeitpunkt in Symbolmitte t_0,

$$t_{0,opt} = 0\,, \tag{6.115}$$

- die optimale Entscheiderschwelle

$$d_{Topt} \le \frac{1}{2}\,, \tag{6.116}$$

wobei das Gleichheitszeichen für das phasenrauschfreie ASK-System gilt,

- die normierte optimale Tiefpassgrenzfrequenz

$$fg_{,opt} \cdot T \approx 0{,}7875 \,. \tag{6.117}$$

6.4.2.2 PSK-Homodynsystem

Detektionssignal. Der Strom der Photodiode beim PSK-Homodynsystem kann nach 6.118 angesetzt werden.

$$\begin{aligned} i_{Ph}(t) &= \hat{i}_{Ph}\, s'(t) \exp(-j\phi(t)) \\ &= \hat{i}_{Ph} \exp\left[j\left(\sum_{\nu=-\infty}^{\infty} \pi(1-s_\nu)\, rect\left(\frac{t-\nu T}{T}\right) - \phi(t)\right)\right] \\ &= \hat{i}_{Ph} \sum_{\nu=-\infty}^{\infty} s'_\nu\, rect\left(\frac{t-\nu T}{T}\right) \exp[-j\phi(t)] \end{aligned} \tag{6.118}$$

mit $s_\nu \in \{0,1\}$ bzw. $s'_\nu \in \{-1,1\}$.

Daraus folgt das Detektionssignal nach dem Tiefpass und Abtaster im Abtastzeitpunkt t_0:

$$d(t_0) = \hat{i}_{Ph}\, a(t_0) \cos[\phi(t_0)] + n(t_0), \tag{6.119}$$

$$a(t_0) = \int_{-\infty}^{\infty} s'(\tau)\, g_B(t_0 - \tau)\, d\tau \,. \tag{6.120}$$

Ungünstigste Fehlerwahrscheinlichkeit. Die mittlere ungünstigste Fehlerwahrscheinlichkeit beim PSK-Homodynsystem ist nach [6.1]:

$$p_u = \frac{2}{\sqrt{2\pi}\,\sigma_\phi} \int_0^\infty Q\left(\frac{A_{PSK} \cos\phi}{2\sigma}\right) \exp\left(-\frac{\phi^2}{2\sigma_\phi^2}\right) d\phi \tag{6.121}$$

Für die Augenöffnung beim PSK-System gilt:

$$A_{PSK} = 2\,A_{ASK} = 2\left[1 - 4\,Q\left(\sqrt{2\pi}\; fg\; T\right)\right] \tag{6.122}$$

Aus 6.122 folgt eine um 3dB höhere Empfindlichkeit des PSK-Homodynsystems gegenüber dem ASK-Homodynsystem bei gleicher Übertragungsqualität.

Optimierung. Die optimale Entscheiderschwelle liegt aus Symmetriegründen beim PSK-System stets bei

$$d_{Topt} = 0 \,. \tag{6.123}$$

Verwendet man ein Gauß-Filter als Tiefpass, erhält man für die normierte optimale Grenzfrequenz entsprechend [6.1]:

$$fg_{,opt}\, T \approx 0{,}79 \,. \tag{6.124}$$

6.4.2.3 Phasenregelkreise in Homodynsystemen

Mathematisches Ersatzschaltbild des PLL. Das mathematische Ersatzschaltbild des optischen PLL ist im Bild 6-13 dargestellt.

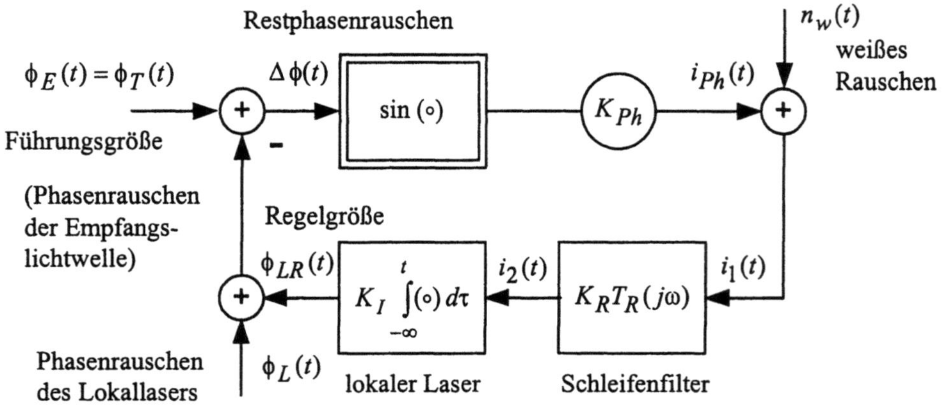

Bild 6-13 Mathematisches Ersatzschaltbild des optischen PLL

Im Bild 6-13 sind K_{Ph}, K_I die Proportionalitätskonstanten der Photodiode, des lokalen Lasers, und K_R ist der Verstärkungsfaktor des Schleifenfilters.

$T_R(j\omega)$ bezeichnet die auf den Verstärkungsfaktor K_R normierte Übertragungsfunktion des elektrischen Schleifenfilters. In der Tatsache, dass der Regelkreis die Restphase $\phi(t)$ möglichst klein hält, begründet sich die Näherung $\sin(\Delta\phi(t)) \approx \Delta\phi(t)$ und damit kann Bild 6-13 als linearisiertes Ersatzschaltbild des optischen PLL aufgefasst werden. Aus der Lasertheorie ist für den stromgesteuerten lokalen Laser bekannt, dass Frequenz $\omega_{LR}(t)$ und Phase $\phi_{LR}(t)$ den Bedingungen 6.125 genügen.

$$\omega_{LR}(t) = K_I\, i_2(t), \phi_{LR}(t) = K_I \int_{-\infty}^{t} i_2(\tau)\, d\tau \tag{6.125}$$

Leistungsdichtespektrum der Restphase. Das resultierende Phasenrauschen von Sende- und Lokallaser ist ein instationärer, gaußverteilter Prozess mit der Streuung

$$\sigma(t)_{\phi_E(t)-\phi_L(t)} = \Delta\omega t\,. \tag{6.126}$$

$$\Delta\omega = \Delta\omega_E + \Delta\omega_L \tag{6.127}$$

$\Delta\omega_E$ und $\Delta\omega_L$ sind die Linienbreiten von Sende- und Lokallaser. Wie in Versuchen nachgewiesen [6.3], zeigt das Frequenzrauschen $\dot{\phi}_{EL}(t) = \dot{\phi}_E(t) - \dot{\phi}_L(t)$ ähnliches statistisches Verhalten wie weißes Rauschen. So ist sein Leistungsdichtespektrum $S_{\dot{\phi}_{EL}}(\omega)$ konstant und $\frac{d\phi_{EL}(t)}{dt} = \dot{\phi}_{EL}(t)$ stationär.

$$S_{\dot{\phi}_{EL}}(\omega) = \Delta\omega\,. \tag{6.128}$$

Bei der Betrachtung der Frequenzanteile des Phasenrauschens $\phi_{EL}(t)$ erkennt man, dass die niedrigen Frequenzanteile dominieren. Das Leistungsdichtespektrum des Phasenrauschens zeigt einen Abfall mit $1/\omega^2$ [6.1]. Da der Regelkreis nach Bild 6-13 näherungsweise ein lineares zeitinvariantes System darstellt, ist wegen $\phi_{EL}(t)$ gaußverteilt auch die Restphase $\Delta\phi(t)$ gaußverteilt. Weil $\phi_{EL}(t)$ und $n_w(t)$ unkorreliert sind, folgt aus dem Superpositionsprinzip für das Leistungsdichtespektrum der Restphase $S_{\Delta\phi}(\omega)$ [6.3].

$$S_{\Delta\phi}(\omega) = S_{\Delta\phi}(\omega)\Big|_{n_w(t)=0} + S_{\Delta\phi}(\omega)\Big|_{\phi_{EL}(t)=0}. \tag{6.129}$$

Zunächst sei $n_w(t) = 0$. Dann gilt

$$\begin{aligned}\Delta\phi(t) &= \phi_{EL}(t) - \phi_{LR}(t)\\ &= \phi_{EL}(t) - K_I \int_{-\infty}^{\infty} i_2(\tau)\, d\tau \\ &= \phi_{EL}(t) - K_I \left(I_2(t) - I_2(-\infty)\right)\end{aligned} \tag{6.130}$$

mit $\phi_{EL}(t)$ instationär.

Aus 6.130 folgt

$$\begin{aligned}\Delta\dot{\phi}(t) &= \dot{\phi}_{EL}(t) - K_I\, i_2(t)\\ &= \dot{\phi}_{EL}(t) - K_I\left(K_{Ph}\, \Delta\phi(t) * K_R\, g_R(t)\right)\end{aligned} \tag{6.131}$$

mit $\dot{\phi}_{EL}(t)$ stationär. Der Stern $*$ in 6.131 beschreibt die Faltung von $\Delta\phi(t)$ mit $g_R(t)$, wobei $g_R(t)$ die normierte Impulsantwort des Schleifenfilters ist. Der Zusammenhang zwischen 6.130 und 6.131 lässt sich durch einen fiktiven Differenzierer nach Bild 6-14 beschreiben.

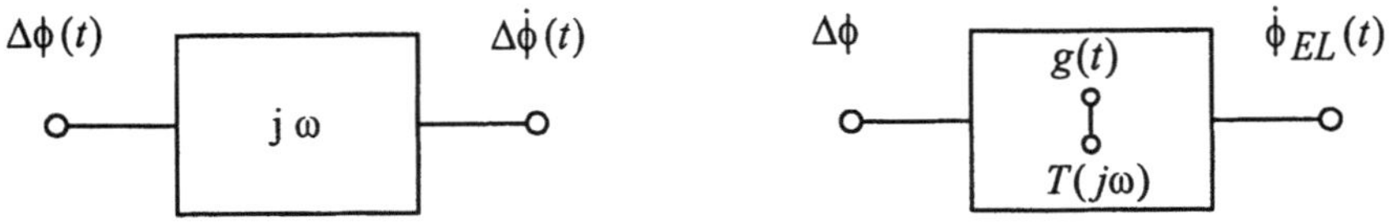

a) $T_D(j\omega) = j\omega$ o—o $g_D(t) = \dot{\delta}(t)$ b) $S_{\Delta\phi}(\omega)\Big|_{n_w(t)=0} \cdot |T(j\omega)|^2 = S_{\dot{\phi}_{EL}}(\omega)$

Bild 6-14 Fiktive Übertragungsglieder
a) Differenzierer
b) Übertragungsfunktion zwischen Restphase und Frequenzrauschen

Mit Bild 6-14-a erhalten wir

$$\begin{aligned}\Delta\dot{\phi}(t) &= \Delta\phi(t) * g_D(t)\\ &= \dot{\phi}_{EL}(t) - K_I\, K_{Ph}\, K_R\, \Delta\phi(t) * g_R(t)\end{aligned} \tag{6.132}$$

bzw.

$$\dot{\phi}_{EL}(t) = \Delta\phi(t) * \left(g_D(t) + K\, g_R(t)\right) = \Delta\phi(t) * g(t)\,. \tag{1.133}$$

In 6.133 stellt K die Schleifenverstärkung des Regelkreises mit

$$K = K_I\; K_{Ph}\; K_R \tag{6.134}$$

dar, und $g(t)$ ist die aus Differenzierer und Schleifenfilter resultierende Impulsantwort, siehe Bild 6-14-b. Aus Bild 6-14-b folgt mit 6.128:

$$S_{\Delta\phi}(\omega)\Big|_{n_w(t)=0} \left|T(j\omega)\right|^2 = S_{\dot{\phi}_{EL}}(\omega) = \Delta\omega \tag{6.135}$$

$$S_{\Delta\phi}(\omega)\Big|_{n_w(t)=0} = \frac{\Delta\omega}{\left|K\,T_R(j\omega) + j\omega\right|^2} \tag{6.136}$$

Jetzt sei $\phi_{EL}(t) = 0$. Dann gilt

$$\Delta\phi(t) = -\phi_{LR}(t) = -K_I \int_{-\infty}^{t} i_2(\tau)\, d\tau\,, \tag{6.137}$$

$$\Delta\dot{\phi}(t) = -\dot{\phi}_{LR}(t) = -K_I\; i_2(t) = -K_I\left(K_{Ph}\;\Delta\phi(t) + n_w(t)\right) * K_R\; g_R(t)\,. \tag{6.138}$$

Mit

$$\Delta\phi(t) * g_D(t) = -K\,\Delta\phi(t) * g_R(t) - K_I K_R n_w(t) * g_R(t) \tag{6.139}$$

erhalten wir als Spektraldarstellung

$$S_{\Delta\phi}(\omega)\Big|_{\phi_{EL}(t)=0} \left|T_D(j\omega) + K\,T_R(j\omega)\right|^2 = S_{n_w}(\omega)\left|-K_I K_R T_R(j\omega)\right|^2. \tag{6.140}$$

Berechnet man die konstante Leistungsdichte des weißen Rauschens mit

$$S_{n_w}(\omega) = S_o\,, \tag{6.141}$$

folgt aus 6.140:

$$S_{\Delta\phi}(\omega)\Big|_{\phi_{EL}(t)=0} = \frac{S_o K_I^2 K_R^2 \left|T_R(j\omega)^2\right|}{\left|j\omega + K\,T_R(j\omega)^2\right|} \tag{6.142}$$

Unter Bezug auf 6.129, 6,136 und 6.142 ergibt sich zusammenfassend für das Leistungsspektrum der Restphase

$$S_{\Delta\phi}(\omega) = \frac{\Delta\omega + S_o K_I^2 K_R^2 \left|T_R(j\omega)\right|^2}{\left|j\omega + K\,T_R(j\omega)^2\right|}\,. \tag{6.143}$$

Autokorrelationsfunktion der Restphase [6.3]. Zur Ermittlung der AKF der Restphase $\Delta\phi$ wählen wir als Schleifenfilter einen PT_1-Tiefpass mit

$$K_R T_R(j\omega) = \frac{K_R}{1 + j\omega/\omega_R}\,. \tag{6.144}$$

In 6.144 ist ω_R die Filtergrenzfrequenz. Durch Fourier-Rücktransformation von 6.1.43 erhalten wir folgende 3 Fälle für die AKF der Restphase $R_{\Delta\phi}(\tau)$ [6.3]:

1. reeller Fall: $K < \frac{\omega_R}{4}$

$$R_{\Delta\phi}(\tau) = \sigma_{\Delta\phi}^2 \left(C_1 \exp\left(-d_{11}|\tau|\right) + \left(1 - C_1\right)\exp\left(-d_{12}|\tau|\right)\right) \tag{6.145}$$

Für die Streuung der Restphase gilt

$$\sigma_{\Delta\phi}^2 = \frac{\Delta\omega}{2\omega_R} + \frac{\Delta\omega}{2K} + \frac{S_o K}{2K_{Ph}^2}. \tag{6.146}$$

2. aperiodischer Grenzfall: $K = \frac{\omega_R}{4}$

$$R_{\Delta\phi}(\tau) = \sigma_{\Delta\phi}^2 \exp\left(-d_2|\tau|\right)\cdot\left(1 + C_2|\tau|\right) \tag{6.147}$$

3. komplexer Fall: $K > \frac{\omega_R}{4}$

$$R_{\Delta\phi}(\tau) = \sigma_{\Delta\phi}^2 \exp\left(-d_3|\tau|\right)\cdot\left[\cos\left(\omega_o|\tau|\right) + C_3 \sin\left(\omega_o|\tau|\right)\right] \tag{6.148}$$

Folgende Abkürzungen wurden verwendet:

$$a = \frac{K}{\omega_R}, \quad Q = \frac{\Delta\omega}{\omega_R^2}, \quad R = \frac{S_o K_I^2 K_R^2}{\omega_R^2} + Q,$$

$$C_1 = \frac{a\left(R + Q\left(2a + \sqrt{1-4a}\right)\right)}{\left(R + Qa\right)\left(-1 + 4a + \sqrt{1-4a}\right)}$$

$$C_2 = \frac{\left(R - Q/4\right)}{\left(R + Q/4\right)} \cdot \frac{\omega_R}{2}$$

$$C_3 = \frac{R - Qa}{\left(R + Qa\right)\sqrt{4a-1}}$$

$$d_{11} = \frac{\omega_R}{2}\left(1 - \sqrt{1-4a}\right)$$

$$d_{12} = \frac{\omega_R}{2}\left(1 + \sqrt{1-4a}\right)$$

$$d_2 = d_3 = \frac{\omega_R}{2}$$

$$\omega_o = \frac{\omega_R}{2}\sqrt{4a-1}.$$

Übertragungsfunktionen des optischen PLL. Zur Ermittlung der Übertragungsfunktionen des Regelkreises bei Führung oder Störung verwenden wir die Ersatzschaltbilder im Laplace- bzw. Frequenzbereich nach Bild 6-15.

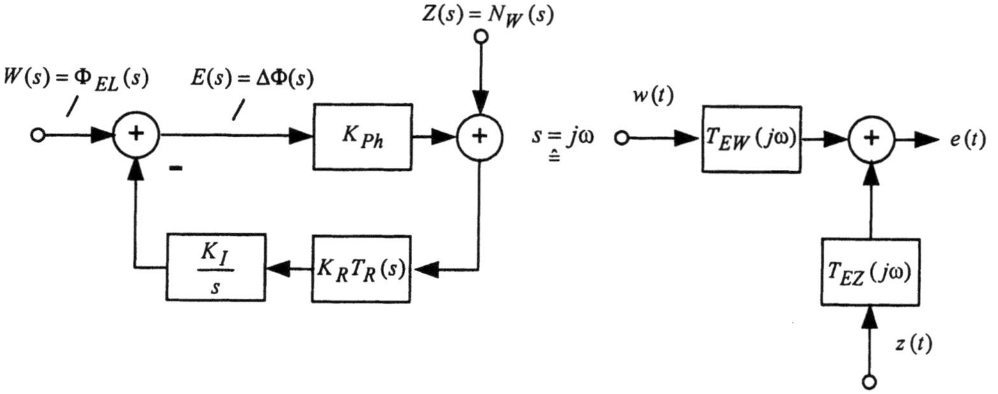

Bild 6-15 Ersatzschaltbilder des optischen PLL
a) im Laplace-Bereich
b) im Frequenzbereich $s = j\omega$

Die Regelabweichungssystemfunktion bei Führung erhalten wir aus

$$T_{EW}(s) = \left.\frac{E(s)}{W(s)}\right|_{Z(s)=0} = \frac{s}{s + K\,T_R(s)} \tag{6.149}$$

mit $K = K_I K_R K_{Ph}$.

Die Regelabweichungssystemfunktion bei Störung ist gegeben durch

$$T_{EZ}(s) = \left.\frac{E(s)}{Z(s)}\right|_{W(s)=0} = \frac{-K_I K_R T_R(s)}{s + K\,T_R(s)}. \tag{6.150}$$

Für den PT_1-Tiefpass nach 6.144 folgt aus 6.149 und 6.150 für die entsprechenden Übertragungsfunktionen mit $s = j\omega$:

$$T_{EW}(j\omega) = \frac{(j\omega)^2 + 2d\omega_N\, j\omega}{(j\omega)^2 + 2d\omega_N\, j\omega + \omega_N^2}, \tag{6.151}$$

$$T_{EZ}(j\omega) = \frac{(-1/K_{Ph})\,\omega_N^2}{(j\omega)^2 + 2d\omega_N\, j\omega + \omega_N^2}. \tag{6.152}$$

In 6.151 und 6.152 bezeichnen

$$\omega_N = \sqrt{\omega_R\, K} \tag{6.153}$$

die natürliche Schleifenfrequenz und

$$d = 0{,}5\sqrt{\frac{\omega_R}{K_L}} \tag{6.154}$$

den Schleifendämpfungsfaktor.

Die Resonanzfrequenz beider Übertragungsfunktionen ist durch

$$\omega_r = \omega_N\,\sqrt{1 - 2d^2} \tag{6.155}$$

gegeben. Die Beträge der Regelkreisübertragungsfunktionen sind im Bild 6-16 gezeigt.

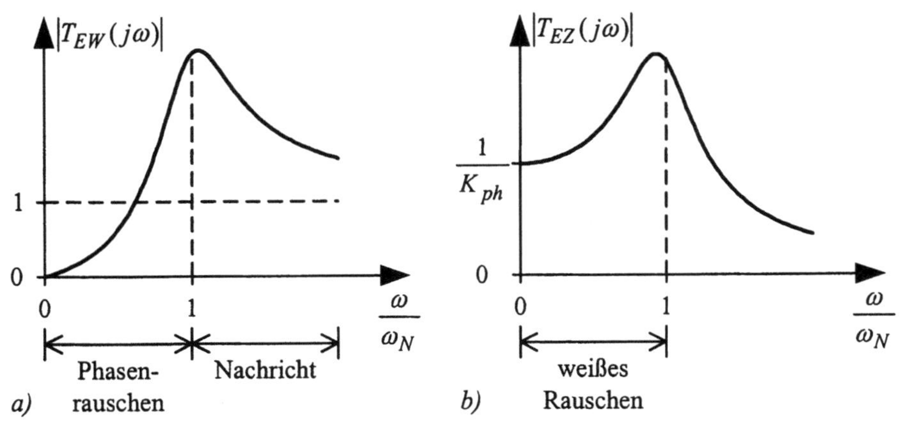

Bild 6-16 Beträge der Übertragungsfunktionen des optischen PLL
a) bei Führung
b) bei Störung

Aus Bild 6-16 erkennt man, dass die Ausregelung des Phasenrauschens eine hohe Schleifenfiltergrenzfrequenz ω_R und die Unterdrückung des weißen Rauschens eine niedrige Grenzfrequenz ω_R erfordert. Weiterhin darf zur Übertragung der Nachricht ein bestimmter Wert $\omega_{R\max}$ nicht überschritten werden.

Abschätzung der Schleifenfiltergrenzfrequenz. Geht man entsprechend [6.3] für eine grobe Abschätzung der maximalen Schleifenfiltergrenzfrequenz $\omega_{R\max}$ von einem Nachrichtencode aus, dessen längste Sequenz von Dauer –„1“ oder Dauer –„0“ 10 Bit beträgt und fordert man, dass die Grundschwingung des Bitmusters noch nicht beeinflusst wird, so erkennt man aus der Übertragungsfunktion $T_{EW}(j\omega)$ den Zusammenhang

$$\frac{2\pi f_B}{2\cdot 10} = \omega_N , \tag{6.156}$$

wobei f_B die Bitfrequenz darstellt.

Mit 6.153 ergibt sich

$$\omega_{R\max} = \frac{\pi^2 f_B^2}{100\cdot K} \tag{6.157}$$

Regleroptimierung. Zur Regleroptimierung setzen wir einen PT_1-Regler als Schleifenfilter voraus und betrachten die Streuung der Restphase $\sigma_{\Delta\phi}^2$. Sie lässt sich für den optischen PLL in der Form

$$\sigma_{\Delta\phi}^2 = \frac{\Delta\omega}{2\omega_R} + \frac{\Delta\omega}{4\,K_R K_I\,S\sqrt{\overline{P}_E\,\overline{P}_L}} + \frac{e\,K_R K_I\,\sqrt{\overline{P}_L}}{2\sqrt{\overline{P}_E}} + \frac{L_T K_I K_R}{4\,S\sqrt{\overline{P}_E\,\overline{P}_L}} \tag{6.158}$$

darstellen. Darin sind

- $\Delta\omega$ Summe der Linienbreite von Sende- und Lokallaser,
- K_I Konstante des lokalen Lasers,
- S_E Photoempfindlichkeit der Photodiode,
- $\overline{P}_E$ mittlere empfangene Lichtleistung,
- e Elementarladung und
- L_T konstante Leistungsdichte des thermischen Rauschens

nicht optimierbare Größen. Optimierbare Größen sind

- die Schleifenfiltergrenzfrequenz ω_R,
- der Verstärkungsfaktor des Schleifenfilters K_R,
- die mittlere Lichtleistung $\overline{P}_L$ des lokalen Lasers.

Die Optimierungsbedingung für die Streuung der Restphase lautet

$$\sigma_{\Delta\phi}^2\left(\omega_{R\,opt}, K_{R\,opt}, \overline{P}_{L\,opt}\right) = \min. \tag{6.159}$$

6.159 führt auf die physikalisch nicht sinnvolle Lösung

$$\omega_{R\,opt} \to \infty, \quad K_{R\,opt} = 0, \quad \overline{P}_{L\,opt} \to \infty. \tag{6.160}$$

Setzt man für $\omega_{R\,opt}$ und $\overline{P}_{L\,opt}$ die Maximalwerte

$$\overline{P}_{L\,opt} = \overline{P}_{L\max} \approx 0\ dBm \tag{6.161}$$

$$\omega_{R\,opt} = \omega_{R\max} \approx \frac{\pi f_B}{15} \tag{6.162}$$

an, bleibt nur der Verstärkungsfaktor des Schleifenfilters $K_{R\,opt}$ optimierbar. Man erhält dann

$$K_{R\,opt} = \frac{1}{K_I}\sqrt{\frac{2\pi\Delta f}{2e\,S_E\,\overline{P}_{L\max} + L_T}} \tag{6.163}$$

und für die minimale Streuung

$$\sigma_{\Delta\phi\min}^2 = \frac{\Delta\omega}{2\omega_{R\max}} + \sqrt{\frac{\Delta\omega\left(2e\,S_E\,\overline{P}_{L\max} + L_T\right)}{4S_E^2\,\overline{P}_E\,\overline{P}_{L\max}}}. \tag{6.164}$$

Das nachfolgende Beispiel zeigt den typischen Wert des optimalen Verstärkungsfaktors $K_{R\,opt}$ des Schleifenfilters.

Beispiel 6.1: Optimaler Wert des Verstärkungsfaktors eines PT_1-Tiefpass als Schleifenfilter im optischen PLL

Für $K_I = 1\frac{GHz}{mA}, \quad \Delta\omega = 2\pi \cdot 10^6 s^{-1}$

$$e = 1{,}6 \cdot 10^{-19}\, As, \quad \overline{P}_{L\max} = 1\, mW$$

$$S_E = 1\frac{A}{W}, \quad L_T = 1 \cdot 10^{-23}\, A^2 s$$

ergibt sich mit 6.163:

$$K_{Ropt} \approx 138\,.$$

□

6.5 Literatur

[6.1] Franz, J.: *Optische Übertragungssysteme mit Überlagerungsempfang.* Springer-Verlag, Berlin, 1988

[6.2] Franz, J.: *Grundprinzip des kohärenten Heterodynempfangs.* Nachrichtentechnische Berichte, Band 14, TU München

[6.3] Fleischmann, M.: *Berechnung, Optimierung und Vergleich verschiedener optischer Übertragungssysteme mit Überlagerungsempfang.* Diplomarbeit, TU München, 1987

7 Faseroptische Sensornetzwerke

Die faseroptische Sensortechnik ist ein relativ junges und sich dynamisch entwickelndes Gebiet der modernen Messtechnik. Zunehmende Bedeutung erlangen Berechnungsverfahren für faseroptische Sensoren, die zur Messung physikalischer Größen auf der Basis verschiedener Effekte eingesetzt werden. Diese Verfahren beruhen auf der Anwendung der System- sowie Netzwerktheorie und ermöglichen sowohl eine einheitliche Beschreibung der rein optischen, optoelektronischen und elektronischen Teilsysteme als auch des gesamten Sensors. Dabei spielt der Jones-Kalkül als Beschreibungsform bei uns eine zentrale Rolle neben der Darstellung der Eigenschaften der optischen Netzwerke mit Hilfe von Streumatrizen und Signalflussgraphen.

Im Abschnitt 7.1 werden die zeitinvarianten Netzwerke mit Analysebeispielen aus der Interferometertheorie behandelt. Der Abschnitt 7.2 beschreibt zeitperiodische Sensornetzwerke, und im Abschnitt 7.3 sind die Methoden der Signalverarbeitung dargestellt. Im letzten Abschnitt 7.4 werden sowohl der Glasfaserkreisel als auch der Stromsensor als wichtige Anwendungen besprochen.

7.1 Zeitinvariante Netzwerke

7.1.1 Netzwerkkomponenten

Symbole. Bei der Analyse linearer zeitinvarianter optischer Netzwerke verwenden wir als Komponenten optische Quellen und Detektoren, reflexionsfreie Abschlüsse, Spiegel, Wellenleiter, Polarisatoren und Richtkoppler. Die Symbole dieser Netzwerkelemente sind in Tabelle 7-1 dargestellt.

Streumatrizen. Die Eigenschaften der Netzwerkkomponenten nach Tabelle 7-1 werden analytisch durch die Streumatrizen nach Tabelle 7-2 beschrieben. Als optische Quelle wird eine Laserdiode mit nachfolgendem optischen Isolator vorausgesetzt, um Rückwirkungen des nach dem Isolator angeschlossenen Netzwerkes auf die Laserdiode zu vermeiden. Die Streumatrix **S** ist dann nach 7.2 die Nullmatrix. Der optische Detektor soll reflexionsfrei sein, so dass 7.4 gilt. Der reflexionsfreie Abschluss wird durch Brechzahlanpassung realisiert und hat nach 7.6 eine ebenfalls verschwindende Streumatrix. Der Spiegel soll verlustlos und reziprok sein und wird durch die unitäre **S**-Matrix nach 7.8 beschrieben. Für einen idealen, d.h. zusätzlich polarisationserhaltenden ($\theta = 0$) und degenerierten ($\beta = 0$) Spiegel ergibt sich die Einheitsmatrix 7.9, wenn noch die gemeinsame Phase $\alpha = 0$ gesetzt wird. Der Wellenleiter ist verlustlos, reflexionsfrei und reziprok angenommen. Er kann durch die unitäre Matrix 7.11 gekennzeichnet werden. Beim idealen Wellenleiter tritt keine Polarisationsmodenkopplung auf, sondern nur unterschiedliche Laufzeiten für die Polarisationsmoden, wie die Darstellung 7.12 zeigt. Bei den nachfolgenden Betrachtungen findet u.U. der lineare Polarisator nach 7.13 und 7.14 mit den Spezialfällen 7.15 oder 7.16 Verwendung. Der Richtkoppler wird entsprechend 7.17 bis 7.19 als reziprok vorausgesetzt und ist durch die vier Jones-Matrizen in der Matrix **M** gegeben. Ist der Richtkoppler verlustlos, reziprok und polarisationserhaltend, dann gilt 7.19.

Signalflussgraphen. Die Signalflussgraphen für die Netzwerkkomponenten linearer zeitinvarianter optischer Netzwerke sind in Tabelle 7-3 dargestellt und finden in den nachfolgenden Analysebeispielen ihre Anwendung.

Tabelle 7-1 Symbole der Netzwerkkomponenten für lineare zeitinvariante optische Netzwerke [7.1]

Komponente	Symbol
Tor	
Optische Quelle	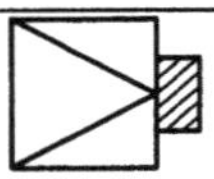
Optischer Detektor	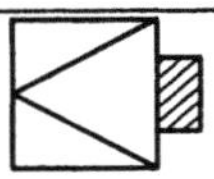
Reflexionsfreier Abschluss	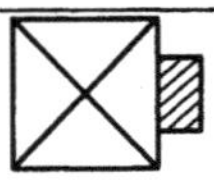
Spiegel	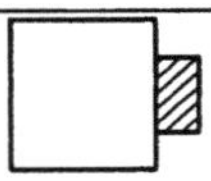
Wellenleiter	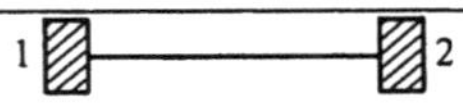
Polarisator	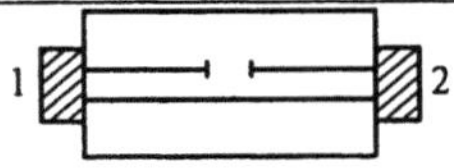
Richtkoppler	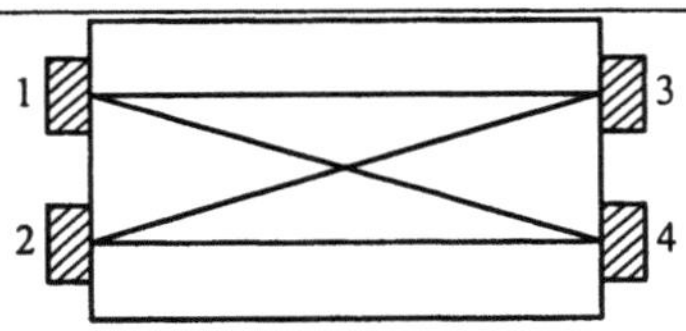

Tabelle 7-2 Streumatrizen aller Netzwerkkomponenten für lineare zeitinvariante optische Netzwerke [7.1]

Komponente	Gleichungen, S-Matrix
Optische Quelle mit optischem Isolator	$\vec{A}_{out} = \mathbf{S}\,\vec{A}_{in} + \vec{C} = \vec{C}$ (7.1) $\mathbf{S} = \begin{pmatrix} 0 & 0 \\ 0 & 0 \end{pmatrix}$ (7.2)
Optischer Detektor	$\vec{A}_{out} = \mathbf{S}\,\vec{A}_{in}, \quad \vec{D} = \vec{A}_{in}$ (7.3) $\mathbf{S} = \begin{pmatrix} 0 & 0 \\ 0 & 0 \end{pmatrix}$ (7.4)
Reflexionsfreier Abschluss	$\vec{A}_{out} = \mathbf{S}\,\vec{A}_{in}$ (7.5) $\mathbf{S} = \begin{pmatrix} 0 & 0 \\ 0 & 0 \end{pmatrix}$ (7.6)

Spiegel	$\vec{A}_{out} = \mathbf{S}\,\vec{A}_{in}$ (7.7)
	$\mathbf{S} = \exp(j\alpha)\begin{pmatrix} \exp(j\beta)\cos\theta & j\sin\theta \\ j\sin\theta & \exp(-j\beta)\cos\theta \end{pmatrix}$ (7.8)
Idealer Spiegel	$\alpha = 0, \beta = 0, \theta = 0: \quad \mathbf{S} = \begin{pmatrix} 1 & 0 \\ 0 & 1 \end{pmatrix}$ (7.9)
Wellenleiter	$\begin{pmatrix} \vec{A}_{1\,out} \\ \vec{A}_{2\,out} \end{pmatrix} = \mathbf{S}\begin{pmatrix} \vec{A}_{1\,in} \\ \vec{A}_{2\,in} \end{pmatrix} = \begin{pmatrix} 0 & \mathbf{F} \\ \mathbf{F}' & 0 \end{pmatrix}\begin{pmatrix} \vec{A}_{1\,in} \\ \vec{A}_{2\,in} \end{pmatrix}$ (7.10)
	$\mathbf{F} = \exp(j\alpha)\begin{pmatrix} \exp(j\phi)\cos\theta & \exp[j(\pi-\psi)]\sin\theta \\ \exp(j\psi)\sin\theta & \exp(-j\phi)\cos\theta \end{pmatrix}$ (7.11)
Idealer Wellenleiter	$\theta = 0, \alpha + \phi = \frac{-\omega L n_x}{c}, \alpha - \phi = \frac{-\omega L n_y}{c}:$
	$\mathbf{F} = \begin{pmatrix} \exp\left(\frac{-j\omega L n_x}{c}\right) & 0 \\ 0 & \exp\left(\frac{-j\omega L n_y}{c}\right) \end{pmatrix}$ (7.12)
Linearer Polarisator	$\begin{pmatrix} \vec{A}_{1\,out} \\ \vec{A}_{2\,out} \end{pmatrix} = \mathbf{S}\begin{pmatrix} \vec{A}_{1\,in} \\ \vec{A}_{2\,in} \end{pmatrix} = \begin{pmatrix} \mathbf{0} & \mathbf{P} \\ \mathbf{P} & \mathbf{0} \end{pmatrix}\begin{pmatrix} \vec{A}_{1\,in} \\ \vec{A}_{2\,in} \end{pmatrix}$ (7.13)
	$\mathbf{P} = \begin{pmatrix} \cos^2\theta & \sin\theta\cos\theta \\ \sin\theta\cos\theta & \sin^2\theta \end{pmatrix}$ (7.14)
Idealer horizontaler Polarisator	$\mathbf{P} = \begin{pmatrix} 1 & 0 \\ 0 & 0 \end{pmatrix}$ für $\theta = 0$ (7.15)
Idealer vertikaler Polarisator	$\mathbf{P} = \begin{pmatrix} 0 & 0 \\ 0 & 1 \end{pmatrix}$ für $\theta = \frac{\pi}{2}$ (7.16)
Reziproker Richtkoppler	$\begin{pmatrix} \vec{A}_{1\,out} \\ \vec{A}_{2\,out} \\ \vec{A}_{3\,out} \\ \vec{A}_{4\,out} \end{pmatrix} = \begin{pmatrix} \mathbf{0} & \mathbf{0} & \mathbf{J}_{13} & \mathbf{J}_{14} \\ \mathbf{0} & \mathbf{0} & \mathbf{J}_{23} & \mathbf{J}_{24} \\ \mathbf{J}'_{13} & \mathbf{J}'_{23} & \mathbf{0} & \mathbf{0} \\ \mathbf{J}'_{14} & \mathbf{J}'_{24} & \mathbf{0} & \mathbf{0} \end{pmatrix}\begin{pmatrix} \vec{A}_{1\,in} \\ \vec{A}_{2\,in} \\ \vec{A}_{3\,in} \\ \vec{A}_{4\,in} \end{pmatrix}$ (7.17)
	$\mathbf{M} = \begin{pmatrix} \mathbf{J}_{13} & \mathbf{J}_{14} \\ \mathbf{J}_{23} & \mathbf{J}_{24} \end{pmatrix}, \quad \mathbf{S} = \begin{pmatrix} \mathbf{0} & \mathbf{M} \\ \mathbf{M}' & \mathbf{0} \end{pmatrix}$ (7.18)
Verlustloser, reziproker und polarisationserhaltender Richtkoppler	Zerlegen von **S** jedes Polarisationsmodes in 2 Matrizen der Form $\mathbf{s} = \begin{pmatrix} \mathbf{0} & \mathbf{K} \\ \mathbf{K}' & \mathbf{0} \end{pmatrix}, \mathbf{K} = \begin{pmatrix} \exp(j\phi)\cos\theta & \exp[j(\pi-\psi)]\sin\theta \\ \exp(j\psi)\sin\theta & \exp(-j\phi)\cos\theta \end{pmatrix}$ (7.19)

Tabelle 7-3 Signalflussgraphen der Netzwerkkomponenten für lineare zeitinvariante optische Netzwerke [7.1]

Komponente	Signalflussgraph
Optische Quelle mit optischem Isolator	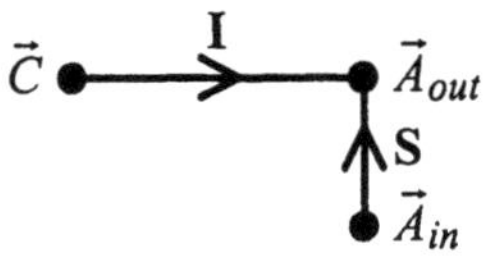 , $\mathbf{I} = \begin{pmatrix} 1 & 0 \\ 0 & 1 \end{pmatrix}$
Ideale Quelle	$\mathbf{S} = \mathbf{0}$: 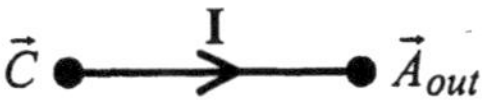
Optischer Detektor	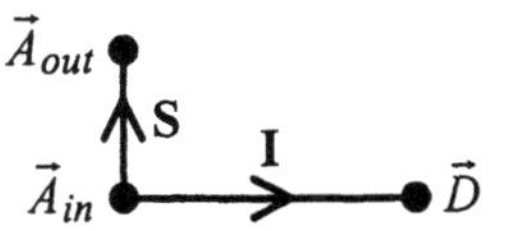 , $\mathbf{I} = \begin{pmatrix} 1 & 0 \\ 0 & 1 \end{pmatrix}$
Idealer Detektor	$\mathbf{S} = \mathbf{0}$: 
Reflexionsfreier Abschluss	$\mathbf{S} = \mathbf{0}$: $\vec{A}_{in}$ •
Spiegel	
Idealer Spiegel	$\mathbf{S} = \mathbf{I}$: 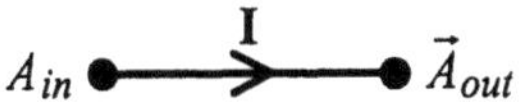
Wellenleiter	$\mathbf{S} = \begin{pmatrix} \mathbf{0} & \mathbf{F} \\ \mathbf{F}' & \mathbf{0} \end{pmatrix}$: 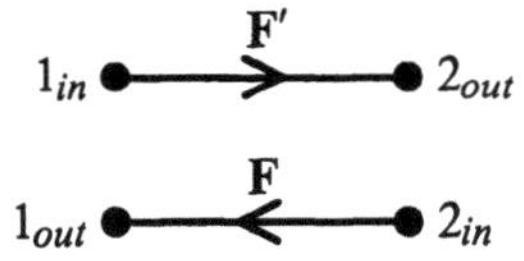
Polarisator	$\mathbf{S} = \begin{pmatrix} \mathbf{0} & \mathbf{P} \\ \mathbf{P} & \mathbf{0} \end{pmatrix}$: 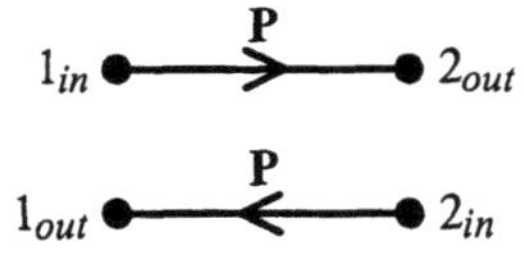
Richtkoppler	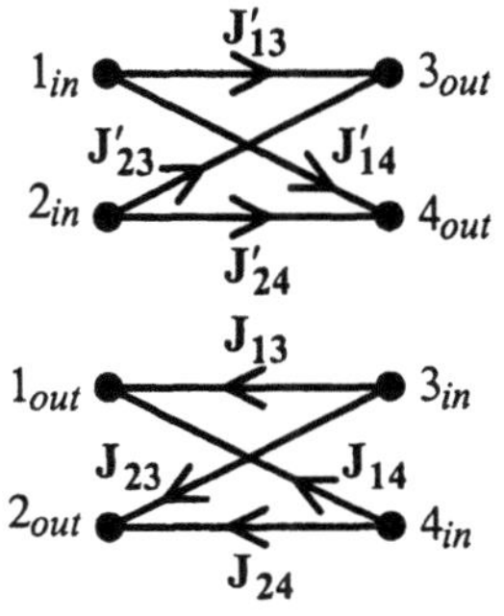

7.1.2 Analysebeispiele

7.1.2.1 Fabry-Perot-Interferometer

Interferometer. Im Interferometer werden Phasenänderungen in Intensitätsänderungen gewandelt, damit diese mit Fotodetektoren nachweisbar sind. Im Unterabschnitt 7.1.2 sind die nichtmodulierten Interferometer dargestellt. Ein moduliertes Interferometer ist dem Unterabschnitt 7.2.2 vorbehalten.

Jones-Matrix des Fabry-Perot-Interferometers. Die Anordnung der Netzwerkkomponenten beim faseroptischen Fabry-Perot-Interferometer zeigt Bild 7-1.

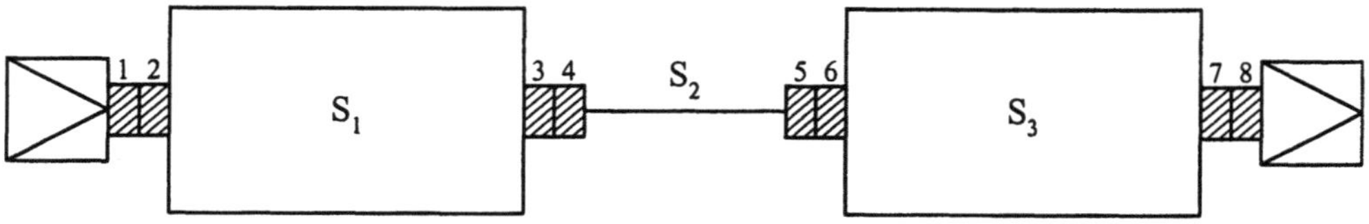

Bild 7-1 Faseroptisches Fabry-Perot-Interferometer [7.1]

Die Komponenten mit den Streumatrizen $\mathbf{S_1}$ und $\mathbf{S_3}$ spielen die Rolle der teilweise reflektierenden Spiegel wie man sie vom konventionellen Fabry-Perot-Interferometer kennt. Es soll gelten:

$$\mathbf{S_1} = \mathbf{S_3} = \begin{pmatrix} \mathbf{r} & \mathbf{t} \\ \mathbf{t}' & \mathbf{r} \end{pmatrix}. \tag{7.20}$$

Dabei sind $\mathbf{r}$ und $\mathbf{t}$ die Reflexions- und Transmissionsmatrix. Für den dazwischen liegenden Wellenleiter setzen wir an:

$$\mathbf{S_2} = \exp(-j\omega\tau)\begin{pmatrix} \mathbf{0} & \mathbf{I} \\ \mathbf{I} & \mathbf{0} \end{pmatrix}, \tag{7.21}$$

$$\text{Verzögerungszeit: } \tau = \frac{nL}{c}, \text{ n Brechzahl, L Länge.} \tag{7.22}$$

Die Komponenten des faseroptischen Fabry-Perot-Interferometers werden nun durch ihre Signalflussgraphen dargestellt und nach Bild 7-2 über Zweige, die jeweils durch eine zugehörige Einheitsmatrix gekennzeichnet sind, zusammengeschaltet. Dabei ist für die Zusammenschaltung das Bild 2-25 zu beachten.

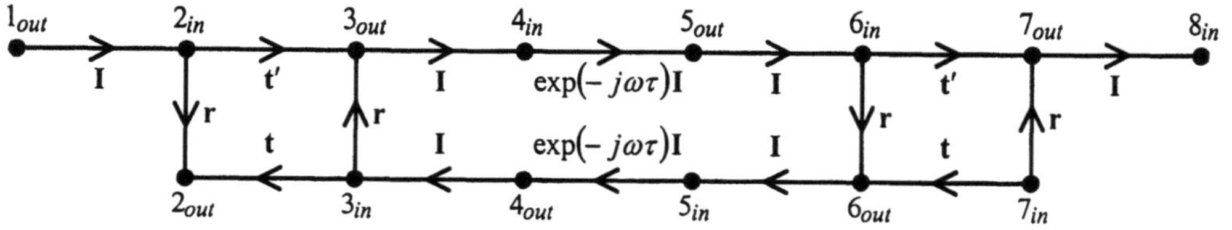

Bild 7-2 Signalflussgraph des faseroptischen Fabry-Perot-Interferometers

Die Transmissionen (2_{in}, 2_{out}), (3_{in}, 2_{out}), (7_{in}, 7_{out}) und (7_{in}, 6_{out}) können entfallen, da eine ideale Quelle und ein idealer Detektor vorausgesetzt werden. Damit vereinfacht sich der Signalflussgraph entsprechend Bild 7-3.

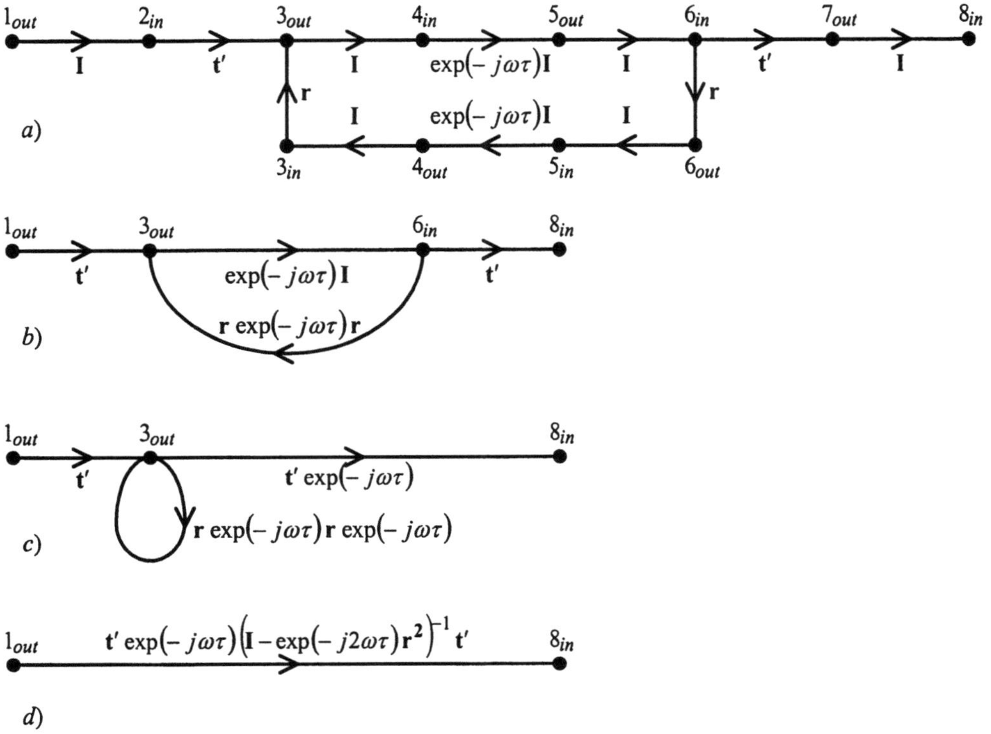

Bild 7-3 Reduktion des Signalflussgraphen des Fabry-Perot-Interferometers
a) Signalflussgraph nach der Beseitigung irrelevanter Knoten und Zweige
b) Signalflussgraph nach der Zusammenfassung von Zweigen in Serie
c) Signalflussgraph nach der Elimination des Knotens 6_{in}
d) Signalflussgraph nach der Elimination des Rückkopplungszweiges

Es ergibt sich aus Bild 7-3d die Jones-Matrix des faseroptischen Fabry-Perot-Interferometers 7.23.

$$\mathbf{J} = \exp(-j\omega\tau)\,\mathbf{t}'\left(\mathbf{I} - \exp(-j2\omega\tau)\,\mathbf{r}^2\right)^{-1}\mathbf{t}' \tag{7.23}$$

Wenn wir für die Reflexions- und Transmissionsmatrix

$$\mathbf{r} = r\mathbf{I}\,,\ \ \mathbf{t} = t\mathbf{I} \tag{7.24}$$

schreiben, wobei r der Reflexionsfaktor und t der Transmissionsfaktor ist, erhält man für die Jones-Matrix nach 7.23 [7.1]:

$$\mathbf{J} = \frac{t^2 \exp(-j\omega\tau)}{1 - r^2 \exp(-j2\omega\tau)}\,\mathbf{I} \tag{7.25}$$

Leistungsübertragungsmatrix des Fabry-Perot-Interferometers. Ausgehend von 2.199 und 2.210 lässt sich die abgeführte Leistung P_{out} eines optischen Netzwerkes mit der Jones-Matrix **J** in der Form

$$P_{out} = \left| \vec{A}'^{*}_{out} \, \vec{A}_{out} \right| \zeta = \left| \vec{A}'^{*}_{in} \, \mathbf{J}'^{*} \, \mathbf{J} \, \vec{A}_{in} \right| \zeta \tag{7.26}$$

darstellen. Die Matrix

$$|\mathbf{J}|^2 = \mathbf{J}'^{*} \, \mathbf{J} \tag{7.27}$$

in 7.26 heißt Leistungsübertragungsmatrix [7.1].

Unter der Voraussetzung verlustloser Spiegel, d.h.

$$|t|^2 + |r|^2 = 1 \tag{7.28}$$

und

$$r = |r| \exp(j\theta) \tag{7.29}$$

soll für das Fabry-Perot-Interferometer die Leistungsübertragungsmatrix ausgehend von 7.25 abgeleitet werden. Es gilt zunächst mit

$$\mathbf{J}'^{*} = \frac{t^{2*} \exp(j\omega\tau)}{1 - r^{2*} \exp(j2\omega\tau)} \mathbf{I} \tag{7.30}$$

die Darstellung

$$\begin{aligned} |\mathbf{J}|^2 &= \frac{t^{2*} \exp(j\omega\tau)}{1 - r^{2*} \exp(j2\omega\tau)} \cdot \frac{t^2 \exp(-j\omega\tau)}{1 - r^2 \exp(-j2\omega\tau)} \mathbf{I} \\ &= \frac{|t|^4}{1 - r^{2*} \exp(j2\omega\tau) - r^2 \exp(-j2\omega\tau) + |r|^4} \mathbf{I} \\ &= \frac{|t|^4}{1 - 2|r|^2 \cos(2\omega\tau - 2\theta) + |r|^4} \mathbf{I} \end{aligned} \tag{7.31}$$

Mit 7.28 folgt aus 7.31:

$$|\mathbf{J}|^2 = \frac{\left(1 - |r|^2\right)^2 \mathbf{I}}{\left(1 - |r|^2\right)^2 + 2|r|^2 \left[1 - \cos(2\omega\tau - 2\theta)\right]} \tag{7.32}$$

Unter Verwendung des Additionstheorems

$$1 - \cos(2x) = 2\sin^2 x \tag{7.33}$$

erhalten wir schließlich die Leistungsübertragungsmatrix 7.34 des faseroptischen Fabry-Perot-Interferometers:

$$|\mathbf{J}|^2 = \left[1 + \frac{4|r|^2}{\left(1 - |r|^2\right)^2} \sin^2(\omega\tau - \theta) \right]^{-1} \mathbf{I} \, . \tag{7.34}$$

7.1.2.2 Mach-Zehnder-Interferometer

Physikalisches Schema des Mach-Zehnder-Interferometers. Das physikalische Schema des Mach-Zehnder-Interferometers ist im Bild 7-4 dargestellt.

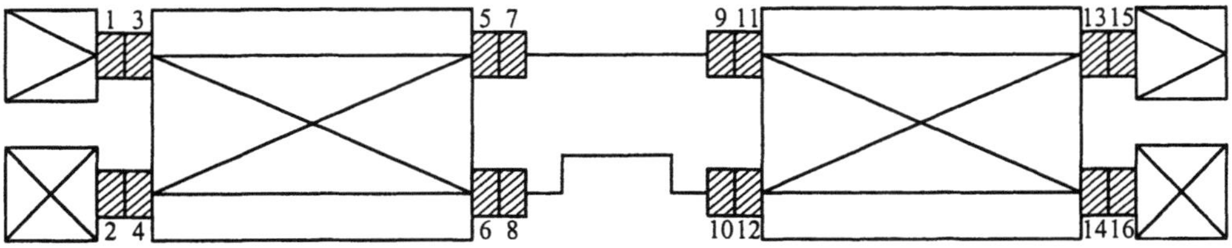

Bild 7-4 Faseroptisches Mach-Zehnder-Interferometer [7.1]

Signalflussgraph. Für die Ableitung des Signalflussgraphen des Mach-Zehnder-Interferometers setzen wir voraus, dass es an der Quelle, dem Detektor sowie an den übrigen Toren keine Reflexionen gibt. Dann breitet sich das Transversalfeld der elektrische Feldstärke von links nach rechts im Bild 7-4 aus. Der durch die Richtkoppler und Wellenleiter bedingte Teil des Signalflussgraphen, der die Übertragung von rechts nach links beschreibt, kann unter der Voraussetzung der Reflexionsfreiheit weggelassen werden. Somit ergibt sich der „skalare" Signalflussgraph nach Bild 7-5, wenn zusätzlich Polarisationserhaltung nach 7.12 mit $n_x = n_y$ und 7.19 vorausgesetzt wird.

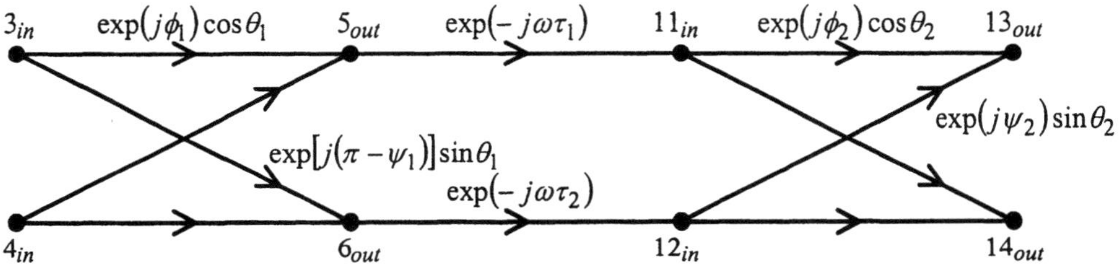

Bild 7-5 Signalflussgraph des Mach-Zehnder-Interferometers

Im Bild 7-5 können die Zweige mit den Knoten (4_{in}, 5_{out}), (4_{in}, 6_{out}) und (11_{in}, 14_{out}), (12_{in}, 14_{out}) entfallen, da Knoten 4_{in} eine Null-Quelle und Knoten 14_{out} eine nichtinteressierende Senke darstellt.

Übertragungsfunktion des Mach-Zehnder-Interferometers. Die Übertragungsfunktion dieses Interferometers ergibt sich aus Bild 7-5 durch Zusammenfassung der jeweiligen in Serie liegenden Zweige und anschließender Parallelschaltung. Auf die Reihenfolge bei der Serienschaltung kommt es hier nicht an, da entsprechend der getroffenen Voraussetzungen skalare Zweigtransmissionen vorliegen. Für die Übertragungsfunktion gilt:

$$J = \exp[-j(\omega\tau_1 - \phi_1 - \phi_2)]\cos\theta_1 \cos\theta_2 - \exp[-j(\omega\tau_2 + \psi_1 - \psi_2)]\sin\theta_1 \sin\theta_2 . \quad (7.35)$$

7.1.2.3 Michelson-Interferometer

Physikalisches Schema des Michelson-Interferometers. Die Anordnung der optischen Komponenten des Michelson-Interferometers zeigt Bild 7-6.

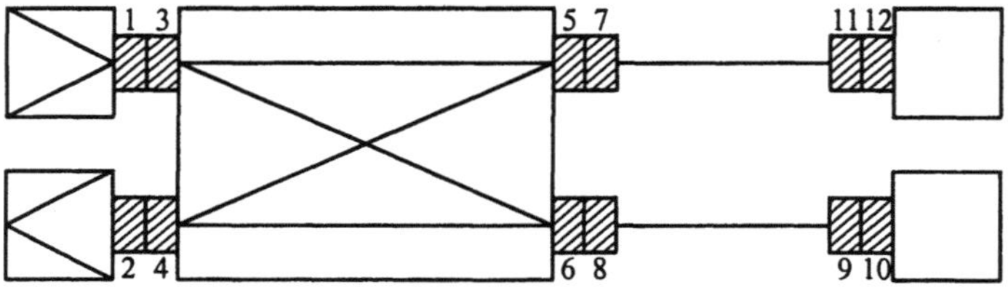

Bild 7-6 Faseroptisches Michelson-Interferometer [7.1]

Signalflussgraph. Zur Ermittlung des Signalflussgraphen für das optische Netzwerk nach Bild 7-6 setzen wir einen polarisationserhaltenden, verlustlosen und reziproken Richtkoppler voraus. Die Wellenleiter sollen degenerierte Komponenten mit den Laufzeiten τ_1 und τ_2 sein. Die Spiegel besitzen die Reflexionsfaktoren r_1 und r_2. Den Signalflussgraphen für das Michelson-Interferometer zeigt Bild 7-7.

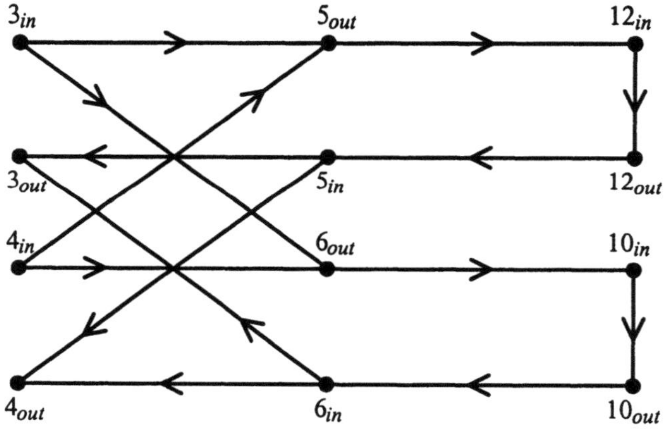

Bild 7-7 Signalflussgraph des faseroptischen Michelson-Interferometers

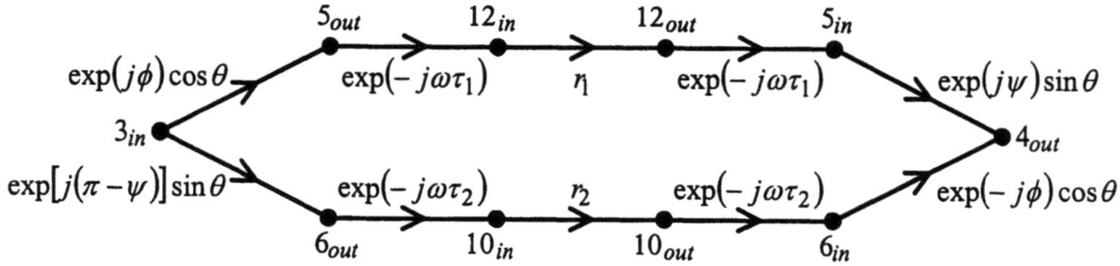

Bild 7-8 Reduzierter Signalflussgraph des Michelson-Interferometers

Da eine ideale Quelle und ein idealer Detektor angesetzt werden, können die Zweige mit den Knoten (5_{in}, 3_{out}), (6_{in}, 3_{out}) und (5_{in}, 4_{out}), (6_{in}, 4_{out}) entfallen. Den um diese Zweige reduzierten Signalflussgraphen zeigt Bild 7-8.

Für den Richtkoppler sind die benötigten Zweigtransmissionen aus der **s**-Matrix 7.36 auszulesen. Sie sind zusammen mit den anderen Transmissionen im Bild 7-8 eingetragen.

$$\mathbf{s} = \begin{array}{c} 3_{out} \\ 4_{out} \\ 5_{out} \\ 6_{out} \end{array} \overset{\begin{array}{cccc} 3_{in} & 4_{in} & 5_{in} & 6_{in} \end{array}}{\begin{pmatrix} 0 & 0 & \exp(j\phi)\cos\theta & \exp[j(\pi-\psi)]\sin\theta \\ 0 & 0 & \exp(j\psi)\sin\theta & \exp(-j\phi)\cos\theta \\ \exp(j\phi)\cos\theta & \exp(j\psi)\sin\theta & 0 & 0 \\ \exp[j(\pi-\psi)]\sin\theta & \exp(-j\phi)\cos\theta & 0 & 0 \end{pmatrix}} \tag{7.36}$$

Übertragungsfunktion. Aus Bild 7-8 erhält man durch Anwendung der Reduktionsregeln für die Serien- und Parallelschaltung die Übertragungsfunktion 7.37.

$$J = \sin\theta\cos\theta\,[r_1 \exp[-j(2\omega\tau_1 - \psi - \phi)] - r_2 \exp[-j(2\omega\tau_2 + \psi + \phi)]] \tag{7.37}$$

7.2 Zeitperiodische Netzwerke

7.2.1 Netzwerkkomponenten und Rechenregeln

Rechenregeln zwischen zyklischen Transmissionen im Zeitbereich. Wir wollen für die Serien- und Parallelschaltung von Zweigen mit zyklischen Transmissionen Rechenregeln ableiten. Die Formulierung solcher Rechenregeln ist im Zeitbereich für Transmissionen mit identischer Periode gut möglich, weil das Ergebnis einer Summe oder eines verallgemeinerten Produktes solcher Transmissionen wieder eine periodische Transmission mit gleicher Periode ist. Unter dem verallgemeinerten Produkt wird dabei die Anwendung der Verallgemeinerung des Faltungsintegrals 2.226 auf die Serienschaltung von zyklischen Zweigtransmissionen verstanden. Für die Summe der zyklischen Zweigtransmissionen mit den zyklischen Jones-Matrizen, $\mathbf{J}_1$ und $\mathbf{J}_2$ gilt bei Parallelschaltung:

$$\mathbf{J}(t_2 + kT, t_1 + kT) = \mathbf{J}_1(t_2 + kT, t_1 + kT) + \mathbf{J}_2(t_2 + kT, t_1 + kT). \tag{7.38}$$

Da $\mathbf{J}_1$ und $\mathbf{J}_2$ zyklisch mit der Periode T sind, erhält man

$$\mathbf{J}(t_2, t_1) = \mathbf{J}(t_2 + kT, t_1 + kT) \tag{7.39}$$

Das verallgemeinerte Produkt zyklischer Zweigtransmissionen lautet:

$$\mathbf{J}(t_3 + kT, t_1 + kT) = \int_{-\infty}^{\infty} \mathbf{J}_2(t_3 + kT, t_2)\,\mathbf{J}_1(t_2, t_1 + kT)\,dt_2 \tag{7.40}$$

Durch Einführung der Integrationsvariablen $t = t_2 - kT$ und Berücksichtigung von 2.216 ergibt sich

$$\begin{aligned} \mathbf{J}(t_3 + kT, t_1 + kT) &= \int_{-\infty}^{\infty} \mathbf{J}_2(t_3 + kT, t + kT)\,\mathbf{J}_1(t + kT, t_1 + kT)\,dt \\ &= \int_{-\infty}^{\infty} \mathbf{J}_2(t_3, t)\,\mathbf{J}_1(t, t_1)\,dt = \mathbf{J}(t_3, t_1). \end{aligned} \tag{7.41}$$

Wie 7.39 und 7.41 zeigen, sind die resultierenden Jones-Matrizen der Summe und des verallgemeinerten Produktes wieder zyklisch. In 7.40 und 7.41 findet

$$\mathbf{J}(t_3, t_1) = \int_{-\infty}^{\infty} \mathbf{J}_2(t_3, t)\, \mathbf{J}_1(t, t_1)\, dt \tag{7.42}$$

wesentlich Verwendung. Den Beweis für 7.42 konstruiert man wie folgt:

Zunächst gilt mit 2.226:

$$\vec{A}_{1out}(t) = \int_{-\infty}^{\infty} \mathbf{J}_1(t, t_1)\, \vec{A}_{in}(t_1)\, dt_1 \tag{7.43}$$

$$\vec{A}_{out}(t_3) = \int_{-\infty}^{\infty} \mathbf{J}_2(t_3, t)\, \vec{A}_{2in}(t)\, dt \tag{7.44}$$

$$\vec{A}_{out}(t_3) = \int_{-\infty}^{\infty} \mathbf{J}(t_3, t_1)\, \vec{A}_{in}(t_1)\, dt_1 \tag{7.45}$$

Unter der Voraussetzung

$$\vec{A}_{2in}(t) = \vec{A}_{1out}(t) \tag{7.46}$$

ergibt sich durch Einsetzen von 7.43 in 7.44:

$$\begin{aligned}\vec{A}_{out}(t_3) &= \int_{-\infty}^{\infty} \mathbf{J}_2(t_3, t) \int_{-\infty}^{\infty} \mathbf{J}_1(t, t_1)\, \vec{A}_{in}(t_1)\, dt_1\, dt \\ &= \int_{-\infty}^{\infty} \int_{-\infty}^{\infty} \mathbf{J}_2(t_3, t)\, \mathbf{J}_1(t, t_1)\, dt\, \vec{A}_{in}(t_1)\, dt_1 \\ &= \int_{-\infty}^{\infty} \mathbf{J}(t_3, t_1)\, \vec{A}_{in}(t_1)\, dt_1\end{aligned} \tag{7.47}$$

$$\rightarrow \mathbf{J}(t_3, t_1) = \int_{-\infty}^{\infty} \mathbf{J}_2(t_3, t)\, \mathbf{J}_1(t, t_1)\, dt \qquad \square$$

Rechenregeln zwischen zyklischen Transmissionen im Frequenzbereich. Ausgangspunkt zur Ableitung der Rechenregeln im Frequenzbereich sind die Fourier-Darstellungen der Jones-Matrizen 7.48 und 7.49.

$$\mathbf{J}_1(t_2, t_1) = \frac{1}{2\pi} \sum_{n=-\infty}^{\infty} \exp(jn\omega_0 t_2) \int_{-\infty}^{\infty} \mathbf{j}_{1n}(j\omega) \exp[j\omega(t_2 - t_1)]\, d\omega \tag{7.48}$$

$$\mathbf{J}_2(t_2, t_1) = \frac{1}{2\pi} \sum_{n=-\infty}^{\infty} \exp(jn\omega_0 t_2) \int_{-\infty}^{\infty} \mathbf{j}_{2n}(j\omega) \exp[j\omega(t_2 - t_1)]\, d\omega \tag{7.49}$$

Für die Summe gilt

$$\mathbf{J}(t_2,t_1)=\mathbf{J}_1(t_2,t_1)+\mathbf{J}_2(t_2,t_1)$$
$$=\frac{1}{2\pi}\sum_{n=-\infty}^{\infty}\exp(jn\omega_0 t_2)\int_{-\infty}^{\infty}[\mathbf{j}_{1n}(j\omega)+\mathbf{j}_{2n}(j\omega)]\exp[j\omega(t_2-t_1)]\,d\omega \tag{7.50}$$

Die Fourier-Koeffizienten von $\mathbf{J}(t_2,t_1)$ sind gegeben durch

$$\mathbf{j}_n(j\omega)=\mathbf{j}_{1n}(j\omega)+\mathbf{j}_{2n}(j\omega) \tag{7.51}$$

Für das verallgemeinerte Produkt gilt

$$\mathbf{J}(t_3,t_1)=\int_{-\infty}^{\infty}\mathbf{J}_2(t_3,t_2)\,\mathbf{J}_1(t_2,t_1)\,dt_2 \tag{7.52}$$

Durch Einsetzen von 7.48 und 7.49 in 7.52 für unterschiedliche Zählindizes m und n sowie unterschiedliche Frequenzen ω_2 und ω_1 ergibt sich

$$\begin{aligned}\mathbf{J}(t_3,t_1)&=\frac{1}{4\pi^2}\int_{-\infty}^{\infty}\sum_{m=-\infty}^{\infty}\exp(jm\omega_0 t_3)\int_{-\infty}^{\infty}\mathbf{j}_{2m}(j\omega_2)\exp[j\omega_2(t_3-t_2)]\,d\omega_2\\&\quad\cdot\sum_{n=-\infty}^{\infty}\exp(jn\omega_0 t_2)\int_{-\infty}^{\infty}\mathbf{j}_{1n}(j\omega_1)\exp[j\omega_1(t_2-t_1)]\,d\omega_1 dt_2\\&=\frac{1}{4\pi^2}\sum_{m=-\infty}^{\infty}\sum_{n=-\infty}^{\infty}\int_{-\infty}^{\infty}\int_{-\infty}^{\infty}\mathbf{j}_{2m}(j\omega_2)\,\mathbf{j}_{1n}(j\omega_1)\cdot\exp[j(\omega_2+m\omega_0)t_3-j\omega t_1]\\&\quad\cdot\int_{-\infty}^{\infty}\exp[j(\omega_1-\omega_2+n\omega_0)t_2]\,dt_2\,d\omega_1\,d\omega_2\end{aligned} \tag{7.53}$$

Wegen

$$\delta(\omega_2-\omega_1-n\omega_0)=\int_{-\infty}^{\infty}\exp[j(\omega_1-\omega_2+n\omega_0)t_2]\,dt_2 \tag{7.54}$$

und durch Berücksichtigung der Ausblendeigenschaft des Dirac-Impulses 7.54 geht 7.53 mit $k=n+m$ über in

$$\begin{aligned}\mathbf{J}(t_3,t_1)&=\frac{1}{2\pi}\sum_{k=-\infty}^{\infty}\sum_{n=-\infty}^{\infty}\exp(jk\omega_0 t_3)\int_{-\infty}^{\infty}\mathbf{j}_{2(k-n)}[j(\omega_1+n\omega_0)]\\&\quad\cdot\mathbf{j}_{1n}(j\omega_1)\exp[j\omega_1(t_3-t_1)]\,d\omega_1\,.\end{aligned} \tag{7.55}$$

Die Fourier-Darstellung von $\mathbf{J}(t_3,t_1)$ ist:

$$\mathbf{J}(t_3,t_1)=\sum_{k=-\infty}^{\infty}\exp(jk\omega_0 t_3)\int_{-\infty}^{\infty}\mathbf{j}_k(j\omega)\exp[j\omega(t_3-t_1)]\,d\omega\,. \tag{7.56}$$

Durch Vergleich von 7.55 und 7.56 findet man schließlich

$$\mathbf{j}_k(j\omega)=\sum_{n=-\infty}^{\infty}\mathbf{j}_{2(k-n)}[j(\omega+n\omega_0)]\cdot\mathbf{j}_{1n}(j\omega)\,. \tag{7.57}$$

Gleichung 7.57 zeigt, dass für jeden Fourier-Koeffizienten $\mathbf{j}_k(j\omega)$ eine unendliche Summe zu berechnen ist. Aus dem Abklingverhalten von $\mathbf{j}_{2(k-n)}$ und $\mathbf{j}_{1n}$ für wachsende n ist in der Praxis zu entscheiden, wie viel Summenglieder berücksichtigt werden müssen.

Operationen zwischen zeitinvarianten und zyklischen Transmissionen. Falls $\mathbf{J}(j\omega)$ die Darstellung einer zeitinvarianten Jones-Matrix im Frequenzbereich und $\mathbf{u}_k(j\omega)$ der Fourier-Koeffizient einer zyklischen Jones-Matrix ist, so gilt für die Summe

$$\mathbf{j}_k(j\omega) = \mathbf{u}_k(j\omega) + \mathbf{J}(j\omega)\,\delta_{k,0} \tag{7.58}$$

Für die zwei möglichen Produkte gilt mit 7.57:

$$\mathbf{j}_k(j\omega) = \mathbf{u}_k(j\omega)\,\mathbf{J}(j\omega), \tag{7.59}$$

$$\mathbf{j}_k(j\omega) = \mathbf{J}[j(\omega + k\omega_0)]\,\mathbf{u}_k(j\omega). \tag{7.60}$$

Dabei erhält man die nichtverschwindenden Anteile von 7.59

$$\mathbf{j}_{10}(j\omega) = \mathbf{J}(j\omega), \quad \mathbf{j}_{2k}(j\omega) = \mathbf{u}_k(j\omega) \tag{7.61}$$

und 7.60 folgt mit

$$\mathbf{j}_{20}[j(\omega + k\omega_0)] = \mathbf{J}[j(\omega + k\omega_0)]\ , \quad \mathbf{j}_{1k}(j\omega) = \mathbf{u}_k(j\omega) \tag{7.62}$$

Netzwerkkomponenten. Als Netzwerkkomponenten für zeitperiodische Netzwerke sind die zeitinvarianten Subsysteme nach den Tabellen 7-1 bis 7-3 und zeitperiodische optische Modulatoren nach Abschnitt 4.2 zugelassen. Sie werden im nachfolgenden Analysebeispiel verwendet.

7.2.2 Moduliertes Mach-Zehnder-Interferometer

Physikalisches Schema. Das physikalische Mach-Zehnder-Interferometer ist im Bild 7-9 gezeigt. Gegenüber Bild 7-4 ist im Bild 7-9 zusätzlich ein Modulator zwischen den Toren 8 und 10 enthalten.

Fourier-Koeffizienten des modulierten Mach-Zehnder-Interferometers. Die Einführung einer zeitperiodischen Komponente beeinflusst weder die Ableitung noch die Reduktion des Signalflussgraphen. Deshalb können wir das Ergebnis für den reduzierten Graphen nach 7.35 bei Verwendung der Regeln 7.58, 7.59 und 7.60 auf die Fourier-Koeffizienten $j_k(j\omega)$, unter ansonsten gleichen Voraussetzungen wie im Unterabschnitt 7.1.2.2, umschreiben:

$$\begin{aligned} j_k(j\omega) = {} & \exp(j\phi_2)\cos\theta_2\,\exp(-j\omega\tau_1)\exp(j\phi_1)\cos\theta_1\,\delta_{k,0} \\ & -\exp(j\psi_2)\sin\theta_2\; j_{6out,12in;\,k}(j\omega)\exp(-j\psi_1)\sin\theta_1 \end{aligned} \tag{7.63}$$

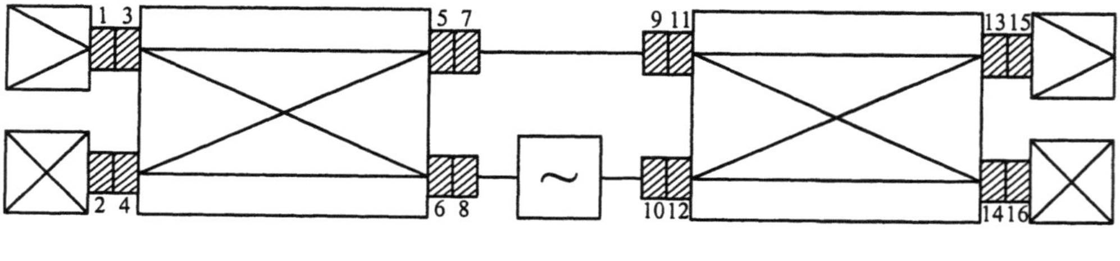

Bild 7-9 Physikalisches Schema des modulierten Mach-Zehnder-Interferometers [7.1]

Jones-Matrix des Modulatorarms. Die Jones-Matrix des Modulatorarms erhält man durch Anwendung von 7.55, wenn für die Aufteilung der Zuleitungen vor und nach dem Modulator die Laufzeiten τ_2 und τ_3 angenommen werden (Bild 7-10).

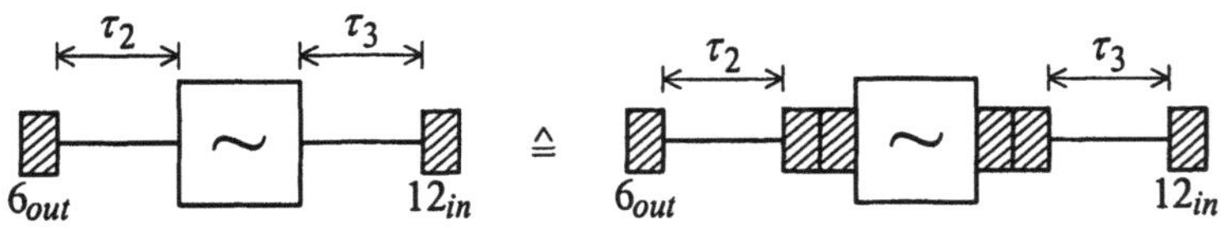

Bild 7-10 Darstellung des Modulatorarms

Für die zu Übertragungsfunktionen degenerierten Jones-Matrizen im Zeitbereich der Zuleitungen als ideale Wellenleiter gilt:

$$J_2(t_2,t_1)=\delta(t_2-t_1-\tau_2), \tag{7.64}$$

$$J_3(t_2,t_1)=\delta(t_2-t_1-\tau_3). \tag{7.65}$$

Entsprechend 4.50 wird der Modulator durch die degenerierte Jones-Matrix

$$J_M(t_2,t_1)=V(t_2)\delta(t_2-t_1) \tag{7.66}$$

dargestellt. $V(t_2)$ ist das Hauptdiagonalelement der als Diagonalmatrix angenommenen periodischen Matrizenfunktion $\mathbf{V}(t_2)$ für den betrachteten Polarisationsmode. Mit 7.64 bis 7.66 entartet die Jones-Matrix des Modulatorarms zu einer skalaren Funktion $J(t_2,t_1)$, die wie folgt berechnet wird:

$$\begin{aligned} J_{M2}(t_3,t_1) &= \int_{-\infty}^{\infty} J_M(t_3,t_2)J_2(t_2,t_1)\,dt_2 \\ &= \int_{-\infty}^{\infty} V(t_3)\delta(t_3-t_2)\delta(t_2-t_1-\tau_2)\,dt_2 \\ &= V(t_3)\ \delta(t_3-t_1-\tau_2) \end{aligned} \tag{7.67}$$

$$J_{M2}(t_2,t_1)=V(t_2)\ \delta(t_2-t_1-\tau_2) \tag{7.68}$$

$$\begin{aligned} J(t_3,t_1) &= \int_{-\infty}^{\infty} J_3(t_3,t_2)J_{M2}(t_2,t_1)\,dt_2 \\ &= \int_{-\infty}^{\infty} \delta(t_3-t_2-\tau_3)V(t_2)\delta(t_2-t_1-\tau_2)\,dt_2 \\ &= V(t_3-\tau_3)\ \delta(t_3-t_1-\tau) \end{aligned} \tag{7.69}$$

$$\tau=\tau_2+\tau_3 \tag{7.70}$$

$$J(t_2,t_1)=V(t_2-\tau_3)\ \delta(t_2-t_1-\tau) \tag{7.71}$$

Fourier-Koeffizient des Modulatorarms. Der Fourier-Koeffizient des Modulatorarms lässt sich mit 2.223 berechnen.

$$\begin{aligned}
j_{6out,12in;\,k}(j\omega) &= \frac{1}{T}\int_{0}^{T}\int_{-\infty}^{\infty} J(t_2,t_1)\exp[-j\omega(t_2-t_1)-jk\omega_0 t_2]\,dt_1\,dt_2 \\
&= \frac{1}{T}\int_{0}^{T} V(t_2-\tau_3)\exp(-jk\omega_0 t_2) \\
&\quad\cdot\int_{-\infty}^{\infty}\delta(t_2-t_1-\tau)\exp[-j\omega(t_2-t_1)]\,dt_1\,dt_2 \\
&= \exp(-j\omega\tau)\frac{1}{T}\int_{0}^{T} V(t_2-\tau_3)\exp(-jk\omega_0 t_2)\,dt_2 \\
&= \exp(-j\omega\tau)\,v_k(j\omega)
\end{aligned} \tag{7.72}$$

$$v_k(j\omega) = \frac{1}{T}\int_{0}^{T} V(t_2-\tau_3)\exp(-jk\omega_0 t_2)\,dt_2 \tag{7.73}$$

Fourier-Koeffizienten des modulierten Mach-Zehnder-Interferometers. Durch Einsetzen von 7.72 in 7.63 ergibt sich der Fourier-Koeffizient $j_k(j\omega)$ des modulierten Mach-Zehnder-Interferometers 7.74.

$$\begin{aligned}
j_k(j\omega) &= \exp[-j(\omega\tau_1-\phi_2-\phi_1)]\cos\theta_1\,\cos\theta_2\,\delta_{k,0} \\
&\quad -\exp[-j(\omega\tau-\psi_2+\psi_1)]\,v_k(j\omega)\sin\theta_1\,\sin\theta_2
\end{aligned} \tag{7.74}$$

Ausgangsintensität des modulierten Mach-Zehnder-Interferometers. Wir beginnen die Berechnung der Ausgangsintensität des modulierten Mach-Zehnder-Interferometers mit der Variation von 4.64 um γ_0 = const., so dass gilt:

$$V(t) = V_0\exp[j(\gamma_0+\gamma\sin(\omega_m t+\varphi))]\,. \tag{7.75}$$

Für die Fourier-Koeffizienten des Modulators folgt dann aus 4.69:

$$v_k(j\omega) = V_0\exp[j(\gamma_0+k\varphi)]\,J_k(\gamma)\,. \tag{7.76}$$

In 7.76 sind die $J_k(\gamma)$ die Bessel-Funktionen k-ter Ordnung. Mit 7.76 lassen sich die Fourier-Koeffizienten des modulierten Mach-Zehnder-Interferometers in der Form

$$j_k(j\omega) = B\,\delta_{k,0} + C\,v_k(j\omega) \tag{7.77}$$

mit

$$B = \cos\theta_1\,\cos\theta_2\,\exp[-j(\omega\tau_1-\phi_2-\phi_1)], \tag{7.78}$$

$$C = -\sin\theta_1\,\sin\theta_2\,\exp[-j(\omega\tau-\psi_2+\psi_1)] \tag{7.79}$$

darstellen.

Aus 2.228 erhalten wir mit $\omega_0 = \omega_m$:

$$A_{out}(j\omega) = \sum_{k=-\infty}^{\infty} j_k\left[j(\omega - k\omega_m)\right] A_{in}\left[j(\omega - k\omega_m)\right]$$

$$= \sum_{k=-\infty}^{\infty}\left[B\,\delta_{k,0} + C V_0 \exp\left[j(\gamma_0 + k\varphi)\right] J_k(\gamma)\right] A_{in}\left[j(\omega - k\omega_m)\right]$$

$$= \left[B + C V_0 \exp(j\gamma_0) J_0(\gamma)\right] A_{in}(j\omega) \tag{7.80}$$

$$+ \sum_{k=1}^{\infty} C V_0 \exp\left[j(\gamma_0 + k\varphi)\right] J_k(\gamma)\, A_{in}\left[j(\omega - k\omega_m)\right]$$

$$+ \sum_{k=1}^{\infty} C V_0 \exp\left[j(\gamma_0 - k\varphi)\right] J_{-k}(\gamma)\, A_{in}\left[j(\omega + k\omega_m)\right].$$

Zur Vereinfachung setzen wir $\varphi = 0$ und $\gamma_0 = \frac{\pi}{2}$. Mit $\gamma_0 = \frac{\pi}{2}$ wird der Arbeitspunkt der größten Empfindlichkeit, der so genannte Quadraturpunkt, gewählt. Durch Fourier-Rücktransformation von 7.80 ergibt sich

$$A_{out}(t) = \left[B + j\,C V_0\, J_0(\gamma)\right] A_{in}(t)$$

$$+ \sum_{k=1}^{\infty} j\,C V_0 \exp(-jk\omega_m t)\, J_k(\gamma)\, A_{in}(t) \tag{7.81}$$

$$+ \sum_{k=1}^{\infty} j\,C V_0 \exp(jk\omega_m t)\, J_{-k}(\gamma)\, A_{in}(t).$$

Mit

$$J_{-k}(\gamma) = (-1)^k\, J_k(\gamma) \tag{7.82}$$

folgt aus 7.81:

$$A_{out}(t) = \left[B + j\,C V_0\, J_0(\gamma)\right] A_{in}(t)$$

$$+ j\,C V_0 \sum_{k=1}^{\infty} (-1)^k\, J_k(\gamma) \exp(jk\omega_m t)\, A_{in}(t) \tag{7.83}$$

$$+ j\,C V_0 \sum_{k=1}^{\infty} J_k(\gamma) \exp(-jk\omega_m t)\, A_{in}(t).$$

Das Kleinsignalverhalten des modulierten Mach-Zehnder-Interferometers berücksichtigt nur $J_0(\gamma)$ und $J_1(\gamma)$ und ist gegeben durch

$$A_{out}(t) \approx \left[B + j\,C V_0\, J_0(\gamma)\right] A_{in}(t) + 2\,C V_0\, J_1(\gamma) \sin(\omega_m t)\, A_{in}(t). \tag{7.84}$$

Unter Verwendung von

$$J_1(\gamma) \approx \frac{\gamma}{2}, \quad J_0(\gamma) \approx 1 \tag{7.85}$$

erhält man

$$A_{out}(t) \approx [B + jCV_0]\, A_{in}(t) + CV_0\, \gamma \sin(\omega_m t)\, A_{in}(t). \tag{7.86}$$

Mit

$$I_{out}(t) = A_{out}(t)\, A^*_{out}(t), \quad I_{in}(t) = A_{in}(t)\, A^*_{in}(t) \tag{7.87}$$

und

$$\widetilde{A} = \cos\theta_1 \cos\theta_2 \cos(\omega\tau_1 - \phi_2 - \phi_1) - V_0 \sin\theta_1 \sin\theta_2 \sin(\omega\tau - \psi_2 + \psi_1) \tag{7.88}$$

$$\widetilde{B} = -\cos\theta_1 \cos\theta_2 \sin(\omega\tau_1 - \phi_2 - \phi_1) - V_0 \sin\theta_1 \sin\theta_2 \cos(\omega\tau - \psi_2 + \psi_1) \tag{7.89}$$

$$\widetilde{C} = -V_0\, \gamma \sin\theta_1 \sin\theta_2 \cos(\omega\tau - \psi_2 + \psi_1) \tag{7.90}$$

$$\widetilde{D} = -V_0\, \gamma \sin\theta_1 \sin\theta_2 \sin(\omega\tau - \psi_2 + \psi_1) \tag{7.91}$$

folgt für die Ausgangsintensität

$$\begin{aligned} I_{out}(t) &\approx \left\{\widetilde{A} + \widetilde{C}\sin(\omega_m t) + j\left[\widetilde{B} + \widetilde{D}\sin(\omega_m t)\right]\right\} \\ &\quad \cdot \left\{\widetilde{A} + \widetilde{C}\sin(\omega_m t) - j\left[\widetilde{B} + \widetilde{D}\sin(\omega_m t)\right]\right\} I_{in}(t) \\ &\approx \left\{\widetilde{A}^2 + \widetilde{B}^2 + 2\left(\widetilde{A}\,\widetilde{C} + \widetilde{B}\,\widetilde{D}\right)\sin(\omega_m t) + \left(\widetilde{C}^2 + \widetilde{D}^2\right)\sin^2(\omega_m t)\right\} I_{in}(t). \end{aligned} \tag{7.92}$$

Setzt man

$$I_{in}(t) = I_{in0} = \text{const.} \tag{7.93}$$

und

$$2\left(\widetilde{A}\,\widetilde{C} + \widetilde{B}\,\widetilde{D}\right) >> \left(\widetilde{C}^2 + \widetilde{D}^2\right) \tag{7.94}$$

voraus, ist für die Ausgangsintensität die Schreibweise

$$I_{out}(t) = I_{out0} + \Delta I_{out}(t) \tag{7.95}$$

mit

$$I_{out0} = \left(\widetilde{A}^2 + \widetilde{B}^2\right) I_{in0} \tag{7.96}$$

und

$$\Delta I_{out}(t) = 2\left(\widetilde{A}\,\widetilde{C} + \widetilde{B}\,\widetilde{D}\right) I_{in0} \sin(\omega_m t) \quad \sim \quad \gamma \sin(\omega_m t) \tag{7.97}$$

möglich.

Wie 7.97 zeigt, ist der zeitabhängige Anteil der Ausgangsintensität $\Delta I_{out}(t)$ unter den angegebenen Voraussetzungen proportional zum Modulationssignal $\gamma \sin(\omega_m t)$.

7.3 Signalverarbeitung

Ziel. Das Ziel der Signalverarbeitung bei faseroptischen Sensoren auf interferometrischer Grundlage besteht in der optimalen Wiedergewinnung der Phaseninformation aus der Ausgangsintensität mit Hilfe von Photodioden und elektronischen Baugruppen. Dazu muss der Arbeitspunkt der größten Empfindlichkeit, der so genannte Quadraturpunkt, eingestellt werden.

Das kann mittels Rückkopplung von Signalen über aktive Komponenten oder ohne Rückkopplung durch spezielles Systemdesign passiv erfolgen. Dabei spielen Verfahren der Homodyn- und Heterodyntechnik eine große Rolle, die Gegenstand der folgenden Unterabschnitte sind.

7.3.1 Homodyntechnik

APTH-Verfahren. Das APTH-Verfahren, APTH steht für *active phase tracking homodyne*, wird bei Zweistrahlinterferometern zur Einstellung des Quadraturpunktes durch aktive Kontrolle der Länge eines Interferometerarms verwendet. Am Beispiel des Mach-Zehnder-Interferometers nach Bild 7-11 erläutern wir das Verfahren.

Beispiel 7.1: Einstellung des Quadraturpunktes beim Mach-Zehnder-Interferometer nach dem APTH-Verfahren

Das Mach-Zehnder-Interferometer mit Differenzverstärker, Integrator und den auf einen piezoelektrischen Zylinder gewickelten LWL zeigt Bild 7-11.

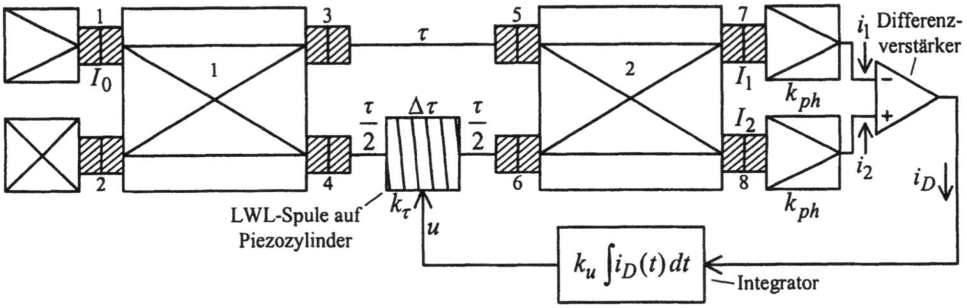

Bild 7-11 Einstellung des Quadraturpunktes beim Mach-Zehnder-Interferometer nach dem APTH-Verfahren

Der sich einstellende Quadraturpunkt ist

$$\gamma_0 = -\omega_0 \Delta\tau(t \to \infty) = -\frac{\pi}{2}. \tag{7.98}$$

Um Gleichung 7.98 einzusehen, berechnen wir $\Delta\tau(t)$. Die Laufzeitdifferenz kommt durch mehr oder weniger starke Dehnung von ΔL des auf den Piezozylinder gewickelten LWL, vermittelt durch die Phasenkonstante β des LWL zustande.

Es gilt

$$\omega_0 \Delta\tau \approx \beta \Delta L. \tag{7.99}$$

Die Ableitung der Laufzeitdifferenz $\Delta\tau$ erfolgt über die Feldstärkegleichungen der optischen Koppler 1 und 2 sowie über die Laufzeiteigenschaften der zwischengeschalteten LWL, gekennzeichnet durch τ bzw. $\tau + \Delta\tau$.

Die Kopplergleichungen lauten für vorausgesetzte 3dB-Koppler:

$$\begin{pmatrix} E_3 \\ E_4 \end{pmatrix} = \frac{\exp(-j\phi_{m1})}{\sqrt{2}} \begin{pmatrix} 1 & -j \\ -j & 1 \end{pmatrix} \begin{pmatrix} E_1 \\ 0 \end{pmatrix}, \tag{7.100}$$

$$\begin{pmatrix} E_7 \\ E_8 \end{pmatrix} = \frac{\exp(-j\phi_{m2})}{\sqrt{2}} \begin{pmatrix} 1 & -j \\ -j & 1 \end{pmatrix} \begin{pmatrix} E_5 \\ E_6 \end{pmatrix}. \tag{7.101}$$

Für die LWL gilt:

$$\begin{pmatrix} E_5 \\ E_6 \end{pmatrix} = \exp(-j\omega_0\tau) \begin{pmatrix} 1 & 0 \\ 0 & \exp(-j\omega_0\Delta\tau) \end{pmatrix} \begin{pmatrix} E_3 \\ E_4 \end{pmatrix}. \tag{7.102}$$

Die Feldstärken E_1 bis E_8 sind den Toren 1 bis 8 zugeordnet.

Durch ineinander Einsetzen von 7.100 bis 7.102 folgt

$$\begin{pmatrix} E_7 \\ E_8 \end{pmatrix} = \begin{pmatrix} \dfrac{\exp[-j(\omega_0\tau + \phi_{m1} + \phi_{m2})]}{2}[1 - \exp(-j\omega_0\Delta\tau)] \\ \dfrac{\exp\left[-j\left(\omega_0\tau + \phi_{m1} + \phi_{m2} + \dfrac{\pi}{2}\right)\right]}{2}[1 - \exp(-j\omega_0\Delta\tau)] \end{pmatrix} E_1 \tag{7.103}$$

Für die Intensitäten gilt

$$I_0 \sim E_1 E_1^*, \; I_1 \sim E_7 E_7^*, \; I_2 \sim E_8 E_8^*. \tag{7.104}$$

Damit folgt aus 7.103:

$$I_1 = \frac{I_0}{2}[1 - \cos(\omega_0\Delta\tau)], \tag{7.105}$$

$$I_2 = \frac{I_0}{2}[1 + \cos(\omega_0\Delta\tau)]. \tag{7.106}$$

Die Photoströme i_1 und i_2 sind proportional zu den Intensitäten I_1 und I_2:

$$i_1 = k_{ph} I_1, \; i_2 = k_{ph} I_2. \tag{7.107}$$

Für die Differenz der Photoströme gilt

$$i_D = i_2 - i_1 = k_{ph}(I_2 - I_1) = k_{ph} I_0 \cos(\omega_0\Delta\tau). \tag{7.108}$$

Die Spannung u am Ausgang des Integrators ergibt sich damit zu

$$u(t) = k_u \int i_D(t)\,dt = k_u k_{ph} I_0 \int \cos[\omega_0\Delta\tau(t)]\,dt. \tag{7.109}$$

Die Laufzeitdifferenz mit der Konstanten k_τ ist

$$\Delta\tau(t) = k_\tau u(t) = k_\tau k_u k_{ph} I_0 \int \cos[\omega_0\Delta\tau(t)]\,dt. \tag{7.110}$$

Damit erhält man die Differentialgleichung

$$\frac{d(\Delta\tau)}{dt} = k_\tau k_u k_{ph} I_0 \cos(\omega_0\Delta\tau), \tag{7.111}$$

die durch Trennung der Veränderlichen gelöst wird.

$$\int \frac{d(\Delta\tau)}{\cos(\omega_0\Delta\tau)} = k_\tau k_u k_{ph} I_0 \int dt + C$$

$$\frac{1}{\omega_0}\ln\left|\tan\left(\frac{\omega_0\Delta\tau}{2}+\frac{\pi}{4}\right)\right| = k_\tau k_u k_{ph} I_0 \cdot t + C \tag{7.112}$$

Die Konstante C bestimmt man aus der Anfangsbedingung

$$\Delta\tau(t=0)=0 \Rightarrow C=0\,. \tag{7.113}$$

Aus 7.112 folgt mit 7.113 die Lösung für die Laufzeitdifferenz

$$\Delta\tau(t)=\frac{2}{\omega_0}\arctan\left[\exp\left(k_\tau k_u k_{ph} I_0 \omega_0 t\right)\right]-\frac{\pi}{2\omega_0} \tag{7.114}$$

und für $t \to \infty$ erhalten wir schließlich die Bedingung 7.98. Für eine schnelle Einstellung von 7.98 muss die Zeitkonstante

$$T=\frac{1}{k_\tau k_u k_{ph} I_0 \omega_0} \tag{7.115}$$

sehr klein sein. Das kann durch die Wahl einer großen Wandlungskonstante k_u des Integrators und einer großen Eingangsintensität I_0 erreicht werden. □

AWTH-Verfahren. Beim AWTH-Verfahren, AWTH steht für *active wavelength tuning homodyne*, wird zum Erreichen der Quadratur die Laser-Wellenlänge entsprechend eingestellt. Dazu muss das Interferometer unbalanciert sein, z.B. durch unterschiedliche Längen der LWL. Durch Veränderung der Wellenlänge λ des Lasers um $\Delta\lambda$ lässt sich der Winkel γ_0 einstellen. Für γ_0 gilt

$$\gamma_0=-\left(\frac{2\pi n_{eff}\Delta L}{\lambda+\Delta\lambda(t\to\infty)}-\frac{2\pi n_{eff}\Delta L}{\lambda}\right) \tag{7.116}$$

und für $\Delta\lambda << \lambda$ erhalten wir die Näherung

$$\gamma_0 \approx \frac{2\pi n_{eff}\Delta L \Delta\lambda(t\to\infty)}{\lambda^2}=\frac{\pi}{2}\,. \tag{7.117}$$

In 7.117 muss $\Delta\lambda(t\to\infty)$ so eingestellt werden, dass sich $\gamma_0=\pi/2$ ergibt. Am Beispiel des Mach-Zehnder-Interferometers wird das Verfahren demonstriert.

Beispiel 7.2: Einstellung des Quadraturpunktes beim Mach-Zehnder-Interferometer nach dem AWTH-Verfahren

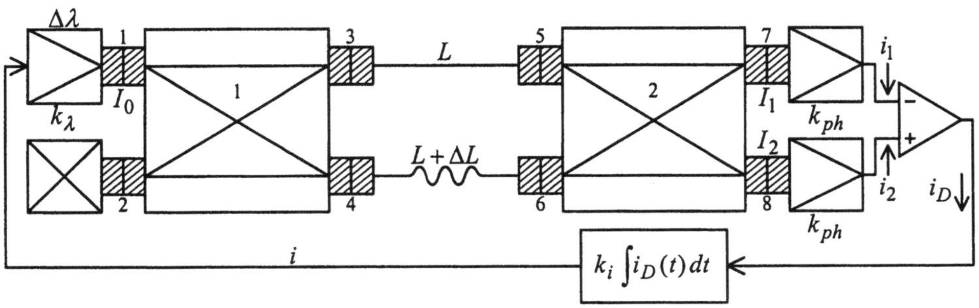

Bild 7-12 Einstellung des Quadraturpunktes beim Mach-Zehnder-Interferometer nach dem AWTH-Verfahren

Die Intensitäten an den Ausgängen des 3dB-Kopplers 2 sind bei geeigneter Wahl der Längendifferenz ΔL gegeben durch

$$I_1 \approx \frac{I_0}{2}\left[1-\cos\left[\frac{2\pi\,\mathrm{n_{eff}}\,\Delta L}{\lambda^2}\Delta\lambda(t)\right]\right], \tag{7.118}$$

$$I_2 \approx \frac{I_0}{2}\left[1+\cos\left[\frac{2\pi\,\mathrm{n_{eff}}\,\Delta L}{\lambda^2}\Delta\lambda(t)\right]\right]. \tag{7.119}$$

Für den Differenzstrom $i_D(t)$ gilt

$$i_D(t) = i_2 - i_1 = k_{ph}(I_2 - I_1) = k_{ph} I_0 \cos\left[\frac{2\pi n_{eff}\Delta L}{\lambda^2}\Delta\lambda(t)\right]. \tag{7.120}$$

Die Wellenlängendifferenz ist durch

$$\Delta\lambda(t) = k_\lambda i(t) = k_\lambda k_i \int i_D(t)\,dt = k_\lambda k_i k_{ph} I_0 \int \cos\left[\frac{2\pi n_{eff}\Delta L}{\lambda^2}\Delta\lambda(t)\right]dt \tag{7.121}$$

bestimmt. Aus 7.121 erhalten wir die Differentialgleichung

$$\frac{d(\Delta\lambda)}{dt} = k_\lambda k_i k_{ph} I_0 \cos\left[\frac{2\pi n_{eff}\Delta L}{\lambda^2}\Delta\lambda\right] \tag{7.122}$$

mit der Lösung analog 7.114:

$$\Delta\lambda(t) = \frac{\lambda^2}{2\pi n_{eff}\Delta L}\arctan\left[\exp\left(k_\lambda k_i k_{ph} I_0 \frac{2\pi n_{eff}\Delta L}{\lambda^2}\,t\right)\right] - \frac{\lambda^2}{4 n_{eff}\Delta L}, \tag{7.123}$$

wobei die Integrationskonstante aus

$$\Delta\lambda(t=0) = 0 \text{ zu } C = 0 \tag{7.124}$$

folgt. Wählt man in 7.123 $t \to \infty$ und setzt die Lösung $\Delta\lambda(t \to \infty)$ in 7.117 ein, ergibt sich für $\gamma_0 = \pi/2$. □

Vor- und Nachteile von APTH- und AWTH-Verfahren. Die Vorteile beider Verfahren sind:

- einfacher Aufbau,
- Freiheit von überschüssigem Rauschen,
- einfache Handhabung

Dem gegenüber stehen die Nachteile

- Einschränkung des dynamischen Bereiches durch die Rückführung,
- im Fall des piezoelektrischen Kompensators könnte das aktive Element im Sensorkopf unerwünscht sein.

Stabilitätsverhalten der Regelkreise des APTH- und AWTH-Verfahrens. Die geschlossenen Regelkreise nach den Bildern 7-11 und 7-12 sind stets stabil, da keine stationären Schwingungen auftreten. Das lässt sich mit dem Verfahren der *harmonischen Balance* nachweisen. Im Bild 7-13 sind die entsprechenden Zeitverläufe für die Regelgrößen $\Delta\tau(t)$ und $\Delta\lambda(t)$ dargestellt.

Harmonische Balance. Die Stabilitätsuntersuchung nach dem Verfahren der *harmonischen Balance* geht von einer Zerlegung des Regelkreises in einen nichtlinearen frequenzunabhängigen und einen linearen frequenzabhängigen Teil aus. Es wird untersucht, ob im Sinne einer Instabilität stationäre Schwingungen auftreten. Die Amplitude und Frequenz einer möglichen stationären Schwingung werden berechnet. Im Bild 7-14 ist dieser Ansatz skizziert.

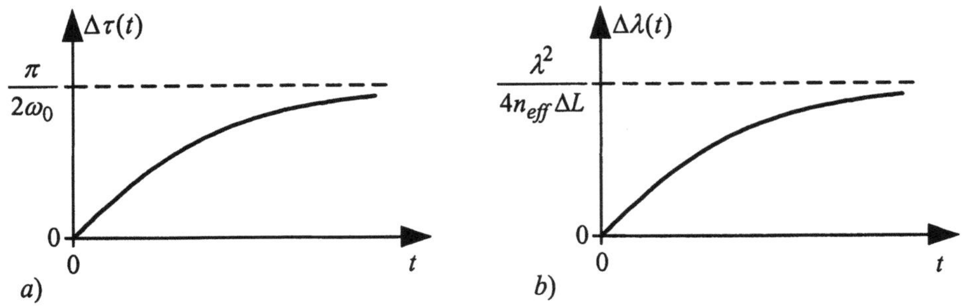

Bild 7-13 Zeitverlauf
a) der Laufzeitdifferenz $\Delta\tau(t)$
b) der Wellenlängendifferenz $\Delta\lambda(t)$

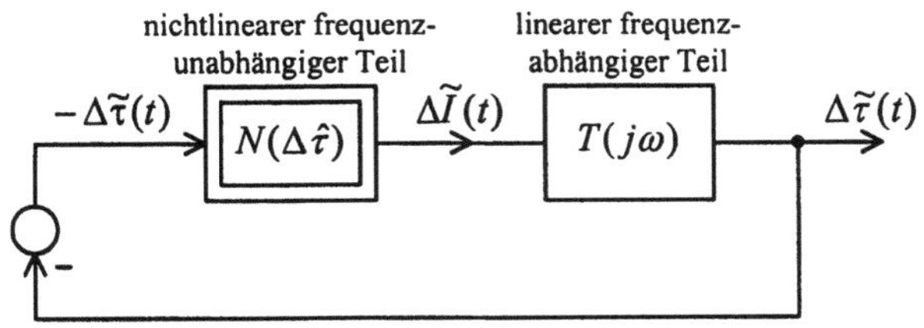

Bild 7-14 Zerlegung eines Regelkreises nach dem Verfahren der harmonischen Balance [7.2]

Nach Bild 7-14 berücksichtigt man nur die Änderungen der Signale, z.B. $\Delta\tilde{\tau}(t)$ als Änderung der Laufzeit und $\Delta\tilde{I}(t)$ als Änderung der Differenzintensität für den Regelkreis nach Bild 7-11. Konstante Signale, z.B. zeitunabhängige Führungsgrößen, entfallen. Der nichtlineare Teil des Regelkreises ist gekennzeichnet durch die Beschreibungsfunktion $N(\Delta\tilde{\tau})$. Man erhält sie, indem man z.B. für den Regelkreis nach Bild 7-11 die Differenzintensität $\Delta I(t) = I_2(t) - I_1(t)$ in eine Fourierreihe entwickelt und nur die Grundschwingung in der Form

$$\Delta\tilde{I}(t) = C_1 \exp(j\omega t) = |C_1| \exp[j(\omega t + \varphi_1)] \tag{7.125}$$

mit dem zugehörigen Fourierkoeffizienten $C = |C_1| \exp(j\varphi_1)$ berücksichtigt sowie 7.125 durch die Eingangsgröße des nichtlinearen frequenzunabhängigen Teils des Regelkreises

$$-\Delta\tilde{\tau}(t) = -\Delta\hat{\tau} \exp(j\omega t) \tag{7.126}$$

teilt. Es gilt also mit 7.125 und 7.126 für die Beschreibungsfunktion:

$$-N(\Delta\hat{\tau}) = \frac{\Delta\tilde{I}(t)}{\Delta\tilde{\tau}(t)} = \frac{|C_1| \exp(j\varphi_1)}{\Delta\hat{\tau}}. \tag{7.127}$$

Aus Bild 7-14 ergibt sich die charakteristische Gleichung

$$N(\Delta\hat{\tau})\,T(j\omega)+1=0 \tag{7.128}$$

zur Ermittlung von Amplitude $\Delta\hat{\tau}$ und Kreisfrequenz ω einer möglichen stationären Schwingung. Das Verfahren der harmonischen Balance wird am Beispiel 7.3 demonstriert.

Beispiel 7.3: Methode der harmonischen Balance für den Regelkreis nach dem APTH-Verfahren entsprechend Bild 7-11

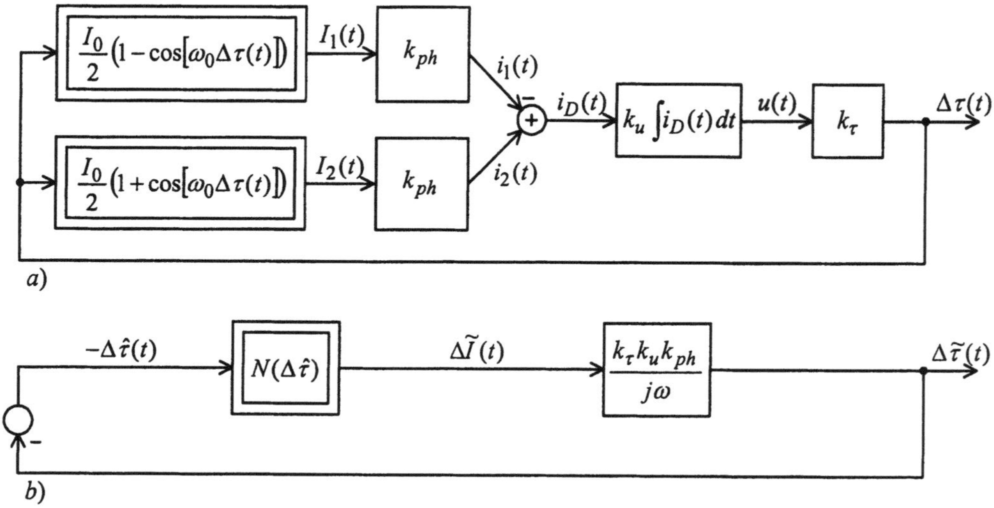

Bild 7-15 Regelkreis nach dem APTH-Verfahren
a) ursprüngliche Anordnung, abgeleitet aus Bild 7-11
b) aufbereiteter Regelkreis für das Verfahren der harmonischen Balance

Mit dem Ansatz

$$\Delta\tau(t)=\Delta\hat{\tau}\sin(\omega t) \tag{7.129}$$

erhalten wir als Fourier-Reihenentwicklung für

$$\Delta I(t)=I_0\cos[\omega_0\Delta\hat{\tau}\sin(\omega t)]=I_0\left[\mathrm{J}_0(\omega_0\Delta\hat{\tau})+2\sum_{n=1}^{\infty}\mathrm{J}_{2n}(\omega_0\Delta\hat{\tau})\cos(2n\omega t)\right]. \tag{7.130}$$

Da 7.130 die Grundschwingung mit der Kreisfrequenz ω nicht enthält, folgt mit $C_1=0$ aus 7.125 und 7.127

$$\Delta\tilde{I}(t)=0\,,\;\; N(\Delta\hat{\tau})=0\,. \tag{7.131}$$

Mit 7.128 erhalten wir unter Berücksichtigung von Bild 7-15b:

$$N(\Delta\hat{\tau})=0=-\frac{1}{T(j\omega)}=-\frac{j\omega}{k_\tau k_u k_{ph}}\,. \tag{7.132}$$

Die Kreisfrequenz ω ist nach 7.132 $\omega=0$, und damit gibt es wegen $\Delta\tau(t)=0$ nach 7.129 keine stationäre Schwingung. Der Regelkreis ist also in erster Näherung stabil. □

Passive homodyne Methoden. Bei den passiven homodynen Methoden wird das Messsignal aus den Signalen beider Ausgänge des Interferometers gewonnen, die einen Phasenunterschied von $\pi/2$ aufweisen müssen. Wenn das Signal auf einem Kanal des Interferometers betragsmäßig minimal ist, ist es auf dem anderen betragsmäßig maximal. Die detektierten Signale beider Kanäle werden zu einem Ausgangssignal kombiniert, so dass das System permanent mit optimaler Empfindlichkeit arbeitet.

Wiedergewinnung des Phasensignals. Die erste Methode ist die Addition der Signale in Quadratur. Die Ausgangssignale der Detektoren eines modulierten Zweistahlinterferometers haben für den zeitabhängigen Anteil die Form

$$\Delta i_1(t) \sim \cos(\gamma_1(t)) = \cos[\gamma_0 + \gamma \sin(\omega_m t)] \ , \tag{7.133}$$

$$\Delta i_2(t) \sim \cos(\gamma_2(t)) = \cos\left[\gamma_0 + \frac{\pi}{2} + \gamma \sin(\omega_m t)\right] = \sin[\gamma_0 + \gamma \sin(\omega_m t)] \ . \tag{7.134}$$

Das Signal $\Delta i_1(t)$ kann wie folgt dargestellt werden:

$$\begin{aligned}\Delta i_1(t) &\sim \cos(\gamma_0)\cos[\gamma \sin(\omega_m t)] - \sin(\gamma_0)\sin[\gamma \sin(\omega_m t)] \\ &\sim \cos(\gamma_0)\left[J_0(\gamma) + 2\sum_{n=1}^{\infty} J_{2n}(\gamma)\cos(2n\omega_m t)\right] \\ &\quad - \sin(\gamma_0)\, 2\sum_{n=1}^{\infty} J_{2n+1}(\gamma)\sin[(2n+1)\omega_m t].\end{aligned} \tag{7.135}$$

Durch Filterung wird die Bessel-Funktion nullter Ordnung $J_0(\gamma)$ unterdrückt und wenn γ klein ist, dominiert im Signal $\Delta i_1(t)$ die Bessel-Funktion erster Ordnung $J_1(\omega)$, da höherwertige Bessel-Funktionen für kleine γ geringere Werte als $J_1(\omega)$ aufweisen. Daraus folgt

$$\Delta i_1(t) \sim \sin(\gamma_0) J_1(\gamma) \sin(\omega_m t). \tag{7.136}$$

Für $\Delta i_2(t)$ werden die gleichen Schritte durchgeführt.

$$\begin{aligned}\Delta i_2(t) &\sim \sin(\gamma_0)\cos[\gamma \sin(\omega_m t)] + \cos(\gamma_0)\sin[\gamma \sin(\omega_m t)] \\ &\sim \sin(\gamma_0)\left[J_0(\gamma) + 2\sum_{n=1}^{\infty} J_{2n}(\gamma)\cos(2n\omega_m t)\right] \\ &\quad + \cos(\gamma_0)\, 2\sum_{n=1}^{\infty} J_{2n+1}(\gamma)\sin[(2n+1)\omega_m t] \\ &\sim \cos(\gamma_0) J_1(\gamma)\sin(\omega_m t)\end{aligned} \tag{7.137}$$

Die Quadratur von 7.136 und 7.137 ergibt

$$\Delta i^2(t) = \Delta i_1^2(t) + \Delta i_2^2(t) \sim J_1^2(\gamma)\sin^2(\omega_m t) \ . \tag{7.138}$$

Für kleine γ gilt $J_1(\gamma) \sim \gamma$. Daher folgt in diesem Fall

$$\Delta i(t) \sim \gamma \sin(\omega_m t) \ . \tag{7.139}$$

Das Ausgangssignal $\Delta i(t)$ der an die Detektoren angeschlossenen Signalverarbeitungseinheit ist näherungsweise proportional zum Modulationssignal $\gamma \sin(\omega_m t)$.

Die zweite Signalverarbeitungsmethode ist das Differenzier- und Kreuzmultiplizier-Verfahren. Hier erfolgt die Verarbeitung der Ausgangssignale eines APTH-Systems mit einem *Differenzier- und Kreuzmultiplizier-Frequenzdiskriminator* [7.3]. Gegeben sind die Signale

$$\Delta i_1(t) \sim \cos[\gamma(t)], \tag{7.140}$$

$$\Delta i_2(t) \sim \sin[\gamma(t)]. \tag{7.141}$$

Dann folgt

$$\frac{d\Delta i_1(t)}{dt} = \Delta \dot{i}_1(t) \sim -\dot{\gamma}(t)\sin[\gamma(t)] = -\dot{\gamma}(t)\,\Delta i_2(t), \tag{7.142}$$

$$\frac{d\Delta i_2(t)}{dt} = \Delta \dot{i}_2(t) \sim \dot{\gamma}(t)\cos[\gamma(t)] = -\dot{\gamma}(t)\,\Delta i_1(t). \tag{7.143}$$

Wir bilden

$$\Delta i(t) = \Delta i_1(t)\,\Delta \dot{i}_2(t) - \Delta i_2(t)\,\Delta \dot{i}_1(t) = \dot{\gamma}(t)[\cos^2(\gamma(t)) + \sin^2(\gamma(t))] = \dot{\gamma}(t). \tag{7.144}$$

Das Integral von $\Delta i(t)$ liefert bis auf eine Konstante C das gesuchte Phasensignal $\gamma(t)$:

$$\int \Delta i(t)\,dt = \gamma(t) + C. \tag{7.145}$$

Natürlich können auch mit diesem Verfahren nur relative Phasen gemessen werden. Das ist aber für die meisten Anwendungen ausreichend.

Erzeugung zueinander phasenverschobener Kanäle. Die erste Methode zur Erzeugung von Interferometerausgangssignalen, die um $\pi/2$ phasenverschoben sind, ist die Wellenlängenumschaltung eines AWTH-Systems. Die Laserwellenlänge wird periodisch zwischen zwei Werten umgeschalten, die die gewünschte Phasendifferenz von $\pi/2$ liefern [7.4]. Die benötigte Wellenlängendifferenz ergibt sich wie folgt:

$$\Delta\gamma = \frac{2\pi n_{eff}\Delta L}{\lambda^2}\Delta\lambda = \frac{\pi}{2}(1+4n) \tag{7.146}$$

Dabei ist n eine ganze Zahl und die Wellenlängendifferenz wird

$$\Delta\lambda = \frac{\lambda^2(1+4n)}{4 n_{eff}\Delta L}. \tag{7.147}$$

Beide Kanäle werden im Zeitmultiplex mit Hilfe der selben Quellen- und Detektorkomponente erzeugt.

Die zweite Methode benötigt einen 3×3-Koppler, der zu folgenden Signalen führt:

$$\begin{aligned} \Delta i_1(t) &\sim A + B\cos(\gamma(t)) + C\sin(\gamma(t)), \\ \Delta i_2(t) &\sim -2B[1+\cos(\gamma(t))], \\ \Delta i_3(t) &\sim A + B\cos(\gamma(t)) - C\sin(\gamma(t)). \end{aligned} \tag{7.148}$$

A, B, C sind Konstanten des Kopplers. Die Summe und die Differenz von $\Delta i_1(t)$ und $\Delta i_3(t)$ liefern die $\cos(\gamma(t))-$ und $\sin(\gamma(t))-$ Funktionen. $\gamma(t)$ kann dann mit den besprochenen Techniken zur Wiedergewinnung des Phasensignals erhalten werden [7.4].

7.3.2 Heterodyntechnik

Überblick. Bei der Heterodyntechnik erfolgt keine direkte Wandlung der Signalphase in ein elektrisches Signal. Es wird zunächst eine Zwischenfrequenz durch Frequenzverschiebung der optischen Trägerwelle in einem Interferometerarm erzeugt. Das Messsignal moduliert das ZF-Signal in der Phase.

Die Signalphase kann mit Verfahren ähnlich der FM-Radio-Technik wiedergewonnen werden. Dazu setzt man häufig FM-Diskriminatoren ein und realisiert diese durch Filter. Bei Änderung der Eingangsfrequenz ändert sich die Ausgangsamplitude im Flankenbetrieb des Filters.

Bei einem anderen Verfahren wird das ZF-Signal mit dem aus einem lokalen Oszillator gemischt. Beide Signale werden verglichen und ein Fehlersignal generiert, das den lokalen Oszillator so steuert, dass Phasensynchronität zwischen beiden Signalen eintritt. Dieses Verfahren entspricht der Wirkungsweise eines Phasenregelkreises, kurz PLL für *phase locked loop*.

Heterodyne Erkennung hat den Vorteil einer sehr großen dynamischen Bereichsabdeckung, aber die Herangehensweise, einen Frequenzschieber in einen Arm des optischen Interferometers einzubauen, ist sehr schwierig durchzuführen und in vielen praktischen Situationen nicht wünschenswert. Systeme, die einen lokalen Oszillator nutzen, sind stark von dessen Stabilität abhängig.

Synthetische heterodyne Detektion. Bei der synthetischen heterodynen Detektion ist kein Frequenzschieber im Interferometer nötig. Es wird zusätzlich zum Messsignal $\gamma(t)$ ein Modulationssignal $\phi_m \sin(\omega_m t)$ generiert. Diese Phasenmodulation erfolgt mit Hilfe eines piezoelektrischen Zylinders. Die veränderliche Komponente des Ausgangssignals an einem Detektor hat dann die Form

$$\Delta i_1(t) \sim \cos[\gamma_0 + \gamma(t) + \phi_m(t)] \sim \cos[\gamma_0 + \gamma \sin(\omega_\gamma t) + \phi_m \sin(\omega_m t)] \qquad (7.149)$$

$\gamma(t)$ wird gegenüber $\phi_m(t)$ als langsam veränderlich angesehen und mit γ_0 zusammengefasst:

$$\Delta i_1(t) \sim \cos[\gamma_0 + \gamma(t)]\cos[\phi_m \sin(\omega_m t)] - \sin[\gamma_0 + \gamma(t)]\sin[\phi_m \sin(\omega_m t)] \qquad (7.150)$$

Die Zerlegung von 7.150 in Bessel-Funktionen ergibt:

$$\begin{aligned}\Delta i_1(t) \sim\ & \cos[\gamma_0 + \gamma(t)]\left[J_0(\phi_m) + 2\sum_{n=1}^{\infty} J_{2n}(\phi_m)\cos(2n\omega_m t)\right] \\ & -\sin[\gamma_0 + \gamma(t)]\, 2\sum_{n=0}^{\infty} J_{2n+1}(\phi_m)\sin[(2n+1)\omega_m t]\end{aligned} \qquad (7.151)$$

Setzt man eine Modulation mit großer Amplitude ϕ_m voraus, so müssen auch die höheren Harmonischen Berücksichtigung finden und können nicht vernachlässigt werden.

1. Harmonische:

$$\Delta i_{11}(t) \sim -2\sin[\gamma_0 + \gamma(t)]J_1(\phi_m)\sin(\omega_m t) \qquad (7.152)$$

2. Harmonische:

$$\Delta i_{12}(t) \sim 2\cos[\gamma_0 + \gamma(t)]J_2(\phi_m)\cos(2\omega_m t) \qquad (7.153)$$

Die Signale $\Delta i_{11}(t)$ und $\Delta i_{12}(t)$ werden durch entsprechende Bandpässe ausgewählt und mit Schwingungen der Frequenz ω_m bzw. $2\omega_m$ multipliziert, um Schwingungen mit $3\omega_m$ zu erhalten. Diese werden ebenfalls durch entsprechende Bandpässe ausgewählt.

$$\Delta i_{113}(t) \sim -\sin[\gamma_0 + \gamma(t)]\mathrm{J}_1(\phi_m)\sin(3\omega_m t) \tag{7.154}$$

$$\Delta i_{123}(t) \sim \cos[\gamma_0 + \gamma(t)]\mathrm{J}_2(\phi_m)\cos(3\omega_m t) \tag{7.155}$$

Jetzt wird ϕ_m so eingestellt, dass

$$\mathrm{J}_1(\phi_m) = \mathrm{J}_2(\phi_m) \tag{7.156}$$

wird. Danach wird folgende Differenz gebildet:

$$\begin{aligned} \Delta i_{sh}(t) &\sim \Delta i_{123}(t) - \Delta i_{113}(t) \\ &\sim \mathrm{J}_1(\phi_m)\left[\cos[\gamma_0 + \gamma(t)]\cos(3\omega_m t) + \sin[\gamma_0 + \gamma(t)]\sin(3\omega_m t)\right] \\ &\sim \mathrm{J}_1(\phi_m)\cos[3\omega_m t - (\gamma_0 + \gamma(t))]. \end{aligned} \tag{7.157}$$

$\Delta i_{sh}(t)$ ist das synthetische heterodyne Signal, aus dem das Messsignal $\gamma(t)$ durch Demodulation mittels Diskriminator oder PLL gewonnen werden kann. Das Blockschaltbild der synthetischen heterodynen Detektion zeigt Bild 7-16.

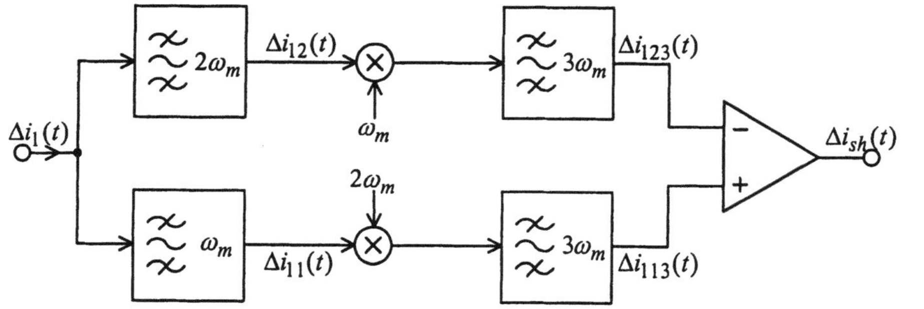

Bild 7-16 Blockschaltbild der synthetischen heterodynen Detektion [7.3]

Pseudo-heterodyne Detektion. Die pseudo-heterodyne Erkennung benötigt ein unbalanciertes Interferometer mit der Längendifferenz ΔL der beiden LWL. Die Laserfrequenz wird zeitlich periodisch geändert in Form eines sägezahnförmigen Stromverlaufs $\Delta i_L(t)$ am Halbleiterlaser. Wie beim AWTH-Verfahren verursacht die Änderung der Laserfrequenz um $\Delta\omega_0$ eine Änderung der Phasendifferenz $\Delta\gamma$ entsprechend 7.158.

$$\Delta\gamma(t) \approx -\frac{n_{eff}\Delta L}{c}\Delta\omega_0(t) \tag{7.158}$$

Die Laserfrequenzänderung $\Delta\omega_0(t)$ erhält man aus

$$\Delta\omega_0(t) = -k_\omega \Delta i_L(t) \tag{7.159}$$

$$\Delta i_L(t) = \Delta\hat{i}_L \sum_{n=0}^{\infty}\left(\frac{t-nT}{T}\right)\left[s(t-nT) - s[t-(n+1)T]\right]. \tag{7.160}$$

Dabei wählt man in 7.160 kleine Amplituden $\Delta\hat{i}_L$, um Fehler durch Nichtlinearitäten zwischen dem Strom durch den Laser und der optischen Kreisfrequenz zu vermeiden.

Der Detektor erkennt eine sich periodisch ändernde Intensität bzw. liefert einen Strom gemäß

$$\Delta i_D(t) \sim \cos\left[\gamma_0 + \Delta\gamma(t) + \gamma(t)\right]$$

$$\sim \cos\left[\gamma_0 + \frac{n_{eff}\Delta L}{c} k_\omega \Delta\hat{i}_L \sum_{n=0}^{\infty}\left(\frac{t-nT}{T}\right)\left[s(t-nT) - s(t-(n+1)T)\right] + \gamma(t)\right]. \tag{7.161}$$

Die Amplitude des Laserstromes $\Delta\hat{i}_L$ wird so eingestellt, dass das Ausgangssignal $\Delta i_1(t)$ genau *m* Perioden der cos-Schwingung in 7.161 innerhalb einer Sägezahnperiode *T* durchläuft, d.h.

$$\frac{n_{eff}\Delta L}{c} k_\omega \Delta\hat{i}_L = m2\pi$$
$$\Rightarrow \Delta\hat{i}_L = \frac{m2\pi c}{n_{eff}\Delta L k_\omega}. \tag{7.162}$$

Dann erhält man für die Fourier-Reihenentwicklung von 7.161:

$$\Delta i_D(t) \sim \cos\left(\frac{m2\pi}{T}t + \gamma_0 + \gamma(t)\right). \tag{7.163}$$

Es ergibt sich die *m*-te Harmonische der Sägezahnwiederholfrequenz $1/T$. Bei der Fourier-Reihenentwicklung von 7.161 wurde vorausgesetzt, dass sich das Messsignal $\gamma(t)$ sehr viel langsamer als die *m*-te Harmonische der Sägezahnwiederholfrequenz ändert und der entsprechende Phasenterm $\exp(j\gamma(t))$ vor das Fourier-Integral 2.7 gezogen werden kann.

Mit Hilfe der behandelten Standardverfahren gewinnt man ein Signal proportional zu $\gamma_0 + \gamma(t)$ zurück.

Das Blockschaltbild und die Signalverläufe der pseudo-heterodynen Detektion zeigt Bild 7-17.

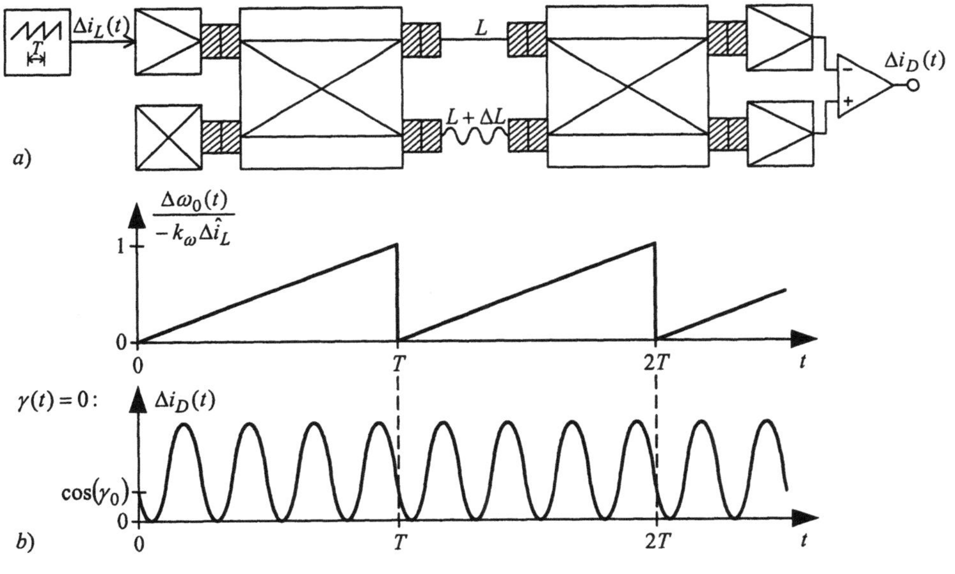

Bild 7-17 Pseudo-heterodyne Detektion
a) Blockschaltbild
b) Signalverläufe [7.3]

Eigenschaften der Verfahren zur Signalverarbeitung. Tabelle 7-4 gibt einen Überblick zu den Eigenschaften der behandelten Verfahren zur Signalverarbeitung bei interferometrischen Sensoren.

Tabelle 7-4 Vergleich der Verfahren zur Signalverarbeitung in interferometrischen Sensoren [7.3]

Systeme / Eigenschaft	Homodyne Systeme			Heterodyne Systeme		
	APTH	AWTH	passiv	Diskriminator/PLL	synthetisch	pseudo
Aktives Element im Sensorkopf	ja	nein	nein	ja	ja / nein	nein
Spezielle Komponenten erforderlich	nein	nein	ja	ja	nein	nein
Linearität	gut	gut	mittelmäßig	gut	mittelmäßig	mittelmäßig
Komplexität der Elektronik	niedrig	niedrig	mittel	mittel	hoch	mittel
Phasenaussteuerbereich	begrenzt	begrenzt	unendlich	unendlich	unendlich	sehr groß
Empfindlichkeit bezüglich Oszillator- oder Laserphasenrauschen	nein	ja	nein	ja	ja	ja

7.4 Anwendungen

7.4.1 Analyse des Glasfaserkreisels

Verwendungszweck. Glasfaserkreisel oder auch als Sagnac-Interferometer bezeichnete Anordnungen setzt man z.B. zur Messung von Winkelgeschwindigkeiten Ω ein. Sagnac-Interferometer werden faseroptisch mit Laserdioden, optischen Kopplern, Polarisatoren und pin-Photodioden aufgebaut. Das Kernstück ist eine mit Ω rotierende LWL-Spule, in der der so genannte Sagnac-Effekt als eine von Ω abhängige Phasendifferenz $\Delta\gamma$ zwischen den im Uhrzeigersinn und entgegen dem Uhrzeigersinn durch die LWL-Spule laufenden Lichtwellen auftritt.

Der Sagnac-Effekt ist Gegenstand des Unterabschnittes 7.4.1.1. Danach erfolgt die Erklärung der nichtmodulierten und modulierten Sagnac-Interferometer in den Unterabschnitten 7.4.1.2 und 7.4.1.3. Die Signalverarbeitung in Glasfaserkreiseln findet man im abschließenden Unterabschnitt 7.4.1.4.

7.4.1.1 Sagnac-Effekt

Glasfaserschleife. Wir untersuchen eine mit Ω im Inertialsystem rotierende geschlossene Glasfaserschleife vom Umfang L und Durchmesser D gemäß Bild 7-18.

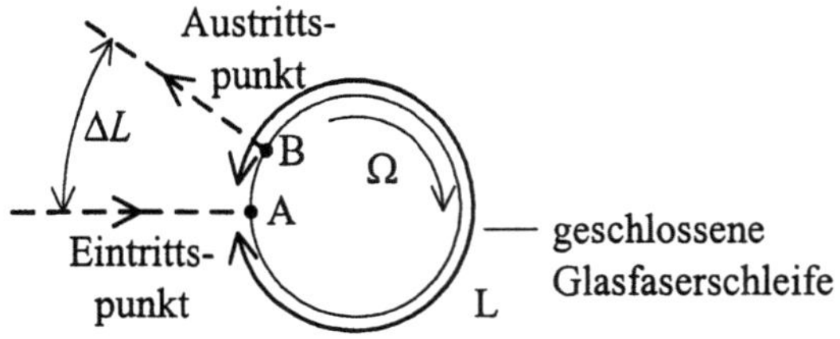

Bild 7-18 Im Uhrzeigersinn rotierende geschlossene Glasfaserschleife

Nun wird im Eintrittspunkt A des Inertialsystems eine Lichtwelle eingespeist. Das Licht teilt sich auf und breitet sich entlang der Schleife in beiden Richtungen aus. Der gemeinsame Eintritts- / Austrittspunkt der Lichtwelle hat sich vom Punkt A zum Punkt B des Inertialsystems bewegt. Es leuchtet ein, dass die in Uhrzeigerrichtung laufende Welle eine durch ΔL bedingte größere Laufzeit τ_{cw}, *cw* für *clockwise*, als die entgegen dem Uhrzeigersinn laufende Welle mit der Laufzeit τ_{ccw}, *ccw* für *counterclockwise*, besitzt.

Die Laufzeiten sind gegeben durch

$$\tau_{cw} = \frac{n_{cw}(L + \Delta L)}{c}, \tag{7.164}$$

$$\tau_{ccw} = \frac{n_{ccw}(L - \Delta L)}{c}. \tag{7.165}$$

n_{cw} und n_{ccw} sind die Brechzahlen, die die Wellen im und entgegen des Uhrzeigersinns sehen. c ist die Lichtgeschwindigkeit des Vakuums und ΔL ist gegeben durch [7.4]:

$$\Delta L = \frac{nLD\Omega}{2c}. \tag{7.166}$$

Dabei bezeichnet n die so genannte Ruhebrechzahl von Glas.

Die Zeitdifferenz $\Delta\tau$ ist näherungsweise durch

$$\Delta\tau = \tau_{cw} - \tau_{ccw} \approx \frac{L}{c}\left(n_{cw} - n_{ccw}\right) + \frac{n^2 LD\Omega}{c^2} \tag{7.167}$$

bestimmt.

Wegen der Bewegung der Glasfaserschleife sind die Brechzahlen n_{cw} und n_{ccw} unterschiedlich. Sie können aus den Geschwindigkeiten $v_{cw,ccw}$ der sich entgegengesetzt ausbreitenden Wellen entsprechend

$$n_{cw,ccw} = \frac{c}{v_{cw,ccw}} \tag{7.168}$$

ermittelt werden.

Die Geschwindigkeiten $v_{cw,ccw}$ erhält man unter Berücksichtigung der relativistischen Addition zweier Geschwindigkeiten v_1 und v_2 gemäß

$$v_1 \oplus v_2 = \frac{v_1 + v_2}{1 + v_1 v_2 / c^2} \tag{7.169}$$

mit

$$v_1 = \frac{c}{n}, \quad v_2 = \pm \frac{\Omega D}{2} \tag{7.170}$$

in erster Näherung zu

$$v_{cw,ccw} \approx \frac{c}{n} \pm \left(1 - \frac{1}{n^2}\right) \frac{\Omega D}{2}. \tag{7.171}$$

Mit 7.168 und 7.171 ergibt sich für die Differenz der Brechzahlen

$$n_{cw} - n_{ccw} \approx \left(1 - n^2\right) \frac{D\Omega}{c} \tag{7.172}$$

und für die Laufzeitdifferenz gilt mit 7.167:

$$\Delta\tau \approx \frac{LD}{c^2} \Omega. \tag{7.173}$$

Sagnac-Phasendifferenz. Mit der Kreisfrequenz ω_0 einer die Lichtwellen anregenden Laserdiode ergibt sich die Sagnac-Phasendifferenz zu

$$\Delta\gamma = \omega_0 \Delta\tau \approx \frac{LD\omega_0\Omega}{c^2}. \tag{7.174}$$

7.4.1.2 Nichtmodulierte Sagnac-Interferometer

Basiskonfiguration. Die einfachste Konfiguration für das nichtmodulierte Sagnac-Interferometer zeigt Bild 7-19a. Sie besteht aus Laserdiode, optischen Koppler, rotierender Faserschleife und einer pin-Photodiode als Detektor.

Im Bild 7-19b ist der vollständige Signalflussgraph und im Bild 7-19c die um die irrelevanten Knoten reduzierte Version dargestellt. Die LWL-Spule wird als polarisationserhaltend mit $n_x = n_y, \tau = L/c$ und $\omega = \omega_0$ nach 7.12 vorausgesetzt. Der optische Koppler soll reziprok, verlustlos und polarisationserhaltend entsprechend 7.19 sein. Unter diesen Voraussetzungen erhalten wir aus 7-19c die Übertragungsfunktion

$$J = \exp(-j\omega_0\tau)\left[\exp\left(-j\frac{\Delta\gamma}{2}\right)\cos^2\theta - \exp\left(j\frac{\Delta\gamma}{2}\right)\sin^2\theta\right]. \tag{7.175}$$

Aus 7.175 folgt die Leistungs-Transferfunktion

$$|J|^2 = \cos^4\theta + \sin^4\theta - 2\sin^2\theta\cos^2\theta\cos(\Delta\gamma) \tag{7.176}$$

aus der im Prinzip mit den dargestellten Methoden der Signalverarbeitung die Sagnac-Phasendifferenz bis auf das Vorzeichen gewonnen werden kann.

Weiterhin variiert die Leistungsübertragungsfunktion für kleine $\Delta\gamma$ mit Ω^2. Diese und die anschließend behandelten Nachteile der Basiskonfiguration machen sie für praktische Anwendungen unbrauchbar.

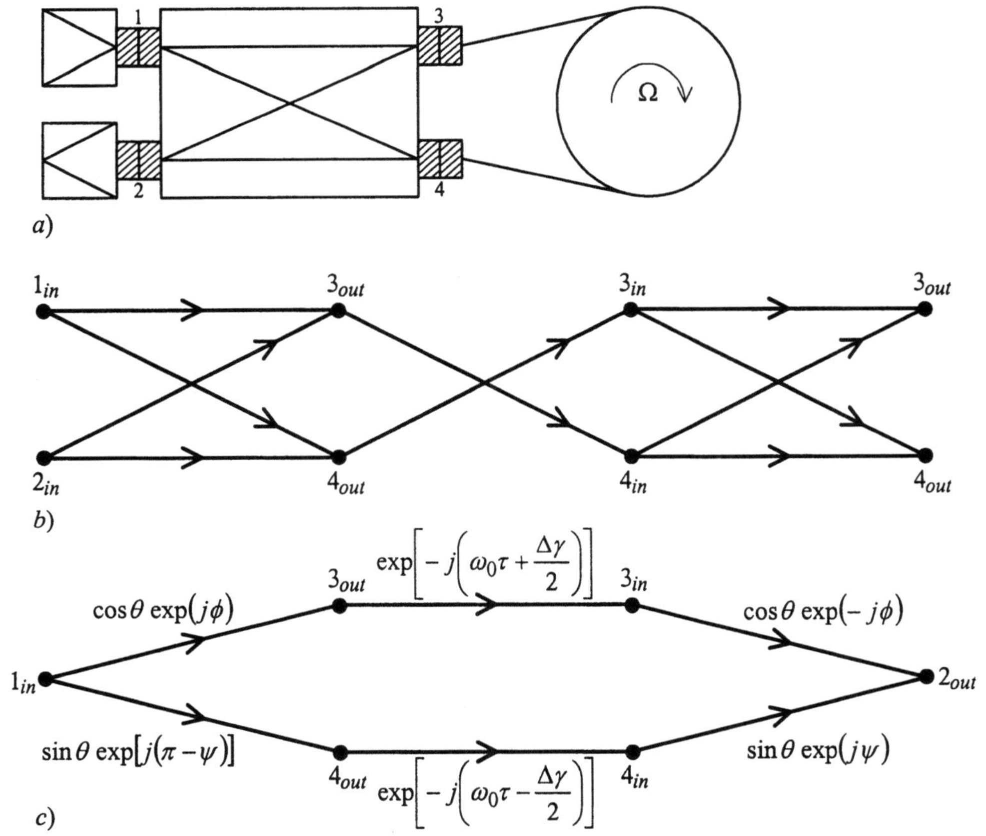

Bild 7-19 Basiskonfiguration des Sagnac-Interferometers [7.1]
a) Blockschaltbild
b) Signalflussgraph
c) reduzierter Signalflussgraph

Probleme der Basiskonfiguration herrührend von Doppelbrechung und Modenmischung. I. A. müssen die Doppelbrechungseigenschaften der LWL-Spule Berücksichtigung finden. Ein brauchbarer Ansatz für die Matrix **F** nach 7.12 ist durch

$$\mathbf{F} = \exp(-j\omega_0\tau)\begin{pmatrix} \exp(j\beta L) & 0 \\ 0 & \exp(-j\beta L) \end{pmatrix} \tag{7.177}$$

gegeben, wobei β die Doppelbrechung kennzeichnet. Sie ist nach 7.12 durch

$$\beta = \frac{\omega_0}{2c}\left(n_y - n_x\right) \tag{7.178}$$

bestimmt. Das zweite Problem ist die Modenmischung. Sie lässt sich mit Hilfe des Modenmischers nach Bild 7-20 zwischen den Toren 3 und 5 modellieren. Die Jones-Matrix **X** des Modenmischers ist durch 7.179 gegeben.

$$\mathbf{X} = \begin{pmatrix} 0 & 1 \\ 1 & 0 \end{pmatrix} \tag{7.179}$$

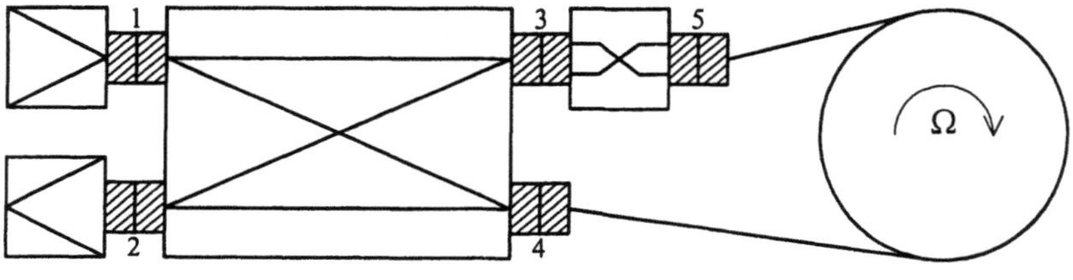

Bild 7-20 Basiskonfiguration des Sagnac-Interferometers, ergänzt durch einen Modenmischer [7.1]

Bedingt durch den Modenmischer ist die Phasendifferenz, die den Detektor im Mode x erreicht:

$$\Delta\phi = \gamma_{cw} - \gamma_{ccw} = 2\beta L + \Delta\gamma \tag{7.180}$$

mit

$$\gamma_{cw} = -\omega_0\tau + \beta L + \frac{\Delta\gamma}{2}$$

und (7.181)

$$\gamma_{ccw} = -\omega_0\tau - \beta L - \frac{\Delta\gamma}{2}.$$

Für die Phasendifferenz im Mode y gilt:

$$\Delta\phi = 2\beta L - \Delta\gamma\,. \tag{7.182}$$

Wir erhalten die Transfer-Matrix

$$\mathbf{J} = \cos^2\theta\,\mathbf{F}\,\mathbf{X}\exp\left(-j\frac{\Delta\gamma}{2}\right) - \sin^2\theta\,\mathbf{F}\,\mathbf{X}\exp\left(j\frac{\Delta\gamma}{2}\right). \tag{7.183}$$

7.183 folgt unmittelbar aus dem Signalflussgraphen nach Bild 7-21 für die Konfiguration entsprechend Bild 7-20.

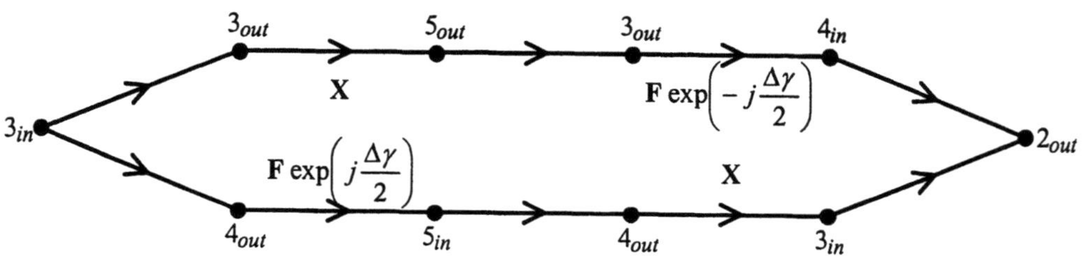

Bild 7-21 Signalflussgraph für die Basiskonfiguration des Sagnac-Interferometers mit Modenmischer [7.1]

Aus 7.183 ermittelt man die Leistungs-Transfermatrix

$$|\mathbf{J}|^2 = \left(\cos^4\theta + \sin^4\theta\right)\mathbf{I} - 2\sin^2\theta\cos^2\theta\begin{pmatrix}\cos[2\beta L + \Delta\gamma] & 0\\ 0 & \cos[2\beta L - \Delta\gamma]\end{pmatrix}. \tag{7.184}$$

Auf Grund zufälliger Schwankungen von β wegen wechselnder Umgebungsbedingungen wie Temperatur und Vibrationen wird die Kalibrierung auf $2\beta L$ und damit die Messung von $\Delta\gamma$ praktisch unmöglich gemacht. Das Problem zufällig schwankender Phasenanteile in **F** kann durch Hinzufügen von zwei Polarisatoren nach Bild 7-22 beseitigt werden.

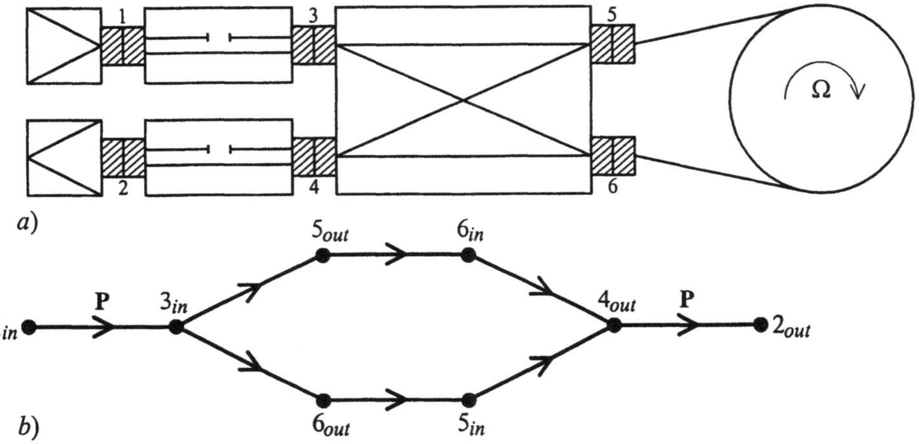

Bild 7-22 Sagnac-Interferometer mit Polarisatoren
a) Blockschaltbild
b) Signalflussgraph

Die Jones-Matrix für den Signalflussgraphen nach Bild 7-22b ist

$$\mathbf{J} = \cos^2\theta\,\mathbf{P}\,\mathbf{F}'\mathbf{P}\exp\left(-j\frac{\Delta\gamma}{2}\right) - \sin^2\theta\,\mathbf{P}\,\mathbf{F}'\mathbf{P}\exp\left(j\frac{\Delta\gamma}{2}\right). \tag{7.185}$$

Mit der Jones-Matrix der Polarisatoren

$$\mathbf{P} = \begin{pmatrix}1 & 0\\ 0 & 0\end{pmatrix} \tag{7.186}$$

erhalten wir aus

$$\mathbf{J} = \exp[-j(\omega_0\tau - \beta L)]\left[\cos^2\theta\exp\left(-j\frac{\Delta\gamma}{2}\right) - \sin^2\theta\exp\left(j\frac{\Delta\gamma}{2}\right)\right]\mathbf{P} \tag{7.187}$$

die Leistungs-Transfermatrix

$$|\mathbf{J}|^2 = \left[\cos^4\theta + \sin^4\theta - 2\sin^2\theta\cos^2\theta\cos(\Delta\gamma)\right]\mathbf{P}. \tag{7.188}$$

Aus 7.188 erkennt man, dass die zufällige Phase βL durch die Polarisatoren eliminiert wird.

Probleme der Basiskonfiguration herrührend von Kopplerverlusten. Für die Basisanordnung des Sagnac-Interferometers nach Bild 7-19a setzen wir nun einen reziproken, polarisationserhaltenden aber verlustbehafteten optischen Koppler mit der **s**-Submatrix für einen Polarisationsmode gemäß

$$\mathbf{s} = \begin{array}{c} 1_{out} \\ 2_{out} \\ 3_{out} \\ 4_{out} \end{array} \overset{\begin{array}{cccc} 1_{in} & 2_{in} & 3_{in} & 4_{in} \end{array}}{\begin{pmatrix} 0 & 0 & r\exp(j\phi) & s\exp[j(\pi-\psi+\varepsilon)] \\ 0 & 0 & s\exp(j\psi) & r\exp(-j\phi) \\ r\exp(j\phi) & s\exp(j\psi) & 0 & 0 \\ s\exp[j(\pi-\psi+\varepsilon)] & r\exp(-j\phi) & 0 & 0 \end{pmatrix}} \tag{7.189}$$

und der Bedingung an die Konstanten r und s entsprechend

$$s^2 + r^2 < 1 \tag{7.190}$$

voraus [7.1]. Den zugehörigen Signalflussgraphen zeigt Bild 7-23.

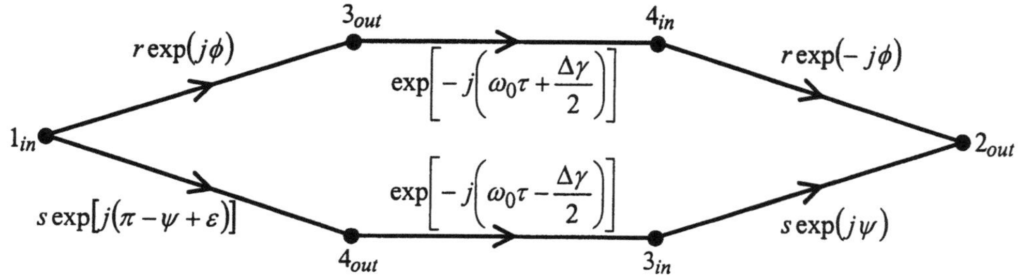

Bild 7-23 Signalflussgraph für die Basiskonfiguration des Sagnac-Interferometers bei verlustbehaftetem Koppler

Aus Bild 7-23 folgen die Übertragungsfunktion J und die Leistungstransferfunktion $|J|^2$ nach 7.191 und 7.192.

$$J = \exp(-j\omega_0\tau)\left[r^2\exp\left(-j\frac{\Delta\gamma}{2}\right) - s^2\exp\left(j\frac{\Delta\gamma}{2}+\varepsilon\right)\right] \tag{7.191}$$

$$|J|^2 = r^4 + s^4 - 2r^2s^2\cos(\Delta\gamma+\varepsilon). \tag{7.192}$$

Durch den Anteil ε im Argument der Kosinusfunktion nach 7.192 wird die Auswertung der Sagnac-Phasendifferenz $\Delta\gamma$ erschwert, da ε extrem empfindlich auf sich ändernde Umgebungsbedingungen reagiert.

Nach [7.1] können die von verlustbehafteten Kopplern herrührenden Probleme durch die praktische Konfiguration des Sagnac-Interferometers im Bild 7-24 eliminiert werden.

Aus dem Signalflussgraphen im Bild 7-24b erhält man die Jones-Matrix

$$\begin{aligned} \mathbf{J} = \mathbf{t}_{3in,2out}\mathbf{P}\Big[&\exp\left(j\frac{\Delta\gamma}{2}\right)\mathbf{t}_{7in,5out}\mathbf{F}'\mathbf{t}_{5in,8out} \\ &+\exp\left(-j\frac{\Delta\gamma}{2}\right)\mathbf{t}_{8in,5out}\mathbf{F}\,\mathbf{t}_{5in,7out}\Big]\mathbf{P}\,\mathbf{t}_{1in,3out}. \end{aligned} \tag{7.193}$$

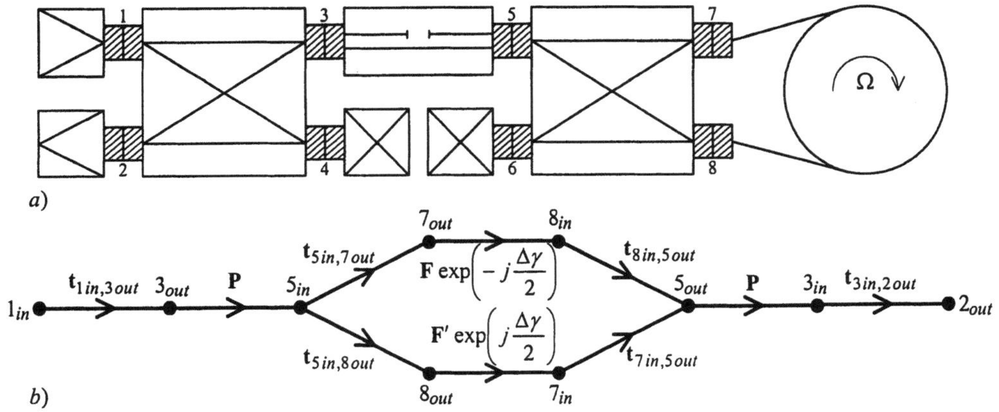

Bild 7-24 Praktisches Sagnac-Interferometer
a) Blockschaltbild
b) Signalflussgraph

Für reziproke Koppler gilt

$$\mathbf{t}_{7in,5out} = \mathbf{t}'_{5in,7out}, \quad \mathbf{t}_{5in,8out} = \mathbf{t}'_{8in,5out}\,. \tag{7.194}$$

Mit

$$\mathbf{T} = \mathbf{t}_{8in,5out}\mathbf{F}\,\mathbf{t}_{5in,7out} = \begin{pmatrix} T_{11} & T_{12} \\ T_{21} & T_{22} \end{pmatrix} \tag{7.195}$$

ergibt sich aus 7.193 und 7.194 die Darstellung der Jones-Matrix

$$\mathbf{J} = \mathbf{t}_{3in,2out}\mathbf{P}\left[\exp\left(j\frac{\Delta\gamma}{2}\right)\mathbf{T}' + \exp\left(-j\frac{\Delta\gamma}{2}\right)\mathbf{T}\right]\mathbf{P}\,\mathbf{t}_{1in,3out}\,. \tag{7.196}$$

Aus

$$\mathbf{P}\,\mathbf{T}'\mathbf{P} = \mathbf{P}\,\mathbf{T}\,\mathbf{P} = T_{11}\,\mathbf{P} \tag{7.197}$$

mit **P** nach 7.186 folgt für 7.196

$$\mathbf{J} = 2T_{11}\cos\left(\frac{\Delta\gamma}{2}\right)\mathbf{t}_{3in,2out}\mathbf{P}\,\mathbf{t}_{1in,3out}\,. \tag{7.198}$$

und die Leistungs-Transfermatrix ist

$$|\mathbf{J}|^2 = 4|T_{11}|^2\cos^2\left(\frac{\Delta\gamma}{2}\right)|t_{11}|^2\,\mathbf{t}'^{*}_{1in,3out}\mathbf{P}\,\mathbf{t}_{1in,3out}\,. \tag{7.199}$$

Das Element t_{11} findet man in der Jones-Matrix der Transmission $\mathbf{t}_{3in,2out}$.

$$\mathbf{t}_{3in,2out} = \begin{pmatrix} t_{11} & t_{12} \\ t_{21} & t_{22} \end{pmatrix} \tag{7.200}$$

Setzen wir noch einen polarisationserhaltenden Koppler ein, gilt u.a.

$$\mathbf{t}_{1in,3out} = r\exp(j\phi)\begin{pmatrix}1 & 0\\ 0 & 1\end{pmatrix}. \tag{7.201}$$

Damit ist die Leistungs-Übertragungsmatrix schließlich in der Form

$$|\mathbf{J}|^2 = 4r^2|T_{11}|^2\cos^2\left(\frac{\Delta\gamma}{2}\right)|t_{11}|^2\,\mathbf{P} \tag{7.202}$$

darstellbar und die Sagnac-Phasendifferenz $\Delta\gamma$ einfach auswertbar, sofern diese nicht sehr kleine Werte für sehr kleines Ω annimmt. Im nachfolgenden Unterabschnitt über das phasenmodulierte Sagnac-Interferometer wird ein Weg zur Messung kleiner Sagnac-Phasendifferenzen $\Delta\gamma$ aufgezeigt.

7.4.1.3 Phasenmoduliertes Sagnac-Interferometer

Aufbau. Den Aufbau eines Sagnac-Interferometers mit Phasenmodulator zeigt Bild 7-25.

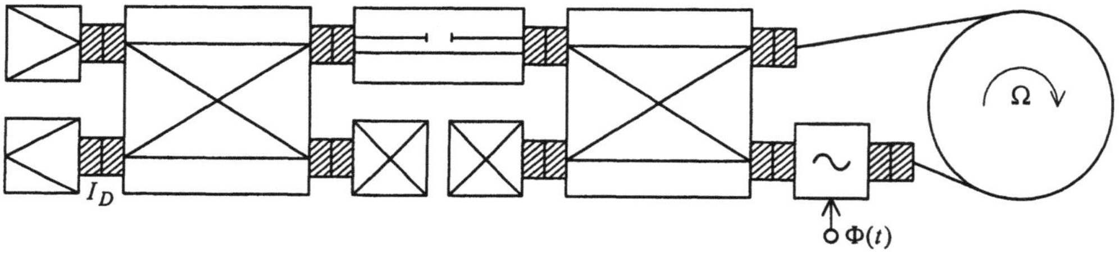

Bild 7-25 Sagnac-Interferometer mit Phasenmodulator

Signalanalyse. Wird an den Phasenmodulator das Signal

$$\Phi(t) = A\sin(\omega_m t) \tag{7.203}$$

angelegt, erscheint zwischen den sich in der LWL-Spule entgegengesetzt ausbreitenden Wellen aufgrund der Gruppenlaufzeit t_g eine Phasendifferenzmodulation am Ausgang der Faserschleife in der Form

$$\phi_m(t) = \Phi(t) - \Phi(t - t_g) = 2A\sin\left(\frac{\omega_m t_g}{2}\right)\cos\left[\omega_m\left(t - \frac{t_g}{2}\right)\right]. \tag{7.204}$$

Mit $\phi_m = 2A\sin\left(\frac{\omega_m t_g}{2}\right)$ erhalten wir für die Intensität $I_D(t)$ am Detektor

$$I_D(t) = \frac{I_{D0}}{2}[1 + \cos(\Delta\gamma + \phi_m(t))] = \frac{I_{D0}}{2}\left[1 + \cos\left(\Delta\gamma + \phi_m\cos\left[\omega_m\left(t - \frac{t_g}{2}\right)\right]\right)\right]. \tag{7.205}$$

Die Fourier-Reihenentwicklung von 7.205 lautet

$$I_D(t) = \frac{I_{D0}}{2}\left[1 + J_0(\phi_m)\cos(\Delta\gamma) - 2J_1(\phi_m)\sin(\Delta\gamma)\cos\left[\omega_m\left(t - \frac{t_g}{2}\right)\right]\right.$$
$$\left. - 2J_2(\phi_m)\cos(\Delta\gamma)\cos\left[2\omega_m\left(t - \frac{t_g}{2}\right)\right] + \ldots\right]. \tag{7.206}$$

Der Ausdruck 7.206 bildet die Grundlage zur Signalverarbeitung mit offener Schleife und geschlossenem Regelkreis. Die genannten Methoden sind im Unterabschnitt 7.4.1.4 dargestellt.

7.4.1.4 Signalverarbeitung beim modulierten Sagnac-Interferometer

Solide Frequenz. Beim Entwurf des modulierten Sagnac-Interferometers hat man die Kreisfrequenz ω_m der Modulation zu wählen. Die Modulationstiefe wird maximal, wenn aus

$$\phi_m = 2A\sin\left(\frac{\omega_m t_g}{2}\right) \tag{7.207}$$

die so genannte „solide Frequenz“ ω_m zu

$$\omega_m = \frac{\pi}{t_g} \tag{7.208}$$

gewählt wird. Dann haben die Bessel-Funktionen $J_1(\phi_m)$ und $J_2(\phi_m)$ in 7.206 genügend große Werte und die Sagnac-Phasendifferenz lässt sich auch für kleine Werte $\Delta\gamma$ relativ leicht auswerten.

Signalverarbeitung bei offener Schleife. Die detektierte Intensität $I_D(t)$ nach 7.206 enthält die Parameter I_{D_0}, ϕ_m und $\Delta\gamma$. Wir wählen die Schwingungen mit ω_m und $2\omega_m$ durch Bandpässe aus, demodulieren sie mit Hüllkurvendemodulatoren und bilden elektronisch ihr Verhältnis. Man erhält als Detektionssignal

$$\bar{i}_D \sim \frac{J_1(\phi_m)}{J_2(\phi_m)}\tan(\Delta\gamma) \approx \frac{J_1(\phi_m)}{J_2(\phi_m)}\Delta\gamma\,, \tag{7.209}$$

letzteres wenn kleine Sagnac-Phasendifferenzen gemessen werden sollen. Wie 7.209 zeigt, ist ein von der schwankenden Intensität I_{D_0} unabhängiger Ausdruck entstanden. Ein von ϕ_m unabhängiger Wert des Detektionssignals $\bar{i}_D$ ergibt sich mit der Wahl der Amplitude A in 7.207, so dass gilt

$$J_1(\phi_m) = J_2(\phi_m). \tag{7.210}$$

Signalverarbeitung mit geschlossenem Regelkreis. Ein praktisches Sagnac-Interferometer mit geschlossenem Regelkreis zeigt Bild 7-26.

Das Detektionssignal $i_D(t)$ wird einem Bandpass zugeführt und die Schwingung mit ω_m gefiltert. Die Schwingung $\tilde{i}_D(t)$ mit der Kreisfrequenz ω_m ist das Eingangssignal für den Hüllkurvendemodulator. Am Ausgang dieser Baugruppe erscheint ein von der Phasendifferenzmodulation $\gamma(t) - \gamma(t - t_g)$ und von der Sagnac-Phasendifferenz $\Delta\gamma(t)$ abhängiges Signal

$\bar{i}_D(t)$. Nach dem Integrator kann das von der Sagnac-Phasendifferenz bestimmte Ausgangssignal $\gamma(t)$ zu einem geeigneten Messzeitpunkt abgenommen werden.

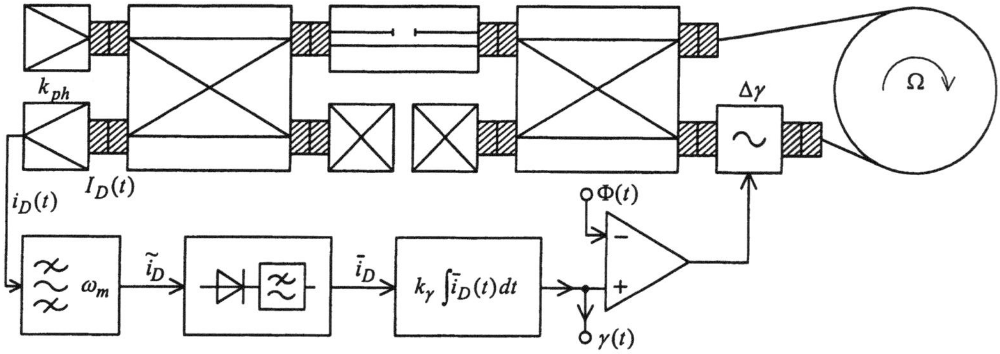

Bild 7-26 Phasenmoduliertes Sagnac-Interferometer mit geschlossenem Regelkreis

Nachstehend sind diese Zusammenhänge mathematisch formuliert.

$$I_D(t) = \frac{I_{D0}}{2}\left\{1 + \cos\left[\Delta\gamma(t) - \gamma(t) + \gamma(t - t_g) + \Phi(t) - \Phi(t - t_g)\right]\right\} \tag{7.211}$$

$$\Phi(t) - \Phi(t - t_g) = \phi_m \cos\left[\omega_m\left(t - \frac{t_g}{2}\right)\right] \tag{7.212}$$

$$\begin{aligned} i_D(t) \approx \frac{k_{ph} I_{D0}}{2}\Big[1 &+ \mathrm{J}_0(\phi_m)\cos\left[\Delta\gamma(t) - \gamma(t) + \gamma(t - t_g)\right] \\ &-2\,\mathrm{J}_1(\phi_m)\sin\left[\Delta\gamma(t) - \gamma(t) + \gamma(t - t_g)\right]\cos\left[\omega_m\left(t - \frac{t_g}{2}\right)\right] \\ &-2\,\mathrm{J}_2(\phi_m)\sin\left[\Delta\gamma(t) - \gamma(t) + \gamma(t - t_g)\right]\cos\left[2\omega_m\left(t - \frac{t_g}{2}\right)\right] + \ldots\Big] \end{aligned} \tag{7.213}$$

$$\tilde{i}_D(t) \approx k_{ph} I_{D0}\, \mathrm{J}_1(\phi_m)\left[\gamma(t) - \gamma(t - t_g) - \Delta\gamma(t)\right]\cos\left[\omega_m\left(t - \frac{t_g}{2}\right)\right] \tag{7.214}$$

$$\bar{i}_D(t) \approx k_{ph} I_{D0}\, \mathrm{J}_1(\phi_m)\left[\gamma(t) - \gamma(t - t_g) - \Delta\gamma(t)\right] \tag{7.215}$$

$$\gamma(t) \approx k_\gamma k_{ph} I_{D0}\, \mathrm{J}_1(\phi_m) \int\left[\gamma(t) - \gamma(t - t_g) - \Delta\gamma(t)\right]dt \tag{7.216}$$

In 7.213 bis 7.216 wurde angenommen, dass die Größe $\gamma(t) - \gamma(t - t_g) - \Delta\gamma(t)$ zeitlich langsam veränderlich gegenüber den Schwingungen mit ω_m bzw. deren Vielfachen ist.

Aus 7.216 erhalten wir die Differentialgleichung

$$\frac{d\gamma(t)}{dt} \approx k_\gamma k_{ph} I_{D0}\, \mathrm{J}_1(\phi_m)\left[\gamma(t) - \gamma(t - t_g) - \Delta\gamma(t)\right] \tag{7.217}$$

mit der Anfangsbedingung

$$\gamma(t=0)=0\,. \tag{7.218}$$

Das System nach Bild 7-26 wird zum Zeitpunkt $t=0$ eingeschaltet. Weiterhin soll durch die Rotation der Faserschleife die sprungförmige Änderung von $\Delta\gamma$ entsprechend

$$\Delta\gamma(t)=\Delta\gamma\, s\left(t-t_g\right) \tag{7.219}$$

erfolgen. Unter diesen Voraussetzungen erfolgt die Lösung von 7.217 mit Hilfe der Laplace-Transformation. Für die Laplace-Transformierte $\gamma(s)$ mit der komplexen Frequenz s erhält man aus 7.217 unter Berücksichtigung von 7.218 und 7.219:

$$\gamma(s)\approx\frac{-k_\gamma k_{ph} I_{D0}\,\mathrm{J}_1(\phi_m)\Delta\gamma\exp\left(-st_g\right)}{s\left[s-k_\gamma k_{ph} I_{D0}\,\mathrm{J}_1(\phi_m)\left[1-\exp\left(-st_g\right)\right]\right]} \tag{7.220}$$

Bei Einhaltung der Entwurfsbedingung

$$k_\gamma k_{ph} I_{D0}\,\mathrm{J}_1(\phi_m)t_g >> 1 \tag{7.221}$$

geht 7.220 über in

$$\gamma(s)\approx\frac{\Delta\gamma\exp\left(-st_g\right)}{s\left[1-\exp\left(-st_g\right)\right]} \tag{7.222}$$

Die Laplace-Rücktransformierte von 2.222 erhält man aus der Faltung der Funktionen $\mathcal{L}^{-1}\{1/s\}$ und $\mathcal{L}^{-1}\left\{\exp\left(-st_g\right)/\left[1-\exp\left(-st_g\right)\right]\right\}$.

$$\mathcal{L}^{-1}\left\{\frac{1}{s}\right\}=s(t) \tag{7.223}$$

$$\mathcal{L}^{-1}\left\{\frac{\exp\left(-st_g\right)}{1-\exp\left(-st_g\right)}\right\}=\sum_{n=1}^{\infty}\delta\left(t-nt_g\right). \tag{7.224}$$

$$\gamma(t)=\Delta\gamma\,\mathrm{s}(t)*\sum_{n=1}^{\infty}\delta\left(t-nt_g\right)=\Delta\gamma\sum_{n=1}^{\infty}\mathrm{s}(t)*\delta\left(t-nt_g\right)=\Delta\gamma\sum_{n=1}^{\infty}\mathrm{s}\left(t-nt_g\right) \tag{7.225}$$

Aus dem zeitlichen Verlauf von $\gamma(t)$ nach Bild 7-27 können die Sagnac-Phasendifferenz $\Delta\gamma$ oder deren ganzzahlige Vielfache bestimmt werden.

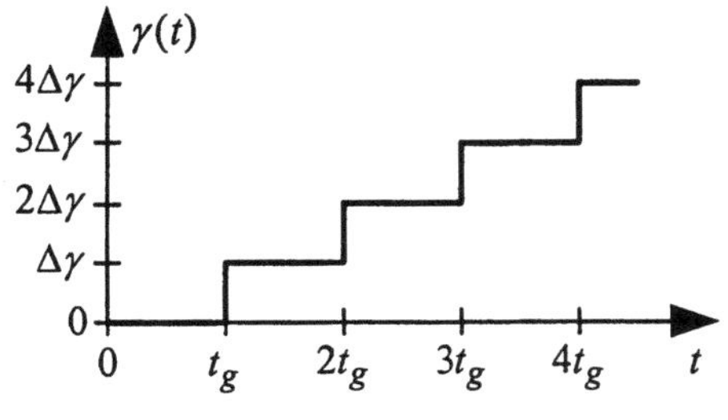

Bild 7-27 Bestimmung der Sagnac-Phasendifferenz $\Delta\gamma$ und deren ganzzahlige Vielfache für ein phasenmoduliertes Sagnac-Interferometer mit geschlossenem Regelkreis

7.4.2 Analyse des Stromsensors

Verwendungszweck. Faseroptische Stromsensoren dienen zur potentialgetrennten Messung von elektrischen Strömen auf hohem elektrischen Potential. Sie bestehen aus den Netzwerkkomponenten Laserdiode, Polarisator, LWL, Analysator, pin-Photodioden und einer Signalverarbeitungseinheit. Das Kernstück bildet eine spezielle LWL-Spule, in der das bei Stromfluss induzierte Magnetfeld eine Drehung der Polarisationsebene des eingekoppelten linear polarisierten Lichts um den Winkel α verursacht. Diese Erscheinung wird als Faraday-Effekt bezeichnet.

Im Unterabschnitt 7.4.2.1 wird der Faraday-Effekt formelmäßig erfasst, und im Unterabschnitt 7.4.2.2 erfolgt die mathematische Beschreibung der Systemkomponenten. Im Unterabschnitt 7.4.2.3 ermitteln wir das Detektionssignal, und in 7.4.2.4 führen wir eine Rauschanalyse durch.

7.4.2.1 Faraday-Effekt

LWL-Spule. Zur Erklärung des Faraday-Effektes betrachten wir die sich um einen elektrischen Leiter befindende LWL-Spule nach Bild 7-28.

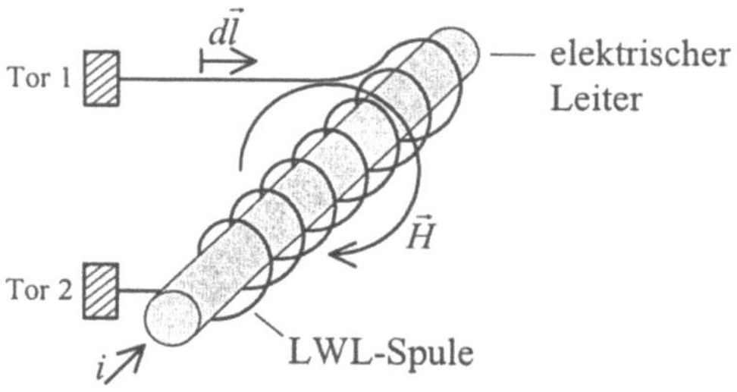

Bild 7-28 LWL-Spule um einen elektrischen Leiter

Am Tor 1 werde linear polarisiertes Licht eingekoppelt. Unter Einfluss des durch den Strom i hervorgerufenen Magnetfeldes mit der magnetischen Feldstärke $\vec{H}$ erfolgt eine Drehung der Polarisationsebene des eingekoppelten linear polarisierten Lichtes um den Winkel α. Dieser Winkel ist durch

$$\alpha = VN\oint \vec{H}\cdot d\vec{l} \tag{7.226}$$

nach dem Faraday-Effekt bestimmt. N ist die Windungszahl der LWL-Spule und V die Verdet-Konstante, die für Quarzglas $V \approx 1{,}5\cdot 10^{-4}\,{}^\circ/A$ bei $\lambda = 830\text{nm}$ beträgt [7.5].

Faraday-Winkel. Mit Hilfe des Durchflutungsgesetzes

$$\oint \vec{H}\cdot d\vec{l} = i \tag{7.227}$$

lässt sich der Faraday-Winkel α in der Form

$$\alpha = VNi \tag{7.228}$$

darstellen. Er ist proportional zum zu messenden elektrischen Strom i.

7.4.2.2 Aufbau des Stromsensors

Basiskonfiguration. Die Basiskonfiguration des Stromsensors zeigt Bild 7-29.

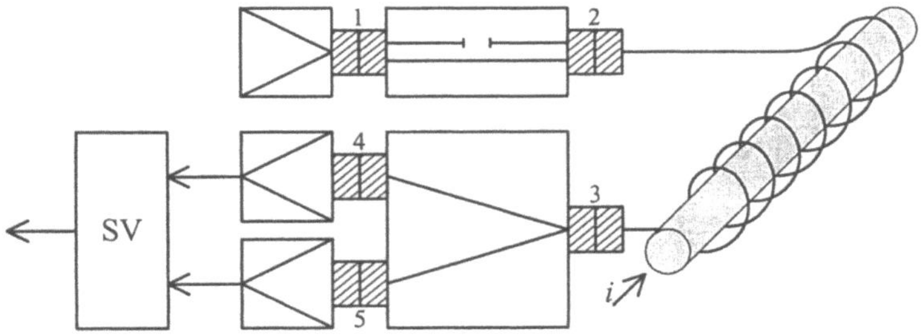

Bild 7-29 Basiskonfiguration des Stromsensors

Systemkomponenten der Basiskonfiguration. Wir wollen die Systemkomponenten der Basiskonfiguration mathematisch beschreiben. Der Polarisator zwischen den Toren 1 und 2 soll die Jones-Matrix in 7.229 besitzen.

$$\begin{pmatrix} E_x^2 \\ E_y^2 \end{pmatrix} = \begin{pmatrix} 1 & 0 \\ 0 & 0 \end{pmatrix} \begin{pmatrix} E_x^1 \\ E_y^1 \end{pmatrix} \tag{7.229}$$

Die LWL-Spule beschreiben wir hier als Faraday-Rotator mit der Jones-Matrix in 7.230. Der Winkel α ist darin durch 7.228 gegeben.

$$\begin{pmatrix} E_x^3 \\ E_y^3 \end{pmatrix} = \begin{pmatrix} \cos\alpha & -\sin\alpha \\ \sin\alpha & \cos\alpha \end{pmatrix} \begin{pmatrix} E_x^2 \\ E_y^2 \end{pmatrix} \tag{7.230}$$

Setzt man 7.229 in 7.230 ein, erhalten wir

$$\begin{pmatrix} E_x^3 \\ E_y^3 \end{pmatrix} = \begin{pmatrix} \cos\alpha & 0 \\ \sin\alpha & 0 \end{pmatrix} \begin{pmatrix} E_x^1 \\ E_y^1 \end{pmatrix} = \begin{pmatrix} \cos\alpha \\ \sin\alpha \end{pmatrix} E_x^1 . \tag{7.231}$$

Der Polarisationsstrahlteiler zwischen den Toren 3, 4 und 5 zerlegt das Signal 7.231 in die x- und y-Polarisation

$$\begin{pmatrix} E_x^4 \\ E_y^5 \end{pmatrix} = \begin{pmatrix} 1 & 0 \\ 0 & 1 \end{pmatrix} \begin{pmatrix} E_x^3 \\ E_y^3 \end{pmatrix} = \begin{pmatrix} \cos\alpha \\ \sin\alpha \end{pmatrix} E_x^1 . \tag{7.232}$$

Wir bilden die zu den Intensitäten an den Toren 1, 4 und 5 proportionalen Größen

$$E_x^4 E_x^{4*} = E_x^1 E_x^{1*} \cos^2\alpha , \tag{7.233}$$

$$E_x^5 E_x^{5*} = E_x^1 E_x^{1*} \sin^2\alpha . \tag{7.234}$$

$$I_x^4 = I_x^1 \cos^2\alpha \tag{7.235}$$

$$I_y^5 = I_x^1 \sin^2\alpha \tag{7.236}$$

Die Intensitäten I_x^4 und I_y^5 lassen sich auf

$$I_x^4 = \frac{I_x^1}{2}[1 + \cos(2\alpha)] \tag{7.237}$$

$$I_y^5 = \frac{I_x^1}{2}[1 - \cos(2\alpha)] \tag{7.238}$$

analog 7.105 und 7.106 zurückführen. Damit können auf 7.237 und 7.238 alle behandelten Methoden der Signalverarbeitung, im Bild 7-29 abgekürzt durch SV, angewendet werden. Voraussetzung dafür ist, dass der parasitäre Effekt der Doppelbrechung in der LWL-Spule eine untergeordnete Rolle spielt. Kann die Doppelbrechung nicht vernachlässigt werden, muss man die Messmethode nach Unterabschnitt 7.4.2.3 anwenden.

7.4.2.3 Detektionssignal

Praktischer Stromsensor. Den praktischen Aufbau eines Sensors zur Strommessung zeigt Bild 7-30.

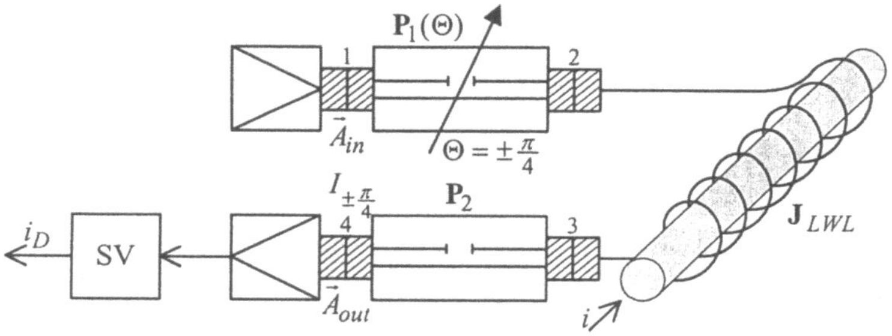

Bild 7-30 Praktischer Stromsensor

Systemkomponenten eines praktischen Stromsensors. Nach Bild 7-30 soll die Laserdiode am Tor 1 den linear polarisierten Jones-Vektor

$$\vec{A}_{in} = \hat{E}\begin{pmatrix} 1 \\ 0 \end{pmatrix} \tag{7.239}$$

erzeugen. Der lineare Polarisator zwischen Tor 1 und Tor 2 sei zwischen $\Theta = +\frac{\pi}{4}$ und $\Theta = -\frac{\pi}{4}$ umschaltbar. Lässt man grundsätzlich die gemeinsame Phase weg, da sie keinen Einfluss auf die am optischen Ausgang zu bildenden Intensitäten $I_{\frac{\pi}{4}}$ und $I_{-\frac{\pi}{4}}$ hat, lautet die Jones-Matrix des umschaltbaren Polarisators

$$\mathbf{P}_1(\Theta) = \begin{pmatrix} \cos^2\Theta & \cos\Theta\sin\Theta \\ \cos\Theta\sin\Theta & \sin^2\Theta \end{pmatrix}. \tag{7.240}$$

Nach [7.3] kann die LWL-Spule bei gleichmäßiger Verteilung von Faraday-Rotation α und linearer Doppelbrechung δ durch die Jones-Matrix

$$\mathbf{J}_{LWL} = \begin{pmatrix} a + jb & -c \\ c & a - jb \end{pmatrix} \tag{7.241}$$

mit

$$a = \cos(d/2),\; b = \frac{\delta}{2}\frac{\sin(d/2)}{d/2},\; c = \alpha\frac{\sin(d/2)}{d/2},$$
$$d = \sqrt{\delta^2 + 4\alpha^2},\; \delta = \frac{2\pi}{\lambda}\Delta nL \tag{7.242}$$

beschrieben werden. Aus 7.242 folgt die Nebenbedingung

$$a^2 + b^2 + c^2 = 1\,. \tag{7.243}$$

Zwischen Tor 3 und 4 ist ein weiterer linearer Polarisator mit der Jones-Matrix

$$\mathbf{P}_2 = \begin{pmatrix} 1 & 0 \\ 0 & 0 \end{pmatrix} \tag{7.244}$$

angeordnet.

Detektionssignal. Zur Ermittlung des Detektionssignals bestimmen wir den Jones-Vektor $\vec{A}_{out}$ am Tor 4. Da eine Reihenschaltung vorliegt, ergibt sich das Produkt der Jones-Matrizen der einzelnen Komponenten:

$$\vec{A}_{out} = \mathbf{P}_2\,\mathbf{J}_{LWL}\,\mathbf{P}(\Theta)\,\vec{A}_{in} \tag{7.245}$$

Die Messmethode für den zum Strom i proportionalen Faraday-Winkel α setzt zunächst die getrennte Ermittlung der Intensitäten $I_{\frac{\pi}{4}}$ und $I_{-\frac{\pi}{4}}$ und Speicherung der zu $I_{\pm\frac{\pi}{4}}$ proportionalen Größen in der Signalverarbeitungseinheit SV voraus.

Für $\Theta = \frac{\pi}{4}$ gilt

$$\begin{aligned}\vec{A}_{out} &= \mathbf{P}_2\,\mathbf{J}_{LWL}\,\mathbf{P}\left(\tfrac{\pi}{4}\right)\vec{A}_{in} \\ &= \frac{\hat{E}}{2}\begin{pmatrix} 1 & 0 \\ 0 & 0 \end{pmatrix}\begin{pmatrix} a + jb & -c \\ c & a - jb \end{pmatrix}\begin{pmatrix} 1 & 1 \\ 1 & 1 \end{pmatrix}\begin{pmatrix} 1 \\ 0 \end{pmatrix} = \frac{\hat{E}}{2}\begin{pmatrix} a - c + jb \\ 0 \end{pmatrix}\end{aligned} \tag{7.246}$$

und mit 7.242 sowie 7.243 folgt:

$$
\begin{aligned}
I_{\frac{\pi}{4}} &\sim \vec{A}_{out}^{\prime *}\vec{A}_{out} = \frac{\hat{E}^2}{4}\begin{pmatrix} a-c-jb & 0 \end{pmatrix}\begin{pmatrix} a-c+jb \\ 0 \end{pmatrix} \\
&\sim \frac{\hat{E}^2}{4}\left[(a-c)^2+b^2\right] \\
&\sim \frac{\hat{E}^2}{4}\left[a^2+b^2+c^2-2ac\right] \\
&\sim \frac{\hat{E}^2}{4}\left[1-2\alpha\frac{\cos(d/2)\sin(d/2)}{d/2}\right] \\
&\sim \frac{\hat{E}^2}{4}\left[1-2\alpha\frac{\sin d}{d}\right].
\end{aligned} \tag{7.247}
$$

Für $\Theta = -\frac{\pi}{4}$ erhalten wir

$$
\begin{aligned}
\vec{A}_{out} &= \mathbf{P}_2\,\mathbf{J}_{LWL}\,\mathbf{P}\left(-\tfrac{\pi}{4}\right)\vec{A}_{in} \\
&= \frac{\hat{E}}{2}\begin{pmatrix} 1 & 0 \\ 0 & 0 \end{pmatrix}\begin{pmatrix} a+jb & -c \\ c & a-jb \end{pmatrix}\begin{pmatrix} 1 & -1 \\ -1 & 1 \end{pmatrix}\begin{pmatrix} 1 \\ 0 \end{pmatrix} = \frac{\hat{E}}{2}\begin{pmatrix} a+c+jb \\ 0 \end{pmatrix}
\end{aligned} \tag{7.248}
$$

und

$$
\begin{aligned}
I_{-\frac{\pi}{4}} &\sim \vec{A}_{out}^{\prime *}\vec{A}_{out} = \frac{\hat{E}^2}{4}\begin{pmatrix} a+c-jb & 0 \end{pmatrix}\begin{pmatrix} a+c+jb \\ 0 \end{pmatrix} \\
&\sim \frac{\hat{E}^2}{4}\left[(a+c)^2+b^2\right] \\
&\sim \frac{\hat{E}^2}{4}\left[a^2+b^2+c^2+2ac\right] \\
&\sim \frac{\hat{E}^2}{4}\left[1+2\alpha\frac{\sin d}{d}\right].
\end{aligned} \tag{7.249}
$$

Nun wird in der Signalverarbeitungseinheit das Detektionssignal

$$
i_D \sim \frac{I_{-\frac{\pi}{4}} - I_{\frac{\pi}{4}}}{I_{-\frac{\pi}{4}} + I_{\frac{\pi}{4}}} \tag{7.250}
$$

gebildet. Aus 7.250 folgt schließlich mit 7.247 und 7.249:

$$
i_D \sim 2\alpha\frac{\sin d}{d}. \tag{7.251}
$$

Ist die Doppelbrechung $\delta >> 2\alpha$ ergibt sich aus 7.251 unter Berücksichtigung von 7.242:

$$
i_D \sim 2\alpha\frac{\sin\delta}{\delta}. \tag{7.252}
$$

Mit $\delta << 2\alpha$ erhalten wir aus 7.251 und 7.242:

$$
i_D \sim \sin(2\alpha). \tag{7.253}
$$

Für eine von der Doppelbrechung δ unabhängige Messung sind also LWL mit kleinen δ-Werten zwingend notwendig.

7.4.2.4 Rauschanalyse

Transfermatrix. Für den praktischen Stromsensor nach Bild 7-30 soll die Ermittlung des Ensemblemittelwertes der Ausgangsintensität unter Einfluss von der Doppelbrechung der LWL-Spule und von Laserphasenrauschen des anregenden Lasers erfolgen. Dazu berechnen wir zunächst die Transfermatrix des Sensors, beispielsweise für den Winkel $\Theta = \frac{\pi}{4}$. Sie ergibt sich aus:

$$\begin{aligned}\mathbf{T}(j\omega) &= \mathbf{P}_2\, \mathbf{J}_{LWL}\, \mathbf{P}_1\left(\tfrac{\pi}{4}\right)\\ &= \frac{1}{2}\begin{pmatrix}1 & 0\\ 0 & 0\end{pmatrix}\begin{pmatrix}a+jb & -c\\ c & a-jb\end{pmatrix}\begin{pmatrix}1 & 1\\ 1 & 1\end{pmatrix}\\ &= \frac{1}{2}\begin{pmatrix}a-c+jb & a-c+jb\\ 0 & 0\end{pmatrix}.\end{aligned} \tag{7.254}$$

Kohärenzmatrix des anregenden Lasers. Die Kohärenzmatrix des anregenden amplitudenstabilisierten Lasers sei durch

$$\mathbf{R}_x(\omega) = \frac{2\hat{D}_0^2}{\Delta\omega}\frac{1}{1+\left[\dfrac{\omega-\omega_0}{\Delta\omega/2}\right]^2}\begin{pmatrix}1 & 0\\ 0 & 1\end{pmatrix} \tag{7.255}$$

gegeben. Darin sind $\hat{D}_0$ und $\Delta\omega$ die Amplitude der Verschiebungsflussdichte und die Laserlinienbreite, ω_0 ist die Mittenfrequenz des Lasers.

Kohärenzmatrix am Ausgang. Die Kohärenzmatrix $\mathbf{R}_y(\omega)$ am optischen Ausgang des praktischen Stromsensors nach Bild 7-30 erhält man aus

$$\mathbf{R}_y(\omega) = \mathbf{T}(j\omega)\mathbf{R}_x(\omega)\mathbf{T}'^{*}(j\omega) = \begin{pmatrix}R_y^{11}(\omega) & 0\\ 0 & 0\end{pmatrix} \tag{7.256}$$

mit

$$\begin{aligned}R_y^{11}(\omega) &= \frac{2\hat{D}_0^2}{\Delta\omega}\frac{1}{1+\left[\dfrac{\omega-\omega_0}{\Delta\omega/2}\right]^2}(1-2ac)\\ &= \frac{2\hat{D}_0^2}{\Delta\omega}\frac{1}{1+\left[\dfrac{\omega-\omega_0}{\Delta\omega/2}\right]^2}\left(1-2\alpha\frac{\sin\delta}{\delta}\right),\end{aligned} \tag{7.257}$$

wobei für die Doppelbrechung $\delta \gg 2\alpha$ gelten soll. Sie lässt sich darstellen in der Form

$$\delta = \frac{2\pi}{\lambda}\Delta nL = \frac{\omega}{c}\Delta nL = \omega\Delta\tau \tag{7.258}$$

mit

$$\Delta\tau = \Delta n \frac{L}{c}, \quad \Delta n = n_y - n_x . \tag{7.259}$$

Ensemblemittelwert der Intensität am Ausgang. Der Ensemblemittelwert der Intensität am Ausgang ergibt sich aus

$$\langle I_y \rangle = \frac{1}{2\pi} \int_{-\infty}^{\infty} sp[\mathrm{R}_y(\omega)] d\omega = \frac{1}{2\pi} \int_{-\infty}^{\infty} R_y^{11}(\omega)\, d\omega . \tag{7.260}$$

Wir erhalten aus 7.260 mit 7.257 und 7.258:

$$\langle I_y \rangle = \frac{\hat{D}_0^2}{2} \left[1 - 2\alpha \frac{1}{\pi\, \Delta\omega\, \Delta\tau} \int_{-\infty}^{\infty} \frac{\sin(\omega\Delta\tau)\, d\omega}{\omega \left\{ 1 + \left[\frac{\omega - \omega_0}{\Delta\omega/2} \right]^2 \right\}} \right] . \tag{7.261}$$

Das Integral in 7.261 kann man durch Zurückführung der Sinusfunktion auf die Darstellung mit Hilfe der Formel von Euler als Fourier-Integrale für die Kerne $\exp(j\omega\Delta\tau)$ und $\exp(-j\omega\Delta\tau)$ deuten. Es gilt also

$$2 \int_{-\infty}^{\infty} \frac{\sin(\omega\Delta\tau)\, d\omega}{\omega \left\{ 1 + \left[\frac{\omega - \omega_0}{\Delta\omega/2} \right]^2 \right\}} = \int_{-\infty}^{\infty} \frac{\exp(j\omega\Delta\tau)\, d\omega}{j\omega \left\{ 1 + \left[\frac{\omega - \omega_0}{\Delta\omega/2} \right]^2 \right\}} - \int_{-\infty}^{\infty} \frac{\exp(-j\omega\Delta\tau)\, d\omega}{j\omega \left\{ 1 + \left[\frac{\omega - \omega_0}{\Delta\omega/2} \right]^2 \right\}} . \tag{7.262}$$

In beiden Integralen auf der rechten Seite von 7.262 steht eine gebrochen rationale Funktion von $j\omega$ für die eine Partialbruchentwicklung durchgeführt wird.

$$\begin{aligned} \frac{1}{j\omega \left\{ 1 + \left[\frac{\omega - \omega_0}{\Delta\omega/2} \right]^2 \right\}} &= \frac{-\frac{\Delta\omega^2}{4}}{j\omega \left\{ (j\omega)^2 - 2j\omega_0 j\omega + (j\omega_0)^2 - \frac{\Delta\omega^2}{4} \right\}} \\ &= \frac{A_1}{j\omega} + \frac{A_2}{j(\omega - \omega_2)} + \frac{A_3}{j(\omega - \omega_3)} \end{aligned} \tag{7.263}$$

$$-\frac{\Delta\omega^2}{4} = -A_1(\omega - \omega_2)(\omega - \omega_3) - A_2\, \omega (\omega - \omega_3) - A_3\, \omega (\omega - \omega_3) \tag{7.264}$$

$$\begin{aligned} &j\omega_1 = 0 , \quad (j\omega)^2 - 2j\omega\, j\omega_0 + (j\omega_0)^2 - \frac{\Delta\omega^2}{4} = 0 , \\ &j\omega_{2,3} = j\omega_0 \pm \frac{\Delta\omega}{2} \end{aligned} \tag{7.265}$$

$$A_1 = \frac{\frac{\Delta\omega^2}{4}}{\omega_0^2 + \frac{\Delta\omega^2}{4}}$$

$$A_2 = \frac{j\Delta\omega}{4\left(\omega_0 - j\frac{\Delta\omega}{2}\right)} \qquad (7.266)$$

$$A_3 = \frac{-j\Delta\omega}{4\left(\omega_0 + j\frac{\Delta\omega}{2}\right)}$$

Die Lösung des Integrals 7.262 lautet mit der Signumfunktion $\operatorname{sgn}(\Delta\tau)$:

$$\frac{2}{2\pi}\int_{-\infty}^{\infty} \frac{\sin(\omega\Delta\tau)d\omega}{\omega\left\{1+\left[\frac{\omega-\omega_0}{\Delta\omega/2}\right]^2\right\}} = A_1 \operatorname{sgn}(\Delta\tau) + \operatorname{sgn}(\Delta\tau)\left[A_2 \exp(j\omega_2\Delta\tau) + A_3 \exp(j\omega_3\Delta\tau)\right]$$
$$- \operatorname{sgn}(-\Delta\tau)\left[A_2 \exp(-j\omega_2\Delta\tau) + A_3 \exp(-j\omega_3\Delta\tau)\right] \qquad (7.267)$$

Für $\Delta\tau > 0$ folgt

$$\frac{2}{2\pi}\int_{-\infty}^{\infty} \frac{\sin(\omega\Delta\tau)d\omega}{\omega\left\{1+\left[\frac{\omega-\omega_0}{\Delta\omega/2}\right]^2\right\}} = A_1 + A_2 \exp(j\omega_2\Delta\tau) + A_3 \exp(j\omega_3\Delta\tau)$$
$$+ A_2 \exp(-j\omega_2\Delta\tau) + A_3 \exp(-j\omega_3\Delta\tau) \qquad (7.268)$$

Nun wird 7.268 in 7.261 eingesetzt und 7.265 sowie 7.266 berücksichtigt.

Das ergibt:

$$
\begin{aligned}
\left\langle I_y \right\rangle = \frac{\hat{D}_0^2}{2} \Bigg[1 - 2\alpha \frac{1}{\Delta\omega\,\Delta\tau} \Bigg[& \frac{\Delta\omega^2}{4\left(\omega_0^2 + \frac{\Delta\omega^2}{4}\right)} \\
& + \frac{\Delta\omega}{4\sqrt{\omega_0^2 + \frac{\Delta\omega^2}{4}}} \exp\left[j\left(\arctan\left(\frac{\Delta\omega}{2\omega_0}\right) + \frac{\pi}{2} \right)\right] \\
& + \left[\exp\left(\frac{\Delta\omega}{2}\Delta\tau\right) \exp\left(j\omega_0\Delta\tau\right) + \exp\left[-\frac{\Delta\omega}{2}\Delta\tau\right] \exp\left(-j\omega_0\Delta\tau\right)\right] \\
& + \frac{\Delta\omega}{4\sqrt{\omega_0^2 + \frac{\Delta\omega^2}{4}}} \exp\left[-j\left(\arctan\left(\frac{\Delta\omega}{2\omega_0}\right) + \frac{\pi}{2} \right)\right] \\
& \left[\exp\left(-\frac{\Delta\omega}{2}\Delta\tau\right) \exp\left(j\omega_0\Delta\tau\right) + \exp\left(\frac{\Delta\omega}{2}\Delta\tau\right) \exp\left(-j\omega_0\Delta\tau\right)\right]\Bigg]\Bigg].
\end{aligned}
\tag{7.269}
$$

Die Größe $\left\langle I_y \right\rangle$ erhalten wir aus

$$
\begin{aligned}
\left\langle I_y \right\rangle = \frac{\hat{D}_0^2}{2} \Bigg[1 - \alpha \frac{1}{\Delta\tau} \Bigg[& \frac{\Delta\omega / 2}{\omega_0^2 + \frac{\Delta\omega^2}{4}} \\
& + \frac{1}{\sqrt{\omega_0^2 + \frac{\Delta\omega^2}{4}}} \Bigg[\exp\left(\frac{\Delta\omega}{2}\Delta\tau\right) \cos\left[\omega_0\Delta\tau + \arctan\left(\frac{\Delta\omega}{2\omega_0}\right) + \frac{\pi}{2}\right] \\
& + \exp\left(-\frac{\Delta\omega}{2}\Delta\tau\right) \cos\left[\omega_0\Delta\tau - \arctan\left(\frac{\Delta\omega}{2\omega_0}\right) - \frac{\pi}{2}\right]\Bigg]\Bigg]\Bigg].
\end{aligned}
\tag{7.270}
$$

Nur für eine verschwindende Laserlinienbreite $\Delta\omega \to 0$ ist der Sensor bezüglich des Mittelwertes der Intensität $\left\langle I_y \right\rangle$ frei von Schwankungen durch die sich zeitlich ändernde Doppelbrechung. Das ist insofern wichtig, weil die Mittelwerte $\left\langle I_{\frac{\pi}{4}} \right\rangle$ und $\left\langle I_{-\frac{\pi}{4}} \right\rangle$ zu unterschiedlichen Zeiten, d.h. nacheinander gebildet werden. Unter der Bedingung $\Delta\omega = 0$ erhält man aus 7.270 für einen amplitudenstabilisierten Laser nämlich:

$$
\left\langle I_y \right\rangle = \frac{\hat{D}_0^2}{2} = \text{const}\,. \tag{7.271}
$$

7.5 Literatur

[7.1] Weissman, Y.: *Optical Network Theory.* Artech House, Boston, London, 1992

[7.2] Ebel, T.: *Regelungstechnik.* B. G. Teubner, Stuttgart, 1991

[7.3] Grattan, K. T. V.; Meggitt, B. T.: *Optical Fiber Sensor Technology.* Chapman & Hall, London, 1995

[7.4] Grattan, K. T. V.; Meggitt, B. T.: *Optical Fiber Sensor Technology. Volume 2: Devices and Technology*, Chapman & Hall, London, 1998

[7.5] Thiele, R.; Scholze, R.: *Optische Sensortechnik - Übersicht und Anwendungen.* Wiss. Berichte Hochschule Zittau/Görlitz, Nr. 1835 (2001), Heft 68

8 Messverfahren

Im Kapitel 8 erfolgt die Erläuterung wichtiger Messprinzipien der optischen Nachrichtentechnik. Dabei steht bei Laserdioden, Monomode-LWL, faseroptischen Verstärkern und optischen Nachrichtensystemen die Ermittlung funktionsbestimmender Parameter im Vordergrund. Im Gegensatz dazu soll beim Empfänger erklärt werden, wie dieser zur Gewinnung von Kennwerten und Kennfunktionen anderer Komponenten oder gesamter Systeme einsetzbar ist.

8.1 Laserdiode

8.1.1 Fernfeld

Messprinzip. Wir setzen eine Fabry-Perot-Laserdiode voraus und wollen ihr Fernfeld

$$I_F(\Theta_x,\Theta_y) = I_N(0,0)\,\pi\, w_x w_y \exp\left[-\frac{4\pi^2}{\lambda^2}\left(w_x^2\Theta_x^2 + w_y^2\Theta_y^2\right)\right] \qquad (8.1)$$

durch Messung mit Hilfe einer optischen Bank bestimmen. Die Laserdiode wird in die optische Bank entweder parallel oder senkrecht zur aktiven Zone eingespannt. Der Photodetektor, eine pin-Photodiode, befindet sich auf einem schwenkbaren Arm der optischen Bank mit Winkeleinteilung in Grad. Regt man die Laserdiode im Dauerstrichbetrieb an, so kann man an der pin-Photodiode den Photostrom I_{ph} proportional zur Fernfeldintensität $I_F(\Theta_x,0)$ oder $I_F(0,\Theta_y)$ messen, wenn der bewegliche Arm der optischen Bank entsprechend Θ_x bzw. Θ_y von Null bis zu einem relevanten Maximalwinkel geschwenkt wird. Den Messaufbau zeigt Bild 8-1.

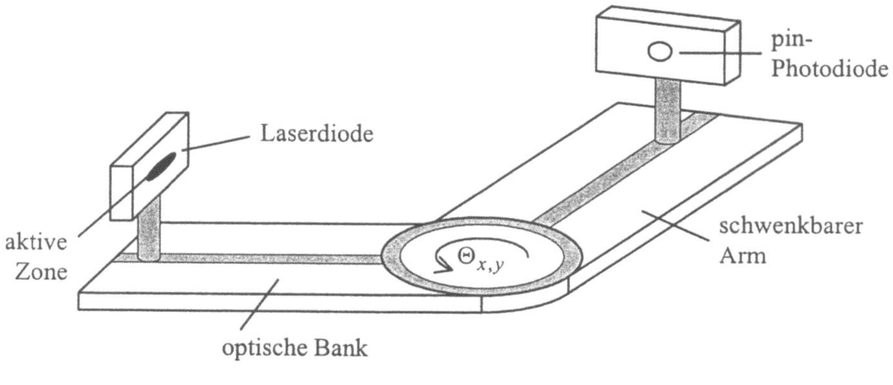

Bild 8-1 Messaufbau für die Fernfeldbestimmung einer Fabry-Perot-Laserdiode

Auswertung. Im Ergebnis der beiden Messungen für das Fernfeld parallel oder senkrecht zur aktiven Zone erhalten wir die Kurven mit den angegebenen normierten Ordinatenwerten nach Bild 8-2.

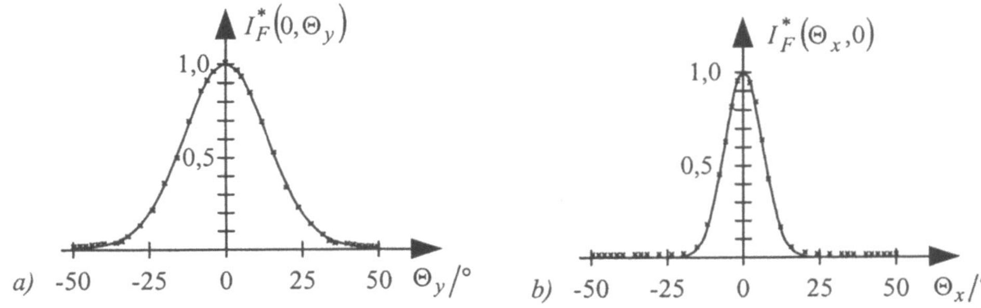

Bild 8-2 Messkurven für die Fernfeldbestimmung einer Fabry-Perot-Laserdiode [8.1]
a) parallel zur aktiven Zone
b) senkrecht zur aktiven Zone

Geht man von der Annahme aus, dass die normierte Intensitätsverteilungsfunktion in waagerechter Richtung $I_F^*(\Theta_y) = I_F^*(0,\Theta_y)$ von Θ_x unabhängig und die normierte Intensitätsverteilungsfunktion in senkrechter Richtung $I_F^*(\Theta_x) = I_F^*(\Theta_x,0)$ von Θ_y unabhängig ist, so erhält man $I_F^*(\Theta_x,\Theta_y)$ aus

$$I_F^*(\Theta_x,\Theta_y) = I_F^*(\Theta_x) \cdot I_F^*(\Theta_y)\,. \tag{8.2}$$

Bild 8-3 zeigt den Verlauf von $I_F^*(\Theta_x,\Theta_y)$ in räumlicher Darstellung.

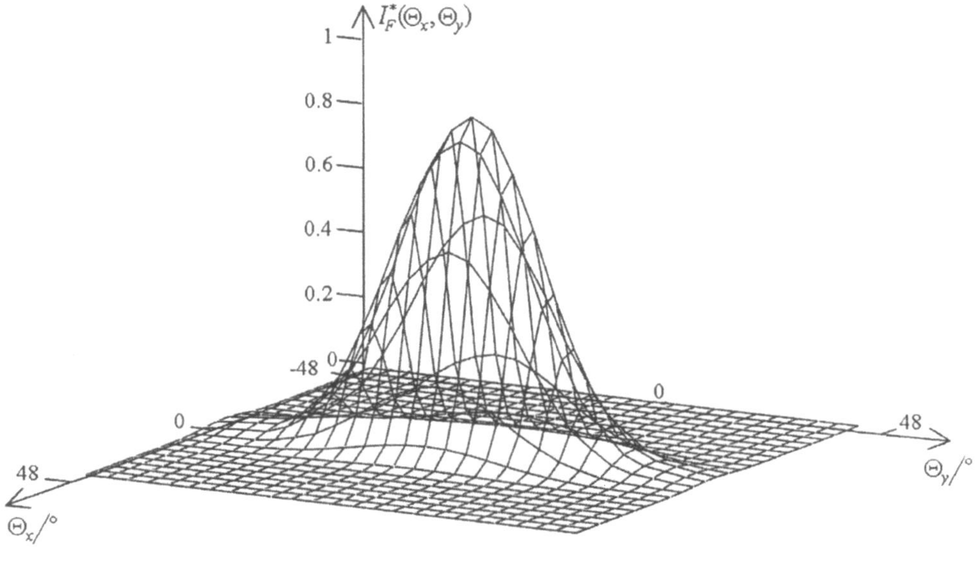

Bild 8-3 Fernfeldintensität $I_F^*(\Theta_x,\Theta_y)$

Wie aus den Bildern 8-2 und 8-3 zu erkennen ist, sind die Intensitätsverteilungen annähernd gaußförmig. Weiterhin ist zu beobachten, dass die Laserdiode parallel zur aktiven Zone in einem größeren Winkelbereich abstrahlt als senkrecht zur aktiven Zone.

8.1.2 Laserlinienbreite

Messprinzip. Zur Ermittlung der Laserlinienbreite setzt man heterodyne oder homodyne Verfahren ein und verwendet nach Bild 8-4 elektrische Spektralanalysatoren. Optische Spektralanalysatoren sind wegen der geringen Wellenlängenauflösung ungeeignet. Die zu erwartende Linienbreite liegt in der Größenordnung von 10 MHz oder weniger.

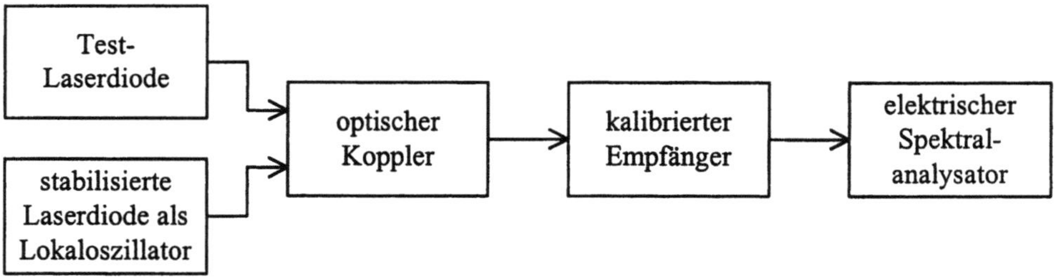

Bild 8-4 Messkonfiguration zur Bestimmung der Laserlinienbreite

Heterodynverfahren. Beim Heterodynverfahren kombiniert man das unbekannte Signal der Test-Laserdiode mit dem eines stabilisierten schmalbandigen Lokallasers. Zur Überlagerung beider Signale wird ein optischer Koppler verwendet. Der kalibrierte Empfänger detektiert das entstehende ZF-Signal und führt es dem elektrischen Spektralanalysator zu. Bild 8-5 zeigt das Spektrum eines z.B. mit 500 MHz sinusförmig intensitätsmodulierten Signals, aus dem die Laserlinienbreite entnommen werden kann. Der begrenzende Faktor dieses Verfahrens ist durch die erreichbare Stabilität des Lokallasersignals gegeben.

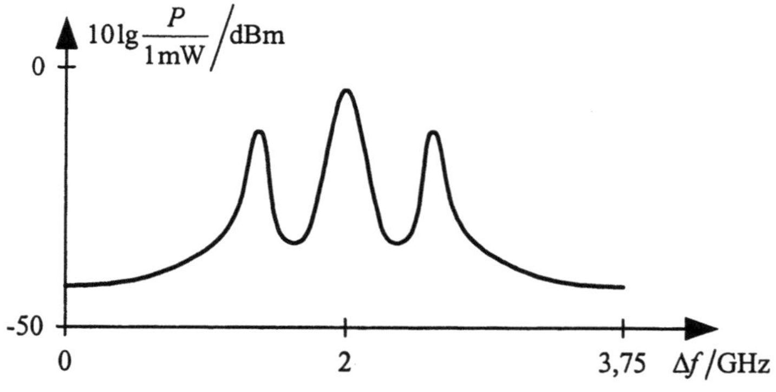

Bild 8-5 Spektrum eines mit 500 MHz sinusförmig intensitätsmodulierten Signals [8.2]

Homodynverfahren. Beim Homodynverfahren beträgt die Zwischenfrequenz 0 Hz. Es erlaubt wegen der größeren Frequenzauflösung eine gegenüber dem Heterodynverfahren genauere Messung der Laserlinienbreite. Der Nachteil des Verfahrens ist, dass das zugehörige Spektrum keine Information über die Mittenfrequenz des Testlasers enthält. Bild 8-6 zeigt die Ermittlung der unmodulierten Laserlinienbreite nach dem Homodynverfahren.

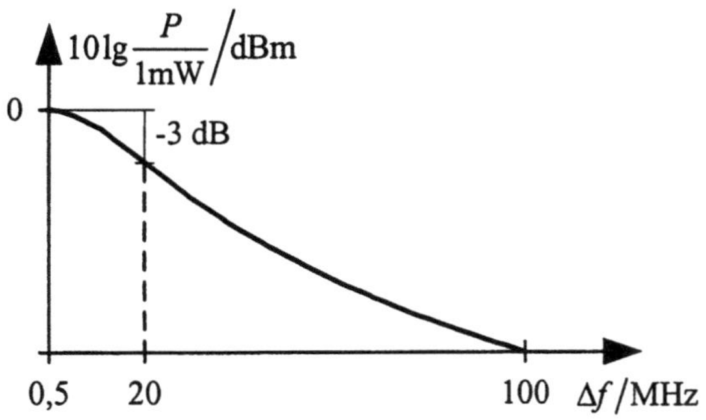

Bild 8-6 Ermittlung der unmodulierten Laserlinienbreite nach dem Homodynverfahren [8.2]

Für das im Bild 8-6 gewählte Beispiel beträgt die Laserlinienbreite 20 MHz.

8.1.3 Modulationsverfahren

8.1.3.1 Modulationsanalyse im Frequenzbereich

Messprinzip. Viele optische Nachrichtensysteme nutzen als Modulationsverfahren die Intensitätsmodulation. Zur Modulationsanalyse im Frequenzbereich bei Intensitätsmodulation zeigt Bild 8-7 den zugehörigen Messaufbau. Er besteht aus der Test-Laserdiode, einem kalibrierten Empfänger und dem elektrischen Spektralanalysator.

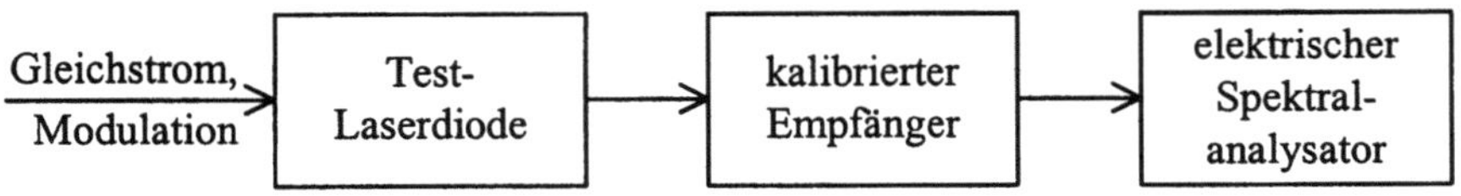

Bild 8-7 Messaufbau zur Modulationsanalyse im Frequenzbereich

Auswertung. Man erhält vom elektrischen Spektralanalysator z.B. das Bild 8-8, in dem die modulierte elektrische Leistung, normiert auf den Mittelwert in dB, also $20\lg\frac{P_{mod}}{\overline{P}_{mod}}\,\mathrm{dB}$ als Funktion der Modulationsfrequenz f_m in GHz dargestellt ist. Aus Bild 8-8 können dann die Tiefe der optischen Modulation, das relative Intensitätsrauschen und Verzerrungsparameter entnommen werden.

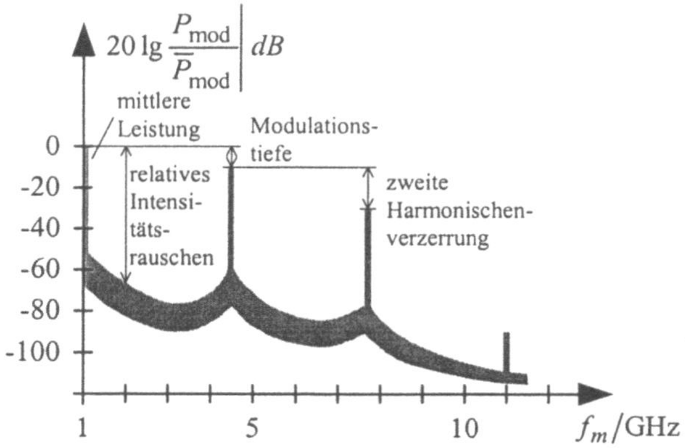

Bild 8-8 Modulationsanalyse im Frequenzbereich [8.2]

8.1.3.2 Modulationsanalyse im Zeitbereich

Messprinzip. Die meisten optischen Nachrichtensysteme nutzen digitale Modulationsverfahren, so dass sich die Messung des Augendiagramms, d.h. die Visualisierung der optischen Leistung über der Zeit anbietet. Den zugehörigen Messaufbau zeigt Bild 8-9. Er setzt sich aus einem Bitmustergenerator, der Test-Laserdiode und dem optischen Empfänger zusammen. Im optischen Empfänger ist die pin-Photodiode, ein Tiefpassfilter und das getriggerte elektrische Sampling-Oszilloskop enthalten.

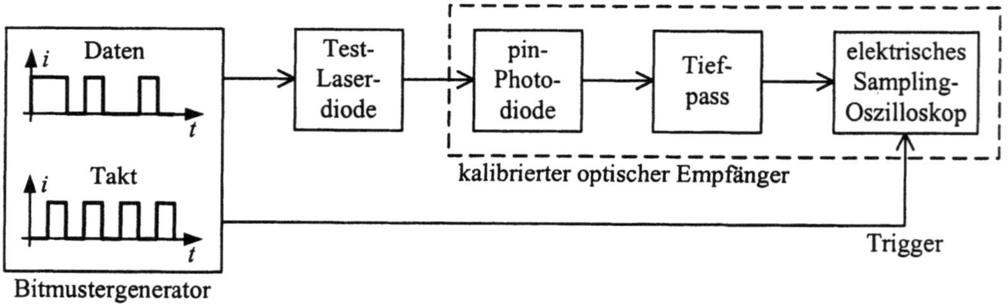

Bild 8-9 Messaufbau zur Modulationsanalyse im Zeitbereich

Auswertung. Das elektrische Sampling-Oszilloskop liefert z.B. das gefilterte Augendiagramm nach Bild 8-10. Zu beobachten ist jedoch, dass der kalibrierte optische Empfänger, um Signalverfälschungen zu vermeiden, eine relativ hohe Bandbreite besitzen muss. Durch die Einbringung von Schablonen 1 bis 3 kann relativ leicht überprüft werden, ob das Auge im vorgeschriebenen Toleranzbereich geöffnet ist.

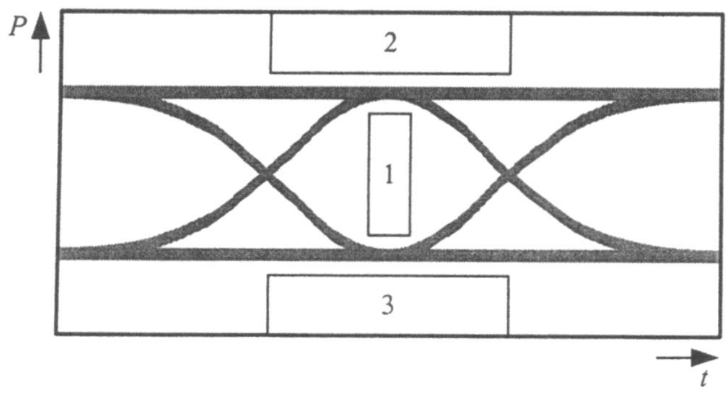

Bild 8-10 Augendiagramm zur Modulationsanalyse im Zeitbereich

8.2 Monomode-LWL

8.2.1 Modenfeldradius

Theoretische Grundlagen. Zur Charakterisierung der transversalen Feldverteilung eines Monomode-LWL benötigen wir nach 8.3 den Modenfeldradius w_0.

$$\psi(\rho) = \exp\left[-\left(\frac{\rho}{w_0}\right)^2\right] \tag{8.3}$$

Die messtechnische Bestimmung von w_0 erfolgt mit dem Kopplungswirkungsgrad $\eta(d)$ als Funktion des transversalen Versatzes d zweier gleichartiger LWL. Bild 8-11 zeigt diese Anordnung mit den Feldverteilungen in den einzelnen Lichtwellenleitern.

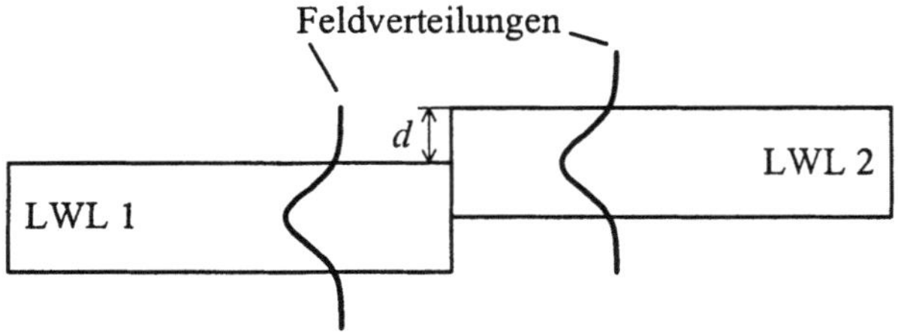

Bild 8-11 Zwei gleichartige LWL, die um d transversal versetzt sind

Der Kopplungswirkungsgrad η ist definiert in der Form

$$\eta(d) = \frac{I_{12}(d)}{I_{11}(0)\,I_{22}(0)}\,. \tag{8.4}$$

$I_{12}(d)$ heißt Überlappungsintegral und $I_{11}(0)$ sowie $I_{22}(0)$ sind die Normierungsintegrale.

Es gilt

$$I_{ij}(d)=\int_{-\infty}^{\infty}\int_{-\infty}^{\infty}\psi_i(x,y)\psi_j(x-d,y)\,dx\,dy\,. \tag{8.5}$$

Zur Berechnung von η werden gleiche Feldverteilungen in den einzelnen LWL

$$\psi_1(\rho)=\psi_2(\rho)=\psi(\rho) \tag{8.6}$$

vorausgesetzt, so dass 8.5 übergeht in

$$I_{12}(d)=\int_{-\infty}^{\infty}\int_{-\infty}^{\infty}\psi(x,y)\psi(x-d,y)\,dx\,dy \tag{8.7}$$

mit

$$\psi(x-d,y)=\exp\left[-\left(\frac{x-d}{w_0}\right)^2\right]\exp\left[-\left(\frac{y}{w_0}\right)^2\right]. \tag{8.8}$$

Durch Einsetzen von 8.8 in 8.7 erhält man

$$I_{12}(d)=\int_{-\infty}^{\infty}\exp\left[-\left(\frac{x}{w_0}\right)^2-\left(\frac{x-d}{w_0}\right)^2\right]dx\cdot\int_{-\infty}^{\infty}\exp\left[-2\left(\frac{y}{w_0}\right)^2\right]dy\,. \tag{8.9}$$

Mit

$$\int_{-\infty}^{\infty}\exp\left[-2\left(\frac{y}{w_0}\right)^2\right]dy=\frac{w_0}{2}\sqrt{2\pi} \tag{8.10}$$

ergibt sich weiter

$$\begin{aligned}I_{12}(d)&=\frac{w_0}{2}\sqrt{2\pi}\int_{-\infty}^{\infty}\exp\left[-\frac{2x^2-2xd+d^2}{w_0^2}\right]dx\\&=\frac{w_0}{2}\sqrt{2\pi}\exp\left[-\left(\frac{d}{w_0}\right)^2\right]\int_{-\infty}^{\infty}\exp\left[-\frac{2x^2-2xd}{w_0^2}\right]dx\,.\end{aligned} \tag{8.11}$$

Im Integral 8.11 führen wir eine quadratische Ergänzung durch:

$$\begin{aligned}&a^2=2x^2\rightarrow a=\sqrt{2}x\\&2ab=2xd\rightarrow b=\frac{xd}{a}=\frac{d}{\sqrt{2}},\ b^2=\frac{d^2}{2}\,.\end{aligned} \tag{8.12}$$

Daraus folgt

$$\int_{-\infty}^{\infty}\exp\left[-\frac{2x^2-2xd}{w_0^2}\right]dx=\exp\left[\frac{d^2}{2w_0^2}\right]\int_{-\infty}^{\infty}\exp\left[-\frac{\left(\sqrt{2}x-\frac{d}{\sqrt{2}}\right)^2}{w_0^2}\right]dx\,. \tag{8.13}$$

Mit Hilfe der Substitution

$$\frac{z^2}{2}=\left(\frac{\sqrt{2}x-\frac{d}{\sqrt{2}}}{w_0}\right)^2 \ , \ z=\frac{2}{w_0}x-\frac{d}{w_0} \ , \ dx=\frac{w_0}{2}dz \tag{8.14}$$

erhalten wir

$$\begin{aligned}\int_{-\infty}^{\infty}\exp\left[-\frac{2x^2-2xd}{w_0^2}\right]dx &= \frac{w_0}{2}\exp\left[\frac{d^2}{2w_0^2}\right]\underbrace{\int_{-\infty}^{\infty}\exp\left[-\frac{z^2}{2}\right]dx}_{=\sqrt{2\pi}} \\ &= \frac{w_0}{2}\sqrt{2\pi}\exp\left[\frac{d^2}{2w_0^2}\right]\end{aligned} \tag{8.15}$$

und für das Überlappungsintegral

$$I_{12}(d)=\frac{\pi}{2}w_0^2\exp\left[-\frac{d^2}{2w_0^2}\right]. \tag{8.16}$$

Für einen verschwindenden Versatz d gewinnt man aus 8.16 die Normierungsintegrale

$$I_{11}(0)=I_{22}(0)=\frac{\pi}{2}w_0^2 . \tag{8.17}$$

Mit 8.16 und 8.17 lässt sich der Kopplungswirkungsgrad η nach 8.4 in der Form

$$\eta(d)=\exp\left[-\left(\frac{d}{w_0}\right)^2\right] \tag{8.18}$$

darstellen.

Messprinzip. Auf 8.18 basiert die Versatzmethode zur Bestimmung des Modenfeldradius w_0. Nach vorheriger Maximalleistung von η liefert die Verschiebung d_e zweier LWL zueinander für den Abfall von η auf $\frac{1}{e}$ gerade $w_0=d_e$. Dabei wird für die Messung ein Abstand von kleiner 5 µm, ein Tropfen Immersionsöl und ein Sub-µm-Manipulator empfohlen [8.3].

8.2.2 Jones-Matrix

Messprinzip. Die Messmethode für die Jones-Matrix wird am Beispiel des Monomode-LWL demonstriert. Die Relation zwischen dem Jones-Vektor am Eingang $\vec{A}_{in}$ und dem Jones-Vektor am Ausgang $\vec{A}_{out}$ ist durch die Jones-Matrix **J** gemäß

$$\vec{A}_{out}=\mathbf{J}\,\vec{A}_{in} \tag{8.19}$$

für eine gewählte Frequenz gegeben. Der Ausgangs-Jones-Vektor $\vec{A}_{out_\nu}=\begin{pmatrix}X_\nu\\Y_\nu\end{pmatrix}$ mit $\nu\in\{1,2,3\}$ wird für die linearen Eingangspolarisationen, orientiert bei 0°, 45° und 90° bestimmt. Bild 8-12 illustriert die drei durchzuführenden Messungen.

Wie man die einzelnen Jones-Vektoren am Ausgang ermittelt, wird im Zusammenhang mit den Stokes-Parametern erläutert.

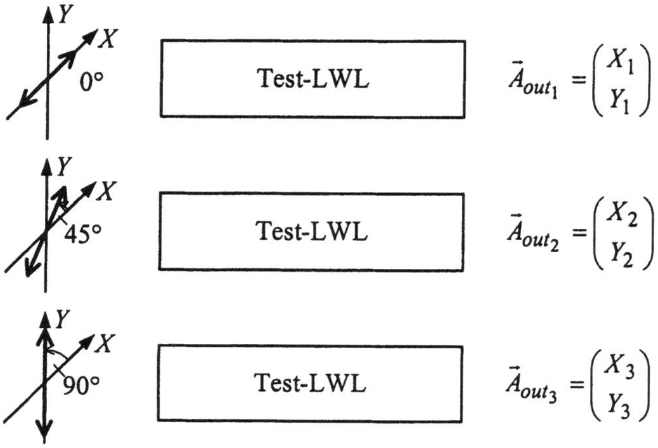

Bild 8-12 Ausgangs-Jones-Vektoren für 3 verschiedene lineare Eingangspolarisationen

Auswertung. Aus den Jones-Vektoren $\vec{A}_{out_1}$ bis $\vec{A}_{out_3}$ lassen sich die Größen

$$K_1 = \frac{X_1}{Y_1}, \; K_2 = \frac{X_2}{Y_2}, \; K_3 = \frac{X_3}{Y_3}, \; K_4 = \frac{K_3 - K_2}{K_1 - K_3} \tag{8.20}$$

bilden. Daraus kann die Jones-Matrix **J** bis auf eine komplexe Konstante C bestimmt werden [8.4].

$$\mathrm{J} = \begin{pmatrix} K_1 K_4 & K_2 \\ K_4 & 1 \end{pmatrix} C \tag{8.21}$$

Stokes-Parameter. Da das elektrische Feld einer Lichtwelle nicht ohne weiteres gemessen werden kann, sind Methoden entwickelt worden, die auf der Ermittlung bestimmter optischer Leistungen, den so genannten Stokes-Parametern beruhen. Die Stokes-Parameter S_0 bis S_3 werden wie folgt gebildet:

$S_0 \mathrel{\hat{=}}$ totale Leistung (polarisiert und unpolarisiert)

$S_1 \mathrel{\hat{=}}$ Leistung durch einen linearen horizontalen Polarisator minus Leistung durch einen linearen vertikalen Polarisator

$S_2 \mathrel{\hat{=}}$ Leistung durch einen linearen +45°-Polarisator minus Leistung durch einen -45°-Polarisator

$S_3 \mathrel{\hat{=}}$ Leistung durch einen rechtsdrehenden zirkularen Polarisator minus Leistung durch einen linksdrehenden zirkularen Polarisator

Der Betrag der optischen Leistung, der im polarisierten Teil der Lichtwelle enthalten ist, ergibt sich aus

$$P_{polarisiert} = \sqrt{S_1^2 + S_2^2 + S_3^2}\,. \tag{8.22}$$

Eine orthogonale Darstellung der Stokes-Parameter enthält Bild 3-13. Darin bezeichnet *DOP* den Polarisationsgrad, *DOP* für *degree of polarization*, entsprechend

$$DOP = \frac{P_{polarisiert}}{P_{polarisiert} + P_{unpolarisiert}} = \sqrt{s_1^2 + s_2^2 + s_3^2} \tag{8.23}$$

mit den normierten Stokes-Parametern

$$s_1 = \frac{S_1}{S_0},\ s_2 = \frac{S_2}{S_0},\ s_3 = \frac{S_3}{S_0} \tag{8.24}$$

und dem Wertebereich

$$-1 \le s_\nu \le 1,\ \nu \in \{1,2,3\}. \tag{8.25}$$

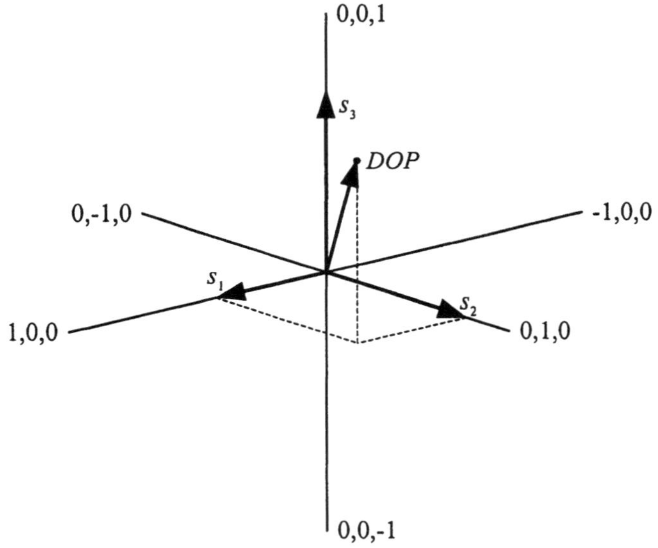

Bild 8-13 Orthogonale Darstellung der normierten Stokes-Parameter [8.2]

Polarisationseinheitsvektor und normierte Stokes-Parameter. Der Polarisationsgrad *DOP* ist eine zusätzliche Kenngröße zur Beschreibung eines Polarisationszustandes. Zur Beschreibung der Ausgangspolarisation mit Hilfe der Vektoren $\vec{A}_{out_1}$ bis $\vec{A}_{out_3}$ im Bild 8-12 wird jedoch der explizite Zusammenhang der normierten Stokes-Parameter mit dem Polarisationseinheitsvektor am Ausgang benötigt.

Der Polarisationseinheitsvektor am Ausgang des LWL ist durch

$$\begin{pmatrix} e_x(L,t) \\ e_y(L,t) \end{pmatrix} = \begin{pmatrix} |e_x(L,t)| \exp(-j\psi_x) \\ |e_y(L,t)| \exp(-j\psi_y) \end{pmatrix} \tag{8.26}$$

definiert. Nach [8.5] gilt in unserer Schreibweise für die normierten Stokes-Parameter als Funktion des Polarisationseinheitsvektors

$$s_1 = \left|e_x(L,t)\right|^2 - \left|e_y(L,t)\right|^2$$
$$s_2 = e_x(L,t)\,e_y^*(L,t) + e_x^*(L,t)\,e_y(L,t) \tag{8.27}$$
$$s_3 = j\left[e_x(L,t)\,e_y^*(L,t) - e_x^*(L,t)\,e_y(L,t)\right]$$

Aus 8.27 lässt sich der Polarisationseinheitsvektor unter der Nebenbedingung

$$\left|e_x(L,t)\right|^2 + \left|e_y(L,t)\right|^2 = 1 \tag{8.28}$$

ermitteln. Wir erhalten aus 8.27 und 8.28:

$$\left|e_x\right| = \sqrt{\frac{1+s_1}{2}}, \quad \left|e_y\right| = \sqrt{\frac{1-s_1}{2}}$$
$$\psi_y - \psi_x = \arccos\left[\frac{s_2}{\sqrt{1-s_1^2}}\right] \text{ bzw. } \psi_y - \psi_x = -\arcsin\left[\frac{s_3}{\sqrt{1-s_1^2}}\right]. \tag{8.29}$$

Messprinzip für die Stokes-Parameter. Das Messprinzip für die Stokes-Parameter entnimmt man Bild 8-14. Eine in der Frequenz einstellbare Laserdiode speist den Polarisator für die einzustellenden Polarisationszustände für die 0°-, 45°- und 90°-Polarisation. Das nach dem Polarisator vorhandene linear polarisierte Licht durchläuft den Test-LWL und wird anschließend im Analysator bezüglich der Stokes-Parameter analysiert.

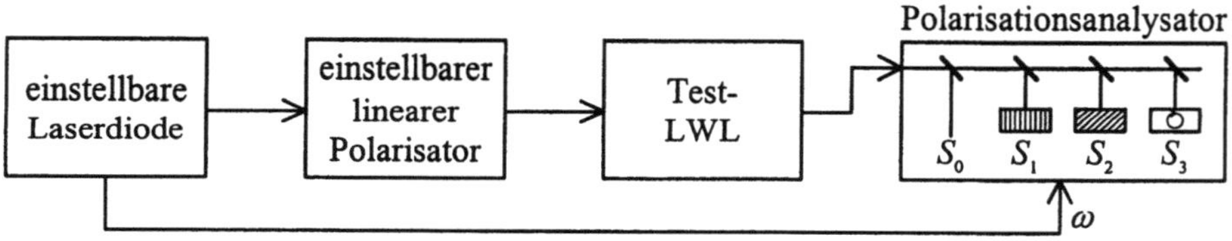

Bild 8-14 Messaufbau zur Bestimmung der Stokes-Parameter

8.2.3 Chromatische Dispersion

8.2.3.1 Modulations-Phasenverschiebungs-Methode

Messprinzip. Den Messaufbau für die Modulations-Phasenverschiebungs-Methode zeigt Bild 8-15. Das Ausgangssignal einer schmalbandigen in der Wellenlänge λ einstellbaren Laserdiode wird mit Hilfe eines Mach-Zehnder-Modulators MZM intensitätsmoduliert und auf die Testfaser gegeben. Am Ende der Faser erfolgt die Detektion des durch die chromatische Dispersion und Dämpfung veränderten Ausgangssignals mit einem Photodiodenempfänger. Anschließend wird ein Phasenvergleich des Signals der elektrischen Quelle als Referenz mit dem detektierten Signal durchgeführt.

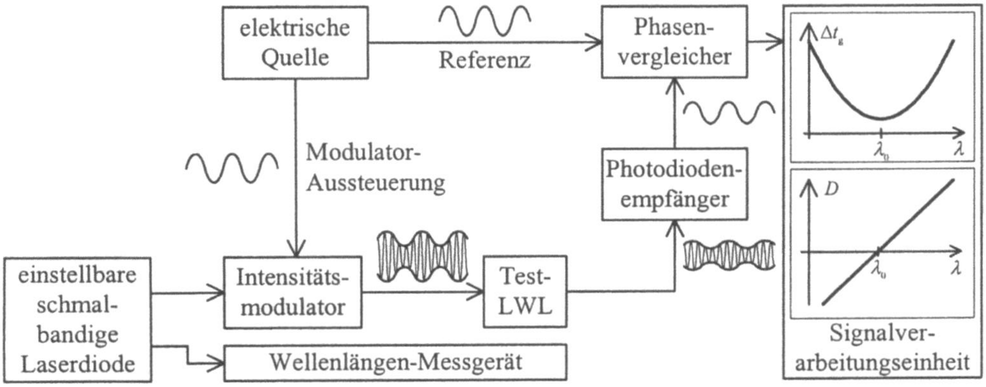

Bild 8-15 Messaufbau zur Bestimmung der Kennfunktionen der chromatischen Dispersion nach der Modulations-Phasenverschiebungs-Methode [8.2]

Auswertung. In der Signalverarbeitungseinheit berechnet man einerseits die relative Gruppenlaufzeit Δt_g gemäß [8.2]:

$$\Delta t_g / ps = -\frac{\phi_{\lambda+\frac{\Delta\lambda}{2}} - \phi_{\lambda-\frac{\Delta\lambda}{2}}}{360 f_m / Hz} 10^{12}, \tag{8.30}$$

wobei f_m die Modulationsfrequenz und $\Delta\lambda$ das Wellenlängenintervall mit der zentrierten Wellenlänge λ ist. Die Phasen $\phi_{\lambda+\frac{\Delta\lambda}{2}}$ und $\phi_{\lambda-\frac{\Delta\lambda}{2}}$ sind in Grad einzusetzen.

Anderseits ergibt sich aus der Definitionsgleichung

$$D \Big/ \frac{ps}{nm\,km} = \frac{1}{L/km} \frac{d\Delta t_g / ps}{d\lambda / nm} \tag{8.31}$$

die Berechnungsvorschrift für den Dispersionskoeffizienten D der chromatischen Dispersion in Anhängigkeit der Wellenlänge λ bei fester Länge L des Test-LWL. Zweckmäßig ist die Visualisierung von $\Delta t_g(\lambda)$ und $D(\lambda)$ auf einem Display.

8.2.3.2 Phasendifferenz-Methode

Grundlagen. Mit der Phasendifferenz-Methode wird der Dispersionsparameter D der chromatischen Dispersion direkt aus der Änderung der Gruppenlaufzeit in einem schmalen Wellenlängenintervall $\Delta\lambda$ bestimmt [8.2]. D interpretiert man als Mittelwert innerhalb $\Delta\lambda$. Zur Bestimmung des Messwertes benötigt man neben der Test- eine Referenzfaser, die bei der selben Wellenlänge untersucht wird. Der Dispersionsparameter $D(\lambda_i)$ genügt der Näherung

$$D(\lambda_i) \approx \frac{\Delta\phi_{\lambda_i} - \Delta\phi'_{\lambda_i}}{360 f_m L \Delta\lambda} \cdot 10^{12}, \tag{8.32}$$

wobei die Phasendifferenzen in Grad, die Wellenlängendifferenz $\Delta\lambda$ in nm und die Modulationsfrequenz f_m in Hz einzusetzen sind. L ist die Länge der Testfaser minus Länge der Referenzfaser in km. λ_i kennzeichnet die Mittenwellenlänge im jeweils betrachteten Wellenlängenintervall. $\Delta\phi_{\lambda_i}$ ist die gemessene Phasenänderung der Testfaser und $\Delta\phi'_{\lambda_i}$ die gemessene Phasenänderung der Referenzfaser.

8.2.4 Polarisationsmodendispersion

Jones-Matrix-Eigenanalyse. Mit der Jones-Matrix-Eigenanalyse bestimmt man die Differenz in der Gruppenlaufzeit zwischen den Polarisationshauptzuständen als Funktion der Wellenlänge. Diese Methode basiert auf der Messung der Jones-Matrix des Monomode-LWL bei einer Reihe von Wellenlängen [8.2]. Sie kann man sowohl auf kurze als auch auf lange Fasern anwenden. Voraussetzung ist jedoch, dass ein lineares zeitinvariantes System vorliegt. Wegen der Linearität dürfen keine neuen Frequenzen im Testobjekt erzeugt werden, und wegen der Zeitinvarianz sind absolute Phasenlaufzeiten von der Beobachtung ausgeschlossen. Es wird nur die Polarisationstransformation durch den LWL untersucht.

Messprinzip. Das Messprinzip der Jones-Matrix-Eigenanalyse zeigt Bild 8-16.

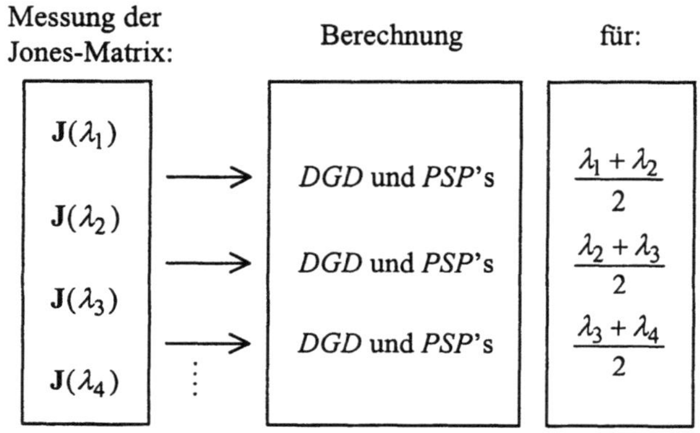

Bild 8-16 Prinzip der Jones-Matrix-Eigenanalyse zur Bestimmung der differentiellen Gruppenlaufzeit *DGD* und der Polarisationshauptzustände *PSP*'s

Die Berechnung der *DGD* und *PSP*'s kann im Prinzip mit dem Verfahren aus Unterabschnitt 4.3.1.2 erfolgen. So erhält man die differentielle Gruppenlaufzeit

$$\Delta\tau = \left| \frac{\arg\left(\frac{\rho_1}{\rho_2}\right)}{\Delta\omega} \right| \tag{8.33}$$

aus den Eigenwerten ρ_1 und ρ_2 der Matrix

$$\mathbf{J}(\omega + \Delta\omega)\,\mathbf{J}^{-1}(\omega) \tag{8.34}$$

für das jeweilige Frequenzintervall $\Delta\omega$, umgerechnet aus der Differenz von jeweils zwei Wellenlängen entsprechend Bild 8-16. In 8.33 bezeichnet z.B. $\arg(\alpha\exp(j\theta)) = \theta$ die Argument-Funktion.

Statistischer Charakter der Polarisationsmodendispersion. Nach Unterabschnitt 5.1.3.1 weist die Polarisationsmodendispersion statistischen Charakter auf. Der *DGD*-Koeffizient besitzt die Maxwellsche Dichtefunktion entsprechend Bild 5-7. Zur Ermittlung der Dichtefunktion benötigt man den Parameter α. Diese Größe kann aus

$$\alpha^2 = \frac{1}{3N} \sum_{i=1}^{N} \Delta\tau_i^2 \qquad (8.35)$$

bestimmt werden [8.2]. Dabei bezeichnet $\Delta\tau_i$ die *gemessene* bzw. berechnete Gruppenlaufzeitdifferenzen im i-ten Wellenlängenintervall bei insgesamt N Intervallen.

8.2.5 Polarisationsabhängige Dämpfung

Müller-Matrix. Die erste Zeile der so genannten 4×4-Müller-Matrix wird zur *PDL*-Messung benötigt. Sie verknüpft die Stokes-Vektoren am Ein- und Ausgang einer optischen Komponente entsprechend 8.36 miteinander.

$$\begin{pmatrix} S_{0out} \\ S_{1out} \\ S_{2out} \\ S_{3out} \end{pmatrix} = \begin{pmatrix} m_{00} & m_{01} & m_{02} & m_{03} \\ m_{10} & m_{11} & m_{12} & m_{13} \\ m_{20} & m_{21} & m_{22} & m_{23} \\ m_{30} & m_{31} & m_{32} & m_{33} \end{pmatrix} \begin{pmatrix} S_{0in} \\ S_{1in} \\ S_{2in} \\ S_{3in} \end{pmatrix} \qquad (8.36)$$

Müller-Methode. Der Messaufbau zur *PDL*-Bestimmung nach der Müller-Methode ist im Bild 8-17 gezeigt. Kernstück ist ein Polarisations-Controller, bestehend aus einstellbarem Polarisator P, drehbarer $\frac{\lambda}{4}$- Platte „$\frac{\lambda}{4}$“ und drehbarer $\frac{\lambda}{2}$- Platte „$\frac{\lambda}{2}$“.

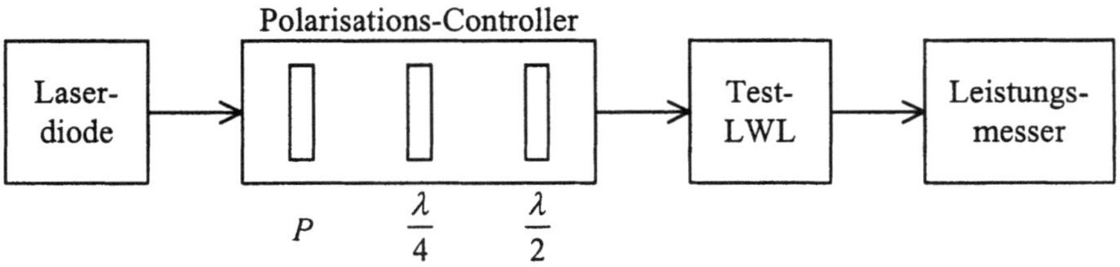

Bild 8-17 *PDL*-Messung nach der Müller-Methode [8.2]

Die Messung läuft wie folgt ab. Zuerst wird der Polarisator auf maximale Transmission, d.h. auf den Winkel α_p gedreht. Danach erfolgen die Einstellungen für Polarisator, $\frac{\lambda}{4}$- und $\frac{\lambda}{2}$-Platte entsprechend Tabelle 8-1.

Die Transmissionen T_1 bis T_4 bildet man aus den gemessenen Leistungen mit DUT, DUT steht für *Device under Test*, gekennzeichnet durch große Indizes A bis D für die Leistungen, und den Leistungen ohne DUT mit kleinen Buchstaben a bis d für die Indizes.

Die Zusammenhänge der gemessenen Leistungen und gebildeten Transmissionen mit den Elementen der ersten Zeile der Müller-Matrix findet man in Gleichung 8.37 [8.2].

Tabelle 8-1 Polarisationseinstellungen zur *PDL*-Messung nach der Müller-Methode [8.2]

Polarisator	$\frac{\lambda}{4}$ - Platte	$\frac{\lambda}{2}$ - Platte	Transmission T
linear horizontal, 0°	α_p	α_p	$T_1 = P_A/P_a$
linear vertikal, 90°	α_p	$\alpha_p + 45°$	$T_2 = P_B/P_b$
linear diagonal, 45°	α_p	$\alpha_p + 22{,}5°$	$T_3 = P_C/P_c$
rechtsdrehend zirkular	$\alpha_p + 45°$	α_p	$T_4 = P_D/P_d$

$$\begin{pmatrix} m_{00} \\ m_{01} \\ m_{02} \\ m_{03} \end{pmatrix} = \begin{pmatrix} \frac{1}{2}\left(\frac{P_A}{P_a} + \frac{P_B}{P_b}\right) \\ \frac{1}{2}\left(\frac{P_A}{P_a} - \frac{P_B}{P_b}\right) \\ \frac{P_C}{P_c} - m_{00} \\ \frac{P_D}{P_d} - m_{00} \end{pmatrix} = \begin{pmatrix} \frac{T_1 + T_2}{2} \\ \frac{T_1 - T_2}{2} \\ T_3 - m_{00} \\ T_4 - m_{00} \end{pmatrix} \tag{8.37}$$

Die maximale und minimale Transmission T_{max} und T_{min} sind gegeben durch

$$T_{max} = m_{00} + \sqrt{m_{01}^2 + m_{02}^2 + m_{03}^2}\,, \tag{8.38}$$

$$T_{min} = m_{00} - \sqrt{m_{01}^2 + m_{02}^2 + m_{03}^2}\,. \tag{8.39}$$

Schließlich ergibt sich die polarisationsabhängige Dämpfung aus

$$PDL = 10 \lg \frac{T_{max}}{T_{min}} \,\mathrm{dB}\,. \tag{8.40}$$

Es verbleibt zu bemerken, dass die Müller-Methode auch für wellenlängenabhängige *PDL*-Messungen geeignet ist. Dazu benötigt man eine in der Wellenlänge durchstimmbare Laserdiode im Messaufbau nach Bild 8-17.

8.3 Empfänger

8.3.1 Leistung

Optischer Leistungsmesser. Im Bild 8-18 ist das Prinzip der Messung der optischen Leistung gezeigt. Der optische Leistungsmesser besteht aus einer pin-Photodiode und dem Transimpedanz-Verstärker.

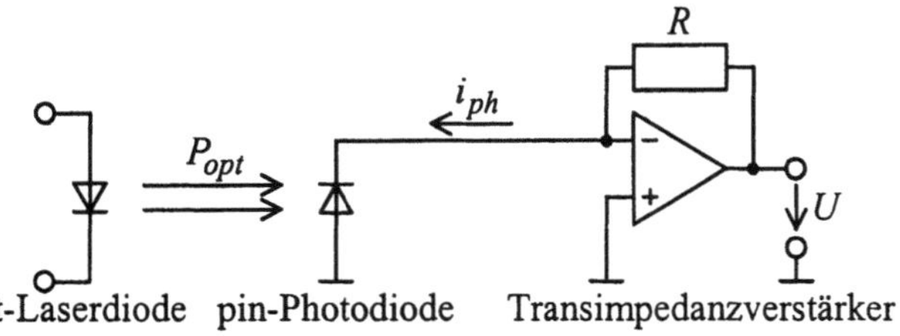

Bild 8-18 Prinzip der optischen Leistungsmessung

Der Zusammenhang zwischen dem Photostrom i_{ph} und der zu messenden optischen Leistung P_{opt} ist über die Photoempfindlichkeit S_E in der Form

$$i_{ph} = S_E P_{opt} \tag{8.41}$$

gegeben. Der Transimpedanzverstärker wandelt den Photostrom i_{ph} in eine Spannung gemäß

$$U = R\,i_{ph}\,, \tag{8.42}$$

wobei ein idealer Operationsverstärker mit verschwindenden Eingangsströmen und einer Differenzeingangsspannung von Null vorausgesetzt wird. Aus 8.41 und 8.42 erhält man

$$U = RS_E P_{opt}\,. \tag{8.43}$$

Die anzeigbare Ausgangsspannung U des Transimpedanzverstärkers ist proportional zur optischen Leistung P_{opt}.

8.3.2 Polarisation

Polarisationsanalysator. Die Polarisation, z.B. einer Laserdiode, wird mit einem Polarisationsanalysator gemessen. Er besteht nach Bild 8-19 aus vier Leistungsmessern, vor denen z.T. Polarisatoren als polarisationscharakterisierende Komponenten zur Bestimmung der Stokes-Parameter S_0 bis S_3 angeordnet sind.

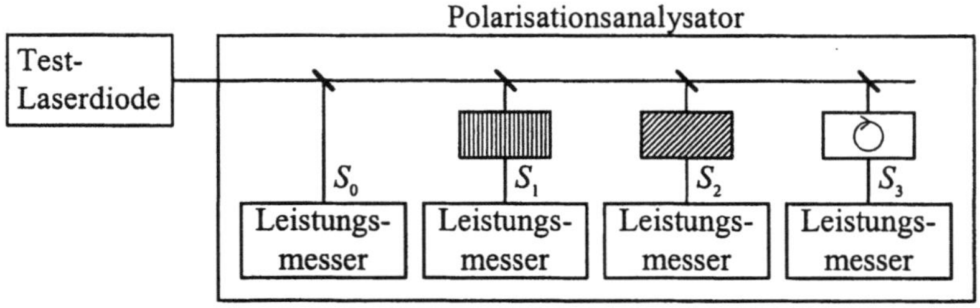

Bild 8-19 Polarisationsanalysator mit Leistungsmessern

8.3.3 Optische Spektralanalyse

Optischer Spektralanalysator. Zur Messung der optischen Leistung über der Wellenlänge benutzt man optische Spektralanalysatoren nach Bild 8-20.

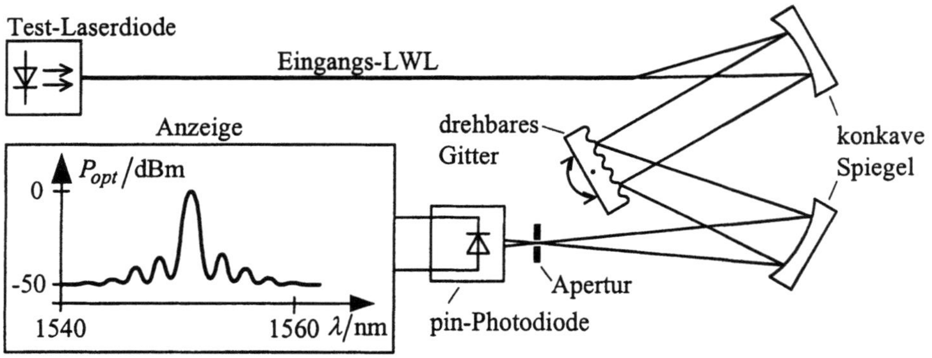

Bild 8-20 Aufbau eines optischen Spektralanalysators [8.2]

Ein optischer Spektralanalysator besteht aus einem einstellbaren Bandpassfilter und einem optischen Leistungsmesser mit entsprechender Anzeige. Das Licht vom Eingangs-LWL wird kollimiert und auf ein drehbares Gitter gegeben. Das Gitter separiert das Eingangslicht in verschiedene von der Wellenlänge abhängige Winkel. Dreht man das Gitter wird ein Signal bestimmter Wellenlänge selektiert, das über eine Apertur die pin-Photodiode erreicht. Die Anzeige der optischen Leistung erfolgt häufig in dBm.

8.3.4 Wellenlänge

Michelson-Interferometer. Eine exakte Wellenlängenmessung basiert auf dem Prinzip des Michelson-Interferometers nach Bild 8-21.

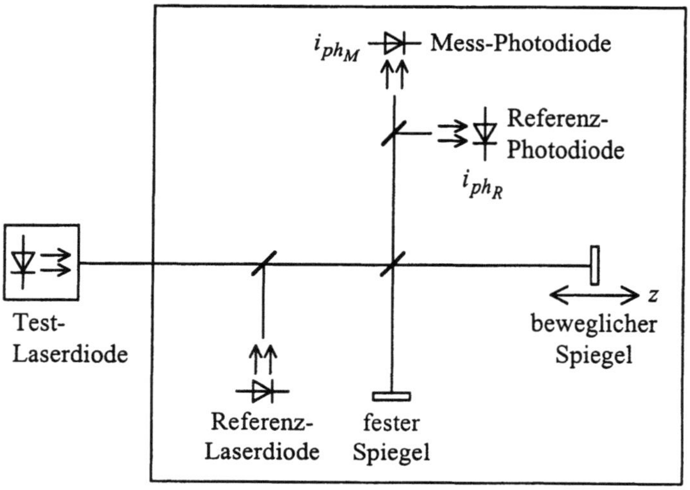

Bild 8-21 Michelson-Interferometer als Wellenlängenmessgerät [8.2]

Funktionsprinzip. Das Licht der Test-Laserdiode wird auf zwei Wege aufgeteilt und am festen sowie beweglichen Spiegel reflektiert. Die reflektierten Anteile gelangen zur Mess- und Referenz-Photodiode. Eine Weglänge ist variabel und die andere fest eingestellt. Wenn man den variablen Arm des Interferometers bewegt, variiert der Photostrom i_{ph_M} durch konstruktive bzw. destruktive Interferenz. Den entsprechenden Verlauf der detektierten Photoströme zeigt Bild 8-22. Die Periode der Interferenz ist eine halbe Lichtwellenlänge im Medium des Interferometers.

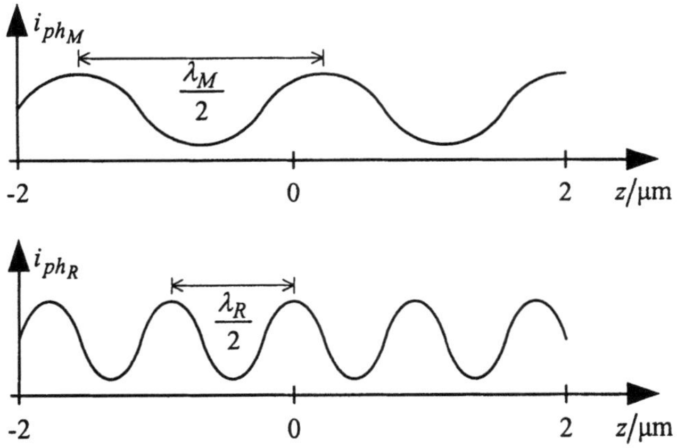

Bild 8-22 Detektierte Photoströme als Funktion der Spiegelposition z [8.2]

Zur exakten Messung der Wellenlänge λ_M der Test-Laserdiode ist ein Referenzlaser mit bekannter Wellenlänge λ_R im Interferometer eingebaut. Das Wellenlängenmessgerät vergleicht das Interferenzmuster des unbekannten Lasers mit dem des bekannten Lasers und bestimmt die Wellenlänge des unbekannten Signals. Weil bekanntes und unbekanntes Signal den selben Weg durch das Interferometer nehmen, ist diese Messmethode relativ unempfindlich gegenüber sich ändernden Umgebungsbedingungen. Durch Fourier-Transformation des Photostromes i_{ph_M} kann die vollständige Spektralcharakteristik der Test-Laserdiode ermittelt werden [8.2].

8.4 Faseroptischer Verstärker

8.4.1 Verstärkung

Black-Box-Darstellung eines faseroptischen Verstärkers. Nach [8.2] bietet sich zur Charakterisierung faseroptischer Verstärker das Black-Box-Modell nach Bild 8-23 an.

Der wichtigste Parameter des faseroptischen Verstärkers ist die Verstärkung G nach 8.44.

$$G = \frac{P_{out} - P_{ASE}}{P_{in}} \tag{8.44}$$

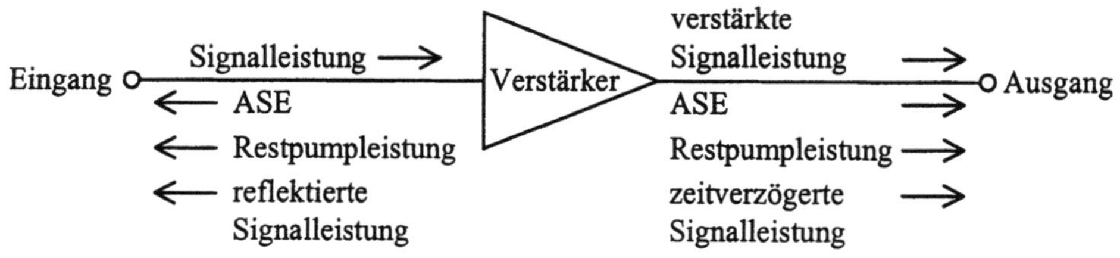

Bild 8-23 Black-Box-Modell des faseroptischen Verstärkers

In realen Verstärkern ist die Ausgangsleistung P_{out} um die Rauschleistung P_{ASE} infolge verstärker-spontaner Emissionen zu vermindern. P_{in} stellt die Eingangsleistung dar.

Optischer Leistungsmesser. Die einfachste Methode zur Messung der Verstärkung G verwendet nach Bild 8-24 einen optischen Leistungsmesser.

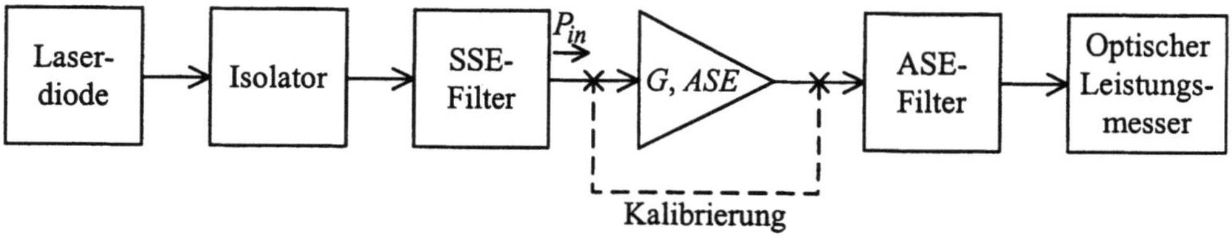

Bild 8-24 Messung der optischen Verstärkung mit einem optischen Leistungsmesser

Um Signalrückwirkungen auf die Laserdiode zu vermeiden, ist vor dem SSE-Filter ein optischer Isolator angeordnet. Das SSE-Filter reduziert den Einfluss der spontanen Emissionen der Quelle auf die Verminderung der Verstärkung G bei steigender Eingangsleistung. Mit dem ASE-Filter lässt sich das ASE-Rauschen merklich unterdrücken. Es wird ohne und mit faseroptischem Verstärker jeweils die optische Leistung gemessen und das Verhältnis gebildet. Nach [8.2] ist der Messfehler als Verhältnis der gemessenen Verstärkung G_M zur tatsächlichen Verstärkung G gemäß 8.45 definiert.

$$\frac{G_M}{G} = 1 + B_{opt}\, F \frac{\hbar\omega}{P_{in}} \tag{8.45}$$

In 8.45 bezeichnet B_{opt} die optische Bandbreite mit dem typischen Wert $B_{opt} = 1\,\text{nm}$, F die Rauschzahl mit dem Minimum $F = 2$ und dem angenommenen Maximum $F = 8$, $\hbar$ das modifizierte Plancksche Wirkungsquantum mit $\hbar \approx 10^{-34}\,\text{Js}$, und die zur Kreisfrequenz ω gehörende Wellenlänge λ liegt typischerweise bei $\lambda \approx 1{,}53\,\mu\text{m}$ [8.2].

Bild 8-25 zeigt den Verstärkungsfehler als Funktion der optischen Signaleingangsleistung P_{in} für die angegebenen Werte.

Man erkennt aus Bild 8-25, dass signifikante Verstärkungsfehler ab einer Signaleingangsleistung von -10 dBm vermeidbar sind.

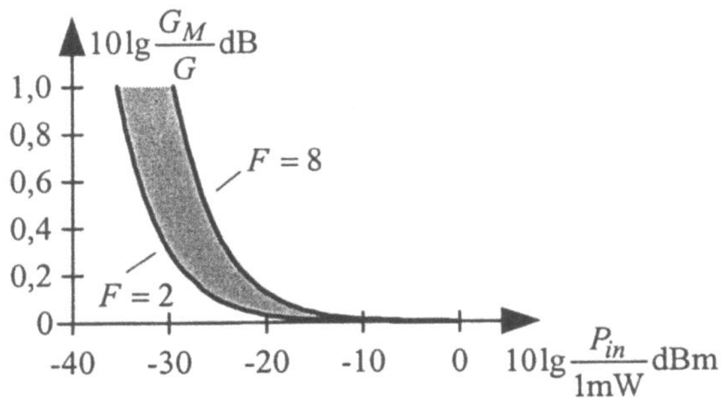

Bild 8-25 Verstärkungsfehler eines faseroptischen Verstärkers infolge *ASE* als Funktion der Signaleingangsleistung

Elektrischer Spektralanalysator. Das Prinzip der Messung der optischen Verstärkung G mit einem elektrischen Spektralanalysator zeigt Bild 8-26.

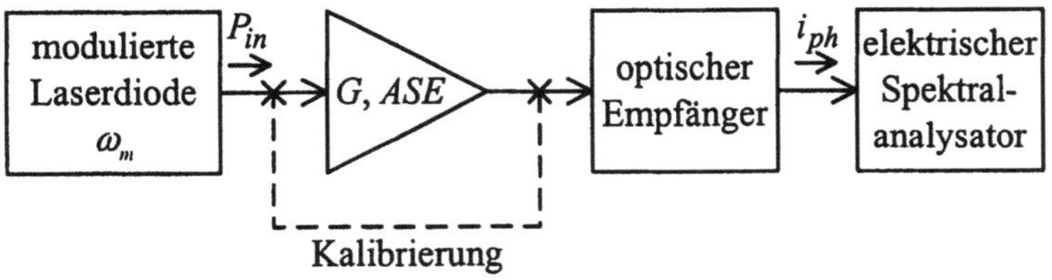

Bild 8-26 Messung der optischen Verstärkung mit einem elektrischen Spektralanalysator

Auf dem Display des elektrischen Spektralanalysators erhält man die dem Betragsquadrat des Spektrums des Photostromes $|I_{in}(j\omega_m)|^2$ und $|I_{out}(j\omega_m)|^2$ proportionalen Größen für die Messungen ohne und mit faseroptischen Verstärker. Bild 8-27 zeigt die Zusammenhänge zur Verstärkung G schematisch.

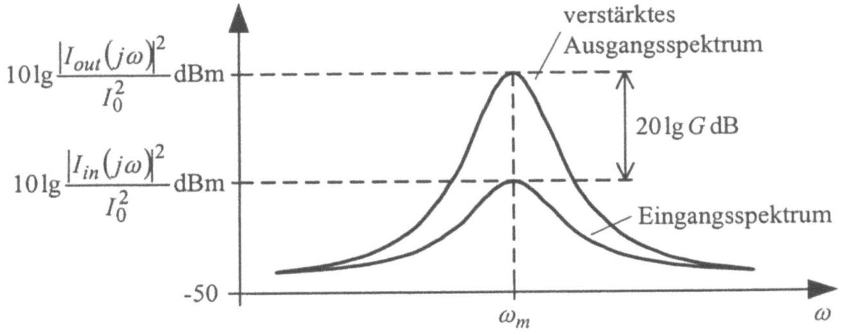

Bild 8-27 Verstärkungsmessung auf dem Display eines elektrischen Spektralanalysator

Optischer Spektralanalysator. Das Messprinzip für die Verstärkung G mit einem optischen Spektralanalysator zeigt Bild 8-28.

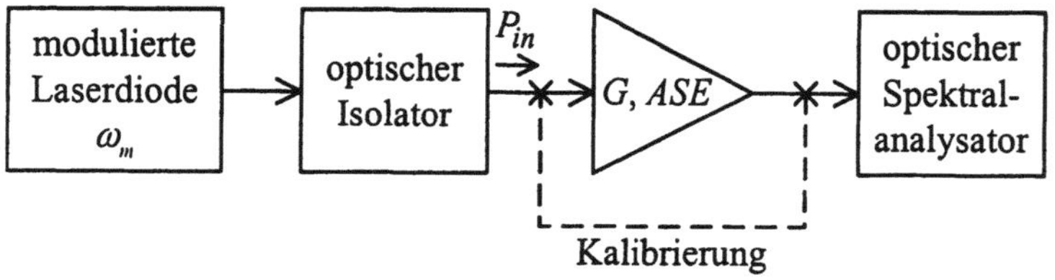

Bild 8-28 Messung der optischen Verstärkung mit einem optischen Spektralanalysator unter der gleichen Bedingung für das Eingangssignal wie im Bild 8-27

Aus Bild 8-29 kann das Prinzip zur Bestimmung der Verstärkung G entnommen werden.

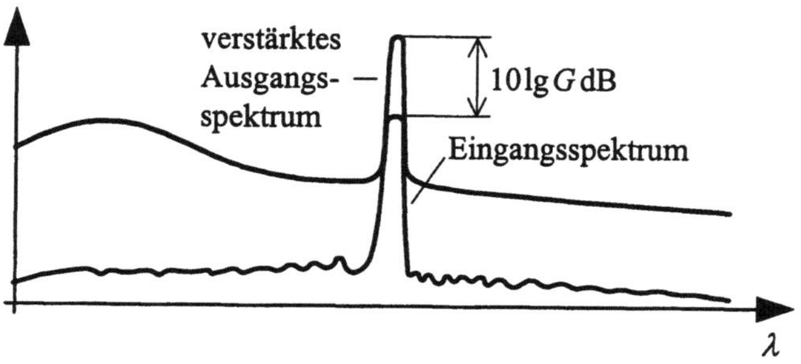

Bild 8-29 Display eines optischen Spektralanalysators

8.4.2 Rauschzahl

Definition. Die Rauschzahl F ist allgemein definiert als Quotient der Signal-Rauschverhältnisse am Ein- und Ausgang eines Systems.

$$F = \frac{SRV_{in}}{SRV_{out}} \tag{8.46}$$

Üblich ist auch die Verwendung der Rauschzahl F' in dB nach

$$F' = 10\lg(F)\,\text{dB}\,. \tag{8.47}$$

Messprinzip. Die Messung der Rauschzahl basiert auf der getrennten Bestimmung der Signalrauschverhältnisse SRV_{in} und SRV_{out} mit einem möglichst idealen, d.h. rauscharmen Detektor sowie einem elektrischen Spektralanalysator. Bild 8-30 zeigt den zugehörigen Messaufbau. Die anregende Laserdiode sei dabei durch die abgestrahlte Leistung P_{in}, die Mittenfrequenz ω_0 und die Linienbreite $\Delta\omega$ gekennzeichnet.

Für eine genaue Bestimmung der Rauschzahl müssen die verschiedenen Rauscheinflüsse, vor allem von Detektor und elektrischem Spektralanalysator eliminiert werden. Entsprechende Verfahren findet man z.B. in [8.2].

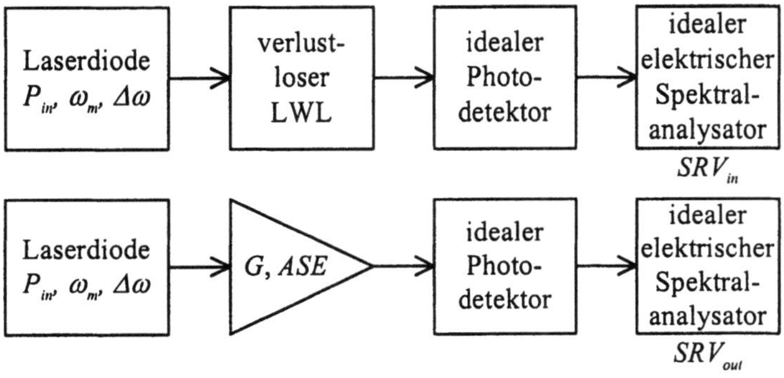

Bild 8-30 Prinzip zur Bestimmung der Rauschzahl aus den Signal-Rauschverhältnissen am Ein- und Ausgang

8.5 Optisches Nachrichtensystem

8.5.1 Bitfehlerrate

Definition. Für digitale optische Nachrichtensysteme ist die Bitfehlerrate *BER* eine wichtige Qualitätskenngröße. Die einer Messung zugängliche Definition lautet

$$BER = \frac{E(t)}{N(t)}. \tag{8.48}$$

Darin ist $E(t)$ die Anzahl der in der Zeit t fehlerhaft empfangenen Bits, und $N(t)$ stellt die Gesamtzahl der in der gleichen Zeit übertragenen Bits dar.

Bitfehlerinduzierende Ursachen in optischen Nachrichtensystemen sind das Gauß-Rauschen, das Nebensprechen bei mehreren Kanälen und die Intersymbolinterferenz.

Messprinzip. Das Messprinzip für die Bitfehlerrate zeigt Bild 8-31. Es besteht im Wesentlichen aus dem Bitmustergenerator und dem Fehlerdetektor. Der Fehlerdetektor besitzt einen eigenen Bitmustergenerator, der das gleiche Bitmuster wie der Generator vor dem Testsystem erzeugt. Durch Vergleich des Bitmusters der empfangenen Daten und des eigenen Bitmusters lassen sich die fehlerhaften Bits erkennen und zählen.

Das Bitmuster als *pseudo-random binary sequence* oder PRBS kann mit einem rückgekoppelten Schieberegister nach Bild 8-32 generiert werden. Dazu nutzt man D-Flip-Flops und ein XOR-Tor.

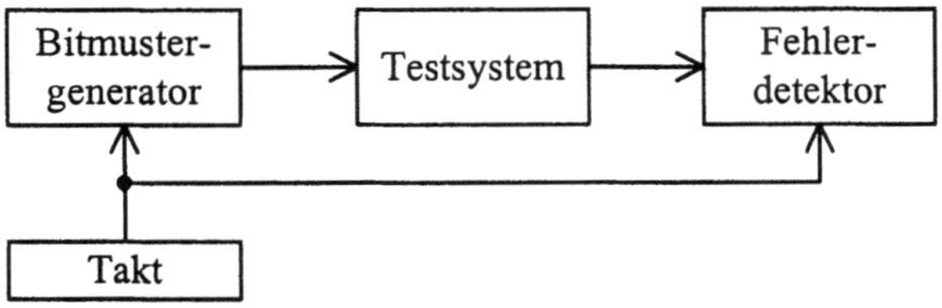

Bild 8-31 Prinzip zur Ermittlung der Bitfehlerrate

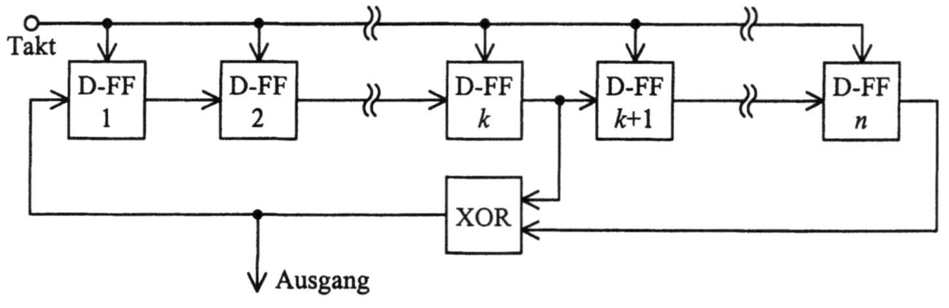

Bild 8-32 Rückgekoppeltes Schieberegister als PRBS-Generator

8.5.2 Augendiagramm

Entstehung. Das Augendiagramm entsteht durch Überlagerung verschiedener *Eins-Null-Kombinationen* des Datensignals auf dem Bildschirm eines Oszilloskops. Bild 8-33 zeigt diesen Sachverhalt schematisch.

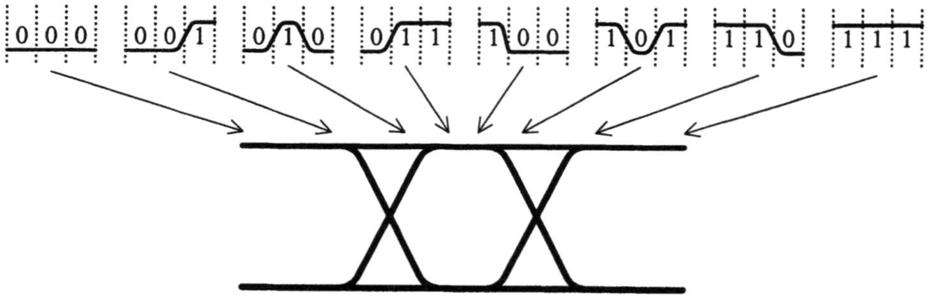

Bild 8-33 Entstehung des Augendiagramms

Augenparameter. Fünf Basisparameter können dem aufgenommenen Augendiagramm neben weiteren Parametern entnommen werden. Das sind der *Eins-Pegel*, der *Null-Pegel* sowie die *Cross-Amplitude*, die *Cross-Zeit* und schließlich die *Bitdauer*. Im Bild 8-34 sind diese Parameter des Augendiagramms gekennzeichnet. Außerdem arbeitet man in der Praxis häufig mit Masken, in denen die Augenlinien nicht liegen dürfen.

Weitere Informationen zur Auswertung des Augendiagramms können [8.2] entnommen werden.

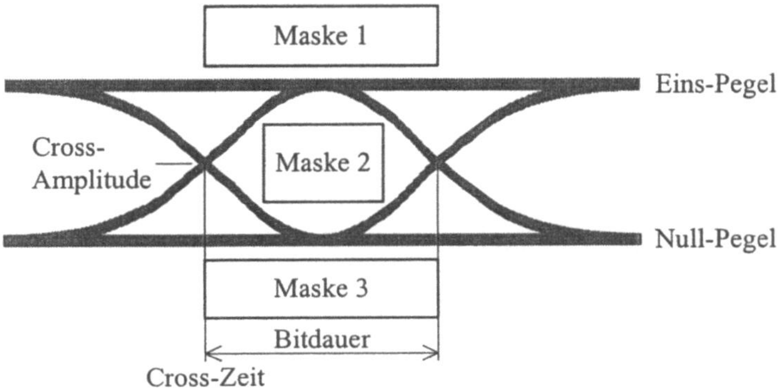

Bild 8-34 Basisparameter des Augendiagramms

8.6 Literatur

[8.1] Nette, R.; Mitlöhner, P.; Leithof, S.; Arndt, M.: *Versuchsprotokoll Glasfaseroptik I.* Hochschule Zittau/Görlitz (FH), Fachbereich Elektro- und Informationstechnik, Studienrichtung Nachrichten- und Kommunikationstechnik, 2001

[8.2] Derickson, D. (Ed.): *Fibre Optic Test and Measurement.* Prenstice Hall, New Jersey, 1998

[8.3] Grimm, E.; Nowak, W.: *Lichtwellenleitertechnik.* Verlag Technik Berlin, 1988

[8.4] Jones, R.C.: *A new calculus for the treatment of optical systems. VI: Experimental determination of the matrix.* Journal of the Optical Society of America, (37) 110-112, 1947

[8.5] Franz, J.: *Optische Übertragungssysteme mit Überlagerungsempfang.* Springer Verlag, Berlin, 1988

Verzeichnis der Beispiele

Formelzeichen

$\mathbf{A}(\omega)$	Dämpfungsmatrix
A(z)	komplexe ortsabhängige Amplitude der einlaufenden Welle im FBG
$\vec{A}$	allgemeiner Feldvektor, Jones-Vektor
A_e	spontane Emissionsrate
A_{eff}	effektive Modenfläche
$\vec{A}_{in}(t)$, $\vec{A}_{in}(j\omega)$	Jones-Vektor im Zeitbereich, Frequenzbereich am Eingang
$\vec{A}_{out}(t)$, $\vec{A}_{out}(j\omega)$	Jones-Vektor im Zeitbereich, Frequenzbereich am Ausgang
$\tilde{A}_{in}$, $\tilde{A}_{out}$	Hyper-Jones-Vektoren
$A_x(t)$, $A_y(t)$	Amplitude der x-, y-Komponente des Jonesvektors im Zeitbereich
a(z)	Emissionsfaktor des LP_{01}-Modes
$a_{Er}(\omega)$	erbium-induzierte Dämpfung in dB/m
$a_p^{\nu\mu}(z)$	Pumpabsorptionsfaktor
$\hat{a}$	zufällige Amplitude
$\mathbf{B}(\omega)$	Phasenmatrix
$\vec{B}$	Vektor der magnetischen Flussdichte
B	Phasenkoeffizient, äquivalente Bandbreite
B(z)	komplexe ortsabhängige Amplitude der rücklaufenden Welle im FBG
B_e	elektrische Rauschbandbreite
B_o	optische Rauschbandbreite
$\mathbf{c}^{-1}$	inverse Kovarianzmatrix
C	Chirp (Gl. 5.75)
C_ν	komplexe Fourier-Koeffizienten
c	Lichtgeschwindigkeit im Vakuum
$\mathbf{D}(\Theta)$	Drehungsmatrix
$\vec{D}(t)$	Vektor der Verschiebungsflussdichte
$\vec{D}_E$	Empfangsverschiebungsflussdichte
$\vec{D}_S$	Sendeverschiebungsflussdichte

$\vec{D}_T$	Trägerverschiebungsflussdichte
D	Dispersionsparameter
$D_x(t), D_y(t), D_z(t)$	x-, y-, z- Komponente der Verschiebungsflussdichte
$\hat{D}_o$	Amplitude der Verschiebungsflussdichte
D_M	Materialdispersionsparameter
$D_{Si}(t)$	Schwingung der spontanen Emissionswelle der Verschiebungsflussdichte am festen Ort
D_W	Wellenleiterdispersionsparameter
D_{zin}, D_{zout}	z-Komponente der Verschiebungsflussdichte am Eingang, Ausgang bei schräger Anregung
d	Phasenkoeffizient (Gl. 4.94), Versatz
d(t)	Detektionssignal
d(νt)	Abtastsignal
d_T	Entscheiderschwelle
d_{Topt}	optimale Entscheiderschwelle
$\vec{E}$	Vektor der elektrischen Feldstärke
$E_p^{\nu\mu}(\rho,\alpha)$	elektrische Feldstärke des $LP_{\nu\mu}$ Pumpmodes
$\vec{E}_t$	transversale elektrische Feldstärke
$E_x(t), E_y(t), E_z(t)$	x-, y-, z-Komponente der elektrischen Feldstärke
$\lvert E(t)\rvert$	zeitliche schwankende Amplitude der elektrischen Feldstärke
$E_a(z)$	elektrische Feldstärke für den antisymmetrischen Supermode
$E_s(z)$	elektrische Feldstärke für den symmetrischen Supermode
$\vec{e}$	Polarisationseinheitsvektor
$\vec{e}_E$	Polarisationseinheitsvektor der Empfangslichtwelle
$\vec{e}_L$	Polarisationseinheitsvektor des Lokallasers
$\vec{e}_T$	Polarisationseinheitsvektor des Trägers
$e_{x.}, e_y$	x-, y-Komponente des Polarisationseinheitsvektors
$\vec{e}_{xout}, \vec{e}_{yout}$	orthogonale Polarisationshauptzustände
$\vec{e}_\nu$	Tangenteneinheitsvektoren
$\vec{e}_x, \vec{e}_y, \vec{e}_z$	Einheitsvektoren in kartesischen Koordinaten
$\vec{e}_\rho, \vec{e}_\alpha, \vec{e}_z$	Einheitsvektoren in Zylinderkoordinaten

F, F'	Rauschzahl, Wert in dB
$F^{(N)}(\cdots)$	Verteilungsfunktion
$F(\nu)$	Fernfeld eines LWL
$F(j\omega)$	Spektrum
$f^{(N)}(\cdots)$	Dichtefunktion (Gl. 2.32)
$f(t)$	periodische Funktion
f	Frequenz in Hz
$\mathbf{G}_x(t_1, t_2).\mathbf{G}_x(\omega_1, \omega_2)$	Kohärenzmatrix im Zeitbereich, im Frequenzbereich
$G(\omega)$	Verstärkung eines faseroptischen Verstärkers
$G^{(N)}(\cdots)$	Korrelationsfunktion N-ter Ordnung
$G_{\max}$	maximale Verstärkung bei optimaler Länge eines faseroptischen Verstärkers
G_0	Spitzenwert der Verstärkung eines faseroptischen Verstärkers
$g(t), \mathbf{g}(t)$	Impulsantwort
$g(\omega), g'(\omega)$	längenbezogener Verstärkungskoeffizient, Wert in dB/m
g_B	Brillouin-Verstärkungskoeffizient
$g_{ph}(t)$	Impulsantwort des Photostromes infolge Driftzeit
g_R	Raman-Verstärkungskoeffizient
$g_{ZF}(t)$	Impulsantwort des ZF-Filters
g_o	Spitzenwert des längenbezogenen Verstärkungskoeffizienten
$\vec{H}$	Vektor der magnetischen Feldstärke
$\vec{H}_t$	transversale magnetische Feldstärke
h_ν	metrische Koeffizienten
	modifiziertes Plancksches Wirkungsquantum
$\boldsymbol{I}$	Einheitsmatrix
$I_{ij}(d)$	Überlappungsintegral
$I(\omega, \rho)$	LP_{01}-Modenintensität
$I, I_x(t), I_y(t)$	Intensität, am Eingang, am Ausgang (systemtheoretisch)
$I_{in}(t), I_{out}(t)$	Intensität am Eingang, am Ausgang (nachrichtentechnisch)
$I_N(x, y, t)$	Nahfeldintensität
$I_F\left(\Theta_x, \Theta_y\right)$	Fernfeldintensität

$I_s(\rho)$	normierte Signal-Modenintensität
$I_{s,sat}$	Sättigungsintensität
$I_T(x,y,t)$	Intensität nach dem Modulator
$I_{xin}(t), I_{yin}(t)$	Intensitäten für die in x-, y-Richtung orientierten Polarisationsmoden am Eingang
$I_{xout}(t), I_{yout}(t)$	Intensitäten für die in x-, y-Richtung orientierten Polarisationsmoden am Ausgang
i_D	Dunkelstrom der pin-Photodiode
$i_{ph}(t), I_{ph}(j\omega_m)$	Photostrom, zugehöriges Spektrum
$i_S(t)$	Strom durch die Laserdiode
$\overline{i_n^2}$	gesamtes Rauschstromquadrat
$\overline{i_{s-sp}^2}$	zeitgemitteltes Rauschstromquadrat des signal-spontanen Mischrauschens nach der Photodiode
$\overline{i_{sp}^2}$	zeitgemitteltes Rauschstromquadrat der ASE nach der Photodiode
$\overline{i_{sp-sp}^2}$	zeitgemitteltes Rauschstromquadrat des spontan-spontanen Mischrauschens nach der Photodiode
$i_{ZF}(t)$	elektrischer Strom des ZF-Signals
$\langle i_{ph}(t)\rangle$	Ensemblemittelwert des Photostromes
$\langle I_x(t)\rangle$	Ensemblemittelwert der Intensität
$\mathbf{J}(t), \mathbf{J}(j\omega)$	Jones-Matrix im Zeitbereich, Frequenzbereich
$\mathbf{J}_R$	Jones-Matrix des Rotators
$\mathbf{J}(t_2,t_1), \mathbf{J}(j\omega_2, j\omega_1)$	zyklische Jones-Matrix im Zeitbereich, Frequenzbereich
$\mathbf{j}_n(t), \mathbf{j}_n(j\omega)$	Fourier-Koeffizienten als Matrizen im Zeitbereich, Frquenzbereich
$J_\nu(UR)$	Bessel-Funktion ν-ter Ordnung (Gl. 4.205)
$j=\sqrt{-1}$	imaginäre Einheit
$\vec{k}$	Wellenvektor
$K_0(WR), K_1(WR)$	modifizierte Hankel-Funktion nullter, erster Ordnung
k_x, k_y, k_z	x-, y-, z-Komponente des Wellenvektors
k_o	Wellenzahl des Vakuums

k_{tr}	transversale Wellenzahl
$\mathbf{L}$	Jones-Matrix des linearen Retarders
ℓ, L	Länge
L_D	Dispersionslänge
L_{eff}	effektive Wechselwirkungslänge
L_{opt}	optimale Länge eines faseroptischen Verstärkers
L_T	Leistungsdichte des thermischen Rauschens
ℓ_{opt}	optimale Länges eines Faser-Bragg-Gitters
m	Masse
N_B	Rauschleistung im Basisband
$N(\Delta\hat{\tau})$	nichtlineare Beschreibungsfunktion
$N(\omega)$	Intensitätsrauschleistungsspektrum
$N(\lambda)$	Gruppenbrechzahl eines LWL
N_1, N_2	Gruppenbrechzahl von Kern, Mantel eines LWL
$N_0(UR), N_1(UR)$	Neumann Funktion nullter, erster Ordnung
N_x, N_y	Gruppenbrechzahlen für die in x-, y-Richtung orientierten Polarisationsmoden
n	Brechzahl
n_1, n_2	Kernbrechzahl, Mantelbrechzahl eines LWL
n_{sp}	spontaner Emissionsfaktor
n_x, n_y	Brechzahlen für die in x-, y-Richtung orientierten Polarisationsmoden
$n_w(t)$	Rauschsignal des weißen Rauschens
$\mathbf{P}(\Theta)$	Jones-Matrix des linearen Polarisators
$\vec{P}$	Polarisationsvektor
$\vec{p}$	Impuls
$P\{\cdots\}$	Wahrscheinlichkeit (Gl. 2.31)
P	Leistung
P_x, P_y	Leistung des Realteils, Imaginärteils des analytischen Signals
P_{an}	Leistung des analytischen Signals
P_{in}, P_{out}	Eingangs-, Ausgangsleistung

$P_{out,S}$	Ausgangs-Sättigungsleistung
$P_p^{\nu\mu}(z)$	Pumpleistung des Modes $LP_{\nu\mu}$ am Ort z in der Faser
$P_{p,in}$	Eingangspumpleistung
$P_{p,tr}$	transpatente Pumpleistung
$P_s(t)$	optische Gesamtleistung der Laserdiode im Zeitbereich
$p_s(t), P_s(j\omega_m)$	optische Sendeleistung einer Laserdiode im Zeitbereich für den Signalanteil, zugehöriges Spektrum
P_s, $P_{s,sat}$	Sättigungsleistung, des Signals
$P_s(z)$	Signalleistung
P_{sp}	durch spontane Emissionen bedingte Rauschleistung
$P_{th,B}$	Schwellenleistung bei SBS
$P_{th,R}$	Schwellenleistung bei SRS
p_B	Bitfehlerwahrscheinlichkeit
p_u	ungünstigste Fehlerwahrscheinlichkeit
p_{10}	Wahrscheinlichkeit dafür, dass das Zeichen „1“ als „0“ interpretiert wird
p_{01}	Wahrscheinlichkeit dafür, dass das Zeichen „0“ als „1“ interpretiert wird
$\overline{P}_E$	mittlere Empfangslichtleistung
$\overline{P}_L$	mittlere Leistung des Lokallasers
$Q(t)$	Ladungsmenge (Gl. 4.622)
$q(t)$	Energiesignal, Datensignal
$\tilde{q}_{NRZ}(t)$	NRZ-Impuls
$\tilde{q}_{RZ}(t)$	RZ-Impuls
$\mathbf{R}_x(\tau), \mathbf{R}_x(\omega)$	Kohärenzmatrix im Zeitbereich, Frequenzbereich für stationäre Prozesse
$\boldsymbol{r}$	Reflexionsmatrix
R	normiertes Radius des LWL, Bitrate
$R(\tau)$	Korrelationsfunktion zweiter Ordnung für stationäre Prozesse
$\tilde{R}(\tau)$	Korrelationsfunktion eines verschobenen Prozesses
$R_{\Delta\phi}(\tau)$	Korrelationsfunktion der Restphase

R_L	Lastwiderstand
$R_{pa}(\rho, \alpha, z)$	Pumpabsorptionsrate
$R_{pe}(\rho, \alpha, z)$	Pumpemissionsrate
r	Roll-Off-Faktor
$\boldsymbol{S}$	Streumatrix
$\boldsymbol{s}$	Streumatrix für einen Polarisationsmode
$\vec{S}$	Vektor der Leitungsstromdichte
S_B	Signalleistung im Basisband
$S(\omega)$	Leistungsdichtespektrum
$S_{ASE}(\omega, z)$	Leistungsdichtespektrum der ASE für beide Polarisationen
S_E	Photoempfindlichkeit
$S_{nw}(\omega)$	Leistungsdichtespektrum des weißen Rauschens
S_{sp}	Rauschleistungsdichte des ASE für einen Polarisationsmode
$S_{xx}(\omega), S_{yy}(\omega)$	Leistungsdichtespektren der Polarisationsmoden einer Laserdiode
$S_x(\omega), S_y(\omega)$	Leistungsdichtespektrum am Eingang, Ausgang
$S_{\dot{\phi}EL}(\omega)$	Leistungsdichtespektrum des Frequenzrauschens
$S_{\Delta\phi}(\omega)$	Leistungsdichtespektrum der Restphase
$s(t)$	Sprungfunktion, normiertes Sendesignal
$s_e(t)$	elektrisches Sendesignal
s_ν	Modulationskoeffizienten
$\hat{s}_e$	Amplitude des elektrischen Sendesignals
$\boldsymbol{T}$	Systemoperator
$\boldsymbol{T}(j\omega)$	Übertragungs- oder Transfermatrix
$\mathbf{T}_{11}, \mathbf{T}_{12}, \mathbf{T}_{21}$	Transformationsmatrizen (Gl. 2.265)
$\boldsymbol{t}$	Transmissionsmatrix
T	Periodendauer, Bitdauer
T_z	z-Komponenten-Übertragungsfunktion
$T(j\omega_m)$	Modulationsübertragungsfunktion der Laserdiode
$T_{EW}(s)$	Regelabweichungssystemfunktion bei Führung
$T_{EZ}(s)$	Regelabweichungssystemfunktion bei Störung

$T_{ee}(j\omega_m)$	Übertragungsfunktion der pin-Photodiode infolge Sperrschichtkapazität
$T_{ph}(j\omega_m)$	Übertragungsfunktion der pin-Photodiode infolge Driftzeit
T_{p-NRZ}	Impulsdauer des NRZ-Impulses
T_{p-RZ}	Impulsdauer des RZ-Impulses
$T(\chi_{in})$	komplexe Amplituden-Transferfunktion
t	Zeitvariable
U	modaler Parameter
U_B	Biasspannung
U_0, U_1	Spannungen für das Zeichen „0“, „1“
$\hat{U}_{Takt}$	Taktamplitude
$\langle U \rangle$	Ensemblemittelwert von U
$V(t)$	periodische Matrizenfunktion von Modulatoren
V	normierte Frequenz (Gl. 4.107), Verdetkonstante (Gl. 7.226)
$V_s(z)$	Varianz der Signalleistung
v_{gx}, v_{gy}	Gruppengeschwindigkeiten für die in x-, y-Richtung orientierten Polarisatonsmoden
v_{cw}, v_{ccw}	Geschwindigkeiten im Uhrzeigersinn, entgegengesetzt zum Uhrzeigersinn beim Glasfaserkreisel
W	Energie, modaler Parameter
$W_{sa}(\rho, z)$	Signalabsorptionsrate
$W_{se}(\rho, z)$	Signalemissionsrate
w_o	Modenfeldradius
w_p	Modenfeldradius des LP_{01}-Pumpmodes
$x(t)$	Kosinusfunktion, Inphasekomponente eines Rauschsignals
$\tilde{x}(t)$	Realisierungsfunktionen eines verschobenen Prozesses
$\hat{x}$	Amplitude
$\vec{x}'(t)$	transponierter Vektor der Eingangssignale
$\langle x^2(t) \rangle$	mittlere Momentanleistung eines rellen stochastischen Prozesses im systemtheoretischen Sinne
$Y(j\omega)$	Spektrum des Imaginärteils des analytischen Signals

$y(t)$	Imaginärteil des analytischen Signals, Quadraturkomponente eines Rauschsignals
$\vec{y}(t)$	transponierter Vektor der Ausgangssignale
$Z(j\omega)$	Spektrum des analytischen Signals
Z_o	Wellenimpedanz des Vakuums
$z(t)$	komplexe harmonische Funktion, analytisches Signal, komplexe Realisierungsfunktion
α	Parameter der Maxwellschen Dichtefunktion (GL 8.35), Faraday-Winkel (Gl. 7.226), Winkelvariable in Zylinderkoordinaten (Bild 2-11), Dämpfungskoeffizient (Gl. 4.73), relativer Absorptionskoeffizient (Gl. 4.592), Chirp (Gl. 5.10)
$\alpha_k \in \{\alpha_s, \alpha_p\}$	Kleinsignal-Absorptionskoeffizienten für Signallicht und Pumplicht
α_p	Leistungsdämpfungskoeffizient (Gl. 4.71), Winkel für maximale Transmission (Tabelle 8-1)
α_o, α_1	Koeffizienten der Exponentialreihe (Gl. 2.96)
β	Phasenkonstante
β_a	Phasenkonstante des antisymmetrischen Supermodes
$\beta_i, i = 1,\cdots,4$	Phasenkonstanten bei der Vierwellenmischung (Gl. 5.41)
β_m	Koeffizienten der Taylor-Reihenentwicklung von β (Gl. 5.23)
β_s	Phasenkonstante des symmetrischen Supermodes
β_x, β_y	Phasenkonstanten für den Polarisationsmode in x-, y-Richtung
β'	Phasenkonstante, gehörend zur z'-Richtung bei schräger Anregung, nichtlineare Phasenkonstante
γ	Eigenwert (Gl. 2.92), Dämpfungsfaktor (Gl. 4.17), Modulationsindex (Gl. 4.6.4)
γ_e	Eigenwert der Jones-Matrix (Gl. 4.573)
γ_{ee}, γ_{et}	Eigenwert der unterdrückten, übertragenen Eigenpolarisation
γ_{ef}, γ_{es}	Eigenwert der schnellen, langsamen Eigenpolarisation
$\gamma_a(\omega, z)$	Absorptionsfaktor
$\gamma_e(\omega, z)$	Emissionsfaktor
$\bar{\gamma}$	Koeffizient in der leistungsabhängigen Phasenkonstante (Gl. 5.28 und 5.29)
$\vec{\Delta}$	vektorieller Laplace-Operator

Δ	Determinante der Kovarianzmatrix, skalarer Laplace-Operator, relative Brechzahldifferenz
$\Delta(t)$	Rechteckimpuls ohne Definition der Werte an den Unstetigkeitsstellen
$\Delta\Lambda$	Chirp eines Faser-Bragg-Gitters
$\Delta\gamma$	Sagnac-Phasendifferenz
$\Delta\lambda(t)$	Wellenlängendifferenz beim Mach-Zehnder-Interferometer
$\Delta(\tau), \Delta_j(\tau)$	Phasenstrukturfunktion, des j-ten Polarisationsmodes
$\Delta\tau(t)$	Laufzeitdifferenz beim Mach-Zehnder-Interferometer
$\Delta\hat{\tau}$	Amplitude der Laufzeitdifferenz (Gl. 7.129)
$\Delta\tau(\omega)$	Gruppenlaufzeitdifferenz, differentielle Gruppenlaufzeit als synonyme Begriffe
$\Delta\Phi$	Restphase (Bsp. 2.6)
$\Delta\Phi(t)$	Restphasenrauschen
$\Delta\Phi_{EL}(t)$	Restphasenrauschen von Empfang- und Lokallaserlichtwelle
$\Delta\varphi_{NL}$	Phasenabweichung infolge Nichtlinearität
$\Delta\omega$	Linienbreite für das Leistungsspektrum
$\Delta\omega(t)$	Frequenzabweichung bei gechirptem Gauß-Impuls (Gl. 5.77)
$\Delta\omega_B$	Brillouin-Linienbreite
$\Delta\omega_G$	Bandbreite der Verstärkung
$\Delta\omega_g$	Bandbreite des Vertärkungskoeffizienten
$\Delta\omega_s$	Linienbreite des optischen Senders
$\Delta\omega_j(t)$	Realisierungsfunktion der Frequenzänderung (Gl. 4.34)
$\Delta\omega_j$	Laserlinienbreite des j-ten Polarisationsmodes für $j \in \{x, y\}$
δ	Phasenkoeffizient (Gl. 4.91), relative Verzögerung (Gl. 4.580)
$\delta(t)$	Dirac-Impuls im Zeitbereich
$\delta(\omega \pm \omega_o)$	Dirac-Impulse im Frequenzbereich an den Stellen $\pm\,\omega_o$
δ_d	Verstimmung eines Faser-Bragg-Gitters
$\delta_{nk}, \delta_{\nu\mu}$	Kroneckersymbole
$\left\langle \delta\, i_N^2 \right\rangle$	mittlere quadratische Amplitude des Rauschstromes
ε_2	Dielektrizitätstensor für ein anisotropes Netzwerk (Gl. 2.246)
ε	Breite des Rechteckimpulses $\Delta(t)$, Dielektrizität (Gl. 2.189)

ρ_{dot}	Erbium-Dotierungsradius
$\rho_{Er}(\rho)$	vom Radius ρ abhängige Erbiumkonzentration in der Querschnittebene
ρ_{Pr}	Praseodymium-Konzentration
ρ_K	Kernradius des LWL
$\boldsymbol{\sigma}_i, \boldsymbol{\sigma}_\nu, \boldsymbol{\sigma}_\mu$	Pauli-Matrizen
Σ	Summenzeichen
σ	Koppelkoeffizient eines Richtkopplers
σ_B^2	Streuung im Basisband
$\sigma_{ESA}(\omega_p)$	Wirkungsquerschnitt bei Absorption der Pumpintensität mit der Pumpkreisfrequenz ω_p zwischen höheren Energiezuständen des Bändermodells der erbium-dotierten Faser
$\sigma_{Het}^2, \sigma_{Hom}^2$	Varianz, Rauschleistung nach den Filtern bei Hetero- und Homodynsystemen
$\sigma_e(\omega)$	Wirkungsquerschnitt der Emission
σ_{pa}	Wirkungsquerschnitt der Absorption bei der Pumpkreisfrequenz ω_p
σ_{pe}	Wirkungsquerschnitt der Emission bei der Pumpwellenlänge $\lambda_p = 1480\,nm$
$\sigma_{\Delta\phi}^2$	Streuung der Restphase
$\boldsymbol{\tau}(\omega)$	Gruppenlaufzeitmatrix
$\boldsymbol{\tau}_o$	konstante Gruppenlaufzeitmatrix
τ	Integrationsvariable, Substitutionsvariable, Zeitdifferenz, Lebensdauer, Verzögerungszeit
τ_d	Driftzeit
τ_{ee}	Zeitkonstante der pin-Photodiode infolge Sperrschichtkapazität und Lastwiderstand
τ_K	Kohärenzzeit (Gl. 2.58)
τ_0	konstanter Gruppenlaufzeitunterschied der Polarisationsmoden (Gl. 2.94)
τ_2	Dipolrelaxationszeit
$\Phi(t)$	Laserphasenrauschen als stochastischer Prozess

ϕ_a	Phase des antisymmetrischen Supermodes
$\phi_j(t)$	Realisierungsfunktion der zeitabhängigen Phase beim Laserphasenrauschen (Gl 4.36)
ϕ_{jo}	im Intervall $[0, 2\pi]$ gleichverteilte unabhängige Phase (Gl. 4.36)
$\phi_{Ex}(t), \phi_{Ey}(t)$	Phasen von $e_{Ex}(t), e_{Ey}(t)$ (Gl. 6.14)
$\phi_{LR}(t)$	unverrauschte Phase des Lokallasers
ϕ_{Lx}, ϕ_{Ly}	Phasen von e_{Lx} und e_{Ly} (Gl. 6.18)
ϕ_m	Amplitude einer Phasenfunktion, mittlere Phasenverschiebung
ϕ_{mod}	konstante Phase eines sinusförmigen Modulationssignals
$\phi_p(t)$	Phase des Polarisationsphasenrauschens
ϕ_s	Phase des symmetrischen Supermodes
ϕ_{si}	Phase der i-ten spontanen Emission (Gl. 4.20)
ϕ_{Tx}, ϕ_{Ty}	Phasen von e_{Tx}, e_{Ty}
φ	Phase, Winkel der schrägen Anregung (Bild 2-26), konstante Phase in der Phasenmodulationsfunktion (Gl. 4.64)
$\varphi(z)$	z-abhängige Phasenfunktion (Gl. 5.87)
φ_ν	Phasenwerte eines diskreten Spektrums
$\dot{\phi}_{EL}(t)$	Frequenzrauschen von Empfangs- und Lokallaserlichtwelle
χ	Polarisationsvariable (Gl. 4.557)
χ_e	Eigenpolarisation
χ_{ee}, χ_{ee}^*	Polarisationsvariable der unterdrückten Eigenpolarisation, konjugiert komplexer Wert
χ_{ef}, χ_{ef}^*	Polarisationsvariable der schnellen Eigenpolarisation, konjugiert komplexer Wert
χ_{et}, χ_{et}^*	Polarisationsvariable der übertragenen Eigenpolarisation, konjugiert komplexer Wert
χ_{es}, χ_{es}^*	Polarisationsvariable der langsamen Eigenpolarisation, konjugiert komplexer Wert
χ_{in}, χ_{in}^*	Polarisationsvariable auf der Eingangsseite eines optischen Netzwerkes bei paralleler Anregung (Gl. 4.561), konjugiert komplexer Wert

$\chi_{out}, \chi_{out}^{*}$	Polarisationsvariable auf der Ausgangsseite eines optischen Netzwerkes bei paralleler Anregung (Gl. 4.565), konjugiert komplexer Wert
χ'_{in}	Polarisationsvariable auf der Eingangsseite eines optischen Netzwerkes (Gl. 2.234) bei schräger Anregung
χ'_{out}	Polarisationsvariable auf der Ausgangsseite eines optischen Netzwerkes (Gl. 2.263) bei schräger Anregung
Ψ_a	normierte Feldverteilung des antisymmetrischen Supermodes
Ψ_s	normierte Feldverteilung des symmetrischen Supermodes
ψ'_{out}	Phase der Polarisationsvariable χ'_{out} auf der Ausgangsseite eines optischen Netzwerkes
$\psi_x, \psi_{x'}$	Phase von e_x (Gl. 2.29) bzw. $e_{x'}$ (Gl. 2.230)
$\psi_y, \psi_{y'}$	Phase von e_y (Gl. 2.29) bzw. $e_{y'}$ (Gl. 2.242)
ψ_{yout}	Phase von e_{yout} (Gl. 2.242)
$\psi_{x'out}, \psi_{y'out}$	Phase von $e_{x'out}$ bzw. $e_{y'out}$ (Gl. 2.263)
ψ_{out}	Phasendifferenz zwischen den Phasen ψ_{yout} und ψ_{xout} (Gl. 4.133)
ψ'	Phase der Polarisationsvariable χ'_{in} auf der Eingangsseite eines optischen Netzwerkes
Ψ_1, Ψ_2	normierte Feldverteilungen im LWL 1, 2 eines Richtkopplers
Ω	Winkelgeschwindigkeit
ω	Frequenzvariable
ω_E	Empfängerkreisfrequenz
ω_G	Grenzkreisfrequenz
$\omega_i, i = 1, \cdots, 4$	Kreisfrequenzen bei der Vierwellenmischung (Gl 5.41)
ω_L	Kreisfrequenz des Lokallasers
ω_m	Modulationskreisfrequenz
ω_{mr}	Kreisfrequenz der Modulation für das Maximum des Betrages der Modulationsübertragungsfunktion (Gl. 4.17)
ω_p	Pumpkreisfrequenz
ω_s	Signalkreisfrequenz
ω_T	Trägerkreisfrequenz
ω_{Hub}	Frequenzhub

ω_{ZF}	Zwischenkreisfrequenz
ω_o	feste Kreisfrequenz, Mittenkreisfrequenz des Lasers
$\vec{a}\,'$	transponierter Vektor von a
$*$	konjugiert komplexer Wert, Faltungsstern als Abkürzung für das Faltungsintegral
$\square$	Endezeichen für ein Beispiel oder einen Beweis
$\int$	Integral
$\oint_F \circ\, d\vec{F}$	Flächenintegral über eine Hüllfläche
$\oint_S \circ\, d\vec{r}$	Umlaufintegral
$\int_V \circ\, dV$	Volumenintegral
$\frac{d\circ}{dt}, \frac{d\circ}{dx}$	gewöhnliche Differention nach der Zeit, dem Ort
$\frac{\partial\circ}{\partial t}, \frac{\partial\circ}{\partial x}$	partielle Differention nach der Zeit, nach dem Ort
$\vec{a}\times\vec{b}$	Vektorprodukt zwischen den Vektoren $\vec{a}$ und $\vec{b}$
$\vec{a}\cdot\vec{b}$	Skalarprodukt zwischen den Vektoren $\vec{a}$ und $\vec{b}$

Abkürzungen

APTH	Active Phase Tracking Homodyne
ASE	Amplified spontaneous Emission
ASK	Amplitude Shift Keying
AWTH	Active Wavelength Tuning Homodyne
BER	Bit Error Rate
CD	chromatische Dispersion
CW	Continued Wave
DBR	Distributed Bragg Reflector
DF	Dispersionsfaktor
DGD	differentielle Gruppenlaufzeit
DFB	Distributed Feedback
DOP	Degree of Polarization
DUT	Device under Test
dB	Dezibel
dBm	Dezibel Milliwatt
div	Divergenz eines Vektorfeldes
Er	Erbium
erfc	komplementäre Fehlerfunktion
exp (x)	Exponentialfunktion e^x
FBG	Faser-Bragg-Gitter
FSK	Frequency Shift Keying
grad	Gradient eines Skalarfeldes
H, H^{-1}	Hankel-Transformierte, Hankel-Rücktransformierte
LF	Modenlaufzeitfaktor
LP	linear polarisiert
LWL	Lichtwellenleiter
$\mathcal{L}$, $\mathcal{L}^{-1}$	Laplace-Transformierte, Laplace-Rücktransformierte
MZM	Mach-Zehnder-Modulator
NRZ	Non Return to Zero
OOK	On-Off-Keying
PD	Polarization dependent
PDL	Polarization dependent Loss
PI	Polarization independent
PIL	Polarization independent Loss

PM	Polarisationsmoden
PMD	Polarisationsmodendispersion
Pr	Praseodymium
PRBS	Pseudo Random Bit Sequence
PSK	Phase Shift Keying
PSP	Principal States of Polarization
PT_1-Regler	Proportional-Regler mit Verzögerungsglied erster Ordnung
pin	p-leitend, intrinsic für eigenleitend, n-leitend
Re	Realteil
RIN	Relative Intensity Noise Power Spectrum
RZ	Return to Zero
rot	Rotation eines Vektorfeldes
SBS	Stimulierte Brillouin-Streuung
SPM	Selbstphasenmodulation
SRS	Stimulierte Raman-Streuung
SRV	Signal-Rauschverhältnis
sp	Spur einer Matrix
SSE	Source Spontanous Emission
XOR	Exklusiv-Oder
XPM	Kreuzphasenmodulation
ZF	Zwischenfrequenz

Sachwortverzeichnis

MIX
Papier aus verantwortungsvollen Quellen
Paper from responsible sources
FSC® C105338

If you have any concerns about our products,
you can contact us on
ProductSafety@springernature.com

In case Publisher is established outside the EU,
the EU authorized representative is:
Springer Nature Customer Service Center GmbH
Europaplatz 3, 69115 Heidelberg, Germany

Printed by Libri Plureos GmbH
in Hamburg, Germany